高保真音响系列

模拟音频功率放大器设计

葛中海 ◎ 编著

人民邮电出版社
北京

图书在版编目（CIP）数据

模拟音频功率放大器设计 / 葛中海编著. -- 北京 :
人民邮电出版社, 2022.5
ISBN 978-7-115-58429-8

Ⅰ. ①模… Ⅱ. ①葛… Ⅲ. ①音频放大器－设计
Ⅳ. ①TN722.7

中国版本图书馆CIP数据核字(2021)第273409号

内容提要

本书面向工程应用，理论联系实际，通过大量详实具体的电路实验，通俗易懂地介绍音频功率放大器的设计理念与制作细节，并以大量的电路资料向读者展现功率放大电路“从小到大，由简至繁”的演化过程，充满了关于音频功放设计的哲理与睿思。

本书主要内容包括晶体管工作原理，共发射极放大器的性能与设计，共集电极（射极跟随器）放大器的性能与应用电路，小功率音频放大器的设计与制作，单管输入级功率放大器的设计与制作，差动放大器工作原理、设计及在集成运放中的应用，差动输入级功率放大器的设计与制作，小信号放大级深入研究，功率放大器实例分析和 A 类功率放大器的设计与制作。

为便于读者学习，本书在重要知识点的相关图文旁边附有二维码，用手机扫描二维码即可浏览相关的视频，这些资料所涉及的内容甚至超过书籍本身，充满了关于模拟电路理论的真知灼见。

无论是学习功放电路知识的爱好者，还是设计音频功放的从业人员，都能在本书中找到相关设计原则和实践数据。

本书适用对象是电子行业工程技术人员以及相关专业高等院校师生，还有广大的电子技术爱好者。

◆ 编　　著　葛中海
责任编辑　黄汉兵
责任印制　马振武

◆ 人民邮电出版社出版发行　　北京市丰台区成寿寺路 11 号
邮编　100164　　电子邮件　315@ptpress.com.cn
网址　https://www.ptpress.com.cn
北京天宇星印刷厂印刷

◆ 开本：787×1092　1/16
印张：15.25　　2022 年 5 月第 1 版
字数：410 千字　　2024 年 11 月北京第 7 次印刷

定价：89.80 元

读者服务热线：(010)53913866　印装质量热线：(010)81055316
反盗版热线：(010)81055315
广告经营许可证：京东市监广登字 20170147 号

Foreword 前言

音频放大电路是一种能量转换电路，要求在失真许可的范围内，高效地为负载提供尽可能大的功率。因此功放管的工作电压与电流的变化范围大，常常在大信号或接近极限运用的状态。为了提高效率、降低损耗，电路一般为互补推挽输出方式，功放管的工作状态设置为B类或AB类，减小交越失真。由于功放管承受高电压、大电流，因此必须重视功放管的过流保护和散热问题。

放大器既可由集成电路实现，也可由分立元件组成，或二者兼具。集成功放因电路成熟，低频性能好、信噪比高、内部设计具有保护电路、外围电路简单、无须调整，故可靠性高。虽然集成电路有很多优点，但功率不能做得太大，因为输出功率大，耗散功率也大，但芯片面积小，散热问题无法解决。由分立元件组成的功放，如果电路选择得好、参数选择恰当、元件性能优良、设计和调试得好，性能可以做到非常优良。

目前，市场上集成功放与分立元件功放分庭抗礼，各有各的精彩，谁也无法取代谁。集成功放与分立元件功放相比，具有以下几方面的特点。

（1）由集成电路工艺制造出来的元器件，虽然其参数的精度不是很高，受温度的影响也较大，但由于各有关元器件都同处在一个硅片上，距离又非常接近，因此对称性较好，适用于构成差分放大电路——这种放大器几乎是集成运放和音频功率放大器必选输入级电路。

（2）由集成电路工艺制造出来的电阻，其阻值范围有一定的局限性，一般在几十欧到几十千欧之间，因此在需要很高阻值的电阻时，就要在电路上另想办法。

（3）在集成电路中，制造晶体管（特别是NPN管）往往比制造电阻、电容等无源器件更加方便，占用更小的芯片面积，因而成本更低廉。故在集成放大电路中，常常用晶体管恒流源代替电阻，尤其是大电阻。

（4）集成电路工艺不适于制造几十皮法以上的电容器，至于电感器就更困难。因此各级之间通常采用直接耦合方式，而不采用阻容耦合方式。

本书立足于分立元件组成的功放设计与制作，这有利于电子爱好者学习，因为晶体管、二极管、电阻、电容等器件可以自由调整，人们可以根据个人的爱好去设计音色、音域、功率等。最简单的功放电路只要十几只元件就能实现，若增加过压、过流、过热等保护，电路也可以很复杂，并且性能一般不会低于中、低档集成功放。

本书在说明或设计晶体管功放电路时，既有过去常采用的等效电路方法，又有“假设模型”的方法。前者对于在学校学过使用等效电路方法进行设计的读者来说可谓轻车熟路，得心应手。后者是笔者根据多年的工作经验和对电路理论的深刻认知自创的“假设模型”的方法，通俗易懂。这些方法对于广大读者在理解与掌握电路的工作原理时别具匠心，非常有效，而且在电路设计时也不会感到不便。

由于作者能力和水平有限，书中内容若有疏漏、欠妥和错误之处，恳请各界读者多加指正，以便今后不断改进。有兴趣与葛中海老师交流或需要电路图及 PCB 图资料的朋友，敬请联系作者，QQ 号是 1278685727。

编者

2021 年 11 月

目录

Contents

第7章 差动输入级功率放大器 119

第8章 深入研究小信号放大级 145

第9章 功率放大器设计实例分析 179

第1章 概述

观察手机和计算机内部，所能见到的最多的元器件是IC（集成电路，Integration Circuit）、LSI（大规模集成电路，Large-Scale Integration circuit）或SLSI（超大规模集成电路，Super-Large Scale Integration circuit），可以说当今是集成电路的全盛时代，想要找到单个晶体管或FET①往往是一件很困难的事。然而，无论多么复杂的集成电路，都是成千上万只晶体管、电阻和电容构成的，这些"元件"通过光刻技术在硅片上以微晶体的形式存在。即使在这样的IC、LSI或SLSI的全盛时代，对于那些受空间布局、输出功率、电磁干扰等诸多因素限制的电器，比如开关电源、分立功率放大器来说，晶体管仍能大行其道。

本书中我们主要介绍晶体管和FET典型电路结构、工作方式，让读者掌握其工作性能。希望读者从最基本的单管放大电路开始，理解电路的工作本质，能够顺畅地处理一些问题。即使仅使用分立的晶体管、电阻及电容等，或用分立元器件与IC组合，都能设计出性能优良的功放电路。但是，在学习相关器件和电路之前，本章先给出晶体管和FET——最基本的放大器件的预备知识。

1.1 功率放大电路的预备知识

1.1.1 理想化的"黑盒子"电路

放大器是电子电路中最常见的基本单元电路，它既可以由晶体管（与阻容元件）构成，又可以由运算放大器②与外围元件构成，后者的结构往往比前者简单，且稳定性、可靠性也优于前者，但就带宽等单项指标而言，绝大多数往往是前者优于后者。

然而，当我们深入地掌握了晶体管和FET电路的有关知识后，简单地把运算放大器作为"黑盒子"考虑时，工程实践中往往出现工作波形与理论分析不符的现象。这是因为设计时默认运算放大器为理想器件，但从实际电路中发生的故障现象来看，运算放大器却不能完全理想化。

图1-1所示为使用运算放大器构成的电压放大器。图1-1（a）将运算放大器视作"黑盒子"的电路，如果真的像这样设计电路，当电源引线绕得比较远时，输出信号常常会出现波形畸变或不稳定现象（例如奇怪的杂波干扰，或者发生随机性自激）。

① FET指Field Effect Transistor，场效应管。
② 运算放大器的英文是Operational Amplifier，简称OP。

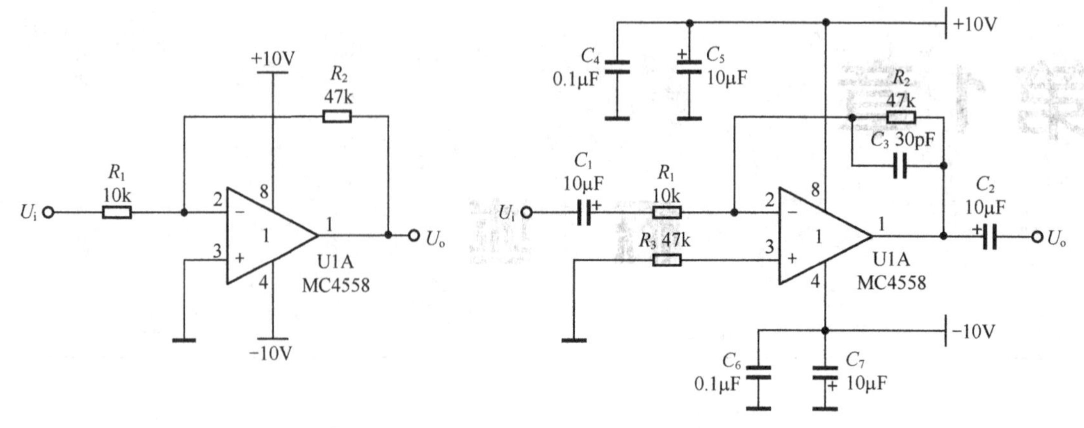

（a）将运算放大器视作“黑盒子”的电路

（b）考虑运算放大器内部实际结构状况的电路（为了减小失调电压，反馈电阻等于同相端电阻）

图 1-1　使用运算放大器构成的电压放大器

（将运算放大器看作进行理想工作的“黑盒子”的情况和看作用晶体管组成的放大电路的场合有很大的差别。图 1-1（a）的电路即使可以工作，但也可能发生输出电压波形畸变或不稳定的情况。图 1-1（b）电路则是比较完美的。）

图 1-1（b）是考虑运算放大器内部实际结构状况的电路。正负电源都增加了对地滤波电容，抑制高频干扰，防止出现自激振荡。同相输入端的外接电阻与反馈电阻取值相等，减小失调电压。反馈电阻两端并联小电容，衰减高频信号，防止相位反转引起自激。输入与输出端插入电解电容隔断集成运放与外电路的直流通路。

由单个晶体管组成共发射放大电路的电压增益是有限的，输入信号以基极电流的形式存在。而理想运算放大器的电压增益为无穷大，输入信号以电压形式存在，输入电流为零。当后者电路发生问题时，不能直接调整运算放大器的工作特性。但是，如果是单个晶体管的放大电路，就可以采取多种对策应对。因此，如果我们能在单个晶体管放大器中积累一些经验，就会得到如下的预测：“**运算放大器的内部是这样的，所以在外接电路上要做这样的工作……**”这种分析问题的方法不仅可用于使用运算放大器的电路，可以说对于全部的模拟电路和数字电路都适用。

1.1.2　分立件功放的优点

作为放大器的一个重要旁支，音频功率放大器，既有分立件功放又有集成功放，由晶体管、电阻、电容和电感等元件组成的分立件功放有许多集成功放无法比拟的优点。

首先，分立功放元器件之间可以留出足够空间。元器件分散利于散热，避免输出级工作时高电压、大电流产生的热量传给输入级和激励级，防止因温升引起的静态工作点的漂移（也叫**零点漂移或零漂**）与热噪声的增大。

其次，根据信号流向合理设计 PCB[①]布线方向与区域。合理的 PCB 走线可以消除放大器各级之间（电压、电流显著不同）的寄生干扰。不合理的大、小环路布线或接地可能引起的电路自激，严重可至功率管烧毁。

最后，根据电流大小合理设计 PCB 铜箔布线的宽度。合理的布线宽度能减小铜箔的电流密度，降低引线电阻及损耗。同时，这也使得去耦电容位置的安放更加灵活、性能的发挥更为卓越。此外，由于所有元件都是开放的，为自由调整静态电压、电流提供了方便之门。如果电路选择得好，参数

① PCB 指 Printed Circuit Board，印制电路板。

选择恰当，元件性能优良，设计和调试得好，性能将远远优于集成功放。

1.2 晶体管和 FET 的工作原理

掌握晶体管或 FET 的工作原理，对理解电路是非常重要的。在设计晶体管或 FET 电路时，只要能够形象地掌握放大器的工作状况，其后就只是单纯的计算。但是，在不能（或不会）设计晶体管电路或 FET 电路的技术人员当中，大部分人都**对放大器的工作没有形象的概念**。如果能抓住建立晶体管或 FET 工作的形象概念这一关键问题，就容易理解电子电路的工作原理。因此，在进入实际的设计之前，有必要形象地掌握晶体管或 FET 是如何工作的。

1.2.1 晶体管或 FET 是怎么进行“放大”的？

晶体管和 FET 是具有“放大”功能的器件，它们不仅可以用到放大电路中，还可以用到振荡电路和开关电路（包括数字电路）等电路中。无论多么复杂的 IC 和 LSI，都由晶体管、电阻、电容和电感等元件及布线互连，制作在一小块或几小块半导体芯片或介质基片上，然后封装在一个管壳内，成为具有所需电路功能的微型结构。其中所有元件在结构上已组成一个整体，使电子元件向着微小型化、低功耗、智能化和高可靠性方面迈进了一大步。

然而，初学者往往认为晶体管或 FET 放大作用的形象概念是图 1-2 所示的那样，即认为在晶体管或 FET 中，输入信号直接被放大——实际上不是这样的。

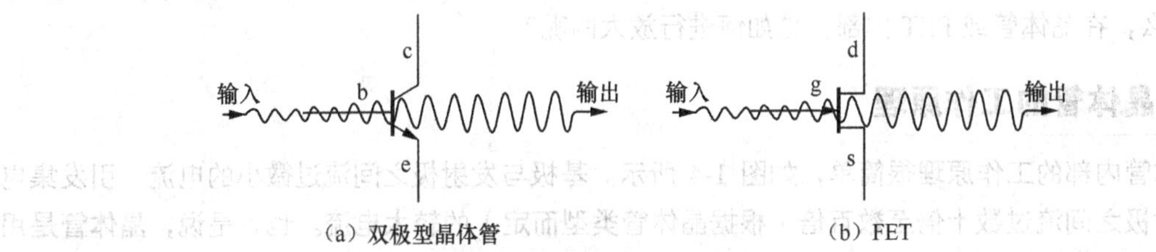

（a）双极型晶体管　　（b）FET

图 1-2　初学者想象的晶体管或 FET“放大”

然而，实际放大情况如图 1-3 所示，大小与输入信号成正比的输出信号是从电源来的。由电源变换而来的输出信号的形状与输入信号相同，而且比输入信号的电平高。所以由外部看上去，可以理解为输入信号被“放大”——这就是晶体管或 FET 的放大原理。

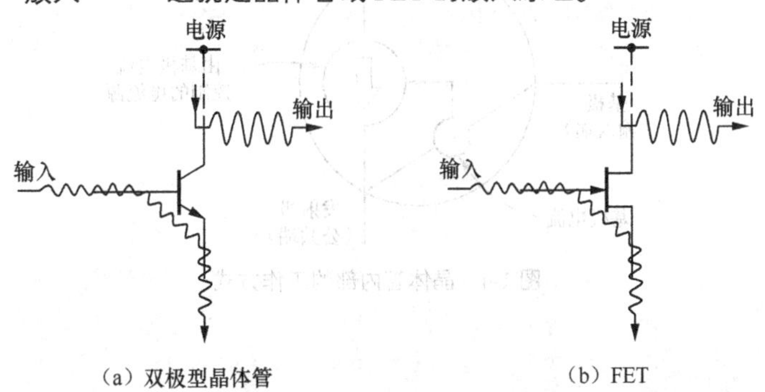

（a）双极型晶体管　　（b）FET

图 1-3　实际的晶体管或 FET“放大”

（晶体管或 FET 吸收输入信号的振幅和频率信息，经由电源输出受控的输出信号。由于输出信号比输入信号大，可以看作晶体管或 FET 将输入信号放大而成为输出信号——这就是放大原理。放大输出信号的能量不是来自于器件，而是电源）

小知识

晶体管主要分为两大类：双极型晶体管（BJT——Bipolar Junction Transistor）和场效应晶体管（FET——Field Effect Transistor）。

双极型晶体管也称晶体三极管或晶体管，是电流控制型器件，由输入电流控制输出电流，具有电流放大作用。因为晶体管内既有多数载流子又有少数载流子①（数目受温度、辐射等因素影响较大）参与导电，故称为双极型三极管或晶体管。

晶体管可分为硅（Si）管与锗（Ge）管：硅管的反向漏电流小，耐压高，温度漂移小，且能在较高的温度下工作和承受较大的功率损耗；锗管的噪声大，温度漂移大，但频率响应好，尤其适用于低压线路。

目前，我国生产的 NPN 型晶体管多采用硅材料，PNP 型晶体管既有采用硅材料，也有采用锗材料的。

场效应晶体管也称单极型晶体管，是电压控制型器件，由输入电压产生的电场效应来控制输出电流的大小。由于它工作时只有多数载流子参与导电，故称为单极型晶体管。场效应管具有体积小、重量轻、寿命长等优点，而且输入回路的阻抗高达 10^7～$10^{12}\Omega$，噪声低，热稳定性好，抗辐射能力强，且比晶体管省电，这些优点使其从 20 世纪 60 年代诞生起就广泛地应用于各种电子电路之中。

场效应管分为结型场效应管（JFET，Junction Field Effect Transistor）和绝缘栅型场效应管（IGFET，Insulated Gate FET）。

那么，在晶体管或 FET 内部，是如何进行放大的呢？

1.2.2 晶体管的工作原理

晶体管内部的工作原理很简单，如图 1-4 所示。基极与发射极之间流过微小的电流，引发集电极—发射极之间流过数十倍至数百倍（根据晶体管类型而定）的较大电流。也就是说，**晶体管是用基极电流来控制集电极—发射极电流的器件**。从外部来看，因为由基极输入的电流被变大而出现在集电极与发射极之间，因此可以视为晶体管将输入信号进行了放大。

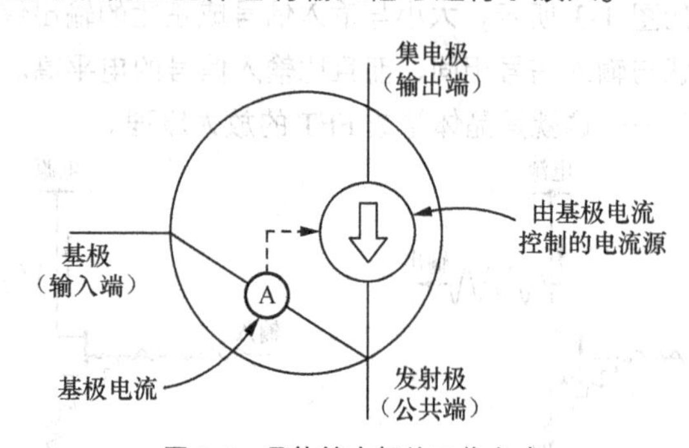

图 1-4　晶体管内部的工作方式

① 半导体材料中有电子和空穴两种载流子。如果半导体中电子浓度大，电子就是多数载流子，空穴就是少数载流子。相反，如果半导体中空穴浓度大，空穴就是多数载流子，电子就是少数载流子。在 N 型半导体中，电子是多数载流子，空穴是少数载流子，N 是 negative 的首字母。在 P 型半导体中，空穴是多数载流子，电子是少数载流子，P 是 positive 的首字母。

1.2.3 晶体管的各端子电流之间的关系

在晶体管的各端子电流是以图 1-5 所示的方向流动的，只有这种情况下晶体管才得以工作于放大状态。各端子的电流之间，$I_E = I_B + I_C$ 的关系成立。

NPN 管各端子电流关系式如图 1-6 所示的关系式（这只是 NPN 型晶体管，若是 PNP 型晶体管，则电流方向相反，但大小关系是相同的）。

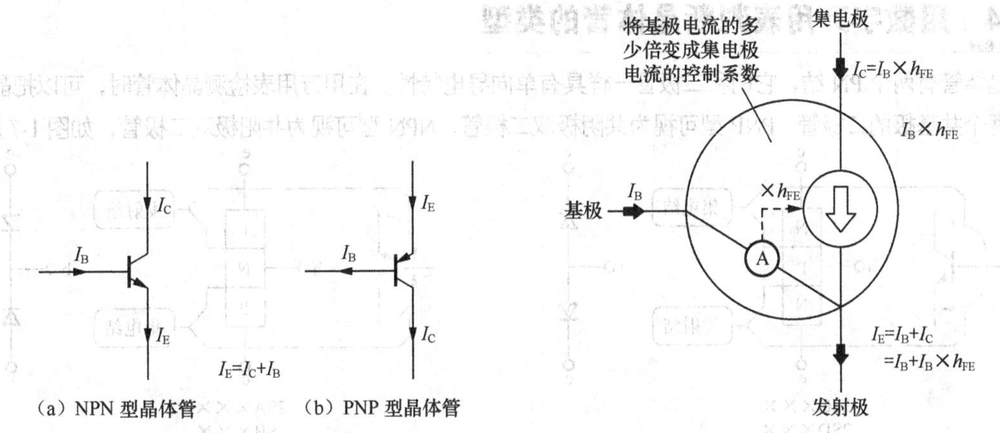

图 1-5　晶体管各端子之间的电流关系　　图 1-6　NPN 型晶体管各端子之间的电流关系式

在图 1-6 中，h_{FE} 是共射直流电流放大系数①，在我国常用 $\bar{\beta}$ 表示，$\bar{\beta}$ 定义为

$$\bar{\beta} = \frac{I_C - I_{CEO}}{I_B + I_{CEO}} \quad (1\text{-}1)$$

式中，I_{CEO} 是基极 b 开路时，在 c-e 极之间接正向电压所得的恒定（当温度一定时）电流，也叫穿透电流。当 $I_C >> I_{CEO}$ 时 $\bar{\beta} \approx \frac{I_C}{I_B}$。

晶体管除了共射直流电流放大系数 $\bar{\beta}$ 之外，还有共射交流电流放大系数 β，β 定义为

$$\beta = \frac{\Delta i_C}{\Delta i_B} \quad (1\text{-}2)$$

式中，Δi_C、Δi_B 分别是晶体管集电极与基极的动态电流。

$$\bar{\beta} \approx \beta \quad (1\text{-}3)$$

在一定范围内，可以用晶体管在某一直流量下的 $\bar{\beta}$，来取代在此基础上加动态信号时的 β。由于在较宽的范围内 $\bar{\beta}$ 基本不变，因此在近似分析中不对 $\bar{\beta}$ 与 β 进行区分。本书中均称为 β。

正如我们所知，晶体管是对基极电流进行检测来控制集电极电流的器件。β 是检测出基极电流有多少倍转换成集电极电流的控制系数。β 的值越大越好，因为这样就能够以较小的电流控制较大的电流。然而，通常小信号通用晶体管的 β 是一百至数百，功率放大晶体管为数十至几百左右。即便是同一型号的晶体管，β 的值也有分散性，故大多数晶体管都以 h_{FE} 的大小来分开档次（高频晶体管除外）。比如，东芝小功率晶体管 2SC2458 分类等级如表 1-1 所示。

① 是指以晶体管共发射极放大电路测得的直流电流放大系数。

表 1-1　2SC2458 的 h_{FE} 分类等级

级别	O	Y	GR	BL
范围	70～140	120～240	200～400	350～700

注意，相邻两级的 h_{FE} 会有部分重叠。

1.2.4　用数字万用表判断晶体管的类型

晶体管有两个 PN 结，它们和二极管一样具有单向导电特性。在用万用表检测晶体管时，可以把晶体管视作两个共基极的二极管：PNP 型可视为共阴极双二极管，NPN 型可视为共阳极双二极管，如图 1-7 所示。

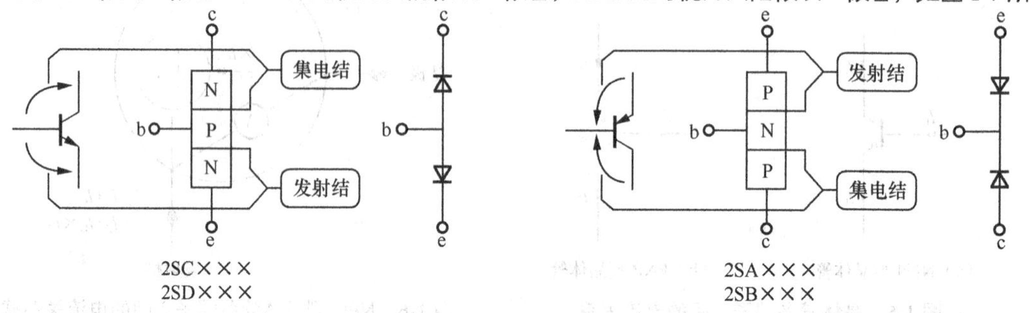

图 1-7　晶体管内部的 PN 结

（当然，晶体管并不是如图 1-7 所示的简单结构，因为它具有电流放大作用，与市场上出售的成品共阳极（或阴极）二极管有显著不同，因为后者是两个共阳极（或阴极）的纯粹二极管，没有电流放大能力）。

工程实践中，人们常常用数字万用表“二极管挡”测量晶体管的两个 PN 结，根据 LCD 显示的数值判断晶体管的类型，具体步骤如图 1-8 所示。

注：以下判断晶体管类型的步骤中，关于读数：硅管在 500～700，锗管在 200～300。这个数值代表晶体管内部 PN 结的正向导通电压，单位为 mV。

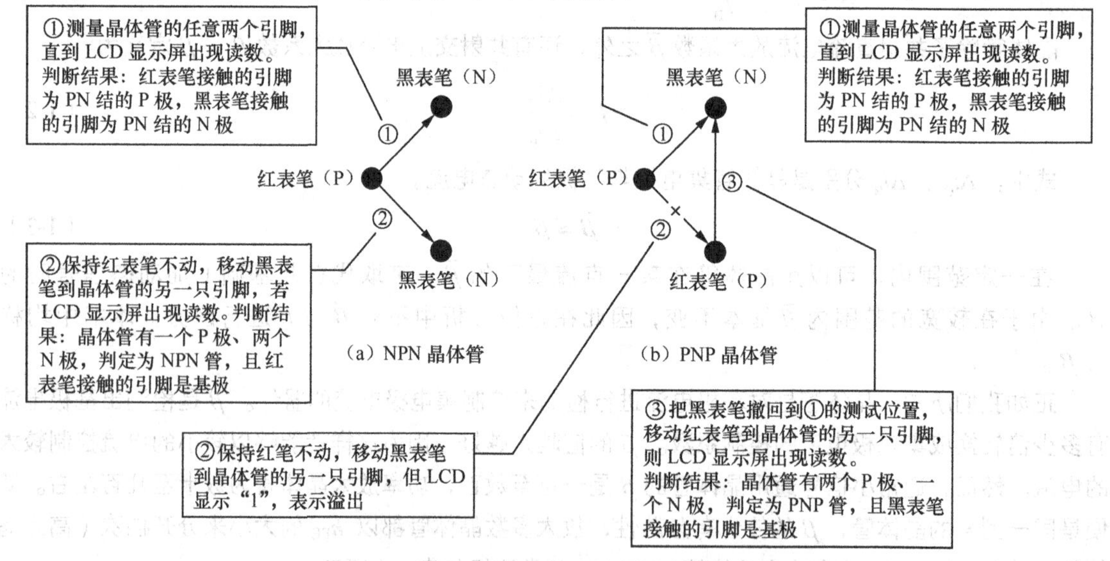

图 1-8　用数字万用表判断晶体管类型的步骤

（目前市场上有共阳极和共阴极二极管，以上测试方法虽然能判定器件内部的二极管，但不能就此确定为晶体管。因此，采用此方法不能判定含有 2 个 PN 结的 3 脚元件一定是晶体管。）

1.2.5 用数字万用表测量晶体管的直流放大倍数

上面的测试方法和步骤虽然能判定晶体管是 PNP 型或是 NPN 型，但是却无法判断出究竟哪只脚是 c 极、哪只脚是 e 极。利用数字万用表“h_{FE}”挡功能，在测量晶体管直流放大倍数的同时，又可以确定各个引脚的名称，可谓“一举两得”。

常见的小信号晶体管 S8050 与 S8550、S1815 与 S1015 分别是对管。测量其直流放大系数的方法很简单：第 1 步，把旋转拨盘转到“h_{FE}”挡；第 2 步，把晶体管正确插入“h_{FE}”挡旁边的插孔，LCD 读数就是直流放大系数，即晶体管的 β 值。

需要指出的是，目前全世界上晶体管引脚排序主要有两大流派，一个是美式排序，另一个是日式排序。就小功率管而言，晶体管 3 只引脚的美式排序为 e-b-c，日式排序为 e-c-b。无论哪种排序，当晶体管引脚朝下、文字面朝向观察者时，左边的引脚均为 E 脚。

常见小功率管引脚排序及 β 值的测量方法见表 1-2。

表 1-2 测量晶体管直流放大系数

类型	NPN		PNP	
脚位	e-b-c（美式排序）	e-c-b（日式排序）	e-b-c（美式排序）	e-c-b（日式排序）
名称	S8050	S1815	S8550	S1015
所用插孔	E B C E NPN PNP E B C E	E B C E NPN PNP E B C E	E B C E NPN PNP E B C E	E B C E NPN PNP E B C E
实测显示	243	348	405	295
管体文字朝向	文字朝下	文字朝上	文字朝下	文字朝上
说明	测试晶体管放大系数时，若引脚插入错误位置可能会显示较小数字，这个数字是不合理的。需要重新试插其他插孔，直到读数合理。			

1.2.6 FET 的工作原理

FET 与双极型晶体管（所谓一般的晶体管就是指双极型晶体管）的工作原理有很大不同：双极型晶体管是由输入端（基极）流动的电流来控制输出端（集电极）的电流，而 FET 是由加在输入端（栅极）的电压来控制输出端（漏极）的电流。

图 1-9 为 FET 内部工作的原理图。可以通俗地理解为 FET 对加在栅极与源极之间的电压不断地监视，控制漏极与源极之间的电流源，使流过的电流与其电压成正比。也就是说，FET 是由加在栅极上的电压来控制漏极—源极之间电流的器件。

在实际电路中，根据 FET 的种类，有必要改变加输入电压的方法。但是**无论哪种类型的 FET，用输入电压来控制输出电流的基本工作原理都是相同的。**

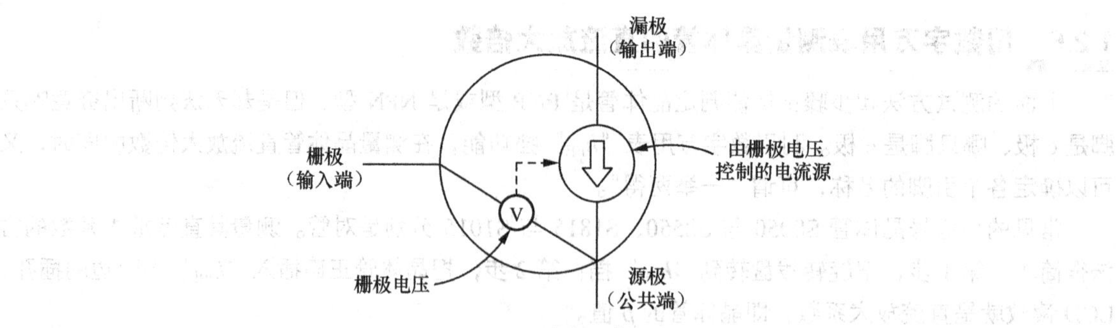

图 1-9　FET 内部工作的原理

（栅极与源极之间加入微小的电压，引发漏极-源极之间流过数十倍至数百倍的较大电流。）

第 2 章

共发射极放大器

功率放大器的主要功能是将音频信号不失真地放大，在各种音响设备中应用极广，种类也很多。由于最简单的功率放大器是由**共发射极放大器**（主要功能是电压放大）与**共集电极放大器**（也称为**射极跟随器**或**射随器**，主要功能是电流放大）有机结合而构成的，因此，本章首先对共发射极放大电路进行实验，让读者对其电路构成、工作原理及性能有一个基本的认识。

2.1 观察共发射极放大器的波形

2.1.1 5 倍的电压放大

放大电路的作用是将小信号放大为大信号。例如，将 0.1V 的电压信号提高为 1V，即放大；同理，将 1mA 的电流信号提高为 1A，也是放大。

图 2-1 所示为用晶体管组成的一个**共发射极放大电路**①，由图示可知晶体管有 3 个端子，分别是基极（b）、发射极（e）和集电极（c）。信号由 b 极输入、c 极输出，发射极为公共端（地）。因此，图 2-1 所示的电路被称为**共发射极放大电路**（Common Emitter Amplifier）。

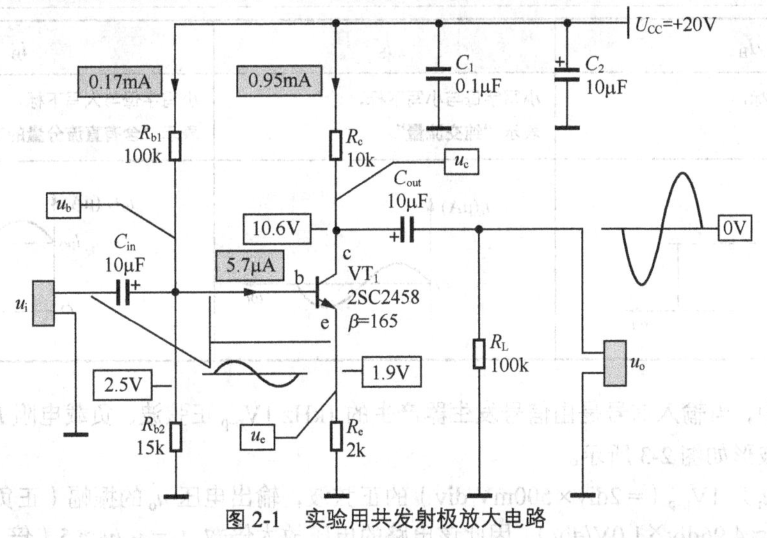

图 2-1 实验用共发射极放大电路

（用 NPN 晶体管 2SC2458 构成的共发射极放大电路。为能正常工作，输入输出都接有隔直通交耦合电容；电源也接有滤波电容，滤除电源纹波或电路板布线不合理造成的杂散干扰。图中标注电压值为实测值，电流值为计算值。）

---

① 用晶体管组成放电路时，根据公共端（电路中各点电位的参考点）的不同，可有 3 种连接方法，即**共发射极电路、共集电极电路**和**共基极电路**。也称共××电路为共××放大器，应用最广泛的电路是**共发射极放大器**，简称**共射放大器**。

图 2-2 是将图 2-1 所示的电路组装在万用电路板上的布局效果。如果操作熟练的话，15 分钟就可以完成这个电路的焊接。

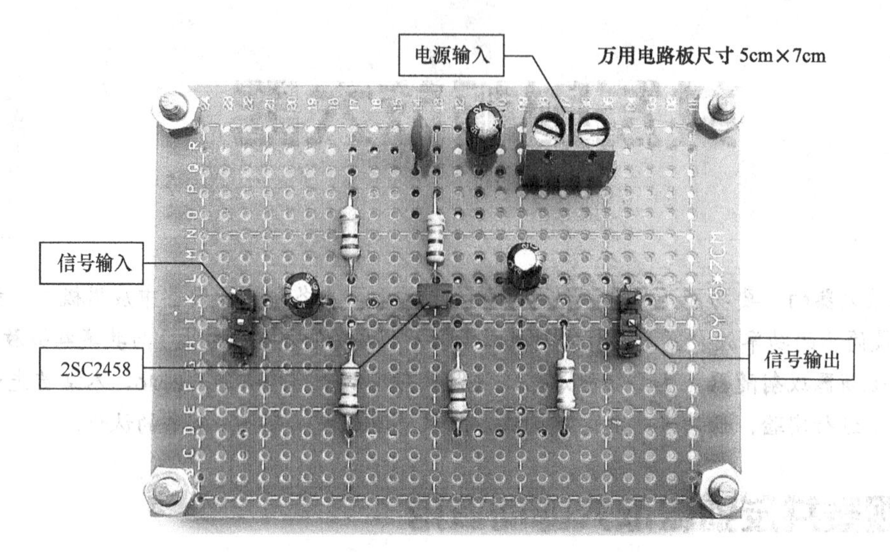

图 2-2　实际焊接完成的共发射极放大电路板

说明

在研究晶体管放大器时，为了描述问题的方便，常常需要对电路中各种电参量（电压和电流）进行约定。比如，静态时（$u_i=0$）晶体管各电极电流均为直流，动态时（$u_i \neq 0$）各电极电流为交直流的叠加，具体规定见表 2-1，其他电参量规定类似。

表 2-1　晶体管放大器电参量的定义

I_B	i_b	i_B
大写字母与大写下标， 表示**“纯直流量”**	小写字母与小写下标， 表示**“纯交流量”**	小写字母与大写下标， 表示**“含有直流分量的交流量”**

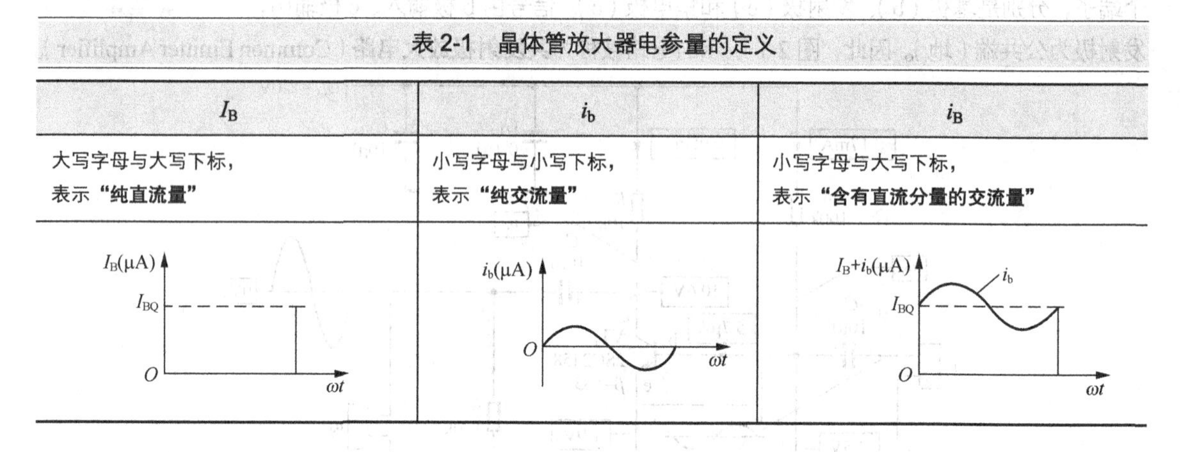

在该电路中，当输入信号是由信号发生器产生的 1kHz $1V_{p\text{-}p}$ 正弦波、负载电阻 R_L 开路时，其输入、输出电压波形如图 2-3 所示。

输入电压 u_i 为 $1V_{p\text{-}p}$（$=2\text{div}\times500\text{mV/div}$）的正弦波，输出电压 u_o 的振幅（正负波峰之间的值）约为 $4.96V_{p\text{-}p}$（$\approx4.96\text{div}\times1.0\text{V/div}$），因此该电路的电压放大倍数 $A_u=u_o/u_i\approx5$（倍）。如果用 dB 表示，则为 $20\lg5\approx14$（dB）。由图 2-3 可见，输出波形的相位相对于输入波形有 180° 改变，即输入与输出信号反相。

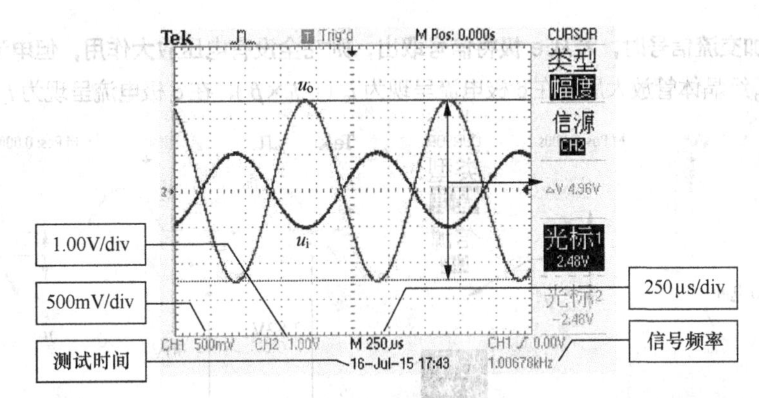

图 2-3　输入电压 u_i（CH_1，500mV/div）与输出电压 u_o（CH_2，1.00V/div）的波形①

（输入电压 u_i 是 1kHz $1V_{p-p}$ 正弦信号，负载 R_L 开路时输出电压振幅约 $5V_{p-p}$。输入信号与输出信号频率相同，波形上二者反相，电压放大约为 5 倍。）

阅读资料

采用 dB 表示放大器的放大能力有以下好处。

（1）采用 dB 表示法，使大数字计算变为小数字计算。比如，某放大器的放大倍数 $A_u = 10\,000$ 倍，用分贝表示为 $20\lg10^4 = 20 \times 4 = 80\text{dB}$。

（2）采用 dB 表示法，可以利用对数特性将乘法变为加法，将除法变为减法，大大简化了多级放大器的运算。

比如，某两级放大器的第一级放大倍数 $A_{u1} = 1\,000$ 倍，第二级放大倍数 $A_{u2} = 100$ 倍，总的放大倍数为 1×10^5 倍，用 dB 表示为 $20 \times (1g10^2+1g10^3) = 20 \times (3+2) = 100\text{dB}$。

（3）采用 dB 表示法，可以直观地表示增益的变化情况。比如，放大器的电压放大倍数等于 1 时，其增益用分贝表示为 0 dB。电压放大倍数大于 1 时用 dB 表示为正数，电压放大倍数小于 1 时用 dB 表示为负数。

（4）人类听觉的响度不是与电压幅度成正比，而是与电压的增益成正比。

dB 表示法还广泛应用于电子电器的各种性能指标，如收音机、电视机、手机、无线电台系统等的灵敏度和选择性等。各种测量仪器的信噪比、环境噪声等也都用分贝（dB）表示。因此，dB 是一个在实际工程中被广泛应用的单位。

2.1.2　基极与发射极电位及波形

图 2-4 所示为输入电压 u_i 与晶体管 b 极波形 u_b。

u_b 的振幅和相位与 u_i 完全相同，但 u_i 是纯交流量，而 u_b 是在 2.52V 的直流电压（b 极偏置电压）上叠加了同 u_i 一样的交流成分，产生偏置电压的电路（在该电路中为 R_{b1} 与 R_{b2}）称为偏置电路。

位于信号输入端的电容 C_{in} 用于隔离 b 极偏置电压，输入端的交流信号 u_i 通过电容送到晶体管的 b 极，但 b 极的偏置电压却不能通过电容出现在输入端，故电容 C_{in} 称为**耦合电容。耦合本质上是电容的"隔直流、通交流"的特性体现。**正因为如此，单看输入电压 u_i（= 2div×500mV/div）与 b 极电位 u_b（= 1div×1.00V/div）的振幅，二者是一样的。

图 2-5 是 b 极波形 u_b 与 e 极波形 u_e。

在交流上，u_b（= 2div×500mV/div）与 u_e（= 2div×500mV/div）的振幅相等、相位相同。因此，**当在**

① 笔者使用的 TDS2024B 数字示波器能显示被测信号的电压挡位、时间挡位、打印时间及频率。

晶体管的 b 极施加交流信号时，若从 e 极将信号取出，则完全没有电压放大作用，但电流放大了（1+β）倍——b 极电流 i_b 经晶体管放大后，在 c 极电流呈现为 i_c（$=i_b\times\beta$），在 e 极电流呈现为 i_e［$=i_b\times$（1+β）］。

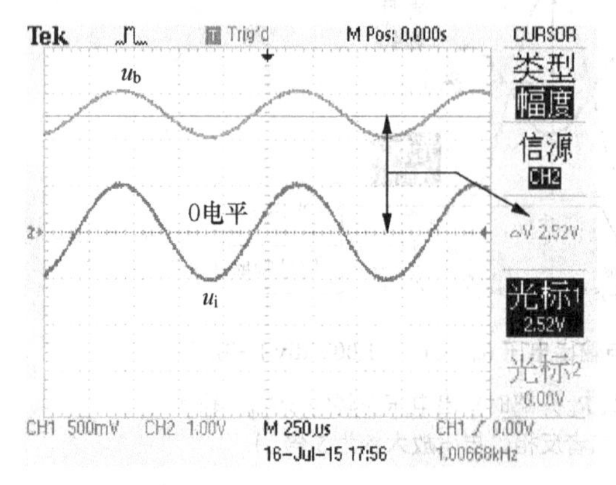

图 2-4 输入电压 u_i（CH1）与基极波形 u_b（CH2）

（u_i 以 0V 为中心上下对称摆动，是纯交流信号，u_b 是在直流偏置电压 2.52V 上叠加了 u_i。）

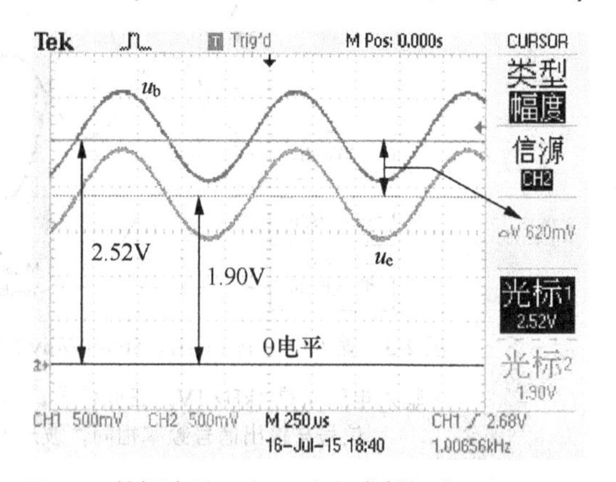

图 2-5 基极波形 u_b（CH1）与发射极波形 u_e（CH2）

（u_e 与 u_b 的振幅相同，但 u_b 的直流电位比 u_e 高 620mV，该电压是晶体管发射结压降。）

在直流上，u_b 与 u_e 分别叠加了 2.52V 与 1.9V 的直流电位，两者始终同步，在任何时刻 u_b 都比 u_e 高 620mV(见图 2-5 中ΔV 为 620mV)，这个电压是晶体管处于放大状态时的发射结的导通电压降。

正因为 u_i、u_b 和 u_e 振幅相等、相位相同，没有电压幅度的放大，故图 2-1 中用一个周期的正弦波表示，三者之间的区别仅在于直流偏置电位不同。

严格地来讲，晶体管发射结的导通电压 u_{BE} 并非恒定值（若恒定就不具有放大作用了），而是有十几至几十毫伏的变化，动态时晶体管发射结电压可表示为

$$u_{BE}=U_{BE}+u_{be} \tag{2-1}$$

式中，U_{BE} 是晶体管的 be 结的直流（静态）压降，硅管约为 0.6V，u_{be} 是晶体管发射结的交流（动态）压降。

2.1.3 集电极与发射极电位及波形

图 2-6 所示是 c 极波形 u_c 和 e 极波形 u_e。

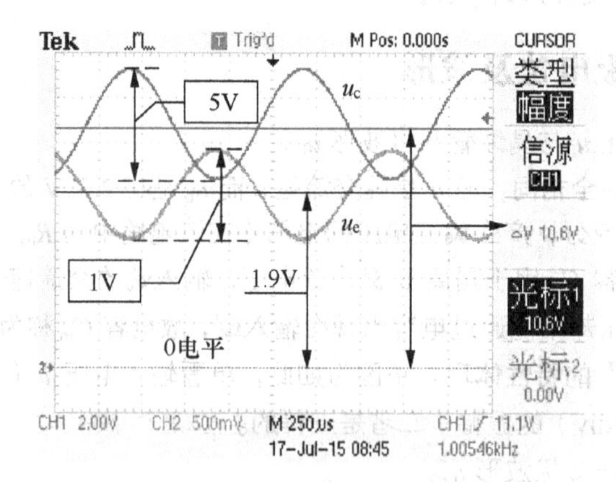

图 2-6 集电极电位 u_c（CH1）与发射极电位 u_e（CH2）的波形

（u_e 是在直流电位 1.9V 上叠加了 u_i，u_c 是放大的 e 极电压信号，它以直流电位 10.6V 为中心上下对称摆动。二者反相，且 u_c 的变化量约为 u_e 的 5 倍。）

u_e 的振幅为 1.0V_{p-p}（= 2div × 500mV/div），u_c 的振幅为 5.0V_{p-p}（= 2.5div × 2V/div）。可见，u_c 比 u_e 的振幅大得多，且 u_e 与 u_c 反相。因 R_e = 2kΩ，考虑到 e 极的直流电位是 1.9V，故 e 极电流 i_e 以 0.95mA（≈ 1.9V/2kΩ，e 极静态电流）为中心，作振幅为 0.5mA_{p-p}（= 1.0V_{p-p}/2kΩ）的交流变化。

又，R_c = 10kΩ，考虑到 c 极的直流电位是 10.6V，故 c 极电流 i_c 以 0.95mA（约等于 e 极静态电流）为中心，作振幅为 0.5mA_{p-p}（= 5V_{p-p}/10kΩ）的交流变化。

在晶体管的各端子流动的电流有图 2-7 所示的关系。

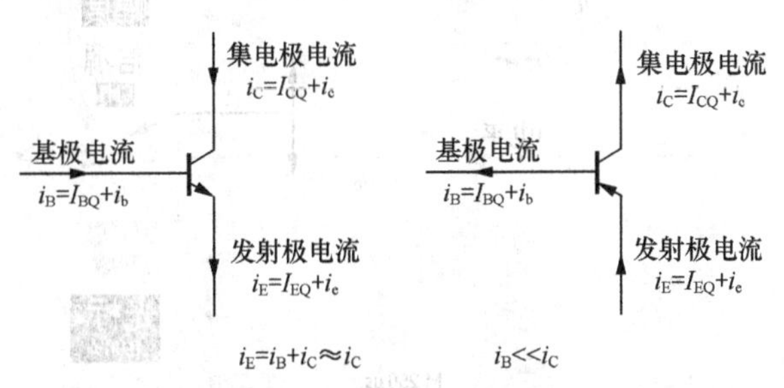

图 2-7　晶体管各端子的电流

（i_B、i_C 和 i_E 小写字母配大写下标是含有直流的交流量，I_B、I_C 和 I_E 大写字母配大写下标是纯直流量，i_b、i_c 和 i_e 小写字母配小写下标是纯交流量）

i_B 是 b 极中包含了直流的交流电流；I_{BQ}[①]是 b 极的静态（直流）电流，其数值大于零；i_b 是 b 极的动态（交流）电流，其数值正负皆可，且 i_b 小于或等于 i_B。由于 $i_B = I_{BQ}+i_b$，故 i_B 大于或等于零，表示 b 极的电流只能单方向流动或为 0。同理，晶体管其他端子的电流、电压均有类似的数量关系。

由于与 c 极电流 i_C 相比，i_B 是非常小的值，可以忽略不计，因此 $i_C \approx i_E$。则在图 2-1 所示的电路中，当输入电压 u_i 为 ± 0.5V 正弦波时，c 极电流 i_C 约为 0.95mA ± 0.25mA。其中，静态电流 I_{CQ} 为 0.95mA，动态电流 i_c 为 ± 0.25mA。

若把晶体管看成双口网络，如图 2-8 所示。放大器将电压 u_{be}（或 Δu_{BE}，等于 u_i）的变化转换成 b 极电流 i_b（或 Δi_B）的变化，i_b 的变化经晶体管电流放大转换为 i_c（或 Δi_C）的变化。进而，利用 c 极与电源间接入的电阻 R_c，i_c（或 Δi_C）以 R_c 的压降的形式再次变回到电压的变化 u_c，并由晶体管 c 极输出。

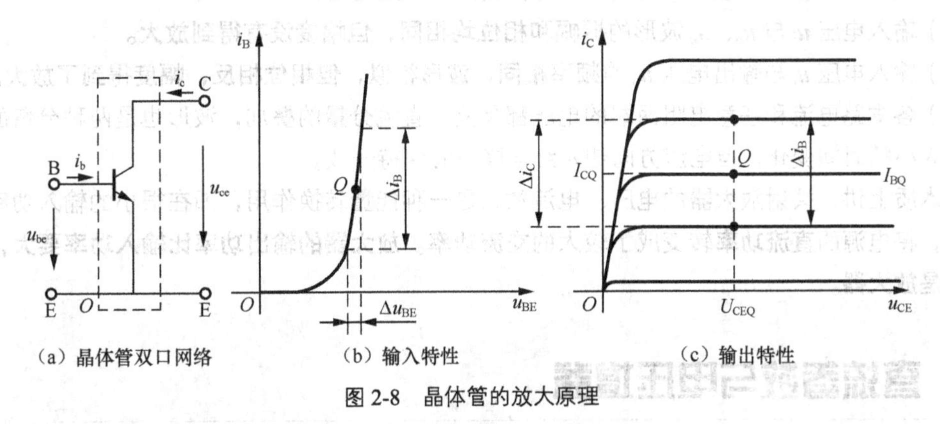

图 2-8　晶体管的放大原理

（输入特性 Δu_{BE} 对应 Δi_B 的变化，输出特性 Δi_B 对应 Δi_C 的变化，晶体管的电流放大作用是 Δi_B 与 Δi_C 联系的纽带。Δi_C 以 R_c 的压降的形式变成 u_c，由晶体管 c 极输出）

---

① Q 指 Quiescence，静止状态。

因为 R_c 是接在电源与 c 极之间的，则 R_c 的压降是相对于电源产生的，故 R_c 也称为**集电极负载电阻**。R_c 的压降增加（u_i 增加、i_c 就增加），则相对于 GND 的集电极电位 u_C（$= U_{CQ}+u_c$）就会减小（反之亦反）。因此，u_i 与 u_C 的相位相差 180°，故此二者反相。

图 2-9 是 c 极波形 u_c 和输出端 u_o 的波形。

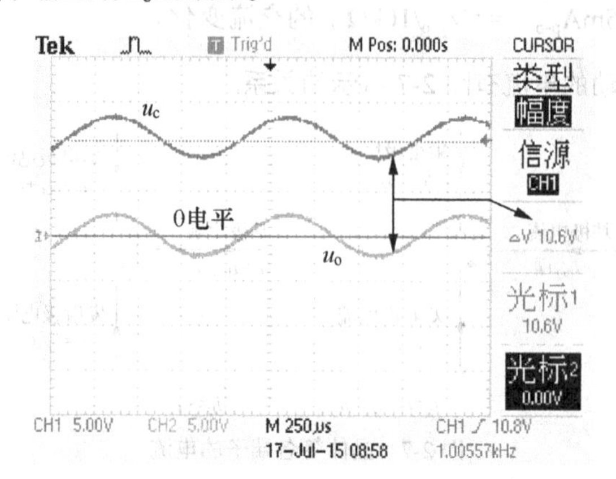

图 2-9　集电极电位 u_c（CH_1）与输出电压 u_o（CH_2）的波形

（u_c 与 u_o 振幅相等、相位相同。但 u_c 以直流 10.6V 为中心上下对称摆动，是含有直流的交流电压。而 u_o 以 0V 为中心上下对称摆动，故 u_o 是纯交流信号。）

在交流上，u_c 与 u_o 的振幅相等、相位相同，但 u_c 是在 10.6V 直流电压上叠加了 u_o 一样的交流信号。因 C_{out} 直流隔离且有负载电阻 R_L 存在（也可以认为 R_L 给 u_o 的偏置电压为 0V），输出端取出了 u_c 的交流分量，这就是 u_o。

正因为 u_c 与 u_o 振幅相等、相位相同，故图 2-1 中用一个周期的正弦波表示，二者之间的区别仅在于直流偏置电位不同。

需要说明的是，若电阻 R_L 不存在，则 C_{out} 的负极处于浮空状态，用示波器测试输出端的波形时，其直流电位未必为零伏，这一点需要注意。此外，C_{out} 的作用与 C_{in} 相同，把 c 极的直流电位与输出端隔离，只允许交流通过（俗称隔直通交），故称为**耦合电容**。

根据以上对单管共射放大器的实验，可得出以下 3 点结论：

（1）输入电压 u_i 与 u_b、u_e 波形的**振幅和相位均相同，但幅度没有得到放大。**

（2）输入电压 u_i 与输出电压 u_o 的**频率相同，波形相似，但相位相反，幅度得到了放大。**

（3）各支路电流和任意电阻两端的电压都是交、直流分量的叠加，波形也是两种分量的叠加，瞬时值大小随时间变化，但电流方向却始终与静态时保持一致。

从本质上讲，共射放大器的电压、电流放大是一种能量转换作用，即在很小的输入功率信号的控制下，将电源的**直流功率**转变成了较大的**交流功率**。**放大器的输出功率比输入功率要大，否则就不能算是放大器。**

2.2 直流参数与电压增益

通过对电路各部分工作波形的观察，我们对共射放大器的大致工作情况已经有所了解。下面，分步骤求解电路各部分的直流电位和电压增益，为下一节进行电路设计做好知识储备。

2.2.1 直流参数

在图 2-1 所示的电路中，当流进 b 极电流很小（图 2-1 中只有几微安）时，为了方便计算，b 极电流常忽略不计。如图 2-10 所示，此时 b 极的直流电位 U_{BQ} 由偏置电阻 R_{b1} 与 R_{b2} 对电源电压 U_{CC} 分压确定，即

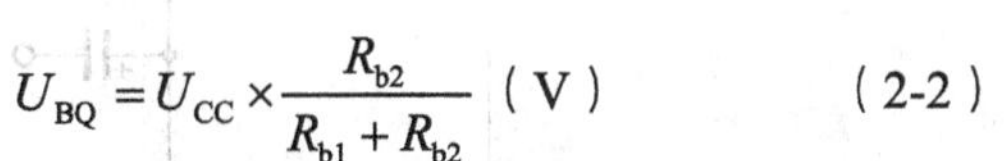

$$U_{BQ}=U_{CC}\times\frac{R_{b2}}{R_{b1}+R_{b2}}\text{（V）}\qquad(2\text{-}2)$$

e 极的直流电位仅比 U_{BQ} 低一个发射结的导通压降，即 b-e 极间的电压 U_{BE}，若设 $U_{BE}=0.6\text{V}$，则 U_{EQ} 为

$$U_{EQ}=U_{BQ}-0.6\text{（V）}\qquad(2\text{-}3)$$

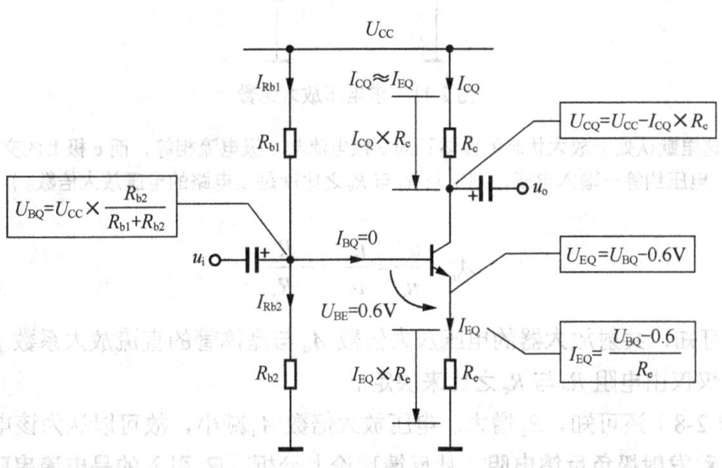

图 2-10　共发射极放大器的直流参数

因此，e 极流出的电流 I_{EQ} 为

$$I_{EQ}=\frac{U_{EQ}}{R_e}=\frac{U_{BQ}-0.6}{R_e}\text{（A）}\qquad(2\text{-}4)$$

c 极的直流电位 U_{CQ} 为电源电压 U_{CC} 减去 R_c 的压降，即

$$U_{CQ}=U_{CC}-I_{CQ}\times R_c\text{（V）}\qquad(2\text{-}5)$$

2.2.2 电压增益

下面，我们接着求解图 2-1 所示电路的电压增益，参考图 2-11 所示。

由于晶体管的 b-e 极间存在的二极管是在导通状态时使用，故 b 极的交流电压 u_b 会同步地出现在发射极，即 $u_b=u_e$。又 $u_i=u_b$，则 $u_i=u_e$。

又，c 极的交流电压 u_c 为

$$u_c=-i_c\times R_c\qquad(2\text{-}6)$$

又，e 极的交流电压 u_e 为

$$u_e=i_e\times R_e\qquad(2\text{-}7)$$

因 $i_c\approx i_e$，$u_c=u_o$，故该电路的电压放大倍数 A_u 为

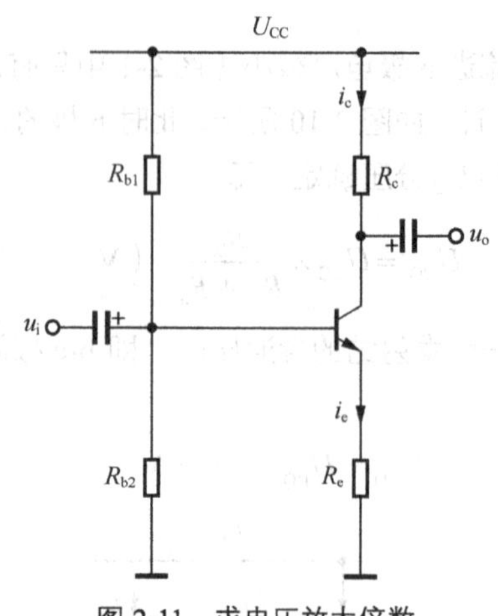

图 2-11　求电压放大倍数

（这里默认处于放大状态的晶体管的 c 极电流与 e 极电流相等，而 e 极上的交流电压约等于输入电压，则电阻 R_c 与 R_e 之比就是该电路的电压放大倍数。）

$$A_u = \frac{u_o}{u_i} = \frac{u_c}{u_i} = -\frac{R_c}{R_e} \tag{2-8}$$

由式（2-8）可知，共射放大器的电压放大倍数 A_u 与晶体管的直流放大系数 β 无关（严格地说是有关系的），而仅仅由电阻 R_c 与 R_e 之比来决定。

此外，由式（2-8）还可知，R_e 增大、电压放大倍数 A_u 减小，故可以认为该电路是由 R_e 引入了负反馈，因此 **R_e 称发射极负反馈电阻**。从反馈理论上分析，**R_e 引入的是电流串联负反馈**。由于 R_e 具有负反馈作用，从而一定程度上抑制了晶体管因 β 值的分散性和 U_{BE} 随温度变化而产生的发射极电流变化引起的静态工作点漂移。如此一来，共射放大器的电压放大倍数也容易理解了，因为它几乎是电阻 R_c 与 R_e 之比。

在上面求解放大器的电压放大倍数时忽略了负载电阻 R_L 的影响，得出的值为空载放大倍数。当电路接入 R_L 后放大倍数必然减小，且 R_L 值越小 A_u 越小。这是因为从交流信号通路上看，R_c 与 R_L 是并联关系（**电源 U_{CC} 对交流信号而言就是 GND**）。因此，负载为 R_L 时电压放大倍数 A_u' 为

$$A_u' = -\frac{u_o'}{u_i} = -\frac{R_c // R_L}{R_e} \tag{2-9}$$

比如，图 2-1 所示电路输出端负载 R_L 为 100kΩ 时，电压增益为

$$A_u' = -\frac{10\text{k}\Omega // 100\text{k}\Omega}{2\text{k}} \approx 4.54\text{（倍）}$$

可见，由于放大器的输出阻抗为 10kΩ（见本书 2.4.2 小节），阻值比较大，所以带负载时输出电压下降，即电压增益下降了。若负载阻抗等于输出阻抗，电压增益只有空载时的一半。特殊情况，比如负载 R_L 是 8Ω 的扬声器，由于 $R_c >> R_L$，输出电压、电流都很低，因此这种电路无法驱动低阻抗负载（仅作为电压放大之用），一般会设置在多级放大器的输入级或中间级。需要指出是，实际工程中，R_L 往往不是一个真实的电阻，往往是后级电路的输入阻抗。

2.3 放大电路的设计

前文已经求解出共射电压放大器各关键节点的电压及交流放大倍数，本节开始进行具体设计，求出图 2-1 所示电路中各元件参数设计的依据。

在进行设计时，要明确“制作什么样性能的电路”，即设计的电路能够达到什么样的要求。表 2-2 所示为共射电压放大器的设计规格，这里除了电压放大倍数与最大输出电压，其他没有特别要求。

表 2-2　共射电压放大器的设计规格

电压放大倍数	5 倍（14dB）
最大输出电压	$10V_{p\text{-}p}$
频率特性	任意
输入输出阻抗	任意

2.3.1 确定电源电压

首先要确定电源电压，依据的已知参数是最大输出电压。为了输出 $10V_{p\text{-}p}$ 的交流电压，显然，电源电压必须在 10V 以上。

其次，由于发射极电阻 R_e 上最低压降为 1～2V，所以电源电压必须在 11～12V 以上。

2.3.2 晶体管的选择

晶体管有 NPN 和 PNP 两种类型，图 2-1 所示电路为用 NPN 型晶体管构成的电路。若用 PNP 型晶体管组装电路，则如图 2-12 所示。

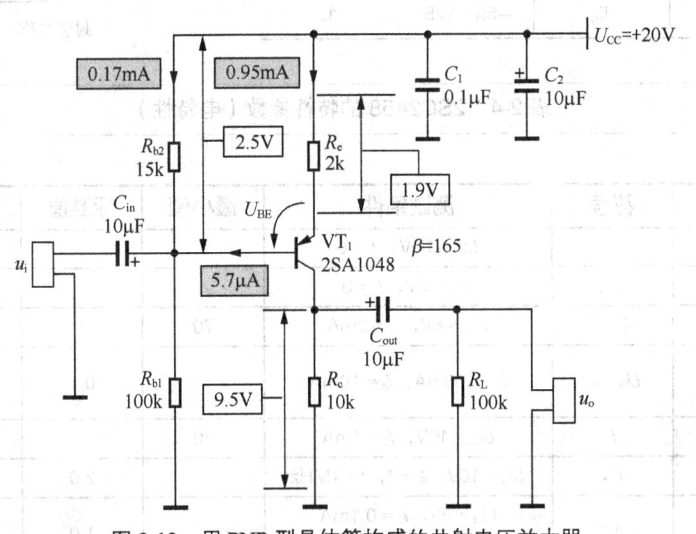

图 2-12　用 PNP 型晶体管构成的共射电压放大器

若把图 2-1 所示电路（除电源及去耦电容）在垂直方向上翻转（比如，用画电路原理图的 Altium Designer 软件的“Y”翻转功能），再把 NPN 型晶体管改为 PNP 型晶体管就得到图 2-12 所示电路。可见，由两种不同类型晶体管组成的共发射极放大器，在结构上呈现精巧的对偶性。

本电路设计，笔者选择NPN型晶体管，这是因为NPN型晶体管最常用，笔者也最习惯。

晶体管依照其用途大致可分为高频管（2SA××××，2SC××××）与低频管（2SB××××，2SD××××），进一步还可以分为小信号管与大功率管。至于它们的品种有成千上万种之多，故从中选择所需要的品种是非常困难的。

实际上，在追求最终性能（比如噪声大小与高频特性等技术指标）的情况下，晶体管的特性决定着电路的性能，因此必须慎重选择器件。但是，该电路是为了实验目的，仅规定了放大倍数与最大输出电压，故此，若不超过晶体管的最大额定值，无论用哪个品种都一定能够工作。

考虑到晶体管的最大额定值，因电源电压为20V，故在c-b极间和c-e极间有可能加上20V电压（比如，输入信号很大时）。因此，需要选择c-b极间电压U_{CBO}与c-e极间电压U_{CEO}的额定值为20V以上的器件。

这里，我们选用能满足以上最大额定值条件的小信号晶体管2SC2458（东芝出品）。在表2-3和表2-4中列出了2SC2458的特性参数。

表2-3　2SC2458的特性参数（最大额定值）

（T_a=25℃）

项目	符号	规格	单位
集电极–基极间电压	U_{CBO}	50	V
集电极–发射极间电压	U_{CEO}	50	V
发射极–基极间电压	U_{EBO}	5	V
集电极电流	I_C	150	mA
基极电流	I_B	50	mA
集电极损耗	P_C	200	mW
结温	T_j	125	℃
保存温度	T_{stg}	–55～125	℃

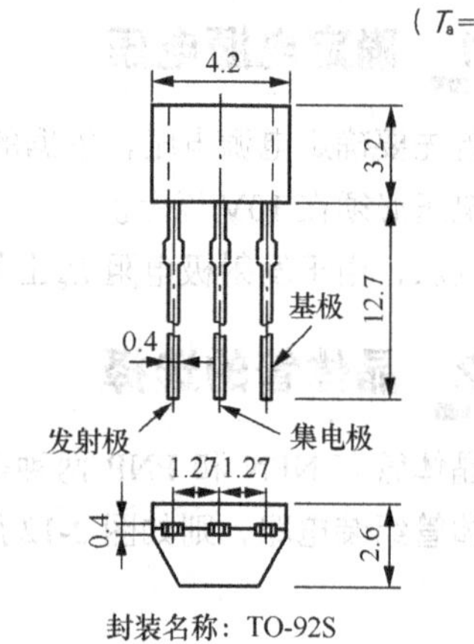

表2-4　2SC2458的特性参数（电特性）

（T_a=25℃）

项目	符号	测试条件	最小值	标准值	最大值	单位
集电极截止电流	I_{CBO}	U_{CB}=50V，I_E=0			0.1	μA
发射极截止电流	I_{EBO}	U_{EB}=5V，I_C=0			0.1	μA
直流电流放大系数	H_{FE}（注）	U_{CE}=6V，I_C=2mA	70		700	
集电极–发射极间饱和电压	$U_{CE(sat)}$	I_C=100mA，I_B=10mA		0.1	0.25	V
特征频率	f_T	U_{CE}=10V，I_C=1mA	80			MHz
集电极输出电容	C_{ob}	U_{CB}=10V，I_E=0，f=1MHz		2.0	3.5	pF
噪声系数	NF	U_{CE}=6V，I_C=0.1mA，f=1kHz，R_g=10kΩ		1.0	10	dB

注：直流电流放大系数β按照颜色记号分为O～BL 4挡，具体分类O：70～140，Y：120～240，GR：200～400，BL：350～700。

虽然2SC2458直流电流放大系数β分为4挡，但由式（2-8）、式（2-9）可知，电压放大倍数与β的大小没有关系，故选择任一挡β均可。

图 2-12 电路用的晶体管是 PNP 型 2SA1048，在表 2-5 和表 2-6 中列出了 2SA1048 的特性参数。

表 2-5 2SA1048 的特性参数（最大额定值）

（这个晶体管与 2SC2458 是互补对管。饱和压降最大值只有–0.25V。封装同 2SC2458）

（$T_a=25℃$）

项目	符号	规格	单位
集电极–基极间电压	U_{CBO}	–50	V
集电极–发射极间电压	U_{CEO}	–50	V
发射极–基极间电压	U_{EBO}	–5	V
集电极电流	I_C	–150	mA
基极电流	I_B	–50	mA
集电极损耗	P_C	200	mW
结温	T_j	125	℃
保存温度	T_{stg}	–55～125	℃

表 2-6 2SA1048 的特性参数（电特性）

（$T_a=25℃$）

项目	符号	测试条件	最小值	标准值	最大值	单位
集电极截止电流	I_{CBO}	$U_{CB}=-50V$，$I_E=0$			0.1	μA
发射极截止电流	I_{EBO}	$U_{EB}=-5V$，$I_C=0$			0.1	μA
直流电流放大系数	H_{FE}（注）	$U_{CE}=-6V$，$I_C=-2mA$	70		700	
集电极–发射极间饱和电压	$U_{CE(sat)}$	$I_C=-100mA$，$I_B=-10mA$		0.1	0.25	V
特征频率	f_T	$U_{CE}=-10V$，$I_C=-1mA$	80			MHz
集电极输出电容	C_{ob}	$U_{CB}=-10V$，$I_E=0$，$f=1MHz$		2.0	3.5	pF
噪声系数	NF	$U_{CE}=-6V$，$I_C=-0.1mA$ $f=1kHz$，$R_g=10kΩ$		1.0	10	dB

注：直流电流放大系数 H_{FE} 按照颜色记号分为 O～BL 4 挡，具体分类 O：70～140，Y：120～240，GR：200～400，BL：350～700。

2.3.3 确定发射极的静态电流

晶体管的性能，特别是特征频率随 e 极电流（或 c 极电流）变化而产生很大变化。图 2-13 为 2SC2458 的特征频率 f_T 与 e 极电流的曲线图。所谓特征频率，是指交流电流放大系数下降到 1 时的频率，该值随 e 极电流由小（0.1mA）到大（100mA），从 30～500MHz 有很大的变化。

通常，晶体管具有“在一定限值内 e 极电流增大，特征频率有随之升高的趋势”。由图 2-13 可知，e 极电流由 0.1mA 增大至 40mA，f_T 逐渐增大。如果希望特性频率最好，则 I_E 设定在 40mA 即可。继续增大 e 极电流，特征频率 f_T 不升反降。

对于噪声特性也一样，存在着噪声最小的 c 极电流（约等于 e 极电流）。就同一晶体管来说，频率特性最好的 e 极电流与噪声特性最好的 e 极电流是不同的。即使这样，由于该电路没有其他更详细的规定，故取 I_E 为最大额定值（表 2-3 中为 150mA）以下，在这里取为 0.95mA。显然，取 1.5mA、2mA 也都可以。

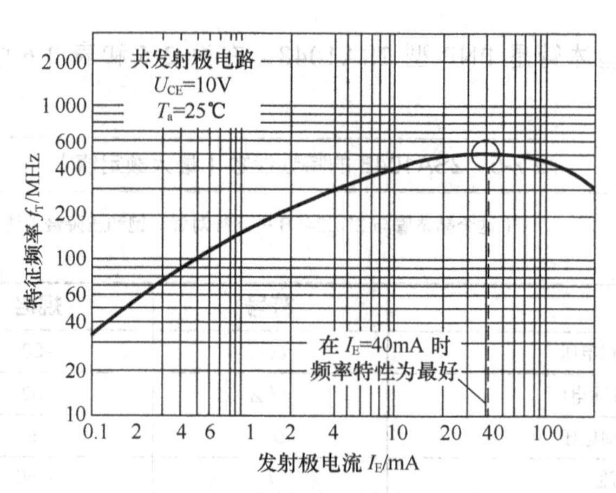

图 2-13　2SC2458 发射极电流与特征频率的关系

2.3.4 发射极电阻的确定

由式（2-8）可知，电路的放大倍数是由 R_c 与 R_e 之比决定，若令 $A_u = 5$，则 R_c：$R_e = 5$：1。

为了吸收 b-e 极间电压 U_{BE} 随温度的变化，使静态工作点稳定（即 c 极电流 I_{CQ} 稳定），**R_e 的直流压降必须在 1V 以上**。这是因为晶体管发射结电压 U_{BE} 具有–2.5mV/℃的温度特性，b 极电位 $U_{BQ} = U_{BE}+U_{EQ}$，而 U_{BQ} 由式（2-2）约定，只要电源电压不变 U_{BQ} 就保持恒定。因此，U_{BE} 与 U_{EQ} 呈反向变化，当温度升高时 U_{BE} 减小，U_{EQ} 增大。

也就是说，**R_e 的直流压降必须在 1V 以上**，U_{BE} 随温度变化对 I_{EQ}（= U_{EQ}/R_e）造成的影响才小到可以忽略不计。这里，设 R_e 的压降为 1.9V，则 $I_{CQ} = 0.95\text{mA}$，则由式（2-4）可得

$$R_e = \frac{U_{EQ}}{I_{EQ}} \approx \frac{U_{EQ}}{I_{CQ}} = \frac{1.9\text{V}}{0.95\text{mA}} = 2\text{k}\Omega$$

为了便于读者理解为什么"**要求 R_e 的直流压降必须在 1V 以上**"，我们需要计算一些数据来支持这个结论。

以该电路为例，常温时（25℃）$U_{BE} = 620\text{mV}$。因 $U_{BQ} = 2.52\text{V}$，则 $U_{EQ} = 1.9\text{V}$。当温度升高到 50℃时，U_{BE} 的减少量为 62.5mV［=（50℃–25℃）×2.5mV/℃］。因为 b 极电位由式（2-2）确定，则 U_{BE} 的减小量等于 U_{EQ} 的增加量，即

$$\Delta U_{EQ} = 62.5\text{mV}$$

那么，温升引起的 e 极电位变化率为

$$\delta = \frac{\Delta U_{EQ}}{U_{EQ}} = \frac{62.5}{1.9 \times 1000} \approx 3.3\%$$

式中，δ 表示 U_{BE} 随温度变化引起的电流变化率。

用通用公式表示为

$$\delta = \frac{(T-25) \times 2.5}{U_{EQ}} \times 100\% \tag{2-10}$$

式中，T 是晶体管的工作温度，25 表示常温 25℃，2.5 表示晶体管发射结电压 U_{BE} 具有–2.5mV/℃的

温度特性。

根据欧姆定律可知，电流的变化率对应电压的变化率。由式（2-10）可知，$T>25℃$，$\delta>0$，表明温度升高、c 极电流增大。反之，$T<25℃$，$\delta<0$，温度降低、c 极电流减小。

同时，由式（2-10）还可知，U_{EQ}越大，相同的温度变化引起的电流变化率越小。比如，取 $U_{EQ}=0.8V$，则温度升高 25℃时，温升引起的晶体管 c 极电流的变化率为

$$\delta=\frac{(50-25)\times2.5}{0.8\times1000}\times100\%=7.8\%$$

可见，晶体管发射极电位越低，同样的温度变化引起的集电极电流变化率越大。

2.3.5 集电极电阻的确定

由式（2-8）可得

$$R_c=R_e\times A_u=2k\Omega\times5=10k\Omega$$

若 R_c 的取值太大，则其压降变大、集电极电位下降。当输出电压振幅较大时，集电极电位靠近 e 极电位，输出波形的下侧波峰被削去。

若 R_c 的取值太小，则其压降变小、集电极电位上升。当输出电压振幅较大时，集电极电位靠近电源，输出波形的上侧波峰被削去。

因此，在最大输出振幅时，若出现波形的下侧波峰或上侧波峰被削去的情况，有必要调整 U_{EQ} 或 I_{CQ}，然后再来确定 R_c 和 R_e。根据经验，最好将集电极电位设置在 U_{CC} 与 U_{EQ} 的中点。比如，该电路中 $U_{CC}=20V$，$U_{EQ}=2V$，合适的集电极电位应设置在 11V。这样一来，输出信号上下振幅对称，只要输入信号幅度合适，输出就不易出现单边削波的情形。

2.3.6 晶体管的静态损耗

晶体管的 c-e 极间电压 U_{CE} 为 c 极电位 U_{CQ} 与 e 极电位 U_{EQ} 的差值，即

$$\begin{aligned}U_{CE}&=\left(U_{CC}-I_{CQ}\times R_c\right)-U_{EQ}\\&=\left(20V-0.95mA\times10k\Omega\right)-1.9V=8.6V\end{aligned}$$

c 极的静态损耗 P_C（在 c-e 极间发生的损耗变转化为热量）为

$$P_C=U_{CE}\times I_{CQ}=8.6V\times0.95mA\approx8.2mW$$

该值远远在表 2-3 规定的最大额定值以下，可以放心使用。需要指出的是，R_c 的取值除了放大倍数的考虑因素之外，它对波形的影响相当巨大。

2.3.7 基极偏置电路的设计

由前文所述可知 e 极电位 U_{EQ} 为 1.9V。设晶体管发射结导通压降 $U_{BE}=0.6V$，则 b 极电位 U_{BQ} 为 2.5V（$=1.9V+0.6V$）。另一方面，b 极电位 U_{BQ} 同时也是 b 极偏置电阻 R_{b1} 与 R_{b2} 对电源电压的分压，若设 R_{b2} 的压降为 2.5V，则 R_{b1} 的压降为 17.5V（$=20V-2.5V$）。

大家知道，晶体管的 c 极电流为 b 极电流的 β 倍，笔者实测该电路所用晶体管 2SC2458 的 $\beta=165$，则 b 极的电流应该为 5.7μA（$=0.95mA/165$）。因此，设计时必须让 R_{b1} 与 R_{b2} 上流过的电流比晶体管的 b 极电流“大得多”，如此 I_{BQ} 才可以忽略不计，使得式（2-2）基本成立。

这里，R_{b1}与R_{b2}上流过的电流取 0.15mA（显然 0.15mA 远远大于$I_{BQ}=5.7\mu A$，实际工程计算时"大得多"可以认为前者是后者的 10 倍以上即可）。于是，得

$$R_{b1}=\frac{17.5V}{0.15mA}\approx 117k\Omega \qquad R_{b2}=\frac{2.5V}{0.15mA}=17k\Omega$$

考虑到R_{b1}与R_{b2}的值在电阻 E24 系列中是没有的，故在不改变二者比值（若比值改变，U_{BQ}的值就跟着改变了）的条件下，在 E24 系列中挑选近似阻值，取$R_{b1}=100k\Omega$，$R_{b2}=15k\Omega$。此时，经校正流过R_{b1}与R_{b2}上的电流取 0.17mA。

需要指出的是，即使R_{b1}与R_{b2}上流过的电流取 0.25mA 也是可以的，但据此参数计算的R_{b1}与R_{b2}的值较小，导致放大器的输入阻抗降低（见本书 2.4.1 小节）。若电流取值太小，比如取 0.1mA，即便该值是 b 极电流的 10 倍以上，但据此参数计算的R_{b1}与R_{b2}的值较大，用式（2-2）计算的理论值与实际值偏离程度更大。

电阻 E 系列

E 系列是一种由几何级数构成的数列，它是以$\sqrt[6]{10}$、$\sqrt[12]{10}$和$\sqrt[24]{10}$为公比的几何级数，分别称为 E6 系列、E12 系列和 E24 系列。E6 系列的公比为$\sqrt[6]{10}\approx 1.5$，E12 系列的公比$\sqrt[12]{10}\approx 1.21$，E24 系列的公比为$\sqrt[24]{10}\approx 1.1$。**所谓公比，就是指相邻两个基数的比值——后一个基数比前一个基数。** E 系列首先在英国的电工工业中应用，故采用 Electricity 的第一个字母 E 标志。

表 2-7 列出了 E6 系列、E12 系列和 E24 系列的全部基数，最常见的阻值系列是 E24，有 1.0、1.1……共 24 个基本数值，再乘 10 的倍率就可以构成千百个具体的电阻数值，误差为±5%。E12 系列就是在 E24 系列中取奇数项：1.2、1.5……共 12 个基本数值，误差为±10%。还有 E6 系列是在 E12 系列中取奇数项 1.5、2.2……共 6 个基本数值，误差为±20%。

表 2-7 E 系列基本值

E6 系列	E12 系列	E24 系列	E6 系列	E12 系列	E24 系列
1.0	1.0	1.0	3.3	3.3	3.3
		1.1			3.6
	1.2	1.2		3.9	3.9
		1.3			4.3
1.5	1.5	1.5	4.7	4.7	4.7
		1.6			5.1
	1.8	1.8		5.6	5.6
		2.0			6.2
2.2	2.2	2.2	6.8	6.8	6.8
		2.4			7.5
	2.7	2.7		8.2	8.2
		3.0			9.1

我国采用 E6、E12 和 E24 系列。此外，在我国的相关行业中还采用 E48、E96 和 E192（公比分别为$\sqrt[48]{10}$、$\sqrt[96]{10}$、$\sqrt[192]{10}$）3 个系列。

国际电工委员会曾希望改用 R 系列制度，但因 E 系列已在一些国家采用，改变起来困难较大，所以至今在无线电元器件行业（主要是电阻、电容）仍以 E 系列为主。

2.3.8 最大不失真输出电压

根据本电路设计的规格要求，电压放大倍数是 5，最大输出电压为 $10V_{p\text{-}p}$，因此最大输入电压为 $2V_{p\text{-}p}$，这一参数指标很容易满足，如图 2-14 所示。

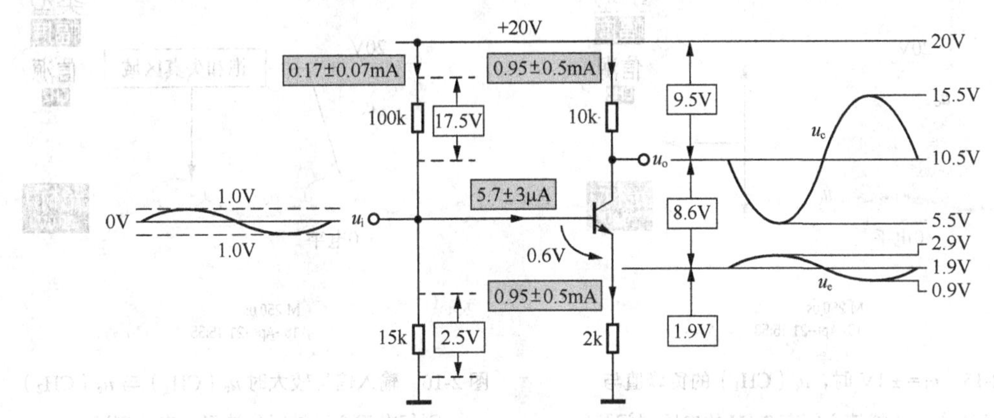

图 2-14　共射放大器的输入、输出电压波形示意图

当 $u_i = \pm1.0V$ 时，u_b 振幅也为 ± 1.0V，u_b 的变化引起 b 极偏置电阻 R_{b1}、R_{b2} 的电流以静态值 0.17mA（≈ 2.5V/15kΩ）为中心，作 ± 0. 07mA（≈ ±1V/15kΩ）的交流变化。

因为电压放大倍数是 5，输出电压 $u_c = \pm5.0V$，则集电极动态电流 i_c 为±0.5mA（= ±5.0V/10kΩ）。所以，集电极动态电流 i_C 是以静态值 I_{CQ}（= 0.95mA）为中心，作±0.5mA 的交流变化，即 $i_C = I_{CQ}+i_c$ = 0.95mA±0.5mA。同理，e 极电流可以表示为 $i_E \approx I_{EQ}+i_e$ = 0.95mA±0.5mA。

若默认晶体管的直流放大系数 $\bar{\beta}$ 与交流放大系数 β 相等（实际上不相等，但差别不大），把 c 极的电流 i_C 除以 β（= 165），就得到 b 极电流 $i_B = I_{BQ}+i_b$ = 5.7μA±3μA。

由图 2-14 可见，u_c 负半波谷值与 u_e 正半波峰值之间有 2.6V（= 5.5V–2.9V）的"压差"，这个"压差"就是晶体管 c-e 极间电压 u_{ce} 的动态最小"间隙"。增大输入波形，"间隙"电压将减小直至消失，实测波形如图 2-15 所示。

继续增大 u_i，则 u_c 的负半波峰值与 u_e 的正半波波峰重合，晶体管工作于临界饱和状态，如图 2-16 所示。此后，继续增大输入信号已经没有意义了。

u_c 的波谷（或 u_e 的波峰）刚好发生饱和（或截止）时的输入电压称为**临界输入电压**。若默认晶体管 c-e 极间饱和压降 $U_{CE(sat)}$ 为零，此时 u_c 与 u_e 波形的振幅最大（**注：假定 u_c 的正半波波峰和 u_e 的负半波波谷没有发生削波现象**）。

读者可能会问：理想情况下，该电路的**临界输入电压**为多少呢?

由图 2-14 可知，当 $u_i = \pm1.0V$ 时，$u_c = \pm5.0V$，此时 u_{ce} 为 2.6V（= 5.5V–2.9V）。若增大输入信号，则集电极电流 i_c 增大，R_c 与 R_e 的压降同时增大，u_{ce} 变小。当 u_{ce} 为 0V 时 i_c 达到最大，即

$$i_c = u_{ce}/(R_c+R_e) = 2.6V/(10k\Omega+2k\Omega) = 0.22mA$$

即，c 极电流 i_c 的最大振幅为±0.72mA（= ±0.5mA ± 0.22mA），因此输出电压 u_c 的最大振幅为

$$u_c = i_c \times R_c = \pm0.72mA \times 10k\Omega = \pm7.2V$$

e 极电压 u_e 的最大振幅为

$$u_e = i_c \times R_e = \pm 0.72\text{mA} \times 2\text{k}\Omega = \pm 1.44\text{V}$$

所以，此时电路的**临界输入电压** u_i 约为±1.44V。

然而，以上分析计算只是理想情况，实际上，晶体管 c-e 极间饱和压降 $U_{CE(sat)}$ 不为零（见波形图 2-16），u_{ce} 不能完全被“消耗”殆尽，因此放大器的**临界输入电压小于 2.88V$_{p-p}$，最大不失真输出电压也小于 14.4V$_{p-p}$**。

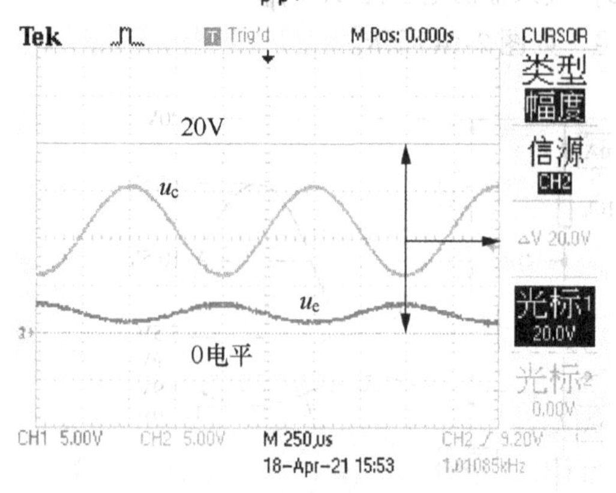

图 2-15 $u_i = \pm 1$V 时，u_c（CH$_1$）的负峰值与 u_e（CH$_2$）的正峰值之间有 2.6V 的电压“间隙”

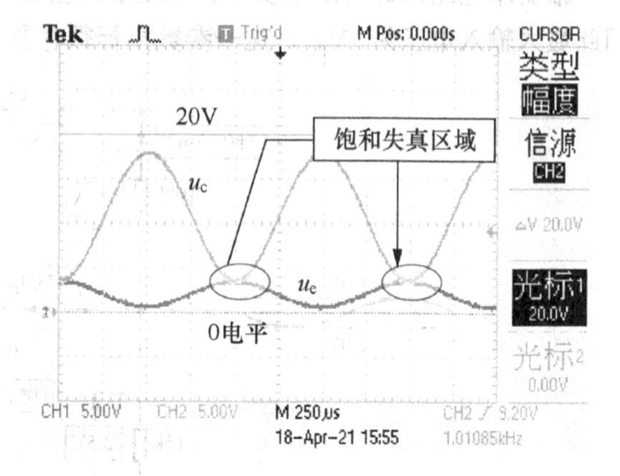

图 2-16 输入信号较大时 u_c（CH$_1$）与 u_e（CH$_2$）刚好有重合区域时的波形（直流测试）

实际上，计算最大不失真输出电压还有一个被大家忽略的方法。如图 2-14 所示，由于 u_c 与 u_e 反相，u_c 的负半波幅度受到 u_e 的正半波幅度的制约。若默认晶体管 c-e 极间饱和压降 $U_{CE(sat)}$ 为零，当 i_c 在 R_c 与 R_e 上产生的压降之和将 VT$_1$ 的 c-e 极间静态电压 8.6V（= 10.5V−1.9V）“耗尽”时输出电压振幅增大，即

$$i_c \times (R_c + R_e) = U_{CEQ} \tag{2-11}$$

代入参数，得

$$i_c = \frac{10.5\text{V} - 1.9\text{V}}{10\text{k}\Omega + 2\text{k}\Omega} \approx 0.72\text{mA}$$

若晶体管 c-e 极间饱和压降 $U_{CE(sat)} \neq 0$，则式（2-11）表示为

$$i_c \times (R_c + R_e) = U_{CEQ} - U_{CE(sat)}$$

则 i_c 和最大不失真的 u_c 振幅更小。

由上面的描述过程可知，当输入信号 u_i 振幅较大时，u_c 与 u_e 首先出现**饱和失真**。理论分析可以证实，若继续增大 u_i，在 u_c 的正峰值与 u_e 的负峰值也将出现削波失真，该失真是**截止失真**，即该电路的**饱和失真**与**截止失真**不同时出现。这说明，电路的静态工作点设置不合理。那么，在保持电阻 R_c 和 R_e 阻值不变的情况下，如何设置合适的静态工作点，使得 u_i 为较大信号时，饱和失真与截止失真同时出现呢?

参考图 2-17，最直观的感觉是拉大晶体管 c-e 极间静态电压 U_{CE} 的“空间距离”，使 u_c 波形整体上移，使 u_e 波形整体下移。

设 e 极静态电压为 V_L，c 极静态电压为 V_H。由于最大不失真时 u_c 和 u_e 正负半波对称，则中间电压落差 $V_H - V_L$ 等于 $20V - V_H$ 与 V_L 之和，即

$$V_H - V_L = \frac{U_{CC}}{2}$$

而

$$V_H = U_{CC} - I_{CQ}R_c \qquad V_L = I_{CQ}R_e$$

代入参数，解得

$$V_L = \frac{5}{3}\text{V} \qquad V_H = \frac{35}{3}\text{V}$$

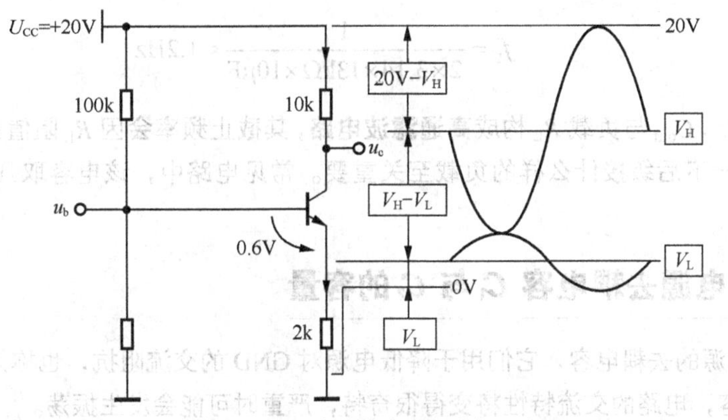

图 2-17　最大不失真输出电压求解示意图

也就是说，当把 e 极静态电压设置为 5/3V 时，c 极为 35/3V 时，**饱和失真**与**截止失真**将会同时出现，此时能得到**最大不失真输出电压**。在保持 R_c 与 R_e 阻值不变的情况下，通过计算，把 R_{b2} 的阻值改为 12kΩ 即可实现。不过这只是理想情况下的状况，实际的阻值可能不是 12kΩ，但可以通过微调得到最佳阻值。

2.3.9　确定耦合电容 C_{in} 与 C_{out} 的容量

C_{in} 与 C_{out} 是将 b 极和 c 极的直流电压隔离，仅让交流成分通过的耦合电容。仔细研究发现 C_{in} 与输入阻抗、C_{out} 与负载阻抗分别构成**高通滤波电路**，如图 2-18 所示。当 C_{in} 与 C_{out} 取值很小时，低频信号难以通过，频率特性下降，在此取 $C_{in} = C_{out} = 10\mu F$。

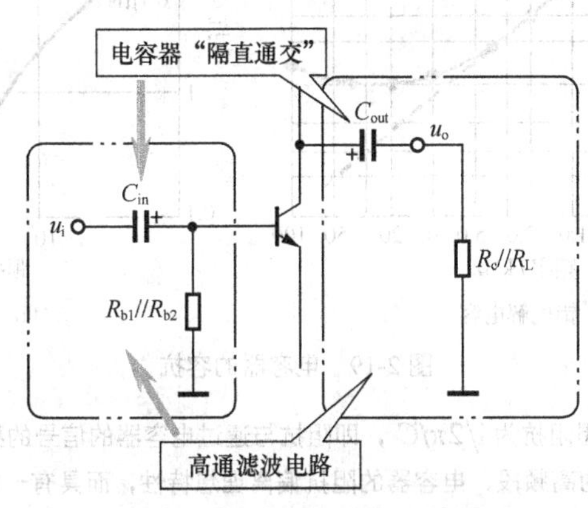

图 2-18　共射放大器的高通滤波电路

（高频信号容易通过，低频信号难以通过，直流信号被隔离而无法通过）

经理论分析证实，图 2-1 中晶体管 e 极电阻 R_e 折算到输入回路的输入阻抗无穷大，故放大器的输入阻抗近似为 R_{b1} 与 R_{b2} 并联，记为 $R_{b1}//R_{b2}$（见 2.4.1 小节）。此时，电容 C_{in} 与 $R_{b1}//R_{b2}$ 构成**高通**

滤波电路，截止频率f_1（幅频特性下降3dB，即下降$1/\sqrt{2}$的频率）为

$$f_1=\frac{1}{2\pi\times R\times C} \tag{2-12}$$

式中，R是放大器的输入阻抗，$R=R_{b1}//R_{b2}$。

代入有关元件的参数，得

$$f_1=\frac{1}{2\times3.14\times13\text{k}\Omega\times10\mu\text{F}}\approx1.2\text{Hz}$$

需要指出的是，C_{out}与负载R_L构成**高通滤波电路**，其截止频率会因R_L阻值的改变而发生变化。因此，预先考虑一下后级接什么样的负载至关重要。常见电路中，该电容取几微法至几十微法已足够。

2.3.10 确定电源去耦电容 C_1 与 C_2 的容量

C_1与C_2是电源的去耦电容，它们用于降低电源对GND的交流阻抗，也称为电源的**旁路电容**。若没有这两个电容，电路的交流特性将变得很奇特，严重时可能会发生振荡。

电容的容抗是$1/(2\pi\times f\times C)$，频率越高容抗就越小。但是，实际上因器件内部分布电感因素的影响，从图2-19所示的某个频率点以上，容抗反而变高了。从元件的结构上讲，小容量电容器的容抗转折点在高频处，大容量电容器的容抗转折点在低频处，这是因为大容的电容器，比如像电解电容器内部采用了长长的铝箔卷绕而成，其感抗成分使其转折点变得很低。因此，工程上，大都采用瓷片电容（C_1）与电解电容器（C_2）并联，前者提供高频通路，而后者提供低频通路，且在电路安装时，瓷片电容要尽量靠近放大器，电解电容器可适当远一点。

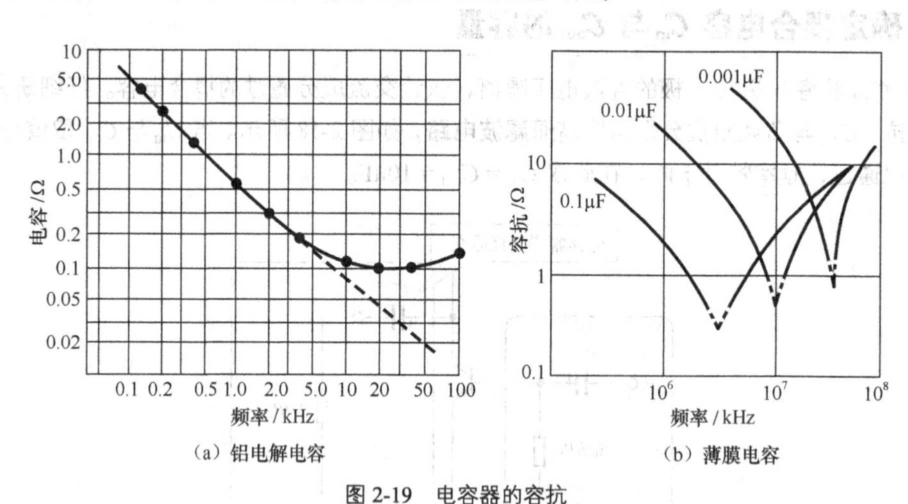

（a）铝电解电容　　（b）薄膜电容

图2-19　电容器的容抗

（电容器的理想阻抗为$1/2\pi fC$，即阻抗与通过电容器的信号的频率成反比，但在信号的高频段，电容器的阻抗偏离理想特性，而具有一定阻抗。）

图2-20所示为小容量的电容器C_1和大容量的电容器C_2的安装技巧。由于小容量的电容器在高频时阻抗很小，如果距离放大器较远，二者之间增长引线本身的阻抗就会显现出来，这时电源的阻抗不能降低，电容的滤波性能就不能很好地体现出来。在此，C_1选容量为0.1μF的陶瓷电容器，C_2选容量为10μF的铝电解电容器。

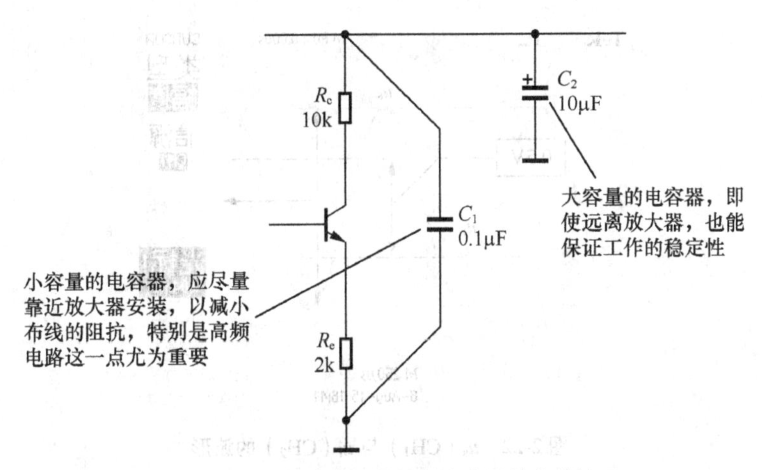

图 2-20　电源正负极之间去耦电容器的安装技巧

（在低频电路中，去耦电容的安装位置不是太重要，但在高频电路中，安装位置比什么都重要，且引线也要尽量短一些）

需要指出的是，在这样低频率的电路中，即使没有小电容 C_1 电路也能正常工作。但是在高频电路中，比起大电容 C_2 来说，C_1 起的作用更为重要。

电源是电路正常工作的根本与基础，故可以认为旁路电容是电路工作的"保证"。即使在电路图中没有画旁路电容，在实际装配电路时，也应该加入旁路电容，否则，可能引起本级电路的寄生振荡或多级电路之间的串扰。

2.4　放大电路的交流性能

究竟设计出来的电路性能如何呢?本节就让我们实际测量一下有关交流参数的情况。

2.4.1　输入阻抗 R_i

注：在研究音频放大器时，由于信号频率较低，暂不考虑信号的相移，这时输入阻抗 Z_i 用 R_i 代替。

图 2-21 所示为图 2-1 电路输入阻抗 R_i 的测试方法。

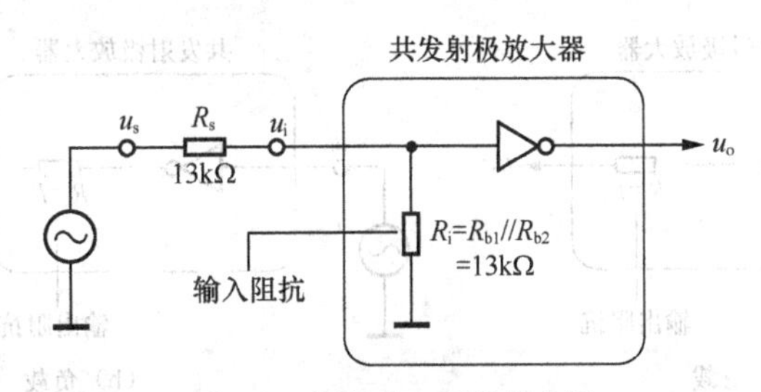

图 2-21　测量输入阻抗的方法

（R_s 是为测量输入阻抗而接入的电阻。就一般放大电路而言 R_s 的阻值为数十千欧以下，根据 R_s 接入后输入电压振幅的变化，就可以推算出放大器的输入阻抗 R_i）

它是在信号源输出通路上串联电阻 R_s，由 u_s 与 u_i 的振幅之比来确定的。u_s 是信号源的输出电压，u_i 是 u_s 经 R_s 送到放大器输入端的电压；若 u_i 的振幅是 u_s 的一半，则 $R_i = R_s$。

图 2-22 所示为 $u_s = 1V_{p-p}$，$R_s = 13k\Omega$ 时的波形，由图可见 $u_i = 0.5V_{p-p}$（是 u_s 的一半），故 $R_s = R_i$，即 $R_i = 13k\Omega$，这个值是电阻 R_{b1} 与 R_{b2} 的并联数值 $R_{b1}//R_{b2}$（$= 100k\Omega//15k\Omega$）。

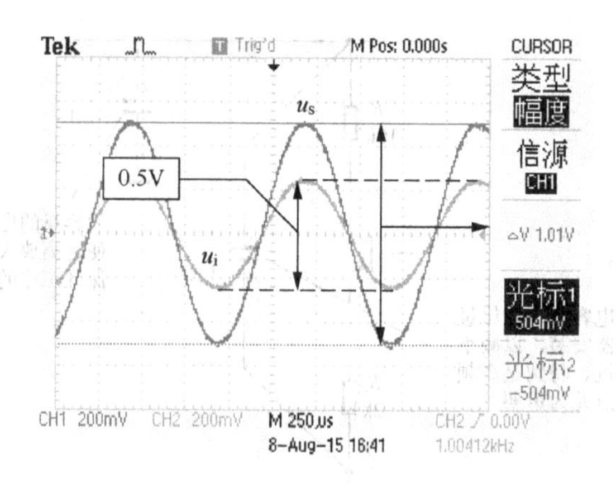

图 2-22　u_s（CH_1）与 u_i（CH_2）的波形

（在信号源输入通路上串接 $R_s = 13k\Omega$，则放大器的输入信号 u_i 振幅为 u_s 的一半。这是因为 R_s 与放大器的输入阻抗 R_i 串联分压，故 R_i 等于 R_s）

在图 2-1 中，由于 e 极电阻 R_e 是输入与回路的公共通路，流过 R_e 的电流是 b 极电流的$1+\beta$倍，因此 R_e 折算到输入回路的阻值为 $(1+\beta)R_e$，该值远远大于 b 极偏置电阻并联阻值，所以在计算放大器的输入阻抗时，只考虑晶体管 b 极的偏置电阻。

图 2-21 所示的电路模型中，用三角形符号表示晶体管放大器，这个放大器是包含有 e 极电阻 R_e 的模型，默认它的输入阻抗无穷大——这与再把 b 极偏置电阻包含进来，把整个放大器视作四端口网络的输入阻抗为 $R_{b1}//R_{b2}$ 是不同的，请读者务必留意。

2.4.2　输出阻抗 R_o

1. 把晶体管视为电压源

注：在研究音频放大器时，由于信号频率较低，暂不考虑信号的相移，这时输出阻抗 Z_o 用 R_o 代替。

若把放大器看作电压源，测试输出阻抗 R_o 的方法如图 2-23 所示。当负载开路时，如图 2-23（a）所示，R_o 没有电流通过，压降为零，放大器的输出电压等于 u_o。当在输出端接上负载 R_L 时，如图 2-23（b）所示，u_o 被 R_o 与 R_L 分压，输出电压 $u_o' = \left[u_o \times R_L / (R_o + R_L)\right]$。根据 u_o' 与 u_o 的比值，即可确定 R_o 的值。

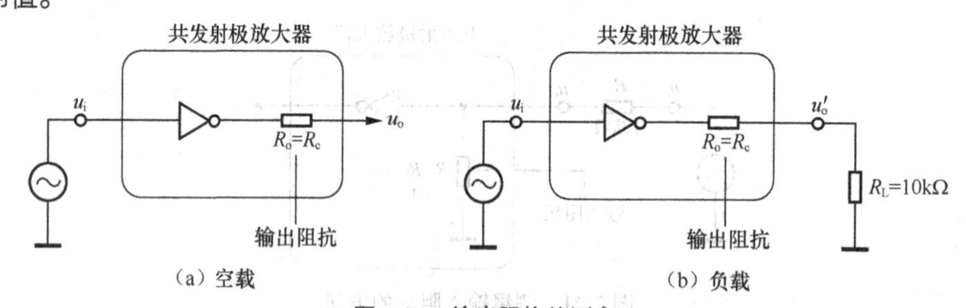

图 2-23　输出阻抗的测定

（R_L 是为测量输出阻抗而接入的电阻。就一般放大电路而言 R_L 的阻值为数十至数千欧以下，根据 R_L 接入后输出电压振幅的变化，就可以推算出输出阻抗的值）

图 2-24（a）所示为 $u_i = 2V_{p\text{-}p}$、负载开路时的输出波形，此时 $u_o = 10V_{p\text{-}p}$。

图 2-24（b）所示为 $u_i = 2V_{p\text{-}p}$、负载为 10kΩ 时的输出波形，此时 $u_o' = 5V_{p\text{-}p}$。可见，由于负载 R_L 的接入，放大器的输出振幅降低到空载时的一半，因此 R_o 与 R_L 相等，即 $R_o = 10k\Omega$，这个值就是 c 极负载电阻 R_c。

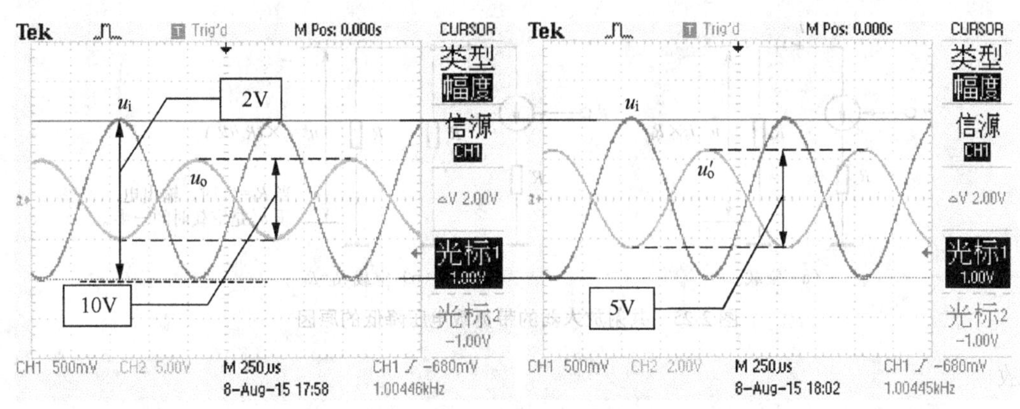

（a）空载时输入电压u_i与输出电压u_o的波形（负载时输入电压u_i=2V_{p-p}，输出电压u_o=10V_{p-p}）

（b）负载时输入电压u_i与输出电压u_o'的波形（10kΩ时输出电压u_o'由10V_{p-p}下降到5V_{p-p}，这是由于输出阻抗与负载串联分压造成的）

图 2-24 放大器空载与负载时的工作波形

由上面的分析可知，接上负载 R_L 时，放大器的输出电压 u_o' 为

$$u_o' = u_o \times \frac{R_L}{R_c + R_L}$$

而

$$u_o = -u_i \times \frac{R_c}{R_e}$$

故

$$u_o' = -u_i \times \frac{R_c}{R_e} \times \frac{R_L}{R_c + R_L} \tag{2-13}$$

若负载 R_L 是 8Ω 扬声器，因 $R_c >> R_L$，则式（2-13）可简化为

$$u_o' = -u_i \times \frac{R_L}{R_e} \tag{2-14}$$

当 $u_i = \pm 1V_{p-p}$ 时，8Ω 扬声器上得到的电压 $u_o' \approx \pm 4mV_{p-p}$，该数值非常小，根本无法驱动扬声器正常发声。也就是说，共发射极放大器的输出阻抗大、电流放大能力较弱，与低阻抗的负载不易匹配。因此，为了能驱动像扬声器之类的重负载，必须采用输出阻抗很小的放大器，有关这方面的内容详见本书第 3 章。

2. 把晶体管视为电流源

如图 2-25 所示，如果改变对晶体管的看法，把共射级放大器视为是由输入信号控制的电流源。空载时，输出阻抗 R_c 的电流为 i_c（由 u_i 控制的电流源电流），输出电压 u_o 为 $i_c \times R_c$。当在输出端接上负载 R_L 且 $R_L = R_c$，此时 R_c 与 R_L 并联。因电流源的电流仍然是 i_c，该电流被 R_c 与 R_L 均分，故输出电压 u_o 为 $i_c \times (R_c // R_L)$，是空载时的一半。

由上面的分析可知，接上负载 R_L 时，输出电压 u_o' 为

$$u_o' = -i_c \times (R_c // R_L)$$

而

$$i_c \approx u_i \times \frac{1}{R_e}$$

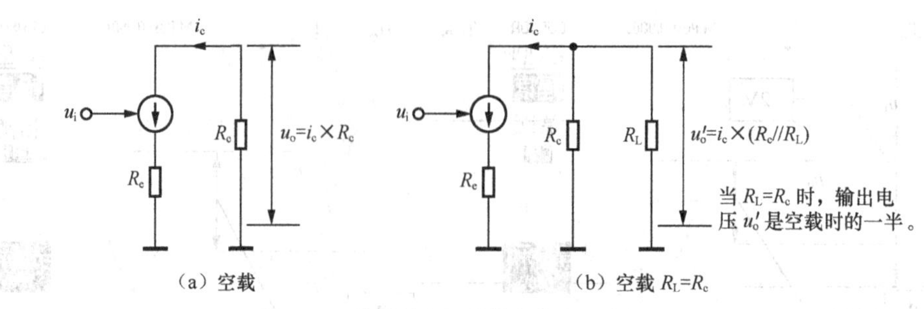

图 2-25　共射放大器的带负载电压降低的原因

故

$$u_o' \approx -u_i \times \frac{1}{R_e} \times \frac{R_c \times R_L}{R_c + R_L}$$

它就是式（2-13）的变形。变形为电压放大倍数的表达方式，有

$$A_u' = \frac{u_o'}{u_i} = -\frac{R_c}{R_e} \times \frac{R_L}{R_c + R_L}$$

它就是式（2-9）。可见，无论把晶体管视为电压源抑或是电流源，得出的结论是一致的，殊途同归，它反映了共射发大电路的本质。

2.4.3　幅频特性

在前面分析放大器时，都是以输入单一频率的正弦波来讨论的，实际输入的信号往往并不一定是正弦波，而是包含许多频率分量的合成波。那么，放大器对这些不同频率分量是不是都能同样放大呢？实验证明：放大器对信号高频和低频都有不同程度的衰减！阻容耦合放大器的放大倍数随信号频率变化而变化，主要是受耦合电容、射极旁路电容、晶体管的结电容、电路分布电容及负载电容的影响。

将放大器在**中间一段频率范围内保持稳定**的最大的放大倍数记做 A_{u0}，这个频率范围称中频段。当放大倍数下降到 A_{u0} 的 $1/\sqrt{2}$（约 0.707 倍）时所对应的低端的频率称为下限频率，用 f_L 表示；所对应的高端频率称为上限频率，用 f_H 表示。在 f_L 和 f_H 之间的频率范围称为通频带，用 f_{BW} 表示，即 $f_{BW} = f_H - f_L$。通频带表征放大器对不同频率输入信号的放大能力，是放大器的一项很重要的技术指标。

1. 低频截止频率

图 2-26 所示为放大器的**低频段**的频率特性仿真。

如图 2-26（a）所示，曲线平坦段的增益是 12.97dB（$\approx 20\times \lg 4.45$，其中，4.45 是负载 100kΩ 时的电压放大倍数，比理论值 4.54 倍稍小），增益下降 3dB 时（等于 9.97dB），对应的低频截止频率[①] f_L 约为 1.3Hz，这与由式（2-12）计算出截止频率非常接近。对于音频放大器来说，低频截止频率 1.3Hz 远低于 20Hz，已经足够了。

在低频段，耦合电容的容抗随频率降低而增大，交流信号的衰减也就增大，从而导致低频段放大倍数的下降。另一方面，耦合电容的容抗随频率降低而增大，也导致低频段相移增大，这种相移是**超前相移**，如图 2-26（b）所示。

① 截止频率也称转折频率或拐点频率，即增益下降 3dB 时对应的频率。

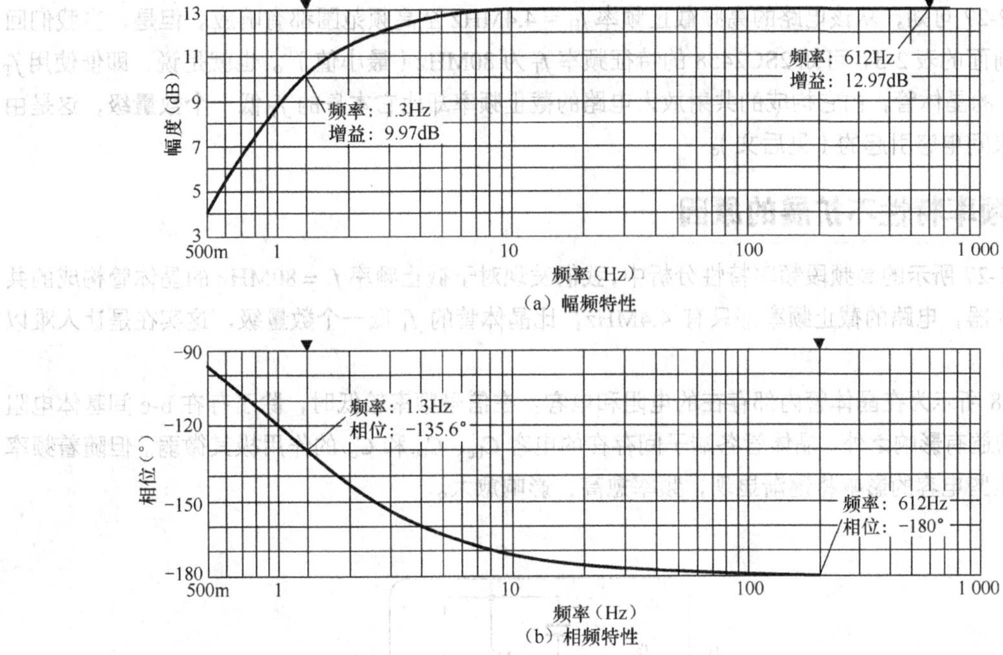

（a）幅频特性

（b）相频特性

图 2-26　实验电路低频段频率特性仿真

2. 高频截止频率

图 2-27 所示为放大器的高频段的频率特性仿真。

如图 2-27（a）所示，曲线平坦段的增益是 12.97dB，增益下降 3 dB 时增益（等于 9.97dB），对应的高频截止频率 f_H 约为 4.4MHz。在高频段，由于晶体管极间电容的作用，导致高频段放大倍数的下降。在高频段，晶体管极间电容的影响增大，导致高频段相移增大，这种相移是滞后相移，如图 2-27（b）所示。

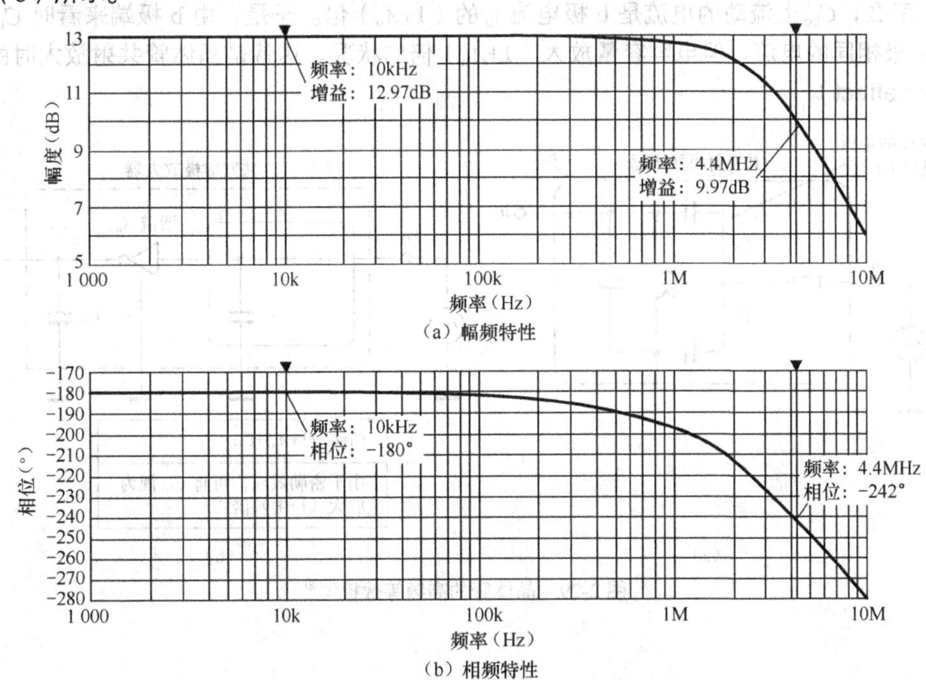

（a）幅频特性

（b）相频特性

图 2-27　实验电路高频段频率特性仿真

如图 2-27 可知，从该电路的高频截止频率 $f_H = 4.4MHz$ 至高频范围都有响应。但是，当我们回头看一下前面的表 2-3，可知 2SC2458 的特征频率 f_T 为 80MHz（最小值）[①]。也就是说，即便使用 f_T 为 80MHz 的晶体管，由它构成的共射放大电路的截止频率却比它本身的 f_T 低一个数量级，这是由晶体管的极间电容引起的（见后文）。

2.4.4 频率特性不扩展的原因

在图 2-27 所示的高频段频率特性分析中，我们发现对于截止频率 $f_T = 80MHz$ 的晶体管构成的共发射极放大器，电路的截止频率却只有 4.4MHz，比晶体管的 f_T 低一个数量级，这实在是让人难以理解的……

图 2-28 所示为在晶体管内部存在的电阻和电容。在信号频率较低时，除了存在 b-e 间基体电阻 r_b 对电压增益有影响之外，晶体管各端子间存在的电容 C_{bc}、C_{be} 和 C_{ce} 的作用极其微弱。但随着频率的升高，这些电容的影响将逐渐显现，频率愈高、影响愈大。

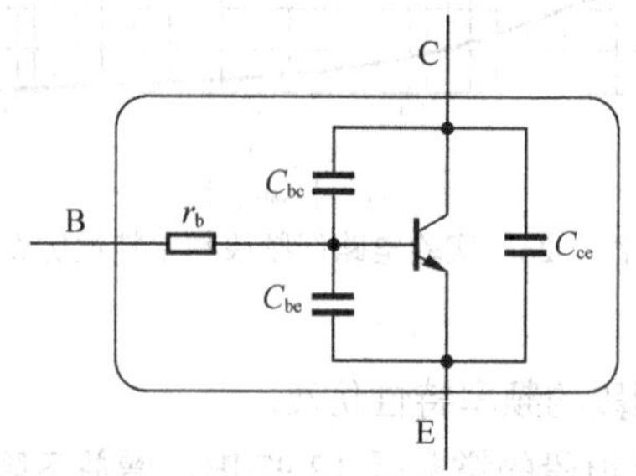

图 2-28　晶体管内部电阻与电容

图 2-29（a）所示是考虑到这些电阻、电容而改画之后的共发射极放大电路。在这里，影响高频特性的是 b-c 极间电容 C_{bc}。因为 b 极的电压为 u_i，c 极的电压为 $-u_iA_u$，则 C_{bc} 两端的电压为 $u_i\times(1+A_u)$。那么，C_{bc} 上流动的电流是 b 极电流 i_b 的（$1+A_u$）倍。于是，由 b 极端来看时 C_{bc} 相当于流过与 b 极相同的电流，但电容容量放大（$1+A_u$）倍的状况，这就是晶体管共射放大时的**密勒效应**（Miller effect）。

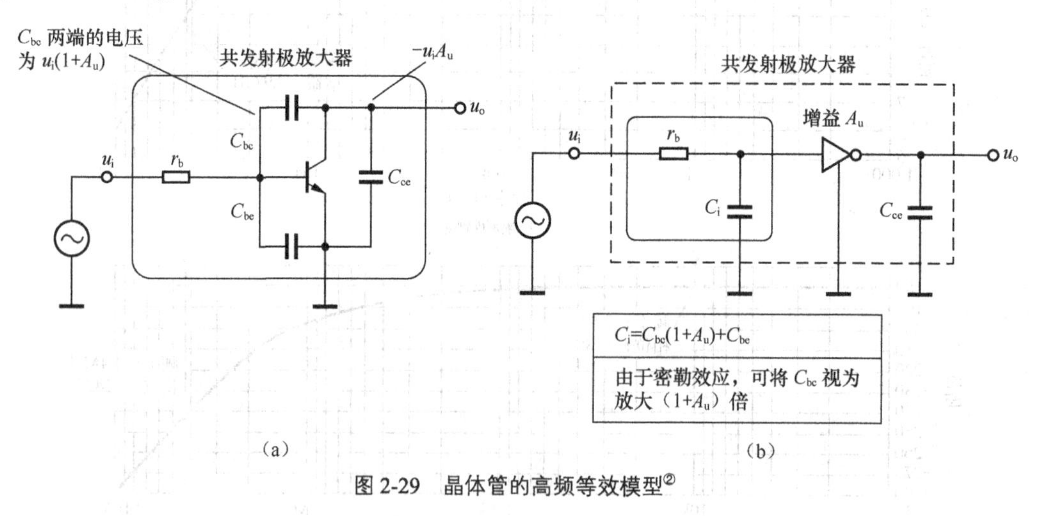

图 2-29　晶体管的高频等效模型[②]

① 笔者的仿真软件中晶体管的模型 2N2222，与 2SC2458 的特征频率略有差异。
② 查看晶体管数据表 2-3 有 C_{ob} 这一栏，它是基极接地时集电极的输出电容，可以粗略看出 C_{bc}。

如图 2-29（b）所示，晶体管的输入电容 C_i 是（$1+A_u$）倍的 C_{bc} 和 C_{be} 之和，C_i 与基体电阻 r_b 形成低通滤波器，因此在信号的高频段电路的放大倍数必然下降。另外，在晶体管的数据表中，往往以 C_{bc} 与 r_b 的乘积来表示高频特性，单位为 s（秒）。显然，$C_{bc}r_b$ 越小表示高频特性越好。通常，低频晶体管的 $C_{bc}r_b$ 的数值为数十至近百皮秒，高频晶体管为数皮秒至数十皮秒。

2.4.5 提高电压放大倍数的方法

上面介绍的放大器电压增益（空载）只有 5 倍，若想再提高放大倍数时，必须增大 R_c 和 R_e 比值，这样的话，连直流偏置的状态也改变了，从而导致最大输出振幅下降，或者偏置随温度而变得不稳定。因此，为了不破坏直流电位关系而又提高交流增益，可以采取图 2-30 所示的方法，将 R_e 分割成 R_{e1} 与 R_{e2}，用电容 C_e 将 R_{e2} 旁路。

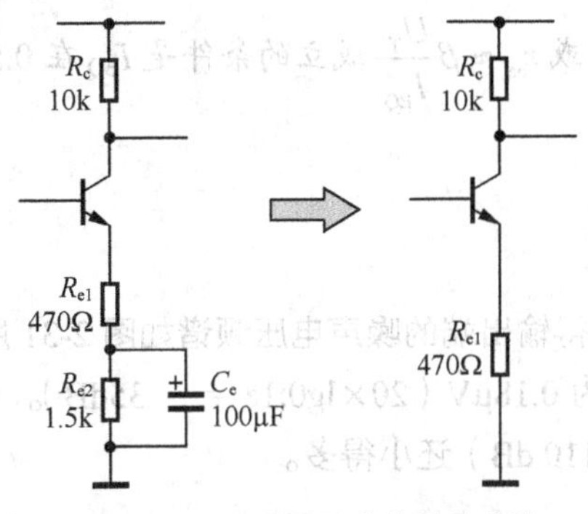

图 2-30 提高电压放大倍数的方法

（发射极电阻 R_{e2} 并联旁路电容 C_e，保证直流工作点不变，却能够提高电压增益）

这样一来，e 极到 GND 间的（交流）电阻变小了，交流放大倍数增大为 $A_u= R_c/R_{e1}$。C_e 为 R_{e1} 提供到地的交流通路，把 R_{e2} 旁路掉了，故称 C_e 为 R_{e2} 的**旁路电容**。另外，若设 $R_{e1}=0$，旁路电容 C_e 与 R_{e2} 并联，则发射极交流电阻几乎为 0，因此理论计算电压放大倍数应该为无穷大。但实际上为有限值，这是因为当 $R_{e1}=0$ 时的 A_u 为

$$A_u=\frac{\beta R_c}{r_{be}} \tag{2-15}$$

式中，$r_{be}=r_b+(1+\beta)\frac{U_T}{I_{EQ}}$[①]或 $r_{be}\approx r_b+\beta\frac{U_T}{I_{EQ}}$，这里 I_{EQ} 指晶体管的静态电流，U_T 是热电势，常温（25℃）时 $U_T\approx 26\text{mV}$。

r_b 仅与杂质浓度及制造工艺有关，由于基区很薄且多数载流子浓度很低，所以 r_b 数值大，对于小功率管，多在 30～300Ω，可以通过查阅手册得到。可见 r_{be} 随晶体管的品种和静态电流的不同而不同，大约在 1～10kΩ 之间。若忽略 r_b，则

$$r_{be}\approx\beta\frac{U_T}{I_{EQ}} \tag{2-16}$$

联立式（2-15）、式（2-16）可得

① r_{be} 是晶体管 h 参数等效模型中的重要参数。

$$A_u = \frac{R_c}{\frac{U_T}{I_E}} \tag{2-17}$$

设 $r_e = \frac{U_T}{I_E}$

则

$$A_u = \frac{R_c}{r_e} \tag{2-18}$$

$r_e = \frac{U_T}{I_E}$ 是发射极基体电阻。

注意：$r_{be} = r_b + (1+\beta)\frac{U_T}{I_{EQ}}$ 或 $r_{be} \approx \beta\frac{U_T}{I_{EQ}}$ 成立的条件是 I_{EQ} 在 0.5～6mA，超出该范围将引起较大误差。

2.4.6 噪声电压

将输入端接地（GND），测得输出端的噪声电压频谱如图 2-31 所示。在 3～10kHz 的区间范围，噪声约为–135dB，用电压表示为 0.18μV（20×lg0.18 = –135dB）。可见，这个数值是相当之小的，甚至于比 CD 机的噪声电平（–110 dB）还小得多。

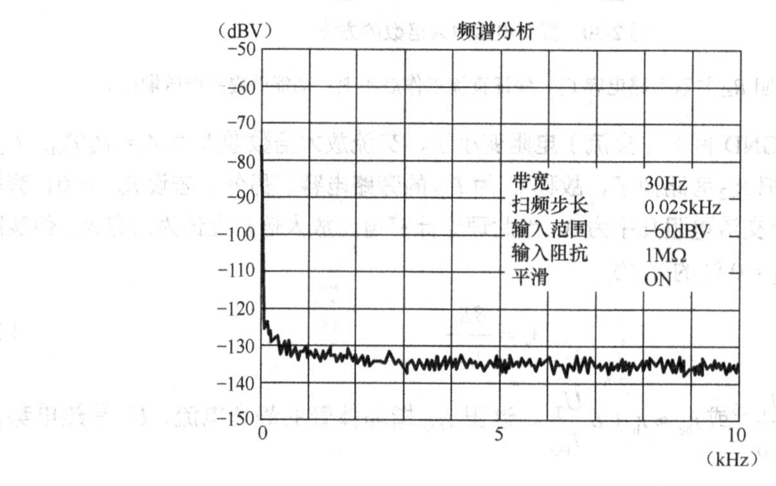

图 2-31　共发射极放大器的噪声电压①

2.4.7 总谐波失真

谐波失真是指输出信号比输入信号多出的谐波成分，是由于系统不是完全线性造成的。所有附加谐波电平之和称为**总谐波失真** THD②，是音频电路中的重要指标之一。THD 与频率有关。一般说来，1kHz 频率处的总谐波失真最小，因此不少产品均以频率 1kHz 的失真作为它的指标。图 2-32 为总谐波失真 THD 对输出电压的曲线图。

① 摘自《晶体管电路设计》(上)，[日] 铃木雅臣（著）。

② THD 指 Total Harmonics Distortion。

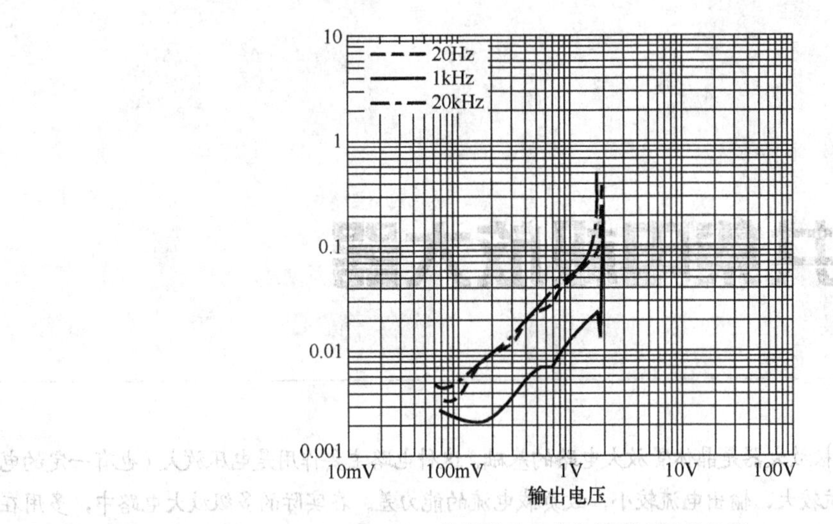

图 2-32　总谐波失真率与输出电压的关系

该电路的 THD，与集成运放构成的电压放大器相比较是很差的，约为 40dB（100 倍）以上的值。在进行一般声音放大的情况下，若没有发生削波失真，THD 在 1%左右也听不到失真。

第 3 章

共集电极放大器

第 2 章介绍的共发射极放大器是晶体管放大电路的基础，这种电路主要作用是电压放大（也有一定的电流放大），但因其输出阻抗较大、输出电流较小，故负载电流的能力差。在实际的多级放大电路中，多用在输入级和中间级，而输出级则要用另一种电路——共集电极电路。共集电极电路也称为**射极跟随器**或**射随器**。

本章对**射极跟随器**电路进行实验，藉此让读者对其电路构成、工作原理及性能有一个基本的认识。所谓**射极跟随器**，简单地讲，**就是指发射极信号跟随输入信号工作的意思**。由于该电路输入阻抗高、输出阻抗低，故能与低阻抗的负载匹配，在驱动诸如电机、扬声器等低阻抗负载电路中得以“大显身手”。为简便起见，本章拟在以下的内容描述时均以**射极跟随器**来代替 “共集电极放大器”这一概念。

3.1 观察射极跟随器的波形

3.1.1 射极跟随器的工作波形

图 3-1 为射极跟随器的电路图，该电路是晶体管放大电路中最简单的电路。与第 2 章介绍过的共发射极放大电路不同之处在于信号是从发射极取出，且没有集电极电阻 R_c——该电阻在共发射极电路中是决定电压放大倍数的重要参数。

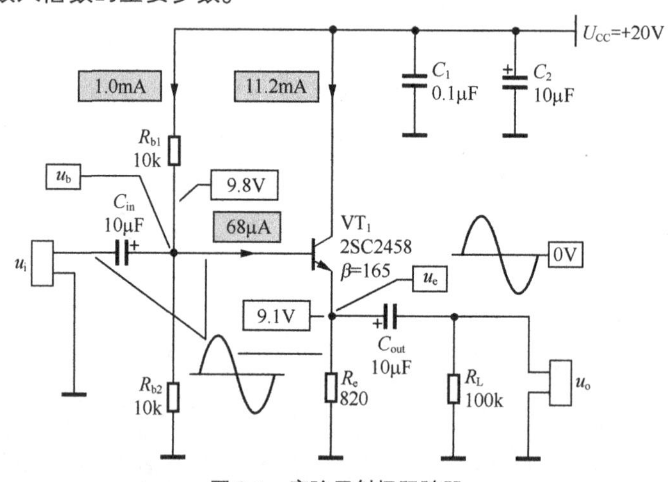

图 3-1 实验用射极跟随器

（用 NPN 晶体管 2SC2458 构成的射极跟随器。为能正常工作，输入输出都接有隔直通交耦合电容，电源也接有退耦电容，消除其内阻造成的自激振荡——该电路若未设置退耦电容或退耦电容位置安排不合理，极易发生自激振荡。图中标注电压值为实测值，电流值为计算值）

图 3-2 是将图 3-1 的电路组装在万用电路板上的布局效果。如果操作熟练的话，不到 20 分钟就可以完成这个电路焊接。

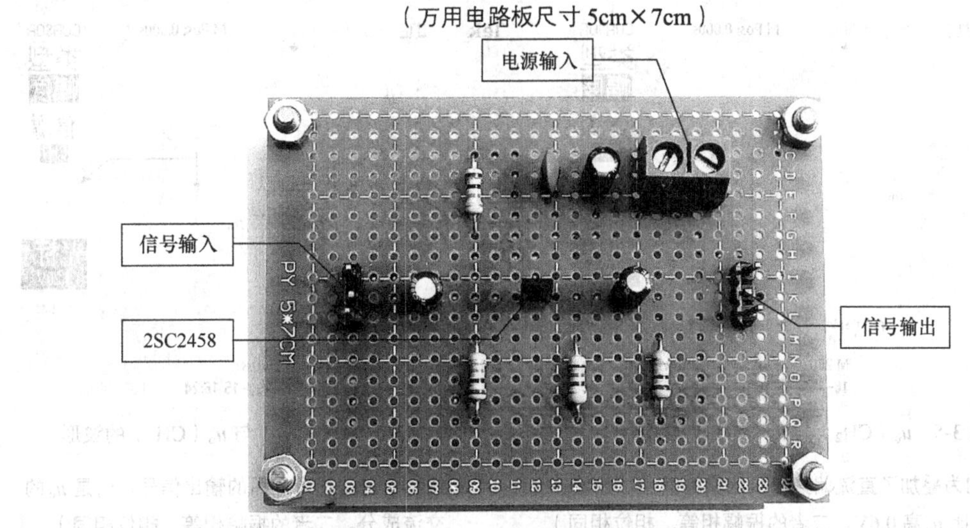

图 3-2 实际焊接完成的射极跟随器电路板

在射极跟随器中，由于信号不是从集电极取出的，故没有必要在集电极接入电阻。当然，接入电阻也能工作，此时集电极不是交流地，但电路仍可称为共集电极放大器，并且由于集电极电流产生的压降都变为损耗，造成无谓的浪费，所以要取消集电极电阻。

图 3-3 所示是输入信号 u_i 为 1kHz 10$V_{p\text{-}p}$ 正弦波时的输入输出波形。可见，输入输出波形的振幅相等（为了防止波形重合，故意设置二者为不同的电压挡位让波形错开）、相位相同。

图 3-4 所示为输入信号 u_i 与晶体管基极电位 u_b 的波形。因输入耦合电容 C_{in} 的隔离作用，u_i 与 u_b 的直流电位被隔开，u_b 的偏置电位为 10V（用数字万用表实际测量为 9.8V）。从交流信号看，u_b 与 u_i 的振幅相等、相位相同，因此，可以认为 u_b 是在直流偏置电位 10V 上叠加了交流信号 u_i。

图 3-5 所示是基极电位 u_b 与发射极电位 u_e 的波形。从直流成分看 u_b 的直流电位约为 9.84V，比 u_e 的直流电位高 0.7V（**等于 VT_1 的发射结导通压降，实测值为 0.67V**），从交流成分看 u_b 与 u_e 的振幅相等、相位相同。

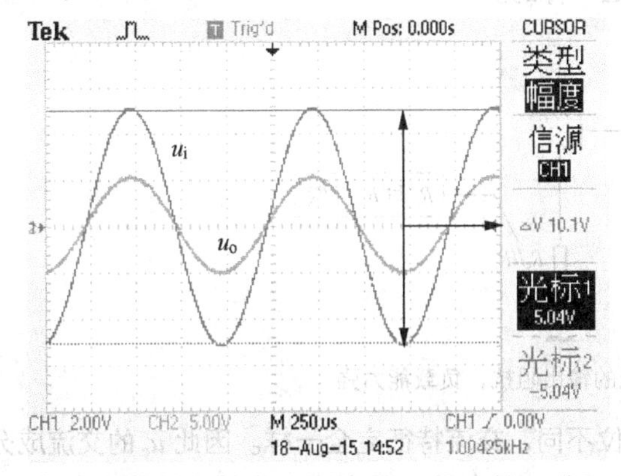

图 3-3 u_i（CH_1）与 u_o（CH_2）的波形

（输入 u_i 是 1kHz 10$V_{p\text{-}p}$ 的正弦波信号时，输出 u_o 与 u_i 振幅相等、相位相同——这就是射极跟随名称的来由，也是这个电路的特点）

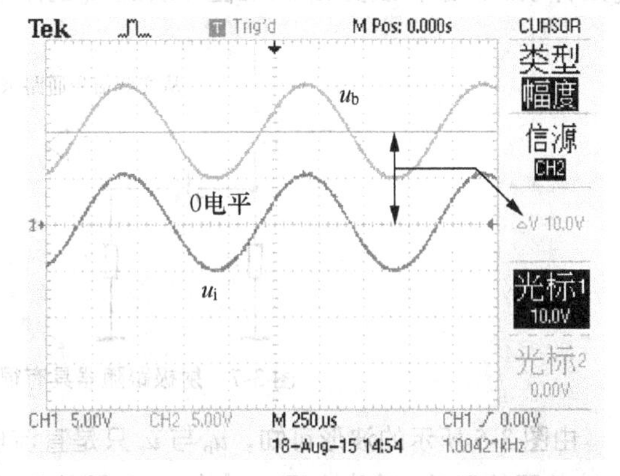

图 3-4 u_i（CH_1）与 u_b（CH_2）的波形

（输入 u_i 是交流信号，经 C_{in} 耦合到晶体管基极成为 u_b，因此 u_b 是包含直流偏置电压的交流信号。二者振幅相等、相位相同）

图 3-6 所示是发射极电位 u_e 与 u_o 的波形。因输出耦合电容 C_{out} 的隔离作用，u_e 与 u_o 的直流电位被隔开，u_e 的直流电位为 9.2V，u_o 的直流电位为 0V。从交流信号看 u_e 与 u_o 的振幅相等、相位相同。

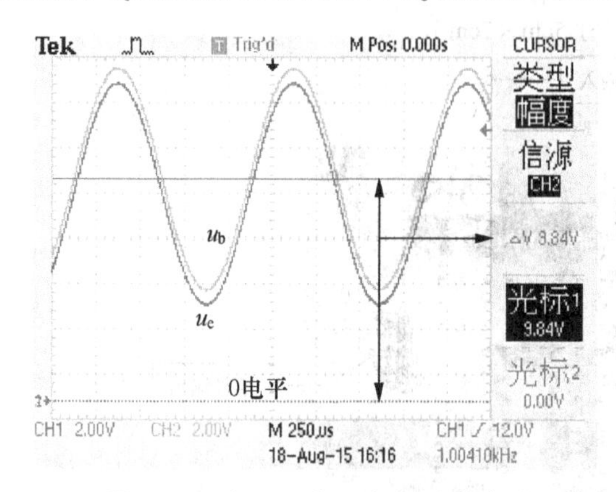

图 3-5　u_b（CH_2）与 u_e（CH_1）的波形

（u_b 与 u_e 均为叠加了直流偏置电压的交流信号。无论何时，u_b 都比 u_e 高 0.6V，二者的振幅相等、相位相同）

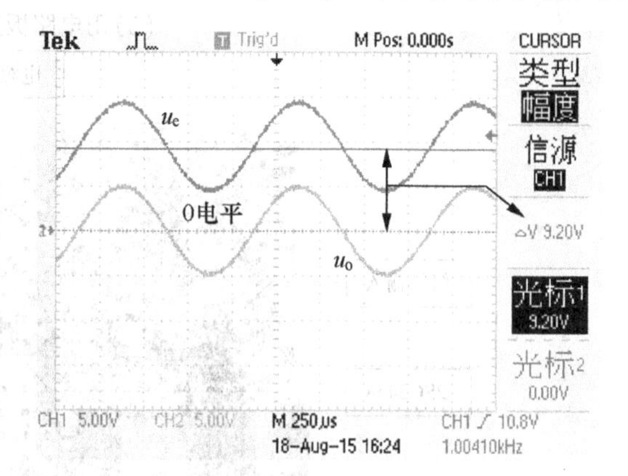

图 3-6　u_e（CH_1）与 u_o（CH_2）的波形

（u_o 是 u_e 经 C_{out} 耦合之后的输出信号，u_o 是 u_e 的交流成分。二者的振幅相等、相位相同）

由以上描述可知，射极跟随器的 u_i 与 u_o 均是经电容 C_{in}、C_{out} 隔离了直流的纯交流信号，u_b 与 u_e 均是包含了直流的交流信号。撇开 u_b 与 u_e 的直流偏置电压不谈，单就交流信号而言，它们与 u_i 和 u_o 几乎是一样的：振幅相等、相位相同。

虽然 u_i 和 u_o 均为纯交流信号且二者同振幅、同相位，但二者的意义却大为不同。u_i 是加在高阻抗（见后文）上的电压信号，负载电流的能力很弱。u_o 是加在较低阻抗（820Ω）上的电压信号，负载电流的能力较强，因它是（$1+\beta$）倍的基极电流在 R_e 产生的压降。故，射极跟随器的“放大”不是指电压的放大（增益为 0dB），而是指电流的放大（$1+\beta$）倍。

3.1.2　较低的阻抗输出

在图 3-7 所示电路中，从交流通路上分析，接在输出端的负载电阻 R_L（100kΩ）与发射极电阻 R_e 是并联的。故，改变 R_L 的阻值与改变 R_e 的阻值是一样的。

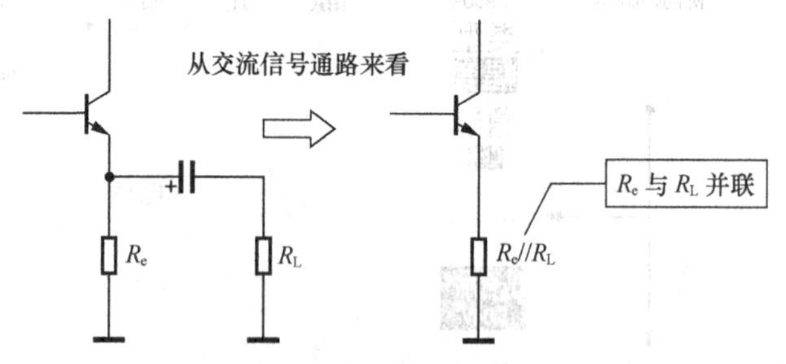

图 3-7　射极跟随器具有很低的输出阻抗，负载能力强

由图 3-5 所示的波形可知，u_b 与 u_e 只是直流电位不同，交流特征完全一样。因此 u_e 的交流成分与 R_e 的阻值无关，输出电压 u_o 也与 R_e 的阻值无关（实际上是有关的）。据此，当放大器接上负载后，输出电压 u_o 也能保持不变，表明射极跟随器的输出阻抗很小，可以与低阻抗的负载（比如扬声器）匹配，具有很强的负载电流能力。

根据以上对射极跟随器电路的实验，可得出以下 3 点结论：

（1）输入电压 u_i 与 u_o 波形的**振幅**和**相位均相同**，即电压放大倍数约等于 1。

（2）输出电压 u_o 的驱动电流为基极电流 $1+\beta$ 倍。

（3）输入阻抗等于偏置电阻或偏置电阻的并联阻值，输出阻抗在十几欧甚至几欧以下（见本书 3.3.1 小节）。

从本质上讲，射极跟随器的电流放大也是一种能量转换作用，即在很小的输入功率信号的控制下，将电源的**直流功率**转变成了较大的**交流功率**。

3.2 射极跟随器的设计

共集电极放大器分析与测试（1）

表 3-1 是图 3-1 所示电路的设计规格。这是除了最大输出电压及电流之外，没有特别规定的简单规格表。求各部分的电压和电流的方法与第 2 章介绍过的共发射极放大电路完全相同。

表 3-1　射极跟随器的设计规格

项目	规格
最大输出电压	$10V_{p-p}$
最大输出电流	±5mA
频率特性	—
输入输出阻抗	—

3.2.1 确定电源电压

首先要确定电源电压，依据的已知参数是最大输出电压。为了输出 $10V_{p-p}$ 的交流电压，显然，电源电压必须在 10V 以上。

在共发射极放大电路中，发射极电阻 R_e 的压降相对于输出电压来说是一种损耗，然而，在射极跟随器中——由于信号从发射极输出——R_e 的压降就不能看成损耗，因此，射极跟随器的电源电压可以是仅比最大输出电压稍大的值即可。另一方面，在电路输出大的电流时（数十至百毫安以上），晶体管的 c-e 极间的饱和电压 $U_{CE(sat)}$ 不可忽略，所以有必要将电源电压提高 $U_{CE(sat)}$ 来设定。

该电路的最大输出电流为±5mA，故电源电压即使是 15V 也足够了，这里取 20V。

3.2.2 晶体管的选择

理论分析证实，静态时的发射极电流要比最大输出电流大一些（理由在后面文中叙述）。由设计规格可知，最大输出电流是±5mA，这里取 I_E=12mA。

另一方面，在 c-b 极间与 c-e 极间有可能加上最大 20V 电源电压。这是因为在输入大振幅的信号时，发射极电位 u_e 应该能够下降到零。因此，选择该电路使用的晶体管各项指标如下：I_E=12mA 以上，c-b 极间电压 U_{CBO} 与 c-e 极间电压 U_{CEO} 最大额定值为 20V 以上。在这里，选择与第 2 章使用过的 NPN 型通用小信号晶体管 2SC2458（东芝），电特性也曾表示在表 2-4 中。

顺便提一下，用 PNP 型晶体管也能组成射极跟随器。比如，把图 3-1 电路（除电源及去耦电容）在垂直方向上翻转，将 NPN 型晶体管改为 PNP 型即可。可见，由两种不同类型晶体管组成的射极跟随器，在结构上也呈现精巧的对偶性（同本书第 2 章介绍过的共发射极放大器的对偶性一样）。

3.2.3 晶体管集电极损耗

为了计算静态时晶体管的集电极损耗 P_C，需要先求出 c-e 极间电压 U_{CE}。

如果将发射极的直流电位 U_E 设置在电源电压 U_{CC} 的中点附近，就能得到最大的输出振幅。为了简单计算，希望基极电位 U_B 取 10V（U_{CC} 与 GND 的中点），故发射极电位为 9.4V（比基极电位低 0.6V）。因此，晶体管的 c-e 极间电压 U_{CE} 为 10.6V（= 20V−9.4V），此时晶体管的集电极损耗为

$$P_C = U_{CE} \times I_C = 10.6\text{V} \times 12\text{mA} = 127\text{mW} \quad (3\text{-}1)$$

在表 2-3 中，2SC2458 的集电极损耗 P_C 最大额定值为 200mW。显然，该设计的 P_C 在额定值以下。然而，**与容许集电极损耗 P_C 是否超过最大额定值相比，容许损耗与环境温度曲线在图中所处的位置更为重要。**

如图 3-8 所示，2SC2458 的集电极损耗随环境温度会有很大变化。25℃以下，容许的集电极损耗为 200mW；25℃以上时，容许的集电极损耗随温度升高而线性递减，至 125℃时为零。由图 3-8 可知，该电路直到环境温度升高到 62℃时仍能正常工作。

此外，集电极容许损耗与环境温度曲线图都记载在晶体管的数据表中，这个数据是指晶体管裸片的功率损耗。但实际应用时，（功率）晶体管经常要加装散热器，这时的集电极容许损耗可以增大数倍。

由于射极跟随器大多用在电路的输出级，工作于高电压、大电流的情况，故必须注意晶体管和发射极电阻的发热问题。本电路中，由于工作电流只有十几毫安，晶体管及发射极电阻的发热量较小，可不予考虑。

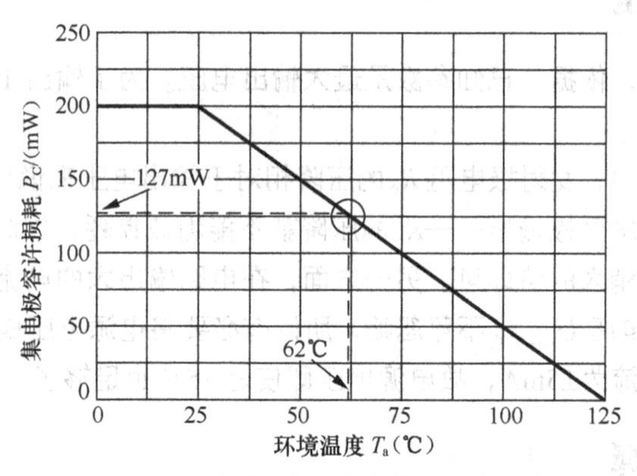

图 3-8　2SC2458 容许的集电极损耗与环境温度的关系

（集电极损耗的容许值是为了防止晶体管发热而损坏晶体管。对于 2SC2458，在 25℃时能够容许最大至 200mW 的功率损耗。超过 25℃时容许功率损耗线性递减）

3.2.4 发射极电阻 R_e 的确定

如前所述，为了使发射极电位 U_E = 9.4V，I_E = 12mA，则发射极电阻 R_e 为

$$R_e = \frac{U_E}{I_E} \approx \frac{9.4\text{V}}{12\text{mA}} = 780\Omega \quad (3\text{-}2)$$

该值在电阻 E24 系列是没有的，取就近值 820Ω，此时发射极的静态电流 I_E 为 11.5mA（$\approx \frac{9.4\text{V}}{820\Omega}$），

完全能满足最大输出电流（±5mA）指标。

3.2.5 基极偏置电路的确定

该电路将偏置电压 U_B 设定在 10V（电源电压 20V 与 GND 的中点）。为此，$R_{b1}=R_{b2}$，计算起来更方便。另一方面，因发射极电流 I_E=11.5mA，设晶体管的电流放大系数 β=165，则基极电流为 0.07mA。

通常，有必要预先让基极偏置电路的电流是基极电流 10 倍左右（与共发射极放大电路偏置电路的设计相同）。所以，设 $R_{b1}=R_{b2}$=10kΩ，则通过 R_{b1}、R_{b2} 的电流为 1mA（约为基极电流的 14 倍）。

3.2.6 输入输出电容的确定

与共发射极放大电路相同，C_{in} 与 C_{out} 是隔离直流电压的电容。在这里设 $C_{in}=C_{out}$=10μF。因此，C_{in} 与偏置电路的电阻形成的高通滤波器的截止频率 f_{c1} 为

$$f_{c1}=\frac{1}{2\pi\times R_i\times C_{in}}=\frac{1}{2\times3.14\times5\text{k}\Omega\times10\mu\text{F}}\approx3.2\text{Hz} \tag{3-3}$$

式中，R_i 是电路的输入阻抗，$R_i=R_{b1}//R_{b2}$（详见 3.3.1 小节）。

另一方面，当电路接有负载电阻 R_L=820Ω 时，与 C_{out} 构成高通滤波器，其截止频率 f_{c2} 为

$$f_{c2}=\frac{1}{2\pi\times R_L\times C_{out}}=\frac{1}{2\times3.14\times820\text{k}\Omega\times10\mu\text{F}}\approx19\text{Hz} \tag{3-4}$$

计算表明，射极跟随器的频率特性非常好。

由于输入、输出信号同相以及输入阻抗高等原因，从发射极向基极加正反馈时常常会引起振荡，因此有必要充分地对电源去耦。特别是小容量的电容的连接，要像从集电极到发射极电阻 R_e 接地点间距离最短那样来连接。这里，电源的去耦电容 C_1 与 C_2 的取值为：C_1=0.1μF，C_2=10μF。

3.3 射极跟随器的交流性能

3.3.1 输入输出阻抗

设输入信号 u_s=10$V_{p\text{-}p}$，按图 2-21 同样的方法，令 R_s=5kΩ，u_s 与 u_i 的波形如图 3-9 所示。此时 u_i=5$V_{p\text{-}p}$，是 u_s 的一半。所以该电路的输入阻抗 R_i=5kΩ，这个值就是偏置电阻 R_{b1} 与 R_{b2} 的并联阻值。

设输入信号 u_i=7$V_{p\text{-}p}$，图 3-10 所示为输出端接上 820Ω 负载（等于 R_e）时的输入输出波形。可见，输入与输出的振幅相等（为了防止波形重合，故意设置二者为不同的电压挡位让波形错开），相位相同。

大家知道，在共发射极放大电路中，若输出端接上负载输出电压会下降（也可以看成增益下降）。但对于射极跟随器来说，接上负载却不怎么会造成输出电压的变化（增益仍约等于 1）。这表明该电路的输出阻抗很小，一般在数欧以下，因此，带负载能力强，**常常作为多级放大器的输出级。**

图 3-11 所示是将射极跟随器与共发射极放大器组合在一起的电路。共发射极放大器作为电压放大级，约有 10 倍的电压放大。射极跟随器作为电流放大级，同时又是输出级，可以大大地降低输出阻抗。该电路直接将共发射极放大器的集电极连接到射极跟随器的基极，前者的集电极电位

直接地被作为后者的基极偏置电压。由于是直接耦合，故没有耦合电容和用电阻串联分压构成的偏置电路。

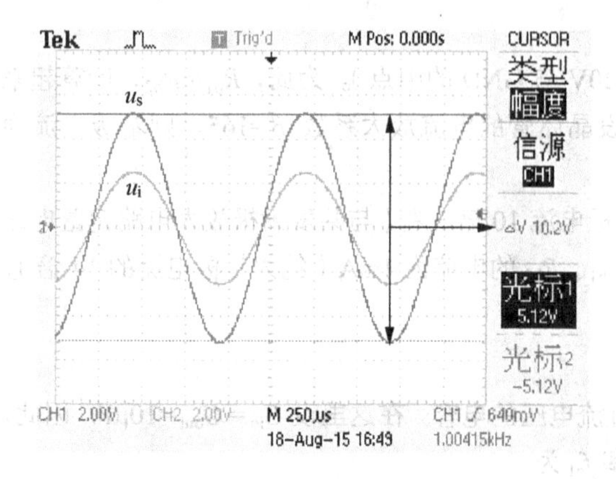

图 3-9　输入阻抗测试波形

（在输入端串接 $R_s = 5k\Omega$ 电阻，输入信号 u_i 振幅下降，这是因为串接电阻 R_s 与放大器的输入阻抗 R_i 的分压。从放大器输入端看 u_i 是 u_s 的一半，则放大器的输入阻抗 R_i 等于 R_s）

图 3-10　输出阻抗测试波形

（在输出端接负载 $R_L = 820\Omega$，放大器的输出电压 u_o 与没接负载时几乎没有什么变化，这表明该电路的输出阻抗很小，带负载能力强）

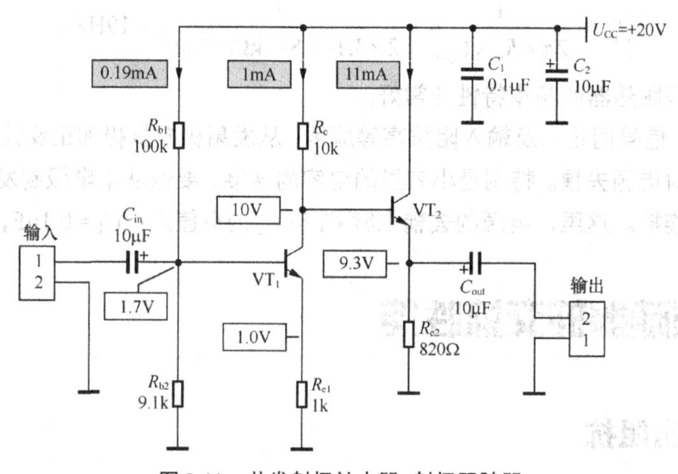

图 3-11　共发射极放大器+射极跟随器

3.3.2　加重负载或增大输入信号时的工作状况

共集电极放大器分析与测试（2）

对图 3-1 所示电路来说，当增大输入信号或加重负载时，输出信号的负半波顶部被削掉。

图 3-12 所示是输入 1kHz $10V_{p\text{-}p}$、$R_L = 820\Omega$ 时的输入输出波形。输入 u_i 是标准的正弦波，而输出 u_o 虽然也是正弦波，但负半波顶部被削掉。此时，发射极电位 u_e 与 u_o 的波形情况相同（但直流偏置电压不同），单独测试 u_e 的波形如图 3-13 所示。

由图 3-13 可见，发射极直流电位 U_E（= 9.2V）与 GND 的中点（4.6V）以下，u_e 被削去。但是，如果没有接负载电阻，输出波形正负半波均完好（见图 3-3）。这是什么原因造成的呢？是射极跟随器在经由发射极电阻 R_e 取出大电流时（比如，接低阻抗的负载），晶体管能提供足够多的正半波电流，但负半波电流却受到静态电流的最大值制约。读者可能会问：为什么加重负载时正半波不发生削波失真，而负半波发生呢？下面我们继续分析……

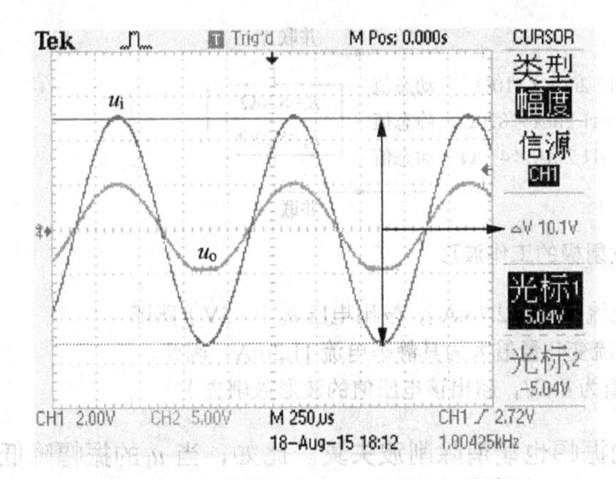

图 3-12　u_i（CH_1）与 u_o（CH_2）的波形

（加大输入信号振幅，输出信号负半波的电流到某一极限值时不能流动而暂停，波形尖峰部分被削去）

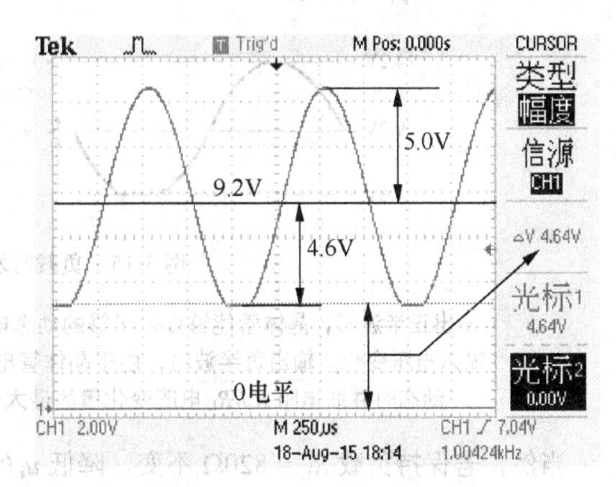

图 3-13　发射极电位 u_e 的波形

（发射极电位 u_e 的正半波不发生削波失真。而负半波，超过-4.6V 的被削去，这是因发射极静态电流小，带负载时制约了负半波的电压输出幅度）

图 3-14（a）所示是射极跟随器输出正半波时的交流等效电路。

静态时，发射极的电流为 11.5mA（= 9.4V/820Ω，但实测值为 11.2mA = 9.2V/820Ω，即发射极电位比设计值 9.4V 略低）。当从交流信号来看时，因 R_e 与 R_L 并联，则输出电压 $u_o = i_e \times (R_e//R_L)$。比如，输出正半波电压 u_o = 5V 时，i_e 为 12.2mA（= 5V/410Ω）。这个电流由电源提供，但受基极电流控制。若增大输入信号 u_i，只要晶体管的 β 足够大，i_e 相应增大，就能保证输出电压 u_o 正半波能够跟随 u_i 变化，不会出现削波现象。

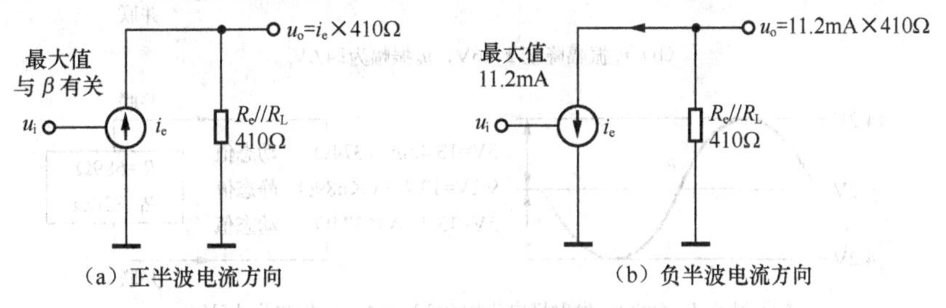

图 3-14　动态工作时的等效电路

（从交流上看，发射极电阻与负载是并联关系。正半波时，输出电压与晶体管动态电流 i_e 成正比，只要 β 足够大 u_o 就可跟随 u_i 变化。负半波时 u_o 由静态电流决定）

图 3-14（b）所示是输出负半波时的交流等效电路。由于静态时流过发射极电阻 R_e（= 820Ω）的电流为 11.2mA，当输入信号负向变化时，晶体管发射极的输出电流从静态值开始减小，直至为零，即电流最大变化值为 11.2mA。因此，动态时并联电阻 $R_e//R_L$（= 410Ω）电压变化量的最大值为 4.6V（≈ 11.2mA×410Ω），超出该电压值的波形被削去，如图 3-15 所示。

若继续减小 R_L，则 $R_e//R_L$ 更小，负半波信号不发生削波失真的幅度更小。可见，负载愈重（阻抗值小）输出电压负半波幅度愈小，波谷被削去的部分更多。因此，作为低阻抗输出的射极跟随器，若没有预先将空载电流设置到比最大输出电流还要大一些时，输出波形的负半波将会被截去。

那么，空载电流增大到何种程度才能保证不发生削波现象呢？应依照必要的输出电压值与最大输出电流值而有所不同。比如，对于图 3-1 所示电路来说，若保证输出电压负半波不被削去，因静态电流为

11.2mA，u_i 为±5$V_{p\text{-}p}$，则 $R_e//R_L$ 必须大于446Ω（= 5V/11.2mA），即 R_L 大于977Ω，如图3-16（a）所示。

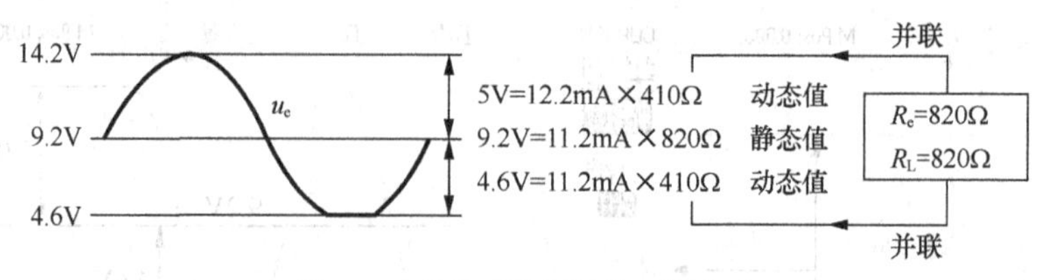

图3-15　负载时发射极的工作波形

（输出正半波时，晶体管能够提供足够的动态电流 i_e（= 12.2mA），输出电压 u_o（= 5V）跟随输入电压变化。输出负半波时，由于晶体管电流变化量最大为其静态电流11.2mA，因此，动态时并联电阻 $R_e//R_L$ 电压变化量的最大值为4.6V，超出该电压值的波形被削去）

当然，若保持负载 R_L = 820Ω 不变，降低 u_i 的振幅也能消除削波失真。比如，当 u_i 的振幅降低到4.6V（=11.2mA×410Ω）以下时，输出负半波将不会出现削波现象，如图3-16（b）所示。

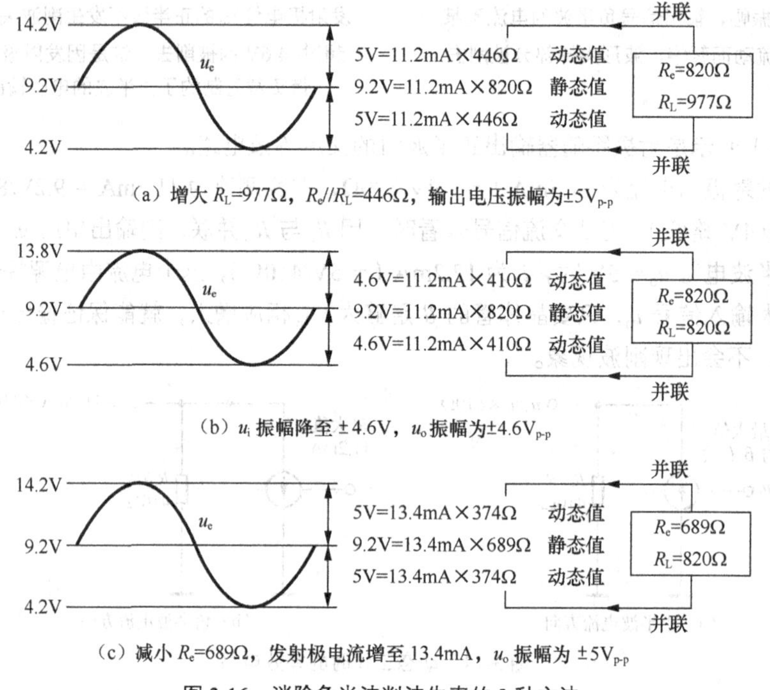

（a）增大 R_L=977Ω，$R_e//R_L$=446Ω，输出电压振幅为±5$V_{p\text{-}p}$

（b）u_i 振幅降至±4.6V，u_o 振幅为±4.6$V_{p\text{-}p}$

14.2V
9.2V
4.2V
u_e
5V=13.4mA×374Ω 动态值
9.2V=13.4mA×689Ω 静态值
5V=13.4mA×374Ω 动态值
R_e=689Ω
R_L=820Ω
并联
并联

（c）减小 R_e=689Ω，发射极电流增至13.4mA，u_o 振幅为±5$V_{p\text{-}p}$

图3-16　消除负半波削波失真的3种方法

此外，在输入电压 u_i 及负载 R_L 都保持不变的情况下，减小发射极电阻 R_e，也能使输出负半波不发生削波失真，如图3-16（c）所示。

设输出电压为 U_o，则

$$(R_e // R_L)\times\frac{U_e}{R_e}=U_o \tag{3-5}$$

整理，得

$$R_e=\left(\frac{U_e}{U_o}-1\right)\times R_L \tag{3-6}$$

把 $U_i = U_o = 5V$，$U_e = 9.2V$ 和 $R_L = 680Ω$ 代入式（3-6），得

$$R_e = \left(\frac{9.2}{5} - 1\right) \times 820\Omega \approx 689\Omega$$

此时，发射极电阻 R_e 的静态电流为 13.4mA（≈ 9.2V/689Ω）。负载为 820Ω 时，放大器的总负载电阻为 374Ω，故输出电压为 5V（≈ 13.4mA × 374Ω），负半波也将不会出现削波现象。

若设发射极的电位 U_e 为电源的 1/2，则式（3-6）可化为一般形式，即

$$R_e = \left(\frac{U_{CC}}{2U_o} - 1\right) \times R_L \tag{3-7}$$

式（3-7）表明，输出电压 U_o 一定小于 $U_{CC}/2$，否则 R_e 为负值。

另外，由式（3-7）可知，当 U_o 接近 $U_{CC}/2$ 或 R_L 较小时 R_e 很小，发射极静态电流大。这样，至少会出现 2 个我们不愿意见到的情况：一是 R_e 的功耗大，输出功率的 1/2 被 R_e 消耗，另外的 1/2 才为负载 R_L 利用；二是晶体管的功耗大，可能会超出其安全工作范围。这种电路的局限性是显而易见的，因此实际工程中很少采用，特别是需要输出较大功率的场合。

3.3.3 互补对称功率放大器

为了改善上述电路的缺点，将发射极电阻 R_e 换成用 PNP 型晶体管构成的射极跟随器。根据电路的对偶性原则，由 PNP 管构成的射极跟随器，输出波形的正半波被削去，负半波正常。这样一来，NPN 管在正半周工作，PNP 管在负半周工作，两个半周波形叠加，在负载上得到完整的输出波形。既撇开了单管工作时 R_e 无谓的功率消耗，又解决了单一型管工作（负载重）时出现的半波削波问题，可谓一举两得！由于两只晶体管工作特性对称，交替工作互补对方不足，故称**互补对称功率放大电路**，如图 3-17 所示。

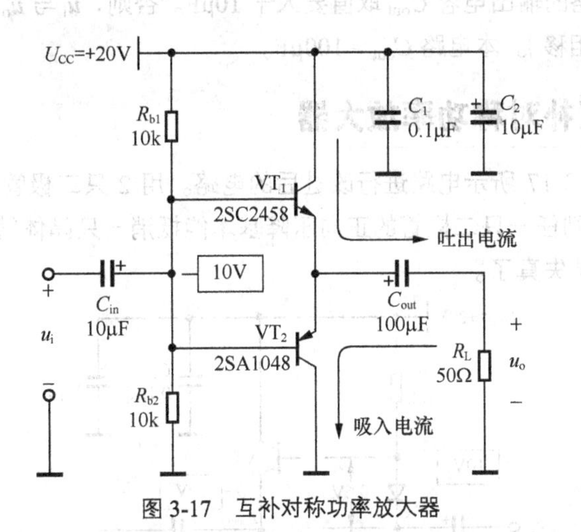

图 3-17　互补对称功率放大器

（将 NPN 管与 PNP 管构成的射极跟随器发射极连接，组成互补对称功率放大电路。
但该电路在中点电压（10V）附近，两只晶体管都会截止，输出信号出现交越失真）

由于 VT$_1$（NPN）在正半周工作，将电流“吐出”给负载（类似打太极拳的“外推”动作）。VT$_2$（PNP）在负半周工作，将电流从负载“吸入”（类似打太极拳的“回挽”动作），所以也称**推挽输出电路（Push-pull output）**。

图 3-18 所示是图 3-17 所示电路的输入输出电压波形。尽管负载取出 ±40mA（= ±2V/50Ω）的电流，输出波形的正负半波都没有被削去。但是，在正弦波过零附近波形不能平滑过渡，这表明输

出信号失真了，这种失真称为**开关失真**（Switching Distortion）或**交越失真**。**交越失真**的直接效果是听起来有沙声，这种失真是非线性失真，在音频系统中是不能接受的，必须尽力消除。

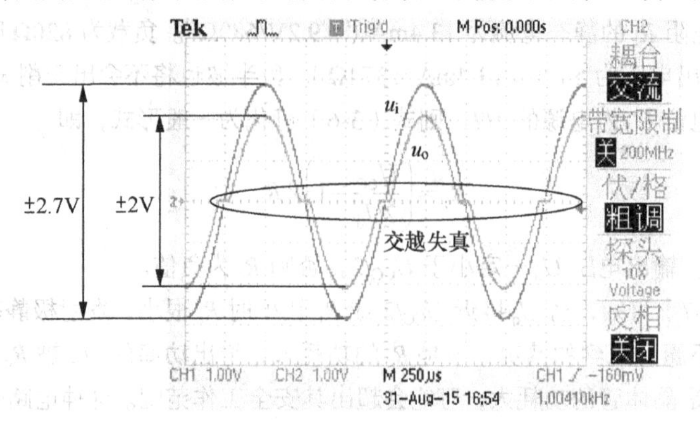

图 3-18　互补对称功率放大器的 u_i（CH_1）与 u_o（CH_2）的波形

（在输入正弦波信号过零附近（−0.5～+0.5V），两互补管均处于截止状态，输出信号出现交越失真）

引起交越失真的原因也很简单。在图 3-17 所示电路中，由于互补管的基极连在一起，所以基极电位是相同的。输入信号在过零附近(−0.5～+0.5V)，晶体管的 b-e 极之间的电位差低于发射结的“死区”电压，故它们均处于截止状态，输出信号不能跟随输入信号而变化。

另外，由图 3-18 可见输出信号 u_o 的振幅小于输入信号 u_i 的振幅，这是由于晶体管发射结的“死区”电压引起的。这表明，输入信号向晶体管发射极传递的效率下降了。当然，该电路也有一个小小优点：在没有输入信号时两只晶体管都截止，所以空载电流为零，晶体管不发热，电路的效率高。

顺便提一下，该电路的输出电容 C_{out} 取值要大于 10μF。否则，u_i 与 u_o 的波形就不能保持严格的同步关系（二者有轻微相移）。本电路 C_{out} = 100μF。

3.3.4　改进后的互补对称功率放大器

图 3-19 所示是对图 3-17 所示电路进行改进后的电路。用 2 只二极管在 2 只晶体管的发射结上加上 1.2V 的偏置电压，则任一只二极管的正向压降基本能抵消一只晶体管发射结的死区压降，如此一来就可以基本消除交越失真了。

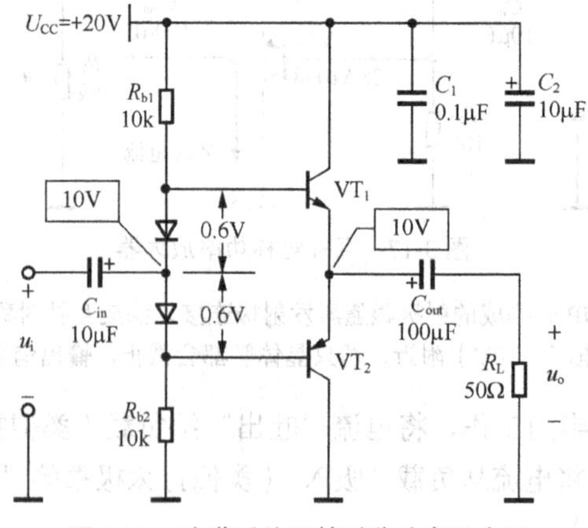

图 3-19　改进后的互补对称功率放大器

（用二极管的正向导通压降抵消晶体管的发射结死区电压，消除交越失真）

图 3-20 所示是将图 3-19 所示的电路组装在万用电路板上的放大电路。如果操作熟练的话，10 分钟就可以完成这个电路的焊接。

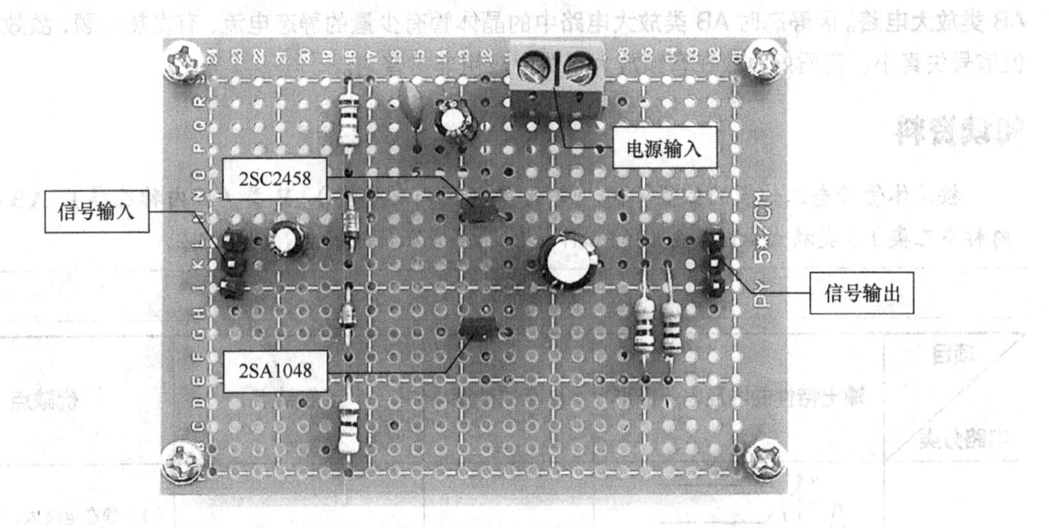

图 3-20 实际焊接完成的改进后的互补对称功率放大器电路板

（万用电路板尺寸 5cm×7cm，二极管为 1N4148）

图 3-21 所示是图 3-19 所示电路的输入输出波形，在输出波形的过零附近不存在**交越失真**。此外，我们还欣喜地发现 u_i 与 u_o 的振幅也基本相等了，这表明晶体管传递的效率得到提升。该电路是用 2 只二极管的导通压降抵消 2 只晶体管的基极-发射极间压降 U_{BE}，可以认为晶体管的静态电流几乎为零，因此空载时没有晶体管的发热问题。

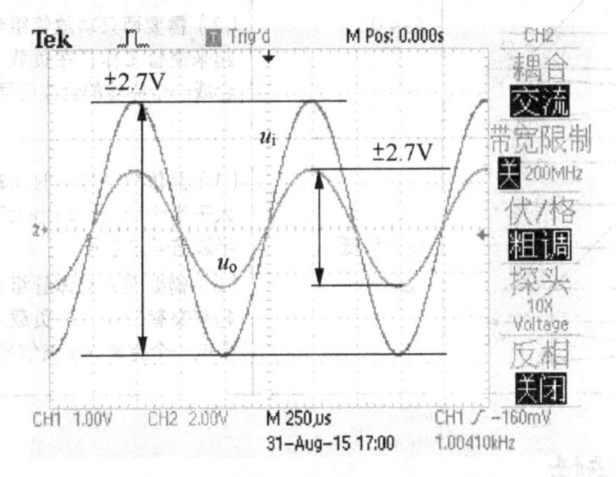

图 3-21 改进后的互补对称功率放大器的 u_i（CH_1）与 u_o（CH_2）的波形

（对互补输出晶体管基极作适当的电压偏置，消除交越失真，即使负载 50Ω，波形仍然很漂亮。同时，u_i 与 u_o 的振幅也基本相等）

对于图 3-17 与图 3-19 所示电路来说，当一只晶体管输出电流时，另一只晶体管总是截止的，这种工作方式称为 **B 类放大电路**[①]。而图 3-1 所示电路称为 **A 类放大电路**。**A 类放大电路**在正弦信号的整个周期内，晶体管始终处于导通状态。

若减小图 3-19 中 2 只二极管的上下侧电阻的阻值，增大二极管的静态电流，足以让晶体管的发

① 我国把 A 类称为甲类，把 B 类称为乙，把 AB 类称为甲乙类。

射结电压脱离死区，集电极-发射极之间流过十几～几十毫安的电流（根据串联电阻的大小而定）。U_{CE}电压为电源电压的1/2，因此晶体管有少量的功耗。这种静态时互补对管均导通的工作方式称为**AB类放大电路**。因静态时**AB类放大电路**中的晶体管有少量的静态电流、有发热问题，故效率降低，但信号失真小、音质好，故在音频放大电路中应用非常普遍。

阅读资料

按晶体管静态工作点的位置不同，有**A类（国内称甲类）**、**B类（国内称乙类）**、**AB类（国内称甲乙类）**3类放大电路，它们的工作特性、波形及优缺特点，见表3-2。

表3-2　3类放大电路工作特性

项目 / 电路分类	输出特性曲线及电流波形	Q点的位置	工作特点	优缺点
A类功放	i_C Q O v_{CE}	Q点在中间 I_{CQ}较大	晶体管在输入信号的整个周期内均导通，输出信号无失真	（1）静态电流大，管耗大，效率较低 （2）小电流工作时常用于电压放大，大电流工作时常用于甲类功放
B类功放	i_C Q O v_{CE}	Q点很低 I_{CQ}≈0	（1）晶体管仅在信号的正半周或负半周导通，输出为半波信号 （2）需要两只功放管组合起来交替工作，在负载上合成一个完整的全波信号	（1）存在交越失真 （2）晶体管静态电流约等于零，功耗小，效率高 （3）多用于要求不高的场合
AB类功放	i_C Q O v_{CE}	Q点较低 I_{CQ}较小	（1）晶体管的导通时间略大于半个周期，输出大于半波信号波信号 （2）需要两只晶体管组合起来交替工作，在负载上合成一个完整的全波信号	（1）不存在交越失真或很小 （2）晶体管静态电流稍大于零，功耗较小，效率较高 （3）最为常见的电路结构

3.3.5　幅频与相频特性

图3-22所示为实验电路的频率特性（1Hz～10MHz）仿真。

由图3-22可见，低频端的截止频率f_{c1}约为3.8Hz，与由式（3-3）计算的高通滤波器的截止频率f_{c1}接近。当频率在10Hz以上时，幅频特性几乎为一条平坦的直线，延伸至10MHz附近，这表明射极跟随器的高频特性良好。从相频特性曲线上看，截止频率f_{c1}处相位超前48.7°，100Hz以上相位几乎不变，均为零度，这表明在输入信号频率在100Hz以上时，输入输出信号同相。

如图3-23所示，射极跟随器的频率特性也与共发射极电路的情况一样，基极串联电阻r_b与电路的输入电容C_i形成的低通滤波器使得高频增益下降。但是，射极跟随器的增益仅为1，所以不会发生“**密勒效应**”。由于C_i非常小，幅频特性变得非常好。

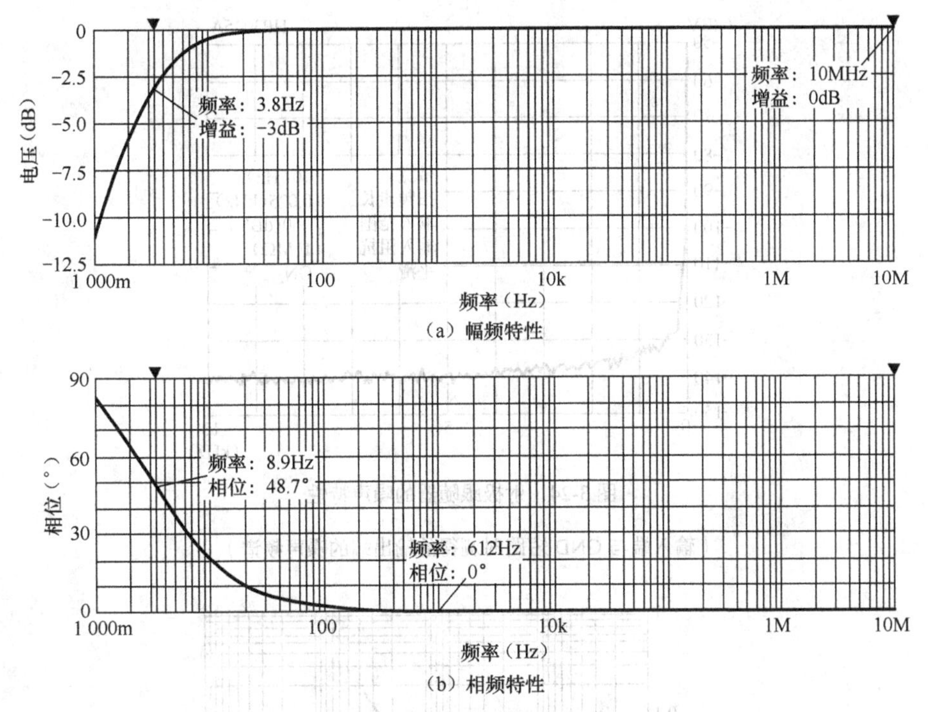

（a）幅频特性

（b）相频特性

图 3-22　实验电路频率特性仿真

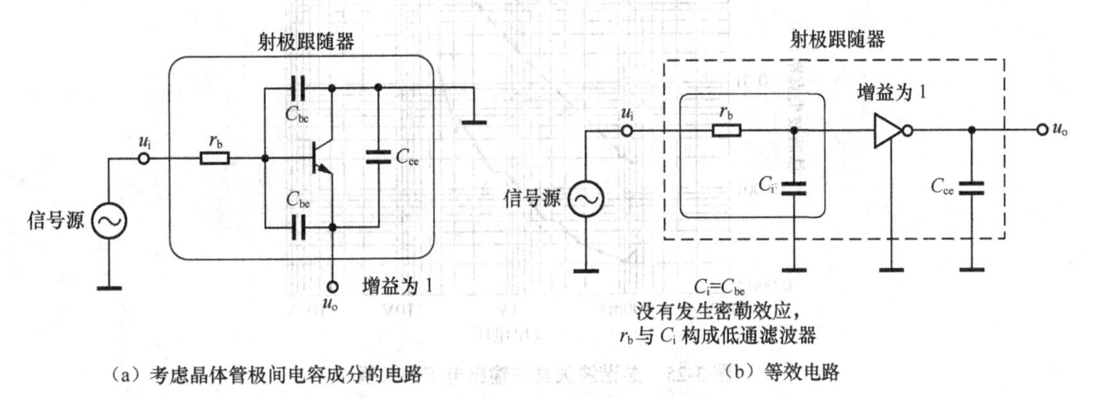

（a）考虑晶体管极间电容成分的电路　　（b）等效电路

图 3-23　射极跟随器的高频等效模型

（与共发射极电路不同，射极跟随器的集电极接地，故不会发生“密勒效应”，幅频特性好）

3.3.6　噪声及总谐波失真①

在晶体管电路中，通常越提高放大倍数，噪声就越增加，这是由于电路内部产生的噪声也被放大了的缘故。因此，增益为 1 的射极跟随器的噪声非常小。

将输入端接地（GND），测得输出端的噪声电压频谱如图 3-24 所示。在 3～10kHz 的区间范围，噪声约为−140dB（合电压为 0.1μV）。与第 2 章介绍过的共射极放大电路的噪声频谱作一比较，则噪声减少了 5dB 左右。

图 3-25 表示总谐波失真率 THD 与输出电压的曲线图。将它与共射极电路作比较，在信号频率为 1kHz 时为较好的值，而在其他的频率则几乎是相同的。

① 摘自《晶体管电路设计》(上)，【日】铃木雅臣（著）。

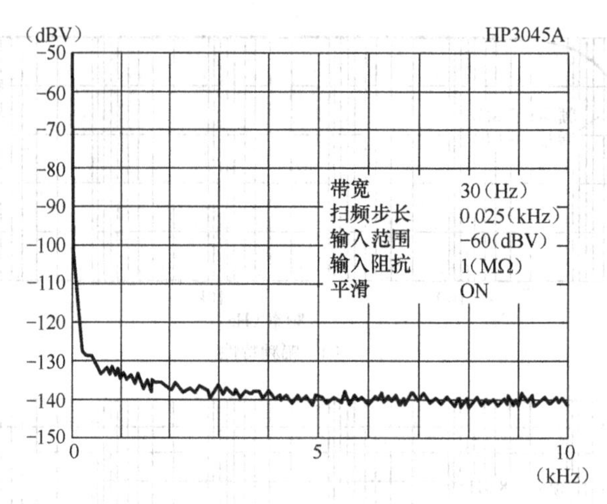

图 3-24　射极跟随器的噪声特性

（输入端与 GND 短路时测得的输出端的噪声频谱）

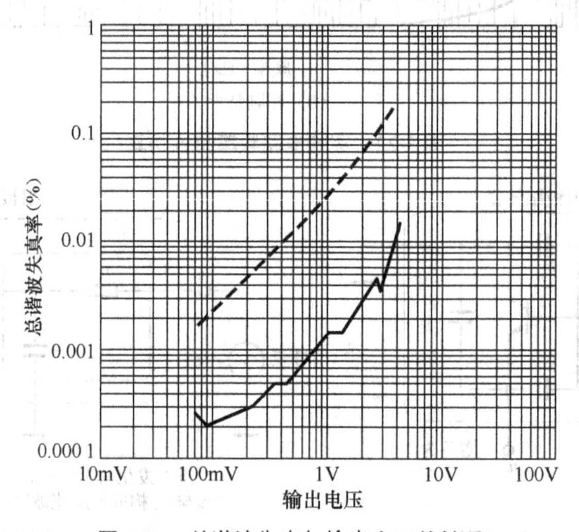

图 3-25　总谐波失真与输出电压的关系

（在音频放大电路中，该指标是很重要的，它与共发射极放大器没什么不同）

第 4 章 小功率音频放大器

电压放大器的主要任务是把微弱的信号电压放大，输出功率并不大①。功率放大器不同于电压放大器，它要求有足够高的输出电压和足够大的输出电流，即足够大的输出功率驱动使扬声器发声、继电器动作、仪表显示、伺服电动机转动等。这类主要用于**向负载提供足够信号功率的放大电路称为功率放大器，简称功放。本书只讲述驱动扬声器发声的音频功率放大器。**

功率管会随输出功率的增大而发热，所以在设计上，对如何确保功率管因发热而引起的电路稳定工作问题需要特别注意。本章将以最基本的功率放大器为题引，对音频功率放大器作一个初步探索，然后循序渐进到复杂电路（在第 5 章及以后），希望引领读者进入纷繁复杂的音频功率放大器的新天地。

小功率音频放大器分析与测试（1）

4.1 “发热”是功率放大器的重要问题

4.1.1 功率放大器的基本架构

图 4-1 是音频功率放大器的功能框图，它可以简单地视作电压放大器与电流放大器的组合。**电压放大器**将输入信号进行电压放大，得到足够高的电压振幅，之后再由电流放大器进行电流放大，得到足够大的电流输出，驱动扬声器发声。

大家知道扬声器的阻抗很低，常见阻抗为 4Ω、8Ω 和 16Ω。若想与这种低阻抗的负载匹配，要么采用变压器进行阻抗变换，要么采用输出阻抗非常低的射极（或源极）跟随器。由于变压器又重又大、造价高、线性度差，高低频端相移较大，严重限制了大环路负反馈的应用，所以目前在晶体管功放电路中已很少采用。由第 3 章介绍的内容可知，射极跟随器的输出阻抗非常小，该电路没有电压放大、只有电流放大，所以也称**电流放大器**——把它作为功率放大器的输出级就能与扬声器阻抗恰当匹配。

若把图 4-1 中的功能框图表达得更详细、更直观一些，则可见到常用的电路形式，如图 4-2 所示。这里，电压和电流放大器均采用类似于集成运放的三角形符号表示，符号下面圆角矩形框内分别是 2 种放大器的经典电路简图。

能作为电压放大级的电路，除了通常采用的**共发射极**电压放大器，还有**共基极**电压放大器。这些电路主要进行电压放大（**共发射极放大器**也有一定的电流放大，**共基极放大器**没有电流放大），

① 虽然电压放大器输出的电压幅度大，但这只是空载或轻载时（比如，负载十几千欧以上）的状况。因其输出阻抗高，负载重时（比如，负载百欧数量级以下）输出电压大幅度下降，供给负载的电流小，输出功率肯定大不起来——因为放大器的输出功率是输出电压（有效值）与输出电流（有效值）之积。

把信号源的微弱电压放大到足够振幅。因工作电流小，晶体管发热量很小，一般不考虑它们的发热问题。

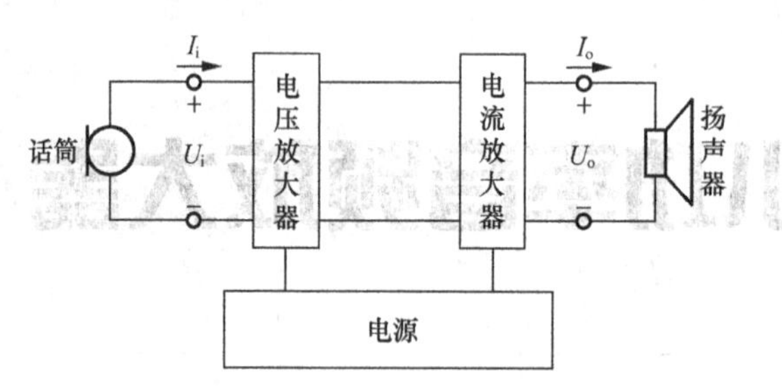

图 4-1　音频功率放大器的功能框图

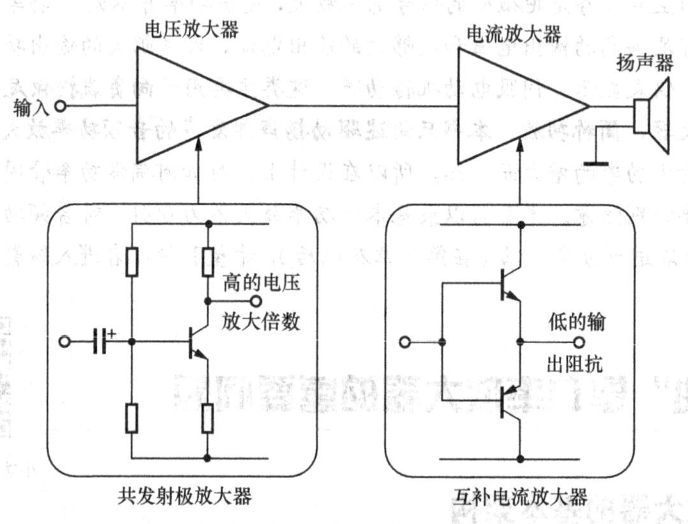

图 4-2　功率放大电路的功能框图

（电压放大器将诸如话筒、AM/FM、CD 等音源输出的信号放大，得到足够高的电压振幅。之后，交由互补电流放大器电流放大，驱动扬声器负载——这是功率放大器的一般规律）

作为电流放大级的电路，几无例外都是采用**互补对称电流放大器**。由于该级输入信号摆幅较大，故输出电压电流都较大，所以输出功率也较大，因此该级也称**互补对称功率放大器**。当然，这里所说的功率放大器只能是狭义上的功率放大器！另外，要对电压放大级输出的电平信号进行处理。比如，插入防止交越失真的电路，发射极要串联电阻抑制晶体管的负温度特性等。虽然电流放大级使用的电源电压与电压放大级一样（也有少数不同的），但由于电路的主要任务是进行电流放大，功率管通过很大的电流而发热。因此，在功率管发热严重的情况下，电路持续工作的热稳定性就会成为必须解决的突出问题。

4.1.2　功率管热击穿的机理

图 4-3 所示为用二极管的正向导通压降 U_F 对晶体管发射结压降 U_{BE} 进行抵消、进而消除交越失真的电路。

晶体管的发射结压降 U_{BE} 具有随温度升高而减小的负温度特性，特变系数为–2.5mV/℃。因此，用图 4-3 所示电路输出大电流时，VT_1、VT_2 温度升高（由集电结损耗引起的发热），输入特性曲线（U_{BE}–I_B）向左平移，如图 4-4 所示。对应同样的基极电流，U_{BE} 的值变小。比如，I_{B1} 对应 25℃特性

曲线为 U_{BE}，对应 55℃特性曲线①为U'_{BE}，因$U'_{BE} < U_{BE}$（曲线上其他电流大于零的点均有向左平移的特性）。另一方面，由于二极管上通过的电流变化并不大，故其正向压降几乎是一定值。常温 25℃时，二极管正向导通压降 U_F 等于晶体管发射结的发射结压降 U_{BE}（这里默认 VT_1、VT_2 的 U_{BE} 相同），即 $U_F=U_{BE}$。

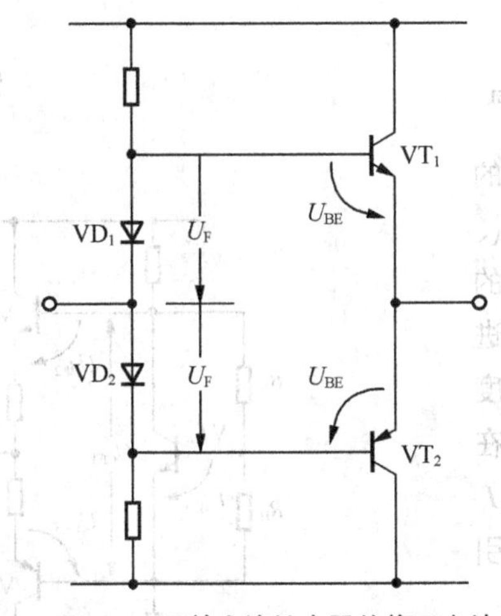

图 4-3　互补电流放大器的偏置方法

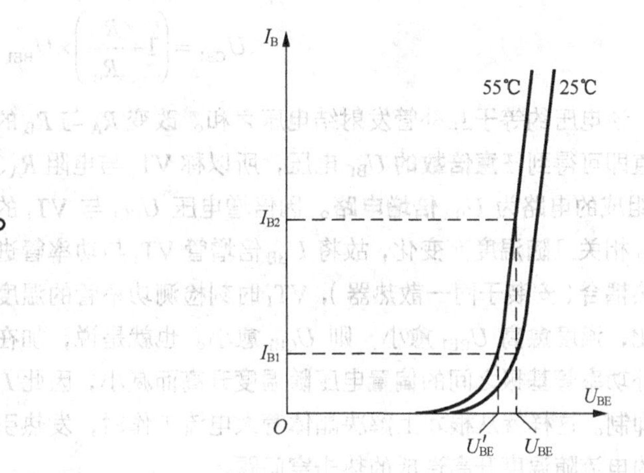

图 4-4　晶体管的输入特性曲线

当功率管因工作发热导致 U_{BE} 变为U'_{BE}（基极电流 I_{B1} 不变），则$U_F > U'_{BE}$，之前的平衡关系被破坏了。此时，晶体管发射结被二极管的正向压降强制成 U_F（$=U_{BE}$），该电压对应 55℃特性曲线上的基极电流是 I_{B2}，$I_{B2}>I_{B1}$。众所周知，晶体管发热时电流放大系数 β 也会显著增大，故 $I_{C2} \gg I_{C1}$。

电流增大引起晶体管集电结发热、温度进一步上升，继而特性曲线进一步左移，U'_{BE} 进一步减小，I_{B2}、β 和 I_{C2} 均会增大，集电结进一步发热、温度进一步上升……可以想象：I_C 增大与晶体管集电结温升相互促进、逐渐加强，最后导致晶体管因热失控而烧坏，这就是晶体管的**热击穿机理**。

图 4-5 所示是在发射极串接电阻 R、适当负反馈来吸收 U_F 与 U_{BE} 的电压差，从而抑制 I_C 的电路。静态时的 I_C 被限制为（U_F-U_{BE}）/R。例如，U_F 与 U_{BE} 之差为 100mV 时（VD_1、VD_2 与 VT_1、VT_2 的温度差为 40℃，约产生 100mV 的电压差），为了将静态时的 I_C 控制在 30mA，则必须设定 R 为 3.3Ω（=100mV/30mA）。如此一来，即使互补对管的输出阻抗为零，该电路的输出阻抗也为 3.3Ω，这对于像扬声器（扬声器的阻抗为 4～8Ω）之类的低阻抗负载是绝对不能允许的，因此这种参数设置，只适合于在几十欧姆以上的较轻负载下采用。

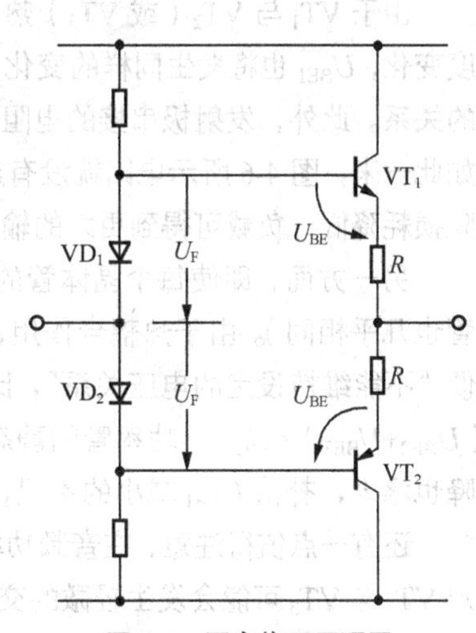

图 4-5　固定偏置原理图

（互补对管发射极串接电阻 R、适当负反馈，一定程度上能抑制集电极电流、防止热击穿）

需要指出的是，该电路因温度产生的电压差仅由串联小电阻吸收，所以没有从根本上解决空载电流随温度变动的问题。这种电路只适合于输出功率不大的场合使用。

① 这里 55℃只是高温时的代表，并不具有什么特殊意义。

4.1.3 U_{BE}倍增管与功率管热耦合防止热击穿

图4-6是在互补功率管的基极之间插入U_{BE}**倍增电路**的原理图。因R_B与VT_1的发射结并联，故R_B的压降等于U_{BE1}。又R_A与VT_1的集电结并联，忽略VT_1的基极电流不计，则VT_1的c-e极之间的电压U_{CE1}为

$$U_{CE1}=\left(1+\frac{R_A}{R_B}\right)\times U_{BE1} \tag{4-1}$$

该电压约等于互补管发射结电压之和。改变R_A与R_B的比值即可得到**任意倍数的**U_{BE}**电压**，所以称VT_1与电阻R_A、R_B组成的电路为U_{BE}**倍增电路**。因倍增电压U_{CE1}与VT_1的U_{BE1}相关且随温度而变化，故将U_{BE}倍增管VT_1与功率管进行**热耦合**（安装于同一散热器），VT_1时刻检测功率管的温度变化，温度愈高U_{BE1}愈小，则U_{CE1}愈小。也就是说，加在互补功率管基极之间的偏置电压随温度升高而减小，因此I_C被抑制。这样就从根本上解决晶体管大电流工作时，发热引起的电流随温度升高造成的热击穿问题。

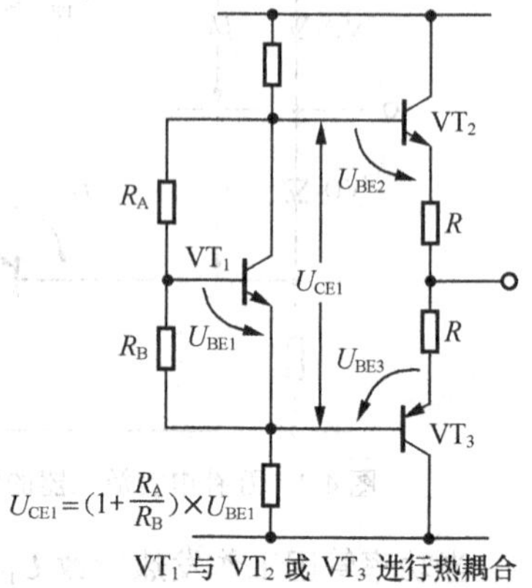

$U_{CE1}=(1+\frac{R_A}{R_B})\times U_{BE1}$

VT_1与VT_2或VT_3进行热耦合

图4-6 U_{BE}倍增电路偏置原理图

（U_{BE}倍增管VT_1与功率管热耦合，U_{CE1}随温度变化而变化，遏制互补管静态电流随温度的变动，能从根本上解决热击穿问题）

在图4-6中，必须把U_{BE}倍增电压U_{CE1}设定在晶体管的2个U_{BE}之上（$=U_{BE2}+U_{BE3}$）。设$R_A=R_B$，则$U_{CE1}=2U_{BE}$，从而取得电压平衡（这里默认$U_{BE1}=U_{BE2}=U_{BE3}$，发射极电阻的压降很小，忽略不计）。

由于VT_1与VT_2（或VT_3）热耦合，当U_{BE2}与U_{BE3}随温度变化，U_{BE1}也将发生同样的变化，基本能够维持$U_{CE1}=2U_{BE}$的关系。此外，发射极串接的电阻R仍具有吸收U_{CE1}与$2U_{BE}$之差、抑制集电极电流的负反馈作用。如此一来，图4-6所示电路就没有热击穿的问题了。此时，R可取很小的值（一般为零点几欧姆），电阻损耗降低，负载可得到更大的输出功率。

另一方面，即使每个晶体管的U_{BE}值不同，因U_{BE}的温度系数却几乎是相同的（NPN管与PNP管也几乎相同）。由于热耦合作用，即使温度发生变化，也能维持所设定的电压关系。退一步讲，即便“不能维持设定的电压关系”，比如因大电流工作（$U_{BE2}+U_{BE3}$）减小的幅度大于U_{CE1}减小的幅度，（$U_{BE2}+U_{BE3}$）$<U_{CE1}$，功率管的静态电流增大（有向热击穿的趋势变化）。这时，发射极电阻R的压降也增大，补偿U_{CE1}减小的不足，结果仍能保证不会发生热击穿问题。

还有一点值得注意，在音频功率放大器中，若设$U_{CE1}=U_{BE2}+U_{BE3}$，因负载是扬声器，输出电流大，则VT_2与VT_3可能会发生轻微的交越失真。故此，有必要把U_{CE1}设定得稍微比$U_{BE2}+U_{BE3}$大一些，让互补管有少许静态电流（电流大小可由测量发射极电阻R的压降计算得到），此时电路工作在**AB类放大状态**，播放的音乐悦耳动听。

互补功率管静态电流的设置比较灵活，比如10W以下小功率输出时可取10～30mA，十几瓦至几十瓦功率（中功率）输出时可取50～100mA。当然，静态电流越小效率越高，但交越失真可能会大一些，特别是刚开机功率管处于“冷机”状态时尤为明显。当工作一段时间后功率管发热，交越失真会有改善。若静态电流设置得较大，则电路的效率降低，但交越失真会有较大改善或基本没有。

4.2 小功率放大器的设计

4.2.1 设计规格

大家知道，笔记本电脑因为受到体积限制，不可能用体积较大的扬声器，因此输出功率比较低。本节就来为笔记本电脑设计一款输出功率可达 2W 的功率放大器，驱动扬声器。

表 4-1 为小功率音频放大器的设计规格。

表 4-1 小功率音频放大器的设计规格

电压增益	23 倍（空载）
	15 倍（负载 8Ω）
输出功率	2W（负载 8Ω）
频率特性	20Hz～20kHz（-3dB 带宽）
总谐波失真（THD）	5%左右

图 4-7 为已设计出的小功率放大器的电路图。该电路输出端（Q）电位大约为电源电压的 1/2，负载扬声器时必须通过大容量电解电容隔离，所以称 OTL[①]功放电路。图 4-8 所示是用万用板实际焊接完成的电路板。

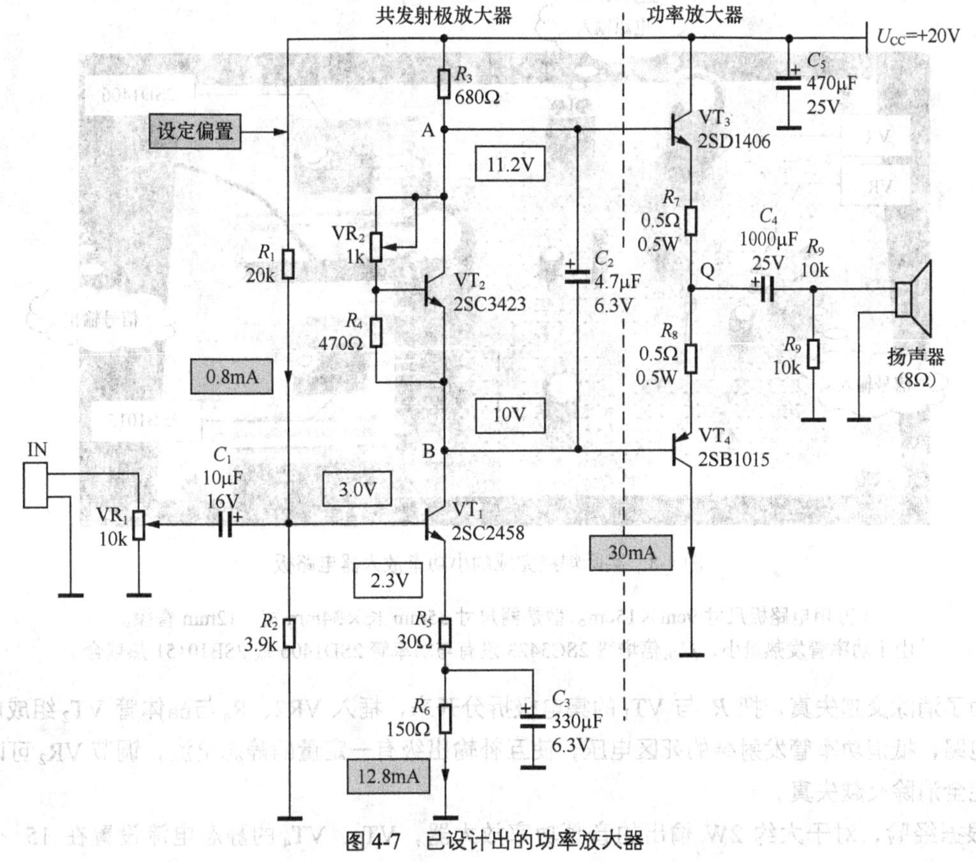

图 4-7 已设计出的功率放大器

① OTL 是指输出无变压器（Output TransformerLess）的功率放大电路。

小知识

最初的功放电路为变压器耦合输出，但变压器体积大、耦合效果差（特别是低频段）、效率低且不便于集成化，目前已经较少采应用。后来，人们认识到射极跟随器具有输入阻抗高、输出阻抗低的特性，可以与扬声器之类的低阻抗负载很好地配合，且元件体积小、耦合效果好；若采用不同类型的两只功放管交替工作，推挽输出，岂不是很好的功率输出方式！是的，这就是输出无变压器的功率放大电路，也叫 OTL 功放。

虽然 OTL 功放比变压器耦合放大器有所进步，但是电源利用率比较低，于是，人们就想到用双电源给 OTL 电路供电，这样不但克服了电源利用率低的缺点，而且还省了输出耦合电容（容量大、成本高），这就演变为 OCL 功放电路。然而，OCL 功放需要正负电源，对于诸如汽车音响设备而言，使用起来比较麻烦。于是，在 OCL 功放的基础再增加两只功放管，就演变为平衡式功率放大器（BTL）①。

细心的读者已经发现，图 4-7 所示电路是由**共发射极放大器**与**共集电极放大器**共同构成的。共发射极放大器对由 IN 输入的信号进行电压放大，接着由共集电极放大器进行电流放大，驱动扬声器发声。

在该电路中，共发射极放大器的发射极电阻被拆分为 R_5 和 R_6 两只电阻串联，并在 R_6 两端并联旁路电容，这样设计的目的是，在保证静态工作点不变的情况下，提高电压放大倍数（参见图 2-30），电阻 R_3 是 VT_1 的集电极负载。

图 4-8　实际焊接完成的小功率放大器电路板

（万用电路板尺寸 9cm×15cm。散热器尺寸 35mm 长×34mm 宽×12mm 脊棱。
由于功率管发热量小，U_{BE} 倍增管 2SC3423 没有与功率管 2SD1406 或 2SB10151 热耦合）

为了消除交越失真，把 R_3 与 VT_1 的集电极拆分开来，插入 VR2、R_4 与晶体管 VT_2 组成的 U_{BE} 倍增电路，抵消功率管发射结的死区电压，使互补输出级有一定量的静态电流，调节 VR_2 可以减小直至完全消除交越失真。

根据经验，对于大约 2W 输出的音频功率放大器，VT_3、VT_4 的静态电流设置在 15～30mA

① OTL 指 Output TransformerLess，OCL 指 Output CapacitorLess，BTL 指 Balanced TransformerLess。

足以消除交越失真。电流若再增大，对于音质没有什么改善，反而造成功率管的静态功耗加大，得不偿失。

4.2.2 电源电压的确定

电源电压由输出功率大小与负载大小共同决定，理论依据如下：对于 8Ω 的扬声器负载，若最大输出功率 $P_{o(max)}$=2W，则输出电压的有效值 U_o 为

$$U_o = \sqrt{P_{o(max)} \times Z} = \sqrt{2W \times 8\Omega} = 4V \quad (4\text{-}2)$$

式中，Z 是扬声器的阻抗（8Ω）。

因此，输出电压的峰-峰值为 11.3V（$\approx 4V_{rms} \times 2\sqrt{2}$）。

考虑到 VT_1 的集电极电阻 R_3 的压降不能全部用尽、发射极电阻 R_5+R_6 上产生的压降、c-e 极间的饱和压降 $U_{CE(sat)}$。故此，需要把电源电压 U_{CC} 的值设定在电路产生数伏（约 5V 以上，见下文）的损失以上。由于输出信号的峰-峰值（p-p）为 11.3V，为可靠起见这里设 U_{CC} = 20V。

4.2.3 静态电流的确定

小功率音频放大器分析与测试（2）

对比图 2-1 所示共发射极放大器，图 4-7 所示共发射极放大器的基极、集电极与发射极连接的电阻均大幅度减小。如此一来，VT_1 的 c-e 极间的电流将会相当的大，比供给互补功率管基极的电流要大得多。**这样设计的目的是在输出电压振幅较大时，电压放大器仍能提供足够大的电流供给功率管的基极，通过功率管驱动扬声器。**

由前述可知，当负载为 8Ω、输出功率为 2W 时，负载的峰值电压为 5.6V（$\approx 4V_{rms} \times \sqrt{2}$），因此峰值电流为 0.7A（=峰值电压 5.6V/8Ω）。因笔者采用的功率管（2SD1406 和 2SB1015）直流放大倍数 β 约为 175，则共发射极放大器 VT_1 给互补输出管所能提供的基极峰值电流为 4mA（=峰值电流 0.7A/175）。

见图 4-9 中用箭头模拟电流流动的样子。

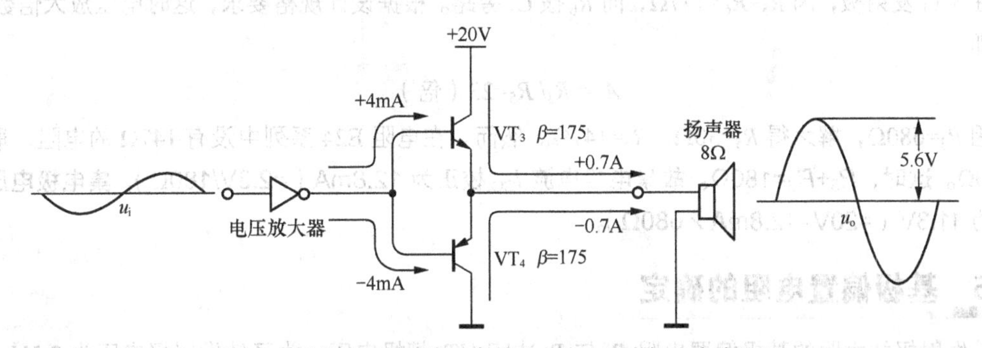

图 4-9 提供给互补输出功率管的电流（图中标注为峰值）

（在功率放大电路中，为了设定各级电路的工作电流，通常是由输出级的电流倒推出前一级的电流，该电流是动态电流。本电路倒推出的共发射极放大器必须提供的电流峰值为 ±4mA）

设 VT_1 的集电极电流比功率管的基极电流 4mA 大得多，比如为 13mA（共发射极放大器的静态电流）。对于 VT_1，要选择集电极电流为 13mA 以上、c-b 极间电压与 c-e 极间电压为 20V（电源电压）以上的晶体管，本例子中仍选用 2SC2458。

若设 VT_1 的发射极电压太高，则不能得到大的集电极电压振幅；而过低时，集电极电流随温度的变化又增大（参见 2.3.4 小节），综合考虑设为 2.3V。为了将 VT_1 集电极电流 I_{CQ} 设定为 13mA，则其发射极与 GND 间的电阻 R_5+R_6 取值为 177Ω（≈2.3V/13mA）。

4.2.4 集电极与发射极电阻的确定

设 VT_1 发射极电压为 2.3V，默认 VT_1 的 c-e 间的饱和压降 $U_{CE(sat)}$ 为零，将 VT_1 集电极电压设置在 11V［≈20V−（20V−2.3V）/2］，输出电压接近最大振幅（这里略去 VT_2 的偏置电压）。图 4-10 是将 VT_1 集电极电位 U_{CQ} 设置在 11V 时输出电压接近最大振幅时的想象波形。

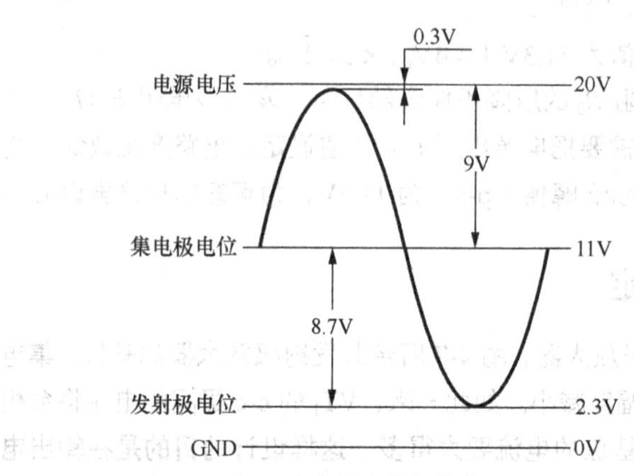

图 4-10 VT_1 集电极电位与输出电压的振幅

（发射极电压为 2.3V，集电极电压设置在 11V，输出电压接近最大振幅）

为了使 VT_1 集电极电压为 11V，则 R_3 的压降为 9V（=20V−11V），则

$$R_3 = \frac{9\text{V}}{13\text{mA}} \approx 692\Omega$$

在电阻 E24 系列中没有的 692Ω 电阻，取就近值 680Ω。

在 VT_1 发射极，因 $R_5+R_6=177\Omega$，而 R_6 被 C_3 旁路。根据设计规格要求，这时电压放大倍数为 23 倍，即

$$A_u = R_3/R_5=23\text{（倍）} \tag{4-3}$$

因 $R_3=680\Omega$，解之得 $R_5\approx30\Omega$，$R_6=147\Omega$。然而，在电阻 E24 系列中没有 147Ω 的电阻，取就近值 150Ω。**这时，$R_5+R_6=180\Omega$。故集电极电流 I_{CQ} 校正为 12.8mA（=2.3V/180Ω），集电极电压 U_{CQ} 校正为 11.3V（=20V−12.8mA×680Ω）。**

4.2.5 基极偏置电阻的确定

共发射极放大器的基极偏置电阻 R_1 与 R_2 决定 VT_1 基极电压。为了使发射极电压为 2.3V，则基极电压设置在 3.0V（=2.3V+U_{BE}）。设 R_1 与 R_2 的电流为 0.8mA，则

$$R_1=21.2\text{k}\Omega \qquad R_2=3.8\text{k}\Omega$$

实际上，由于 2SC2458 的静态电流较大（12.8mA），按晶体管 β =165（实测值），则基极电流 I_B=78μA（=12.8mA/β=12.8mA/165）。也就是说，流过 R_1 的电流比 R_2 的电流大 78μA。因此需要调整 R_1 与 R_2 的阻值，R_1 应比不考虑 VT_1 基极电流的理论计算值偏小，取 20kΩ，R_2 应比不考虑 VT_1 基极电流的理论计算值偏大，取 3.9kΩ。

需要说明一下：这里假设 R_1、R_2 的电流为 0.8mA 并不是绝对的，取 1mA 也可以，但过大或过小，会对电路性能产生不同的影响。

若 R_1、R_2 的取值过小，放大器的输入阻抗也小，对信号源的电流需求大。若信号源的输出阻抗大，一旦接上功率放大器，会导致信号源的输出电压下降——这种事情在工程实际中应尽力避免。若 R_1、R_2 的取值过大，则 VT_1 的基极电流不可忽略，按分压公式理论计算的阻值与实际值偏离较大，需要在理论计算数值的基础上再做微调。

此外，R_5、R_6 接在共射发射极到 GND 的直流通路，具有直流负反馈作用。又因 C_3 对 R_6 旁路，R_5 同时又具有交流负反馈的作用；从反馈理论上分析，这种反馈是电流串联负反馈，具有稳定输出电流之好处。为了满足设计规格的频率特性，C_3 取为 330μF，20Hz 的阻抗约为 24Ω，1kHz 的阻抗约为 0.5Ω。

4.2.6 U_{BE} 倍增电路

把图 4-7 中的 U_{BE} 倍增电路单独拿出来，如图 4-11 所示。图中标注了静态时的各部分的电压与电流。

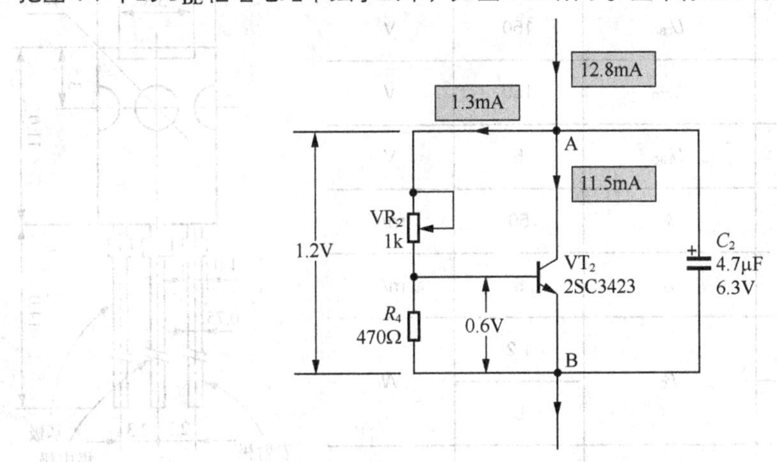

图 4-11 U_{BE} 倍增电路各部分的电压与电流

U_{BE} 倍增电路相当于嵌在互补管 VT_3 与 VT_4 基极之间的浮动恒压源，虽然 A、B 节点对地的绝对电压变动幅度很大，但它们之间的相对电压却基本维持在 1.2V 左右。

静态时，倍增管 VT_2 电流 I_{CQ} 对应着图 4-12 所示曲线 Q 点。当 VT_1 的集电极电压为负峰值时，A、B 节点电压最低，U_{BE} 倍增管 VT_2 的 c-e 极间电流最大，对应着 Q' 点；反之，VT_1 的集电极电压为正峰值时，A、B 节点电压最高，U_{BE} 倍增管 VT_2 的 c-e 极间电流最小，对应着 Q'' 点。VT_2 的 c-e 极间电流变化量为 ΔI_C，而 c-e 极间电压几乎不变，即 ΔU_{CE} 约等于零，故 U_{BE} 倍增管的等效交流阻抗几乎为零。当然，没有电容 C_2 电路仍然能正常工作，有 C_2 效果更好，特别是低频信号更容易通过。

偏置电路通过的电流由 R_4 决定，这里取 R_4=470Ω，VR_2 与 R_4 通过的电流约为 1.3mA（=0.6V/470Ω）。由于 VT_1 的 I_C 为 12.8mA，故 VT_2 的 I_C 为 11.5mA（=12.8mA−1.3mA）。为了使 VT_2 的 c-e 间电压达到 $2U_{BE}$，以抵消 VT_3 与 VT_4 发射结死区电压，可转动 VR_2 使其阻值与 R_4 相等即可。如前所述，为确保输出信号不会出现交越失真，最好把 VR_2 调得比 R_4 稍微大一些。

关于 U_{BE} 倍增管 VT_2 的选择，只要满足最大集电极电流在 12.8mA 以上，c-b 极间与 c-e 极间的最大额定值 U_{CBO} 和 U_{CEO} 为 1.2V 以上（2 个 U_{BE} 压降）的条件，不管什么型号的器件都可以。但是，考虑同 VT_3 或 VT_4 热耦合，通常考虑使用扁平状的低频中功率晶体管 2SC3423（全塑模封装 TO-126）。图 4-11 所示电路采用的晶体管 2SC3423 的特性参数见表 4-2 和表 4-3。

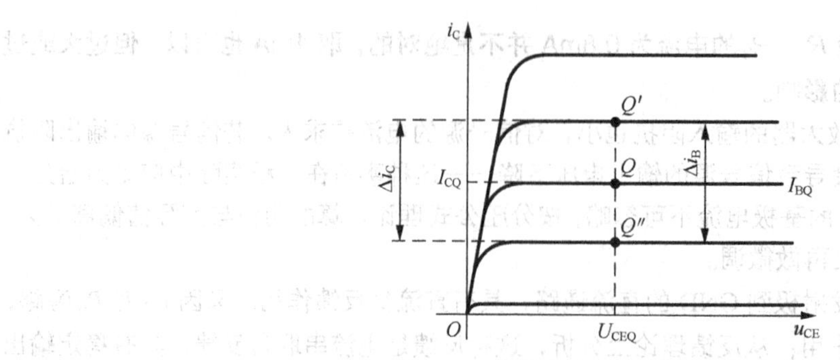

图 4-12　倍增电路各部分的电压与电流

表 4-2　2SC3423 的特性参数（最大额定值）

（T_a=25℃）

项目		符号	规格	单位
集电极-基极间电压		U_{CBO}	150	V
集电极-发射极间电压		U_{CEO}	150	V
发射极-基极间电压		U_{EBO}	5	V
集电极电流		I_C	50	mA
基极电流		I_B	5	mA
集电极损耗	T_a=25℃	P_C	1.2	W
	T_c=25℃		5	
结温		T_j	150	℃
保存温度		T_{stg}	−55～150	℃

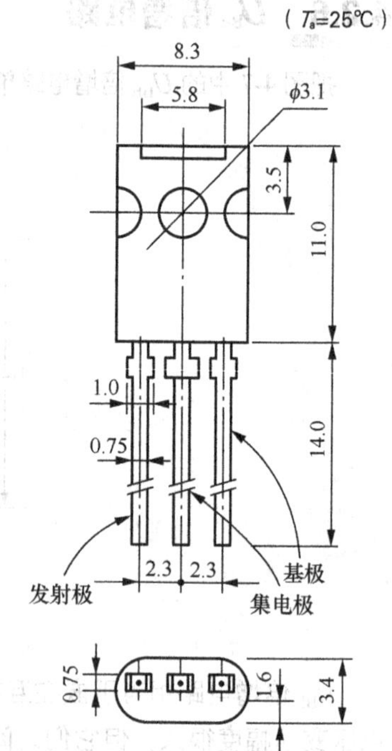

表 4-3　2SC3423 的特性参数（电特性）

（T_a=25℃）

项目	符号	测试条件	最小值	标准值	最大值	单位
集电极截止电流	I_{CBO}	U_{CB}=150V，I_E=0	—	—	0.1	μA
发射极截止电流	I_{EBO}	U_{EB}=7V，I_C=0	—	—	0.1	μA
直流电流放大系数	H_{FE}（注）	U_{CE}=5V，I_C=10mA	80		240	
集电极-发射极间饱和电压	$U_{CE(sat)}$	I_C=10mA，I_B=1mA	—	—	1.0	V
基极-发射极间电压	U_{BE}	U_{CE}=5V，I_C=10mA	—	—	0.8	V
特征频率	f_T	U_{CE}=10V，I_C=1mA	80	—	—	MHz
集电极输出电容	C_{ob}	U_{CB}=10V，I_E=0，f=1MHz	—	2.0	3.5	pF

注：直流电流放大系数 H_{FE} 分类 O:80～160，Y:120～240。

4.2.7 功率管的损耗

该电路将电源电压设定为+20V，VT_1 的集电极电压设定在 11V。

若忽略 VT_2 引起的偏置电压，输出波形如图 4-10 所示。此时，输出的最大不失真峰值电压为 8.7V，驱动 8Ω 的扬声器时，约有 1.1A（≈8.7V / 8Ω）的峰值电流。通常，在 AB 类（或 B 类）互补功率放大器中，当输出波形为正弦波时，每一个晶体管的集电极损耗 P_C 的最大值约为最大输出功率的 1/4（B 类为 1/5）。该电路的最大输出功率 $P_{o(max)}$ 为

$$P_{o(max)} = \frac{\left(8.7V/\sqrt{2}\right)^2}{8\Omega} \approx 4.7W \tag{4-4}$$

式中，电压峰值 8.7V 除以 $\sqrt{2}$ 变成有效值。

于是，VT_3 与 VT_4 的集电极损耗 P_C 的最大值约为 0.9（B 类）～1.2W（AB 类），为保证晶体管可靠工作，必须加装散热器。如图 4-8 所示采用了铝材散热器，能充分把晶体管集电极的热损耗散掉。

VT_3 与 VT_4 应选择集电极电流 1A 以上，c-b 间电压与 c-e 间电压均在 20V 以上，P_C 在 1.2W 以上的晶体管。这里，VT_3 与 VT_4 选用低频功率放大的互补对管 2SD1406 与 2SB1015。两者的特性参数见表 4-4～表 4-7。

表 4-4　2SD1406 的特性参数（最大额定值）

（这个晶体管与 2SB1015 是互补对管。I_C=3A，饱和压降只有 0.4V（标准值）。全塑 TO−220Fa 封装）

（T_a=25℃）

项目		符号	规格	单位
集电极−基极间电压		U_{CBO}	60	V
集电极−发射极间电压		U_{CEO}	60	V
发射极−基极间电压		U_{EBO}	7	V
集电极电流		I_C	3	A
基极电流		I_B	0.5	A
集电极损耗	T_a=25℃	P_C	2.0	W
	T_c=25℃		25	
结温		T_j	150	℃
保存温度		T_{stg}	−55～150	℃

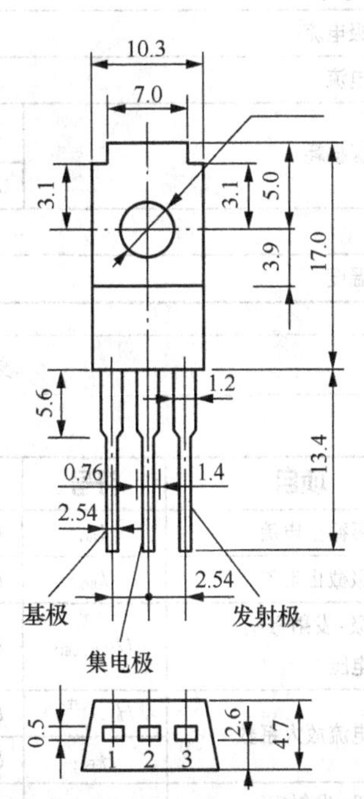

表 4-5　2SD1406 的特性参数（电特性）

（T_a=25℃）

项目	符号	测试条件	最小值	标准值	最大值	单位
集电极截止电流	I_{CBO}	U_{CB}=60V，I_E=0			100	μA
发射极截止电流	I_{EBO}	U_{EB}=7V，I_C=0			100	μA

续表

项目	符号	测试条件	最小值	标准值	最大值	单位
集电极–发射极间击穿电压	$U_{(BR)CEO}$	I_C=50mA，I_E=0	60			V
直流电流放大系数	H_{FE-1}（注）	U_{CE}=5V，I_C=0.5A	60		300	
	H_{FE-2}	U_{CE}=5V，I_C=3A	20			
集电极–发射极间饱和电压	$U_{CE(sat)}$	I_C=3A，I_B=0.3A		0.4	1.0	V
基极–发射极间电压	U_{BE}	U_{CE}=5V，I_C=0.5A		0.7	1.0	V
特征频率	f_T	U_{CE}=5V，I_C=0.5A		3		MHz
集电极输出电容	C_{ob}	U_{CB}=10V，I_E=0，f=1MHz		7.0		pF

注：直流电流放大系数 H_{FE-1} 分类 O:60～120，Y:100～200，GR:150～300。

表 4-6　2SB1015 的特性参数（最大额定值）

（这个晶体管与 2SD1406 是互补对管。I_C=–3A，饱和压降只有–0.5V（标准值）。封装同 2SD1406）

（T_a=25℃）

项目		符号	规格	单位
集电极–基极间电压		U_{CBO}	–60	V
集电极–发射极间电压		U_{CEO}	–60	V
发射极–基极间电压		U_{EBO}	–7	V
集电极电流		I_C	–3	A
基极电流		I_B	–0.5	A
集电极损耗	T_a=25℃	P_C	2.0	W
	T_c=25℃		25	
结温		T_j	150	℃
保存温度		T_{stg}	–55～150	℃

表 4-7　2SB1015 的特性参数（电特性）

（T_a=25℃）

项目	符号	测试条件	最小值	标准值	最大值	单位
集电极截止电流	I_{CBO}	U_{CB}=–60V，I_E=0			–100	μA
发射极截止电流	I_{EBO}	U_{EB}=–7V，I_C=0			–100	μA
集电极–发射极间击穿电压	$U_{(BR)CEO}$	I_C=–50mA，I_E=0	60			V
直流电流放大系数	H_{FE-1}（注）	U_{CE}=–5V，I_C=–0.5A	60		300	
	H_{FE-2}	U_{CE}=–5V，I_C=–3A	20			
集电极–发射极间饱和电压	$U_{CE(sat)}$	I_C=–3A，I_B=–0.3A		–0.5	–0.7	V
基极–发射极间电压	U_{BE}	U_{CE}=–5V，I_C=–0.5A		–0.7	–1.0	V
特征频率	f_T	U_{CE}=–5V，I_C=–0.5A		3		MHz
集电极输出电容	C_{ob}	U_{CB}=–10V，I_E=0，f=1MHz		150		pF

注：直流电流放大系数 H_{FE-1} 分类 O:60～120，Y:100～200。

4.2.8 输出电路周边的元件

功放管 VT_3、VT_4 的发射极电阻 R_7、R_8 起着限制输出电流，吸收互补功放管 U_{BE} 随温度变化的作用。因为功放管工作时温度升高 U_{BE} 变小，集电极电流增大，发射极电阻的压降增大。另一方面，若 VT_2 与 VT_3（或 VT_4）热耦合，VT_2 温度升高 U_{BE} 也变小。这样就抑制发射极电阻压降的继续增大，即抑制功放管输出电流的进一步变大，防止热击穿。

当然了，本例电路设计输出功率只有区区 2W，工作时功放管发热量较小，不至于发生热击穿，因此 VT_2 与 VT_3（或 VT_4）并没有进行热耦合，这与"热耦合能防止热击穿"的设计理念并不矛盾。

对于发射极电阻 R_7、R_8 大小的选择需要综合考虑：若阻值太小，则不能对温度变化的吸收有太高的期望；若阻值太大，产生的功率损耗也大，负载上得到的功率减小。比如，若负载为 8Ω 扬声器，假设 R_7=R_8=8Ω，则扬声器上得到的功率是 R_7、R_8 为零时的 1/2。为了减小发射极电阻的损耗，可将其阻值设定在比负载更小的值。比如，取 R_7=R_8=0.5Ω，功率的损失只有 6%（≈0.5Ω/（8Ω+0.5Ω））。由前述可知，在 R_7 与 R_8 上持续通过 1.1A 最大负载电流时消耗的功率为 $0.3\mathrm{W}\left(\left(1.1\mathrm{A}/\sqrt{2}\right)^2\times0.5\Omega\right)$。故 R_7 与 R_8 选用额定功率为 1/2W 的电阻就足够了！

C_4 是输出耦合电容，其作用是起到中点浮动电源作用，所以电容量不是按照对通频带低频端交流信号的阻抗应为多大来确定，而是按输出功率需要消耗多少能量进行计算。在中点浮动电压随着输出电流进行波动而导致输出信号截波时就会产生严重削波失真。小功率输出时 C_4 取 470μF 以上，这里取 1000μF，与扬声器阻抗（8Ω）形成的高通滤波器截止频率约 20Hz。

在这样的单电源功率放大器中，由输出端的 GND 向 VT_3 与 VT_4 的集电极看过去，电源的内阻在输出信号的频率下要很低，这样才能保证输出大电流量时，加在负载上的波形不会发生失真。VT_4 的集电极接 GND，对于 GND 的阻抗为零；而 VT_3 的集电极接电源，故具有一定阻值。因此，去耦电容 C_5 的值要适当取得大一些，可以降低对 GND 的低频阻抗。这里取 C_5 = 470μF。

4.3 小功率放大器的性能

4.3.1 静态电流调整

关于电路调试，是指对图 4-7 所示电路中的 VR_2 进行调节，设定互补对管 VT_3、VT_4 的静态电流。

接通电源之前，旋转 VR_2 使其动端位于最下方，此时 VT_2 的 b-c 极间短路，U_{CE2} 为 0.6V。接通电源之后，用数字万用表（200mV 挡）测量 R_7+R_8 两端的电压（VT_3 与 VT_4 的 e-e 间的电压），调整 VR_2，观察万用表读数使其在几十 mV 以下。

在笔者的实验中，静态电流设定在 30mA 时，从失真率和电路的效率来看是最适当的工作点。大量静态电流流动时，虽然电路的甲类工作区展宽，但空载时的发热也增多了。因此调节 VR_2，使得 VT_3 与 VT_4 的 e-e 间电压为 30mV（=30mA×（R_7+R_8）=30mA×1Ω），设定电流为 30mA。调整后的 VR_2 的电阻值应该几乎与 R_4 相等，电位器滑动头物理上的位置几乎是在中心点上。

小功率音频放大器分析与测试（3）

4.3.2 工作波形与电压增益

图 4-13（a）所示为空载由插座 IN 输入 1kHz 0.5$V_{p\text{-}p}$ 正弦波信号时的输入输

出电压波形。因电压放大部分采用共发射极放大电路，而电流放大器输入输出同相，故功率放大器的输入输出相位关系同发射极放大器一样。因输出电压为 $10.3V_{p-p}$，故电压增益为 20.6 倍（$=10.3V_{p-p}/0.5V_{p-p}$）。

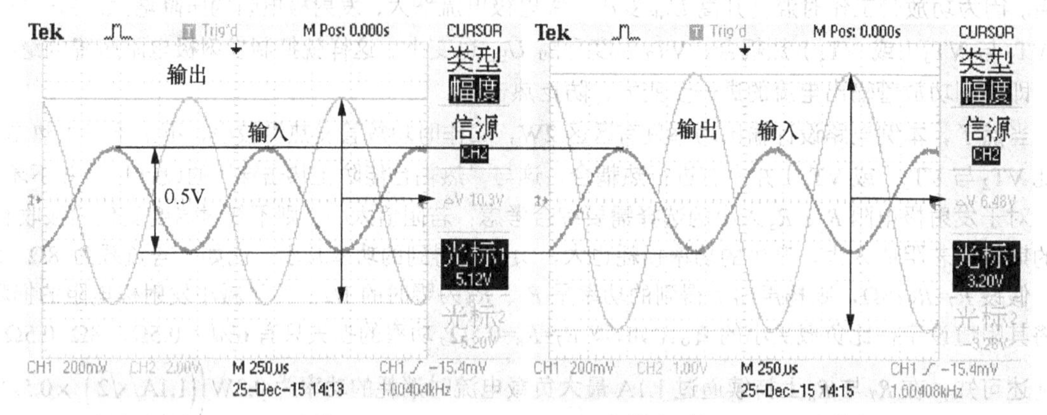

（a）空载时，输入（CH_1）和输出（CH_2）波形（输入信号1kHz $0.5V_{p-p}$，输出信号$10.3V_{p-p}$；没有削波失真，很漂亮地对信号进行放大。电压增益约为20.6倍）

（b）负载时，输入（CH_1）和输出（CH_2）波形（输入信号1kHz $0.5V_{p-p}$，输出信号$6.5V_{p-p}$；没有削波失真，很漂亮地对信号进行放大。电压增益约为12.9倍）

图 4-13　小功率放大器输入与输出波形

图 4-13（b）所示是输入信号不变、负载扬声器（8Ω）时的输入输出电压波形。虽然输入信号振幅不变，但输出电压却下降到 $6.48V_{p-p}$，此时，电压增益为 12.9 倍（$=6.48_{p-p}V/0.5V_{p-p}$）。这是因为扬声器相当于 VT_1 集电极的新增负载（虽然不是直接负载），因此 VT_1 的集电极总电阻减小，造成输出电压下降。

图 4-14 所示为空载时的等效电路，VT_1 简化成由输入电压 u_i 控制的电流源。VT_1 的发射极电流 $i_e=u_i/R_5$，输出电压 $u_o=i_c\times R_3$，因 $i_c\approx i_e$。因此，空载时的电压增益为

$$A_u=\frac{u_o}{u_i}=-\frac{i_c\times R_3}{i_e\times R_5}\approx-\frac{R_3}{R_5}\approx-22.7\text{（倍）}\qquad(4\text{-}5)$$

注：负号表示输入与输出信号反相（下同）。

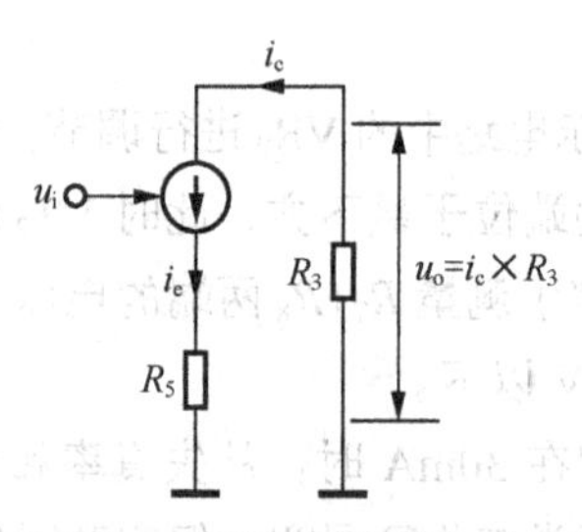

图 4-14　空载时的交流等效电路

该值比前面利用图 4-13（a）中的波形数据计算的电压增益（20.6 倍）偏大，说明还有其他因素影响着功放的电压增益，这里就不做深入探讨了。

图 4-15 所示为负载扬声器时的交流等效电路，βR_L 是扬声器折算到 VT_1 的集电极负载。因为功率管输出大电流驱动扬声器，这个电流是功率管的基极电流放大 β 倍（假设功率管 VT_3、VT_4 的 β 相等）得到的。也就是说，VT_1 的集电极电流经功率管电流放大 β 倍后驱动扬声器，扬声器是功率管的直接负载，也是 VT_1 集电极的间接负载。可见，R_3 与 βR_L 并联是 VT_1 集电极的总负载，故电压

增益 A_u' 为

$$A_u' = \frac{u_o'}{u_i} = -\frac{i_c \times (R_3 // \beta R_L)}{i_e \times R_5} = -\frac{R_3 // \beta R_L}{R_5} \tag{4-6}$$

代入有关参数，β=175（实测），解之得

$$A_u' = -\frac{680 // (8 \times 175)}{30} \approx -15.3 \text{（倍）}$$

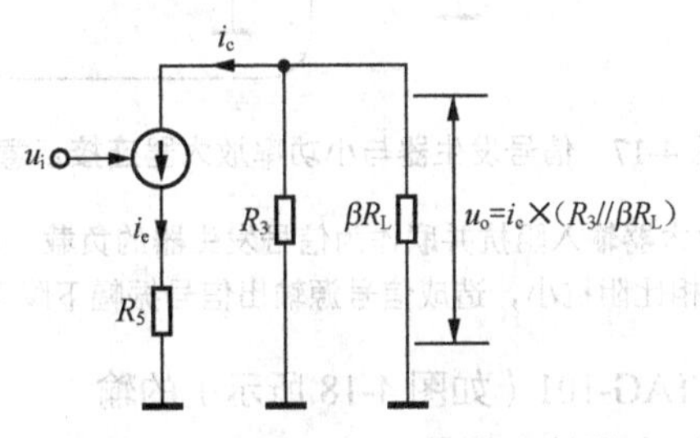

图 4-15 负载时的交流等效电路

（负载时电压放大器的集电极新增了扬声器的折算负载，该负载与原负载并联，在集电极总电流不变情况下，输出电压必然降低）

该值比前面利用图 4-13（b）中的波形数据计算的电压增益（12.9 倍）偏大，说明还有其他未知的因素影响着功放的电压增益，这里就不做深入探讨了。

由于 VT_1 的集电极等效总阻抗减小，输出电压降低，故放大倍数下降。若采用复合管，两级晶体管的电流放大系数相乘，数值在数千至几万甚至更大，此时负载 R_L 折算到 VT_1 的集电极负载电阻值很大，可忽略不计，对输出电压基本没有影响。

顺便提一下，由于负载扬声器时输出电压下降，故放大器的输出功率、功率管的损耗和电阻 R_7、R_8 的损耗都比之前理论的计算值降低了。

4.3.3 2kΩ 的输入阻抗

在图 4-13 所示波形的测试中，输入正弦波信号的振幅 0.5V 是信号源与放大器连接之后的值。实际上，当笔者把信号发生器与功率放大器脱离，单独测试信号发生器的输出波形振幅为 696mV，如图 4-16 所示。造成这种现象的原因是功率放大器的输入阻抗偏低。

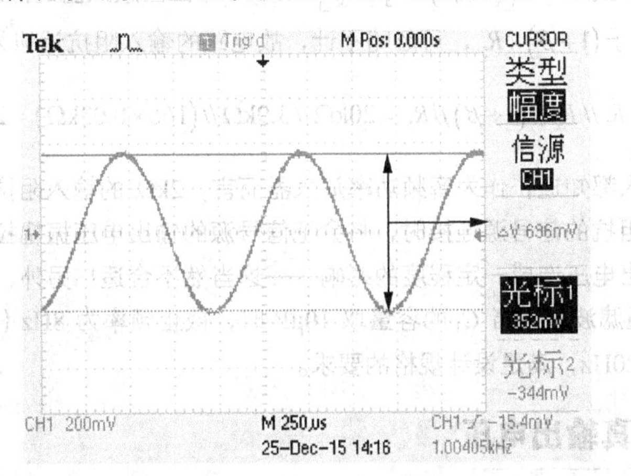

图 4-16 单独测试信号发生器的输出波形振幅为 $0.696\text{mV}_{p\text{-}p}$

当信号发生器接到功率放大器输入端时，若音量电位器 VR_1 滑动点处于最上端，则信号发生器的输出阻抗 R_s 与 $VR_1//R_i$ 串联分压（R_i 是放大器的输入阻抗），交流等效电路如图 4-17 所示。

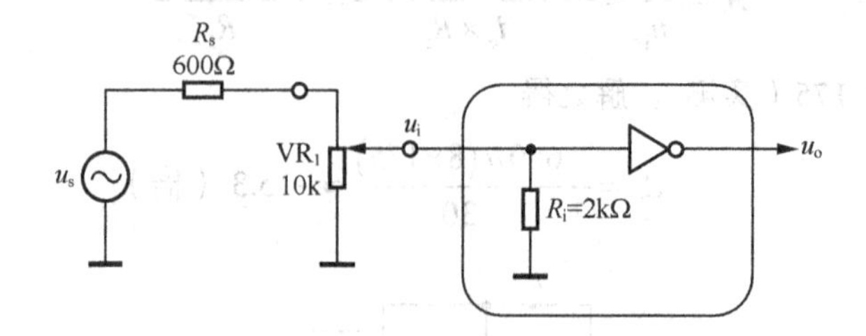

图 4-17　信号发生器与小功率放大器连接示意图

（音量电位器 VR_1 与功率放大器输入阻抗并联作为信号发生器的负载，因为并联阻抗与信号源阻抗相比阻抗小，造成信号源输出信号振幅下降）

笔者使用的信号发生器是 TAG-101（如图 4-18 所示）的输出阻抗 R_s 为 600Ω，而小功率放大器输入阻抗 R_i 为 2kΩ（见下文）。设信号发生器的输出电压为 u_s，与小功率放大器连接后的输出信号为 u_i，则有

$$u_i = u_s \times \frac{VR_1 // R_i}{R_s + VR_1 // R} \tag{4-7}$$

把 u_s=692mV$_{p\text{-}p}$ 代入上式，得

$$u_i = 696\text{mV}_{p\text{-}p} \times \frac{10\text{k}\Omega // 2\text{k}\Omega}{0.6\text{k}\Omega + 10\text{k}\Omega // 2\text{k}\Omega} = 512\text{mV}_{p\text{-}p}$$

这个 u_i=512mV$_{p\text{-}p}$，正好就是图 4-13 所示输入信号的电压幅度 0.5V$_{p\text{-}p}$。

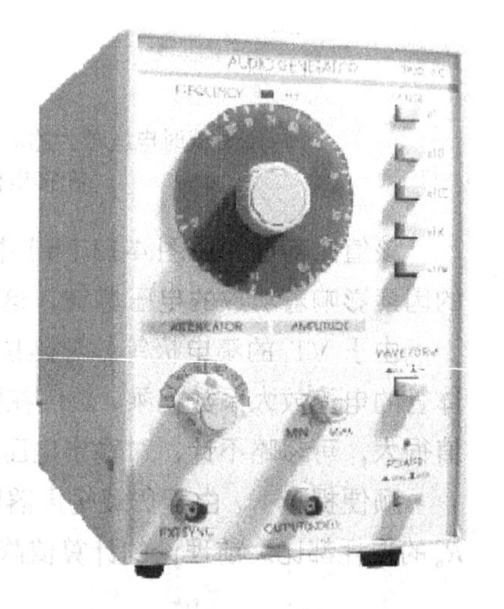

图 4-18　TAG-101 信号发生器

可能读者会问：为什么 R_i 等于 2kΩ 呢?

众所周知，由于 VT_1 发射极电阻 R_6 被 C_3 旁路，故 R_6 与交流信号无关。但交流信号与 R_5 有关，然而 R_5 太小，乘以 $1+\beta$ 倍，折算到基极回路的输入阻抗为 $(1+\beta)\times R_5$，该数值不能像图 2-1 中 R_e 折算到基极回路的阻抗，再被视为无穷大了。

本来，放大器输入阻抗 $R_i = \left[(1+\beta)\times R_5 + r_{be}\right] // R_1 // R_2$，但因放大器的静态电流较大，$r_{be}$ 较小（只有几百欧姆），远远小于 $(1+\beta)\times R_5$，可忽略不计，故电路的输入阻抗近似为

$$R_i \approx R_1 // R_2 // (1+\beta)\beta R_5 = 20\text{k}\Omega // 3.9\text{k}\Omega // (166\times 0.03\text{k}\Omega) \approx 2\text{k}\Omega \tag{4-8}$$

熟悉电子电路的人都知道，作为音频功率放大器而言，2kΩ 的输入阻抗是偏小的。当其与同等级别（或更高）输出阻抗的信号源连接时，将会把信号源的输出电压振幅拉低。也就是说，放大器作为负载对信号源输出电压造成一定程度的影响——这当然不合适！另外，因为输入信号的耦合电容 C_1 与 R_i 形成的高通滤波器，当 C_1 的容量取 10μF 时，截止频率为 8Hz（$\approx 1/(2\pi\times R_i \times C)$），低于人耳听音下限频率 20Hz，满足设计规格的要求。

4.3.4　最大不失真输出电压

由式（4-6）的分子可知，VT_1 的集电极电流 i_c 决定了最大输出电压。理论上讲，i_c 的最大变化

量就是 VT_1 的集电极静态电流 I_{CQ}。

已知 I_{CQ}=12.8mA，则负载扬声器（8Ω）时的最大输出电压振幅 u_o' 为

$$u_o'=\pm 12.8\text{mA}\times[680\Omega//(8\Omega\times 175)]=\pm 5.86\text{V}$$

上式中，+12.8mA 表示 i_c 的正向变化量，从静态值升至 25.6mA（VT_1 可能接近饱和状态）；−12.8mA 表示 i_c 的负向变化量，从静态值降至 0（VT_1 接近截止状态）。故，负载扬声器时的最大电流振幅 i_o 为

$$i_o=u_o'/R_L=\pm 5.86\text{V}/8\Omega=\pm 0.73\text{A} \tag{4-9}$$

按 β=175，则功率管基极电流的最大振幅为 ± 4.17mA（= ± 0.73A/175）——正值表示流进 VT_3 的基极电流，负值表示流出 VT_4 的基极电流。因 R_3 与 βR_L 并联，总电流为 ± 12.8mA，故 R_3 上的最大电流振幅为±8.63mA（= +12.8mA−4.17mA 或−12.8mA+4.17mA）。

空载时，VT_1 的集电极最大电压振幅为±8.7V（=±12.8mA×680Ω），如图 4-10 所示。负载时，因扬声器折算负载 βR_L 的分流，R_3 上的最大电流振幅下降到±8.63mA，对应的电压振幅为 ± 5.87V（=±8.63mA×680Ω）。所以，负载时 VT_1 的集电极电压下降也就不足为怪了！

当然，这里只是理论计算值，实际的输出幅度比理论值还要低一点。需要指出的是，若要输出信号的正负半波都不出现削波失真，输出端电压静态值的合理设置至关重要，否则会出现某一半波提前失真的状况。

图 4-19 所示为负载扬声器（8Ω）且正半波发生轻微削波失真时的输出波形，正半波幅度为 5.12V（光标 1），比理论值偏低，负半波幅度为 5.60V（光标 2），与理论计算值一致。尤其值得注意的是正半波提前削波失真了，表明输出端静态电压设置稍高。因此，若期望该电路输出 2W（对应电压振幅为 ± 5.6V）功率，还是有点勉为其难的！

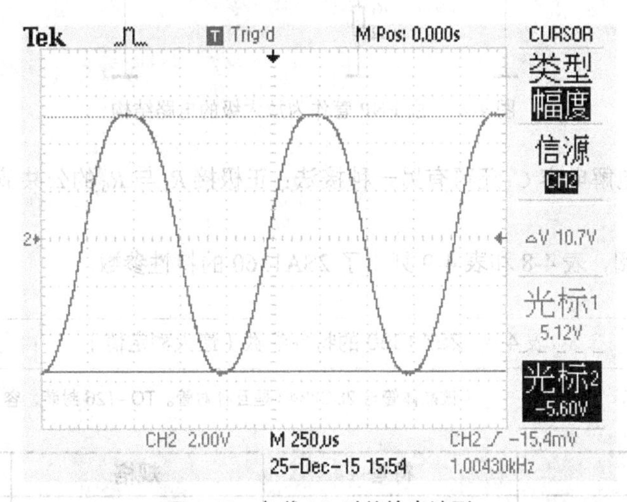

图 4-19　负载 8Ω 时的输出波形

（正半波削波失真比较明显，负半波轻微削波失真，表明输出端静态电压设置偏高）

4.3.5　用 PNP 管作为放大极

图 4-20 所示为另一种结构的功率放大器，共发射极放大电路和 U_{BE} 倍增电路均由 PNP 晶体管构成，输出级的电路仍然完全相同。考虑到 VT_2 与 VT_3/ VT_4 要进行热耦合，通常考虑使用低频中功

率晶体管 2SA1360（全塑模封装 TO-126，与 2SC3423 是互补对管）。

为了便于比较，将图 4-20 中与图 4-7 位置对称的元件设为参数相同。U_{BE} 倍增电路由 PNP 管 2SA1360 构成，因发射极的电流流动方向不同，图 4-20 与图 4-7 的 U_{BE} 倍增电路相比，发射极与集电极的电流方向相反，但仅仅是 U_{BE} 的极性不同，设计方法与采用 NPN 管时完全一样。

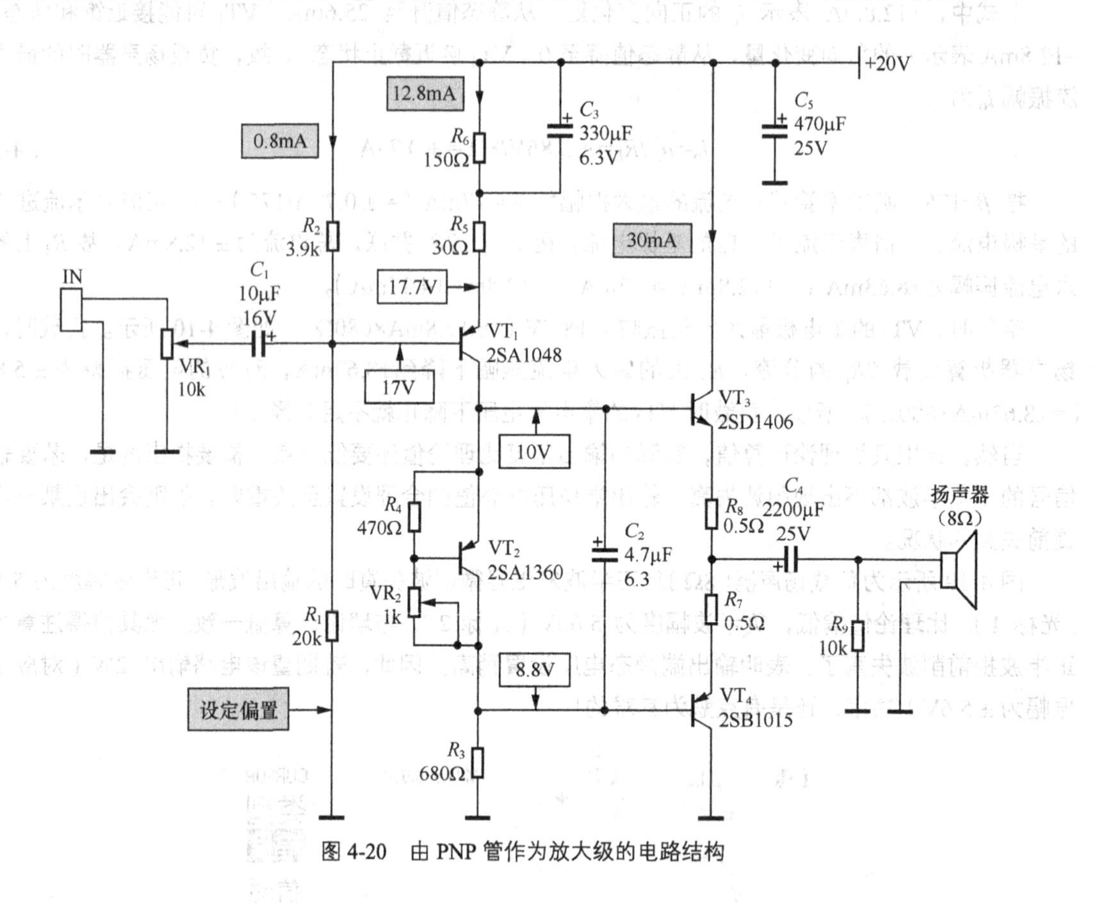

图 4-20　由 PNP 管作为放大级的电路结构

需要指出的是，电解电容 C_3 还可有另一种接法：正极接 R_5 与 R_6 的公共节点，负极接 GND，但注意耐压需要提高。

为了便于读者查阅，表 4-8 和表 4-9 列出了 2SA1360 的特性参数。

表 4-8　2SA1360 的特性参数（最大额定值）

（该晶体管与 2SC2343 是互补对管。TO-126 封装，容易与 VT_3 或 VT_4 进行热耦合）

（T_a=25℃）

项目	符号	规格	单位
集电极-基极间电压	U_{CBO}	−150	V
集电极-发射极间电压	U_{CBO}	−150	V
发射极-基极间电压	U_{EBO}	−5	V
集电极电流	I_C	−50	mA

续表

项目		符号	规格	单位
基极电流		I_B	-5	mA
集电极损耗	T_a=25℃	P_C	1.2	W
	T_c=25℃		5	
结温		T_j	150	℃
保存温度		T_{stg}	-55～150	℃

表 4-9　SA1360 的特性参数（电特性）

（T_a=25℃）

项目	符号	测试条件	最小值	标准值	最大值	单位
集电极截止电流	I_{CBO}	U_{CB} = −150V，I_E = 0			−0.1	μA
发射极截止电流	I_{EBO}	U_{EB} = −7V，I_C = 0			−0.1	μA
直流电流放大系数	H_{FE}（注）	U_{CE} = −5V，I_C = −10mA	80		240	
集电极-发射极间饱和电压	$U_{CE(sat)}$	I_C = −10mA，I_B = −1mA			−1.0	V
基极-发射极间电压	U_{BE}	U_{CE} = −5V，I_C = −10mA			−0.8	V
特征频率	f_T	U_{CE} = −10V，I_C = −1mA		200		MHz
集电极输出电容	C_{ob}	U_{CB} = −10V，I_E = 0，f = 1MHz		2.5		pF

注：直流电流放大系数 H_{FE} 分类 O:80～160，Y:120～240。

4.4　小功率音频放大器设计实例

4.4.1　电路结构及工作原理

图 4-21 所示为笔者为了参加 2015 年全国视频公开课评选活动而设计的小功率音频放大器①，为了方便供电，增设最常见的桥式整流、滤波电路（没有稳压环节），并用 LED 进行电源指示。

图中用 3 种灰度的色块覆盖 3 个功能模块：电源变换电路、电压放大器和电流放大器。AC-power 接变压器，D1～D4 与 C_5、C_6 组成整流滤波电路，整流二极管 1N4001 额定电流 1A，反向耐压 50V，为了防止直流电源短路，特设保险管 F_1。

电压放大器与电流放大器是有机结合在一起的。若把电流放大器抽离，作为电压放大器的集电极负载电阻 R_3 下端开路，这时的电压放大器并不能成为一个电路，是无法正常工作的。可见，电流放大器是“嵌入”到电压放大器中的，这个“嵌入”的环节正是 U_{BE} 倍增电路。

信号从插座 IN 输入，经微调电阻 VR_1 进行音量调节后送到电压放大器，输出信号经大电解电容 C_4 送到扬声器（Speaker），驱动扬声器发声。

笔者把图 4-21 所示电路设计成 PCB，并用 10W AC15V 变压器供电。为了方便演示教学，笔者把它们统一固定在一块有机玻璃板上，并用莲花插座作信号输入口，用接线端子（连接器）作信号输出口，这两个端子分别安装在一小块有机玻璃板上，然后用粘合剂粘到底板上，如图 4-22 所示。

① 本课题主视频荣获全国视频公开课评选的三等奖，5 个微视频都为二等奖。

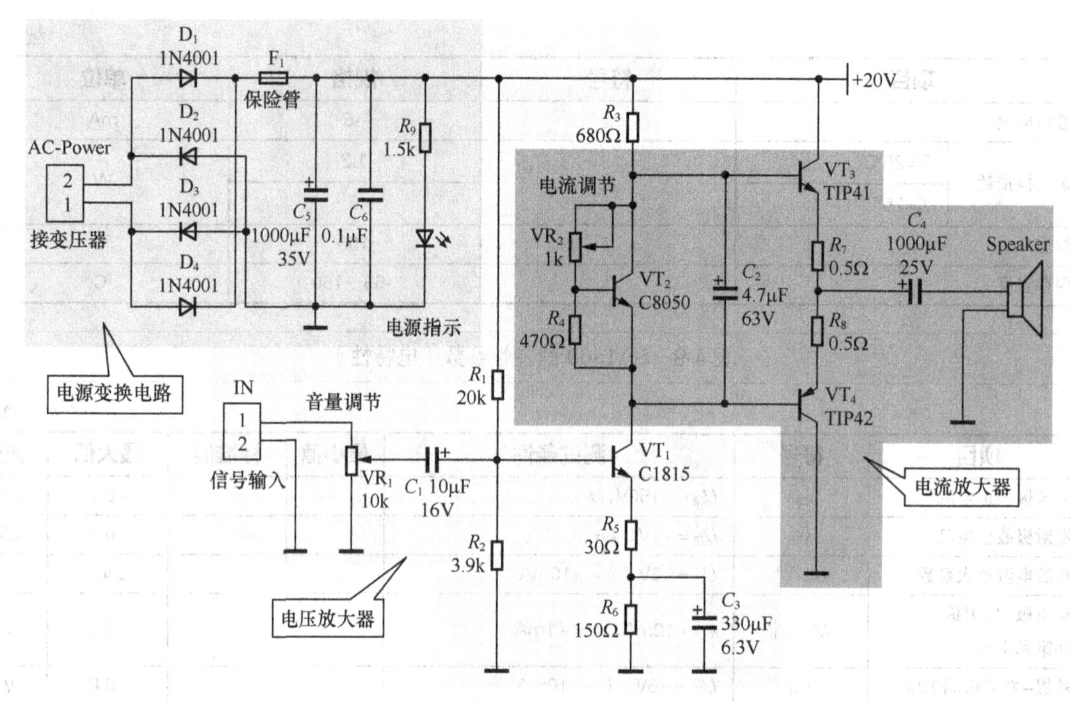

图 4-21　小功率音频功率放大器（含电源电路）实例

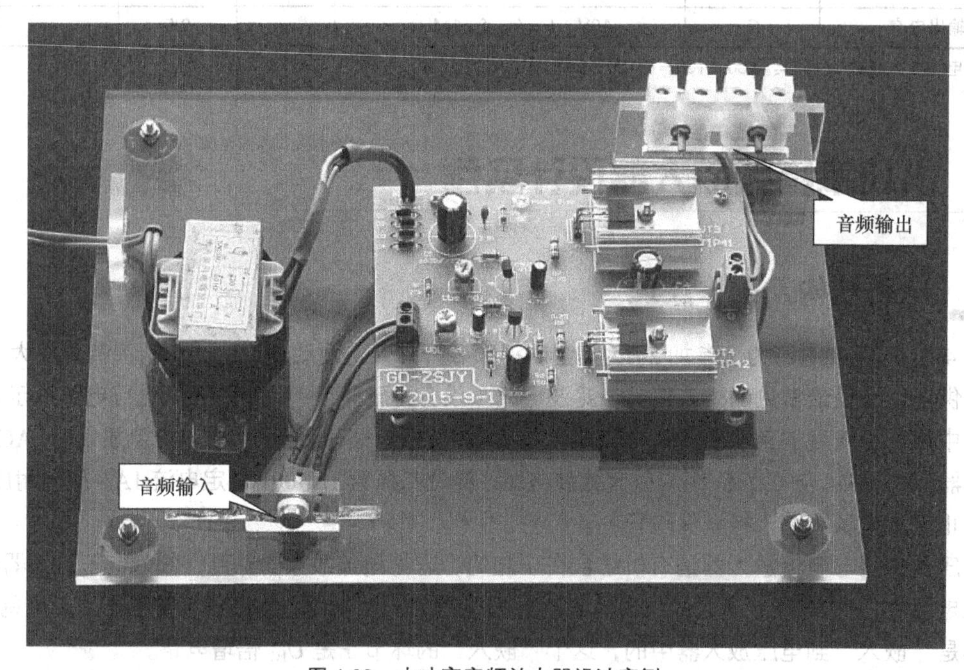

图 4-22　小功率音频放大器设计实例

（有机玻璃尺寸 25cm 长 × 20cm 宽 × 0.5cm 厚，电路板尺寸 9.3cm × 12.6cm，散热器尺寸 35mm 长 × 34mm 宽 × 12mm 脊棱。由于输出功率小、散热器较大，所以 U_{BE} 倍增管 VT_2 没有与 VT_4 或 VT_3 进行热耦合，从实际工作情况观察，即便连续最大功率输出也未发生热击穿现象）

4.4.2　功率管 TIP41 与 TIP42

在这个功放中，功率管 VT_3 与 VT_4 选用 TIP41 与 TIP42 互补对管。为了便于读者查阅，这里列出了 Fairchild 半导体公司生产的 TIP41、TIP42 的特性参数，见表 4-10 至表 4-13。

表 4-10　TIP41 的特性参数（最大额定值）

（这个晶体管与 TIP42 是互补对管。I_C=6A，饱和压降为 1.5V（最大值）。TO-220 封装）

（T_a=25℃）

项目		符号	规格		单位
集电极-基极间电压		U_{CBO}	TIP41	40	V
			TIP41A	60	
			TIP41B	80	
			TIP41C	100	
集电极-发射极间电压		U_{CEO}	TIP41	40	V
			TIP41A	60	
			TIP41B	80	
			TIP41C	100	
发射极-基极间电压		U_{EBO}	5		V
集电极电流		I_C	6		A
基极电流		I_B	2		A
集电极损耗	T_a=25℃	P_C	2		W
	T_c=25℃		65		
结温		T_j	150		℃
保存温度		T_{stg}	−65～150		℃

表 4-11　TIP41 的特性参数（电特性）

（T_a=25℃）

项目		符号	测试条件	最小值	最大值	单位
集电极截止电流	TIP41/ TIP41A	I_{CBO}	U_{CE} = 30V，I_B = 0		0.7	mA
	TIP41B/ TIP41C		U_{CE} = 60V，I_B = 0		0.7	
集电极截止电流	TIP41	I_{CBS}	U_{CE} = 40V，U_{EB} = 0		400	μA
	TIP41A		U_{CE} = 60V，U_{EB} = 0		400	
	TIP41B		U_{CE} = 80V，U_{EB} = 0		400	
	TIP41C		U_{CE} = 100V，U_{EB} = 0		400	
发射极截止电流		I_{EBO}	U_{EB} = 5V，I_C = 0		1	mA
直流电流放大系数		H_{FE-1}	U_{CE} = 4V，I_C = 0.3A	30		
		H_{FE-2}	U_{CE} = 4V，I_C = 3A	15	75	
集电极-发射极 间饱和电压		$U_{CE(sat)}$	I_C = 6A，I_B = 0.6A		1.5	V
基极-发射极间电压		U_{BE}	U_{CE} = 4V，I_C = 6A		2.0	V
特征频率		f_T	U_{CE} = 10V，I_C = 0.5A	3.0		MHz

表 4-12　TIP42 的特性参数（最大额定值）

（这个晶体管与 TIP41 是互补对管。I_C = –6A，饱和压降为–1.5V（最大值）。TO–220 封装）

（T_a=25℃）

项目		符号	规格		单位
集电极–基极间电压		U_{CBO}	TIP42	–40	V
			TIP42A	–60	
			TIP42B	–80	
			TIP42C	–100	
集电极–发射极间电压		U_{CEO}	TIP42	–40	V
			TIP42A	–60	
			TIP42B	–80	
			TIP42C	–100	
发射极–基极间电压		U_{EBO}	–5		V
集电极电流		I_C	–6		A
基极电流		I_B	–2		A
集电极损耗	T_a=25℃	P_C	2		W
	T_c=25℃		65		
结温		T_j	150		℃
保存温度		T_{stg}	–65～150		℃

表 4-13　TIP42 的特性参数（电特性）

（T_a=25℃）

项目		符号	测试条件	最小值	最大值	单位
集电极截止电流	TIP42/TIP42A	I_{CEO}	U_{CE} = –30V，I_B = 0		–0.7	mA
	TIP42B/TIP42C		U_{CE} = –60V，I_B = 0		–0.7	
集电极截止电流	TIP42	I_{CES}	U_{CE} = –40V，U_{EB} = 0		–400	μA
	TIP42A		U_{CE} = –60V，U_{EB} = 0		–400	
	TIP42B		U_{CE} = –80V，U_{EB} = 0		–400	
	TIP42C		U_{CE} = –100V，U_{EB} = 0		–400	
发射极截止电流		I_{EBO}	U_{EB} = –5V，I_C = 0		–1	mA
直流电流放大系数		H_{FE-1}	U_{CE} = –4V，I_C = –0.3A	30		
		H_{FE-2}	U_{CE} = –4V，I_C = –3A	15	75	
集电极–发射极间饱和电压		$U_{CE(sat)}$	I_C = –6A，I_B = –0.6A		–1.5	V
基极–发射极间电压		U_{BE}	U_{CE} = –4V，I_C = –6A		–2.0	V
特征频率		f_T	U_{CE} = –10V，I_C = –0.5A	3.0		MHz

第 5 章

单管输入级功率放大器

图 4-7 所示小功率放大电路有 3 个缺陷：第一，输入阻抗偏小，不适宜与高阻信号源匹配；第二，因晶体管的指数函数输入特性，且电压放大器本级是部分负反馈、不是深度负反馈，故输出电压呈现正半波小而负半波大的不对称失真；第三，空载时电压放大倍数基本正常，负载时放大倍数显著下降，且负载愈重下降愈严重。下面针对这几个缺陷进行改造，解决上述缺点。

5.1 单管输入级小功率放大器

5.1.1 单管输入功放的电路结构

图 4-7 所示小功率放大电路的输入阻抗只有 2kΩ 左右，阻值比较小，一旦与高阻的信号源连接，信号源的输出信号会被放大器输入阻抗显著衰减，加在放大器输入端的信号下降，因此有必要提高放大器的输入阻抗。提高输入阻抗的方法多种多样，简便、精巧又实用的方案如图 5-1 所示。它是在原放大器的输入端增加一级电路，放大器从 2 级变成 3 级。再把输出端信号通过反馈网络引入到输入管 VT_1 的发射极，与 VT_1 的基极输入信号进行比较、放大。

图 5-1 所示 3 级电路分别是前置级（或输入级）、激励级和输出级。其中，激励级和输出级与图 4-7 所示电路基本相同。

前置级由晶体管 VT_1 与其外围阻容电路构成，基极偏置电阻 VR_2、R_1 的阻值比图 4-7 所示电路中 VT_1 的偏置电阻大得多。但集电极电阻 R_2 只有区区 2kΩ，与发射极电阻 R_3 相等，R_3 跨接在前置级与输出级之间，构成负反馈通路。相邻两级均采用直接耦合，低频特性好，能够放大缓慢变化的信号。因为前置级基极偏置电阻大，加之发射极电阻 R_4 折算到基极回路的电阻也很大（R_3 折算到基极的电阻更大，忽略不计），所以它们并联起来的阻值可达 10kΩ 以上，这个等效电阻就是放大器的输入阻抗，比图 4-7 所示电路的输入阻抗（约为 2kΩ）大得多。

VT_1 与常见共发射极放大器接法基本相同，输入信号由基极注入、放大的信号由集电极输出。但该电路与共发射极放大器不同的是，其发射极不是接地，而是通过反馈电阻 R_3 接功率放大器的输出。从直流信号看 R_3 接在输入与输出之间，直流信号在其中流动，构成直流负反馈稳定静态工作点。从交流信号看，u_i 加到 VT_1 的基极，u_o 经 R_3 与 R_4 串联分压、R_4 采样（记为 u_f）加到 VT_1 的发射极，二者之差 $u_i - u_f$ 才是 VT_1 的发射结的动态电压 u_{be1}——前置级的净输入信号。可见，VT_1 具有对输入信号和反馈信号“求差”的功能。**R_3 是输出信号的反馈电阻，R_4 是反馈信号的采样电阻。**

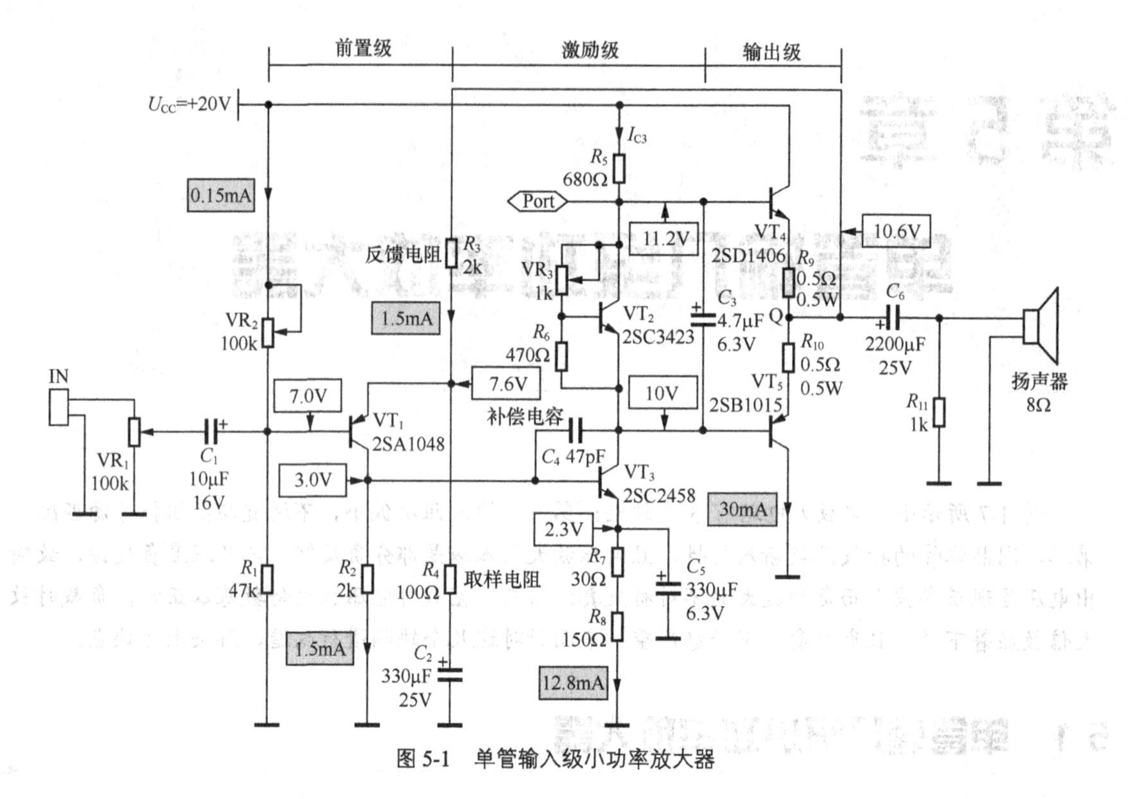

图 5-1　单管输入级小功率放大器

激励级也称中间级或电压放大级。由于前置级与输出级之间存在反馈通路，约束了整个系统的闭环放大倍数，故激励级的电压放大倍数越大越好，所以电容 C_5 要把 VT_3 的发射极电阻 R_7 与 R_8 全部旁路，此时可用 180Ω 的单只电阻取代 R_7、R_8。

由于**激励级**的电压放大倍数很大，且增加了前置电路，高频信号的相移增加，稳定性出现微妙的变化，在输出级静态电流设置较小时，可能会出现高频自激。为此，**需要在 VT_3 的基极与集电极之间接入一只几十皮法的补偿电容 C_4，增大高频信号的本级负反馈，保证电路的稳定性。**

单管输入级音频放大器分析与测试（1）

5.1.2 直流参数

激励级、输出级与图 4-7 基本相同，可以通过调节输入级基极偏置电阻 VR_2，把输出端的静态电压调为电源电压的中点附近，比如本电路设置为 10.6V，此时流过 R_5 的电流 I_{R5} 为

$$I_{R5}=\frac{U_{CC}-U_{BE}-U_{R9}-U_Q}{R_5}=\frac{20V-0.7V-10.6V}{680\Omega}\approx 12.8mA \tag{5-1}$$

式中，U_{BE} 是 VT_4 的发射结压降，约 0.6V，U_{R9} 是发射极电阻 R_9 的压降，按静态电流 30mA 计算，U_{R9} 约为 15mV，U_{BE} 与 U_{R9} 之和取 0.7V。

由于 VT_1 的集电极与 VT_3 的基极直接相连，而 VT_3 的基极电位等于其发射结压降 U_{BE} 与 R_7 和 R_8 压降之和，则

$$U_{C1}=U_{B3}=U_{BE}+I_{C3}\times(R_7+R_8) \tag{5-2}$$

式中，I_{C3} 是 VT_3 的集电极电流，U_{B3} 是 VT_3 的基极电位，U_{BE} 是 VT_3 的发射结压降。

忽略功率管 VT_4、VT_5 的基极电流不计，则 $I_{C3}\approx I_{R5}$。默认 VT_3 的集电极电流 I_{C3} 较大时，其发

射结导通压降 $U_{BE}=0.7V$，则输入管 VT_1 的集电极电压为

$$U_{C1}=0.7V+12.8mA\times(30\Omega+150\Omega)\approx 3.0V$$

故，VT_1 集电极电流为

$$I_{C1}=\frac{U_{C1}}{R_2}=\frac{3V}{2k\Omega}=1.5mA \tag{5-3}$$

该电流等于负反馈电阻 R_3 上的电流，压降也为 3.0V。故当 Q 点静态电位 U_Q 调为 10.6V，VT_1 发射极电压就为

$$U_{E1}=U_Q-U_{R3}=10.6V-3V=7.5V \tag{5-4}$$

由于某种原因导致输出端 Q 点静态电位升高，经过一系列的负反馈作用，迫使电路回归原来的平衡点附近，控制过程如下：

$$U_Q\uparrow\rightarrow U_{E1}\uparrow\rightarrow U_{BE1}\uparrow(=U_{E1}-U_{B1})\rightarrow I_{C1}\uparrow\rightarrow U_{C1}\uparrow(=U_{B3})\rightarrow U_{C3}\downarrow\rightarrow U_Q\downarrow$$

若输出端 Q 点静态电位降低，控制过程相反。

5.1.3 提高的输入阻抗

由图 5-1 可知，功率放大器的输入阻抗就是前置级的输入阻抗 R_i，该阻抗是 R_1、VR_2 调节后的阻值以及 R_4 折算到基极回路阻值的并联，即 R_i 为

$$R_i=VR_2'//R_1//[(1+\beta)\times R_4] \tag{5-5}$$

式中，VR_2'是 VR_2 滑动脚与下端之间的阻值，$(1+\beta)\times R_4$ 是 R_4 折算到基极回路的阻值，β 是 2SA1048 的直流电流放大倍数，$\beta=165$。

设定输出端电压为 10.6V，则 VT_1 基极电压为 7.0V（$=U_Q-U_{R3}-U_{BE}=10.6V-3V-0.6V$）。忽略 VT_1 基极电流不计，可计算出 VR2`为 87kΩ。那么，R_i 为

$$R_i=87k\Omega//47k\Omega//[(1+165)\times 0.1k\Omega]\approx 11k\Omega$$

可见，增设前置管之后，功率放大器的输入阻抗明显提高了，功率放大器接入信号发生器输出信号之后，前者的输入电压下降幅度就很小了，或者说放大器对信号源的影响很小了。

5.1.4 电压放大倍数

单管输入级音频放大器分析与测试（2）

在分析交流信号放大的路径时，新增加的前置级相当于简单的电压控制电流放大器，VT_1 的 b、e 极分别相当于运算放大器的同相端（+）和反相端（−），VT_1 的 c 极输出信号是激励级的输入信号，激励放大后变成高振幅电压，然后交由推挽电路进行电流放大（或功率放大），电路的总输出相当于运算放大器的输出端。因此，从交流通路看，单管输入级小功率放大器可以简化为同相输入电压放大器，如图 5-2 所示。从反馈类型上归类**属于电压串联负反馈，优点是输入阻抗高、输出阻抗低。**

由图 5-1 可知，功率放大器的输出信号 u_o 经 R_3 与 R_4 分压送到 VT_1 的发射极，因此加在 VT_1 的 e 极（相当于图 5-2 中的反相端）的反馈电压 u_f 为 $u_o\cdot\frac{R_4}{R_3+R_4}$，约等于 VT_1 的 b 极输入电压 u_i（相当于图 5-2 中的同相端），即 $u_i\approx u_f$，故功放的闭环增益 A_u 为

$$A_u = \frac{u_o}{u_i} = 1 + \frac{R_3}{R_4} = 1 + \frac{2\text{k}\Omega}{100\Omega} = 21 \text{（倍）} \tag{5-6}$$

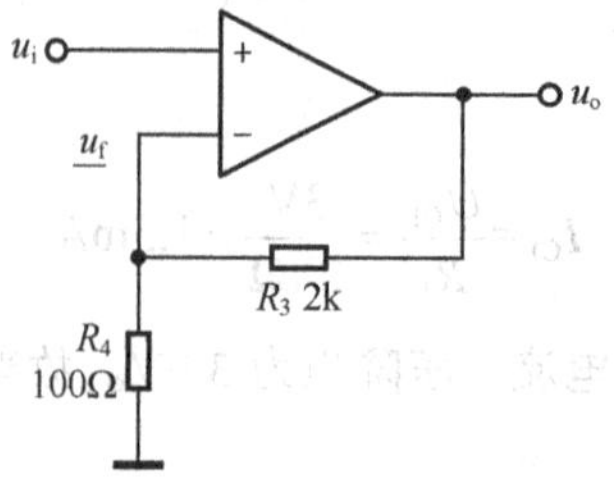

图 5-2 单管输入级小功率放大器等效电路

该数值与输入级和激励级的电压放大倍数无关，与负载大小也无关，只与反馈电阻 R_3 和采样电阻 R_4 有关。当然，这只是理想状况。实际上，激励级的电压放大倍数与负载大小会对闭环增益 A_u 有影响（详见后文）。

图 5-3 是负载扬声器（8Ω）时 VT_1 的 b、e 极以及二者差值的电压波形。b 极（CH_1）与 e 极（CH_2）信号基本相同，均为 1kHz 0.4V，二者的差值（M 指 CH_1-CH_2）是信号的本底噪声①，印证了 VT_1 的 b、e 极交流信号虚短（Virtual short）的特征。空载时，VT_1 的 b、e 极信号差值 M 无变化。

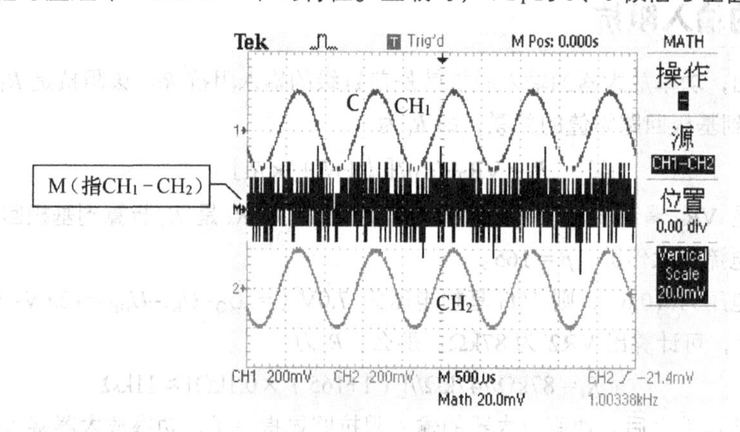

图 5-3 VT_1 的 b、e 极以及二者差值的电压波形

（CH_1 是 b 极波形，CH_2 是 e 极波形，振幅均为 1kHz 0.4V_{p-p}，M 是 b、e 极信号的差值，杂乱的波态是本底噪声，与示波器两通道同时接某一信号的波态相同，印证了 VT_1 的 b、e 极交流信号虚短）

5.1.5 负载扬声器（8Ω）的工作波形

图 5-4（a）所示是负载扬声器（8Ω）时，由插座 IN 输入 1kHz 0.5V_{p-p} 正弦波信号时的输入输出波形。因输入信号经前置级和激励级两次反相放大，故输入信号与输出信号同相。适当调节 VR_3，输出信号既没有交越失真，也没有削波失真，很漂亮地对信号进行了放大。输出电压为 9.92V_{p-p}，故电压放大倍数为 19.8 倍（= 9.92V_{p-p}/0.5V_{p-p}），稍低于理论值（21 倍）。

图 5-4（b）所示是 1kHz 0.5V_{p-p} 正弦波输入与 VT_1 的集电极波形。VT_1 的集电极正半波为 38mV_p（光标 1），负半波为−72mV_p（光标 2），正负半波严重不对称，与标准正弦波相去甚远，但输出信号却是标准的正弦波，这实在令人诧异！

① 示波器两通道接信号发生器同一信号，理论上讲二者的差值为零，但 M 的振幅及波态与图 5-3 中的 M 相同，故称 M 为本底噪声。

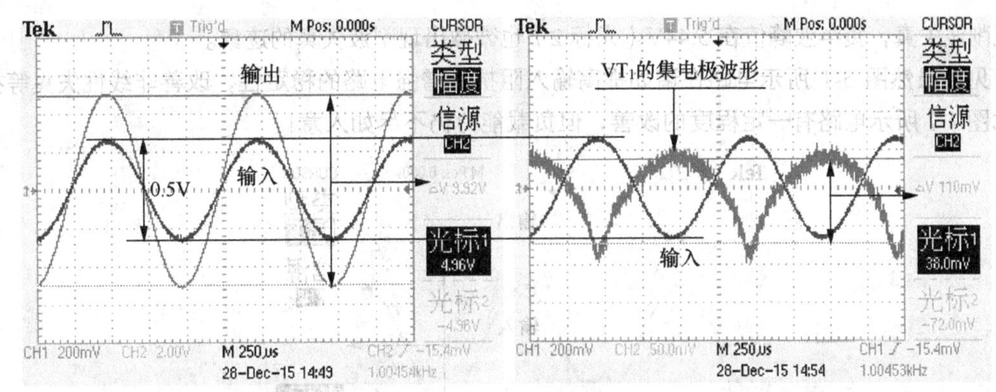

（a）输入（CH_1）和输出（CH_2）波形
（输入信号1kHz $0.5V_{p\text{-}p}$，输出信号$9.92V_{p\text{-}p}$，很漂亮地对信号进行了放大。放大倍数约为19.8倍）

（b）输入（CH_1）和VT_1的集电极（CH_2）波形
（输入信号1kHz $0.5V_{p\text{-}p}$，VT_1的集电极电压正半波为$38mV_P$左右（光标1），负半波为$72mV_P$以上（光标2）。正负半波严重不对称，与标准的正弦波相去甚远）

图 5-4　功放电路的工作波形

为了解释这种奇怪的现象，不妨参考图 5-5 来说明。

当输入电压 u_i 为正弦波时，由于晶体管输入特性曲线（u_{BE}–i_B）为指数函数，基极电流 i_b 不是正弦波，而是正半波大、负半波小，如图 5-5（a）所示，即幅度不对称的非线性失真，经电压放大器（简化为 A）输出的信号 u_o 呈现为正半波大、负半波小，如图 5-5（b）所示。

当输出信号 u_o 经负反馈网络（简化为 F）衰减成为反馈信号 u_f（波形与输出信号相似），与输入的正弦波 u_i 叠加，结果净输入信号u_i'（$=u_i-u_f$）变成正半周小、负半周大的**预失真信号**，如图 5-5（c）所示（读者可参考图 5-4（b）所示 CH_2 就是实例），该信号经晶体管非线性放大以后，输出信号的正、负半波幅度接近相等。从效果上看，**预失真信号与放大器本身对信号放大的不对称性互相抵消**，从而减小了不对称的非线性失真，如图 5-5（c）所示。这种“阴差阳错，歪打正着”的现象就是负反馈的功劳。

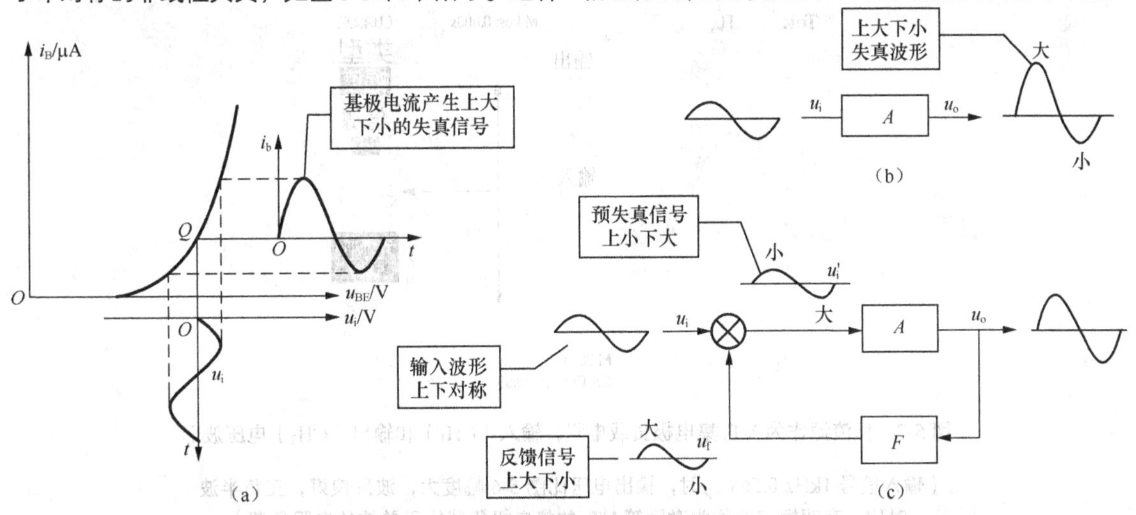

图 5-5　负反馈改善正负半波不对称失真示意图

5.1.6　恒流源取代 R_5 提高输出电压振幅

根据图 5-4 所示波形数据计算的电压增益为 19.8 倍，故当输入电压增大为 $0.56V_{p\text{-}p}$ 时（负载 8Ω 不变），输出信号振幅应该为 $11V_{p\text{-}p}$（$=19.8\times0.56V_{p\text{-}p}$），正负半波均应该为 5.5V。但实际的输出波形如图 5-6 所示，正半波峰值在 5.12V（光标 1）

单管输入级音频放大器分析与测试（3）

时出现削波失真，负半波峰值在 5.44V（光标 2）也微微出现削波失真的迹象。

可见，虽然图 5-1 所示电路在诸如提高输入阻抗，增强电路的稳定性，改善非线性失真等指标上，比图 4-7 所示电路有一定程度的改善，但负载能力仍不尽如人意！

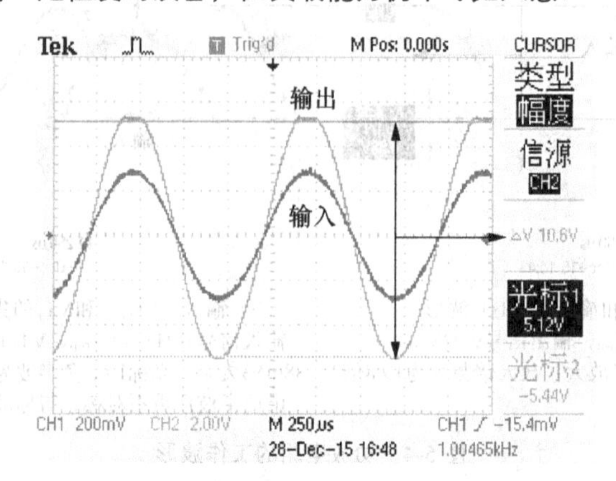

图 5-6　R_5作为 VT_3集电极负载电阻，输入（CH_1）和输出（CH_2）电压波形

（输入信号 1kHz 0.56V_{p-p}时，输出正半波提前削波失真，因正半波的峰值时 R_5上的压降小，故电流小，不能给 VT_4提供足够大的基极驱动电流）

若断开 VT_3的集电极负载电阻 R_5，把图 5-8 所示恒流源的 Port 与图 5-1 中的 Port 相连，这时，VT_3的集电极负载转为恒流源，在输入信号及负载均保持不变的情况下，输出波形如图 5-7 所示。波形良好，正负半波对称，均约为 5.6V（光标 1、光标 2），电压增益为 20.2 倍（=11.3V_{p-p}/0.56V_{p-p}），约等于理论值（21 倍）。这说明，用恒流源作为激励级的集电极负载，能提高正、负半波的输出幅度，交流性能明显优于单纯的电阻负载。

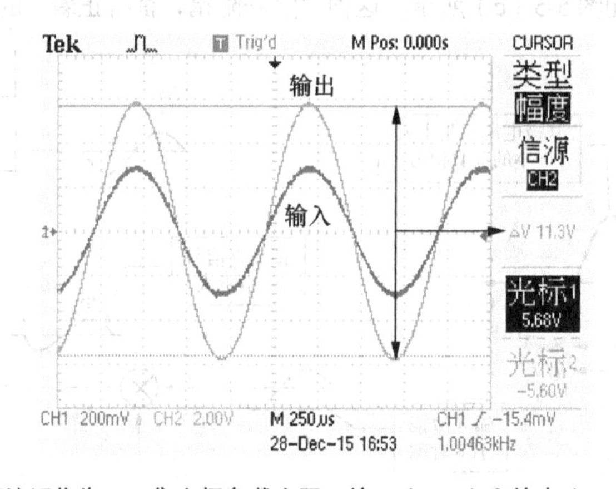

图 5-7　恒流源作为 VT_3集电极负载电阻，输入（CH_1）和输出（CH_2）电压波形

（输入信号 1kHz 0.56V_{p-p}时，输出电压比图 5-6 幅度大，波形良好，正负半波对称，表明恒流源作为激励管 VT_3的集电极负载优于单纯的电阻负载）

那么，恒流源作为激励管 VT_3的集电极负载，为什么具有这样的特性呢？下面结合晶体管的输出特性（见图 5-9）曲线来解释。

晶体管 VT_7的 C-E 极间相当于可变电阻：输出正半波幅度很大时 C 极电位高、C-E 极间电压很小；输出负半波幅度很大时 C 极电位低、C-E 极间电压很大。但无论 u_{CE}大小如何变化，VT_7的集电极电流基本恒定，约为 12.8mA——相当于图 5-9 所示曲线Δu_{CE}区间的平直段。保证放大器输出的正半波电压幅度很高时，上臂功率管 VT_4 的基极能得到足够大的驱动电流，这是单纯用电阻作为激励级的集电极负载所无法实现的，或者说单纯的电阻与恒流源的交流特性是不同的。

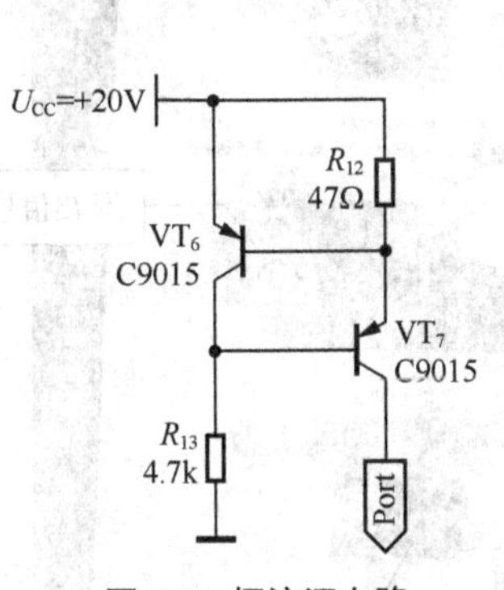

图 5-8　恒流源电路

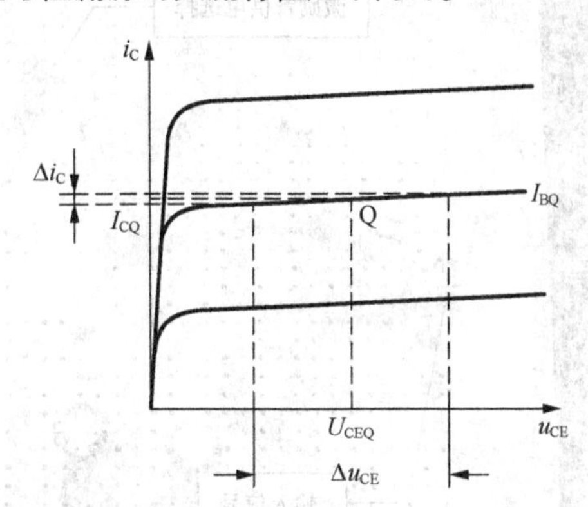

图 5-9　晶体管的输出特性

关于这一特点也可以这样理解：构成恒流源的晶体管工作于放大区，从输出特性曲线上看，$\Delta i_C/\Delta u_{CE}$ [①]近似为 $I_B = I_{BQ}$ 的那条曲线上 Q 点的导数（曲线在该点的斜率），它表示输出特性曲线上翘的程度。由于大多数管子在放大区曲线都很平，所以通常 $\Delta i_C/\Delta u_{CE}$ 的值小于 10^{-5}S。该值的倒数 $\Delta u_{CE}/\Delta i_C$ 为 C-E 间动态电阻 r_{CE}，$\Delta u_{CE}/\Delta i_C$ 的值大于 100kΩ——它就是 VT_7 的 C-E 极间的等效交流阻抗。由此可见，当用恒流源作为激励级的负载电阻时，其**等效交流阻抗远远大于其等效直流阻抗**（约等于 R_5），因此可以大大提高激励级的电压放大倍数，电路进入深度负反馈，能全方位地改善放大器的交流性能。

恒流源的直流通路分析与参数计算如下：电源电压 U_{CC}（=20V）经过 2 个晶体管的 B-E 结、电阻 R_{13} 到 GND 形成一条直流通路。R_{13} 给 VT_7 提供基极电流，VT_7 导通又给 VT_6 提供基极电流。VT_6 的集电极电流经 R_{13} 到地，而 VT_7 的集电极电流就是激励级的静态电流，等于 R_{12} 的电流，即

$$I_{R12} = \frac{U_{BE}}{R_{12}} = \frac{0.6V}{47\Omega} \approx 12.8mA \tag{5-7}$$

式中，U_{BE} 是 VT_6 的发射结压降。

该值与电源电压 U_{CC} 为 20V，R_5 为 680Ω 时的电流相等，故两者的直流特性是一样的。

为 VT_7 的基极提供偏置电流的电阻 R_{13} 取值比较灵活，按图 5-8 所示元件参数，计算 R_{13} 上的电流为

$$I_{R13} = \frac{U_{CC} - 2U_{BE}}{R_{13}} = \frac{20V - 2\times0.6V}{47k\Omega} = 4mA \tag{5-8}$$

该电流主要部分是 VT_6 的 C-E 极之间的电流，极少部分是 VT_7 的 B 极电流。因此，R_{13} 取值大小仅改变 VT_6 的 C 极电流，对激励级静态电流无影响，故 R_{13} 的取值范围相当宽泛。

图 5-10 所示是实际焊接完成的单管输入级小功率放大器，电路板上焊有 R_5 和图 5-8 所示的恒流源。用计算机硬盘跳线分别接通 3 脚排针的中间脚与左脚或右脚进行选择，两者给激励级提供的静态电流基本相等，约为 12.8mA。

由上述分析可知，图 5-1 所示的 3 级功率放大器，比图 4-7 所示 2 级电路，在诸多方面均有改善，特别是当激励级由恒流源供电时，尤为明显。下面就从理论层面推导闭环负反馈放大器的有关公式，这些公式揭示了闭环负反馈的增益 A_f 与基本放大电路的开环增益 A、反馈系数 F 之间的逻辑关系。

① 童诗白，华成英著《模拟电子技术基础》（第四版）称 $\Delta i_C/\Delta u_{CE}$ 为共射放大器 h 参数 h_{22e}（第 97-98 页）。

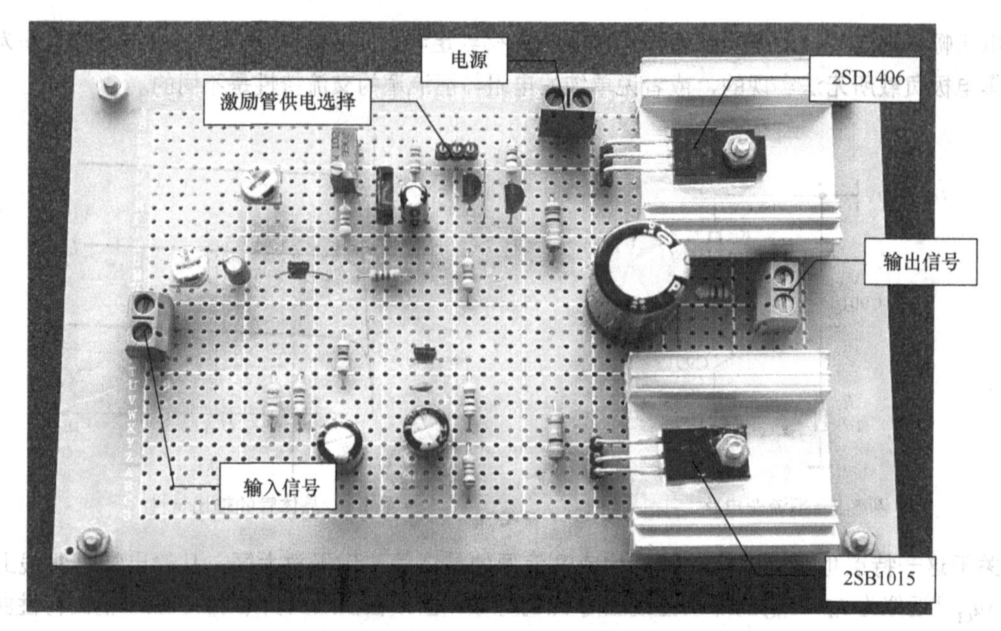

图 5-10　实际焊接完成的单管输入级小功率放大器电路板

（万用电路板尺寸 9cm×15cm，散热器尺寸 35mm 长×34mm 宽×12mm 脊棱。电路板上同时焊有 R_5 和图 5-8 所示恒流源，用计算机硬盘跳线分别接通 3 脚排针的中间脚与左脚或右脚进行选择，两者给激励级能提供的静态电流均约为 12.8mA）

5.1.7　负反馈对电路性能的改善

放大电路中引入交流负反馈后，除了能减小非线性失真，也能在降低基本放大电路开环增益的同时，增强电路的稳定性。为了便于分析，假设负反馈放大器工作于中频段，信号无附加相移，则闭环负反馈放大器的功能框图如图 5-11 所示。

单管输入级音频放大器分析与测试（4）

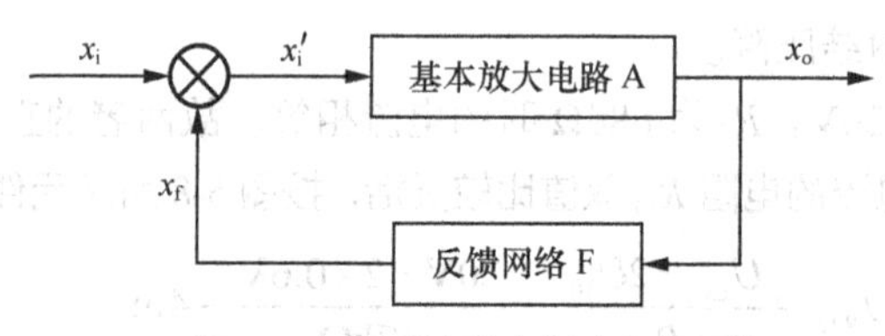

图 5-11　负反馈放大器功能框图①

假设输入量为 x_i，反馈量为 x_f，净入量为 x_i'，输出量为 x_o，基本放大电路的开环增益用 A 表示，则 A 为

$$A=\frac{x_o}{x_i'} \tag{5-9}$$

反馈系数（反馈量与输出量的比值）F 为

$$F=\frac{x_f}{x_o} \tag{5-10}$$

① 在图 5-1 所示电路中，VT_1 相当于输入信号与反馈信号的“求差”环节，激励级相当于基本放大电路，开环增益很大，R_3 与 R_4 组成反馈网络；

为了与基本放大器的开环增益 A 区分，负反馈放大器的增益称为**闭环增益**，用 A_f 表示，则 A_f 为

$$A_f = \frac{x_o}{x_i} \tag{5-11}$$

联立式（5-9）、式（5-10）和式（5-11），并考虑 $x_i = x_f + x_i'$，得

$$A_f = \frac{A}{1+AF} \tag{5-12}$$

式（5-12）表明，引入负反馈后，放大器的闭环增益衰减至基本放大器增益的 $\frac{1}{1+AF}$。通常称 $1+AF$ 为**反馈深度**，当 A>>1 时，称**深度负反馈**。此时，式（5-12）可表示为

$$A_f \approx \frac{1}{F} \tag{5-13}$$

式（5-13）表明，**在深度负反馈条件下，放大器的闭环增益已与开环增益无关，它不再受放大器各种参数的影响，而只由反馈系数 F 决定。**

当放大器的开环增益 A 趋近于无穷大时，闭环增益就是反馈系数的倒数，即反馈系数 $F = \frac{R_4}{R_3 + R_4}$，属深度负反馈，故闭环增益 A_f 为

$$A_f \approx \frac{1}{F} = 1 + \frac{R_3}{R_4}$$

只要采用高稳定性的反馈元件，闭环增益就非常确定，撇开了晶体管电流放大系数β、负载电阻等不可预知因素的影响，可见交流负反馈能增强电路的稳定性。比如，在图 5-1 电路中 R_5 改用图 5-8 所示的恒流源供电时，激励级输入输出信号如图 5-12 所示，激励级电压放大约 337 倍，该数值与输入级电压放大倍数之积就是开环增益 A，可以认为很大，则

$$A_f \approx \frac{1}{F} = 1 + \frac{R_3}{R_4} = 21 \text{（倍）}$$

但当 C_5 开路时，激励级输入输出信号如图 5-13 所示，激励级电压放大约 7.4 倍，该数值与输入级电压放大倍数之积并不是很大，故闭环增益就不能用反馈系数的倒数来表示——虽然结果误差不大，但理论上是站不住脚的。因此，若期望用式（5-13）计算闭环电压放大器倍数，请务必设法提高激励级的电压放大倍数。

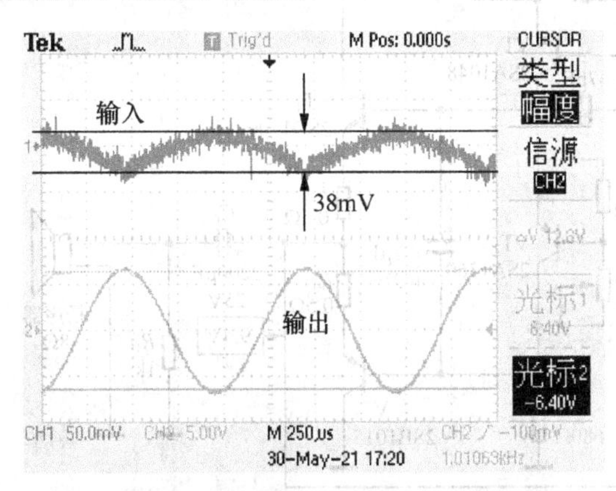

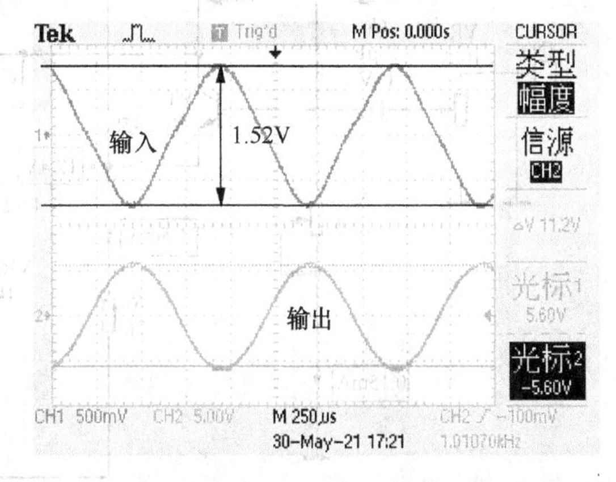

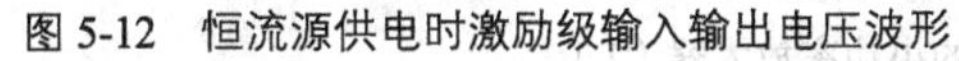

图 5-12 恒流源供电时激励级输入输出电压波形

（输入信号 1kHz 0.38mV$_{p-p}$ 时，输出电压 1kHz 12.8V$_{p-p}$，波形良好，正负半波对称。激励级电压放大约 337 倍）

图 5-13 恒流源供电 C_5 开路时，激励级输入输出电压波形

（输入信号 1kHz 1.52V$_{p-p}$ 时，输出电压 1kHz 11.2V$_{p-p}$，波形良好，正负半波对称。激励级电压放大约 7.4 倍）

此外，引入交流负反馈也能显著地展宽**通频带**。通频带（参考图 5-14）是指在输入信号频率较低（指 f_L 或 f_L'）或较高（指 f_H 或 f_H'）时放大倍数下降到中频时的 0.707 倍的频率区间。因此，**通频带也简称带宽**。

引入交流负反馈后，在不同频段放大倍数的下降幅度不同。在中频段，原放大倍数 A_v 最大，但反馈信号也相应较大，所以放大倍数下降较多。而在高频段和低频段，由于原放大倍数较小，反馈信号相应较小，则放大倍数下降也较小。这样，放大器的幅频特性趋于平缓，即**通频带展宽**了。

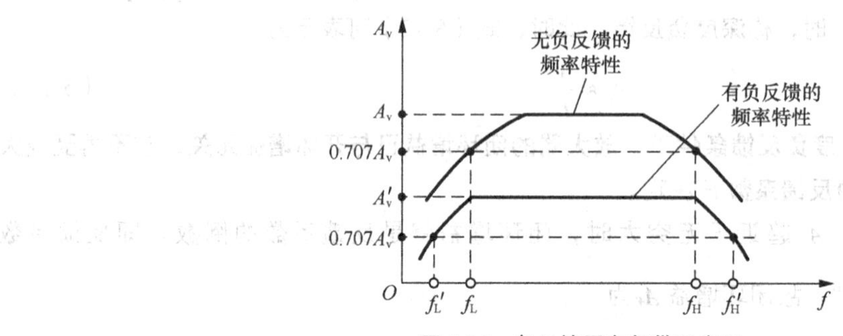

图 5-14　负反馈展宽频带示意图

5.1.8　用 NPN 管作前置级的小功率放大器

若在图 4-20 所示的电压放大器之前增加一级由 NPN 管组成的放大电路，就得到与图 5-1 所示电路对偶的单管输入级小功率放大器，如图 5-15 所示。或者把 C_2、C_5 正负极对调接电源正极，如图 5-16 所示——因为电源对交流信号而言即为接地。

为了便于比较，将图 5-15、图 5-16 中与图 5-1 对称位置的元件取值相同。

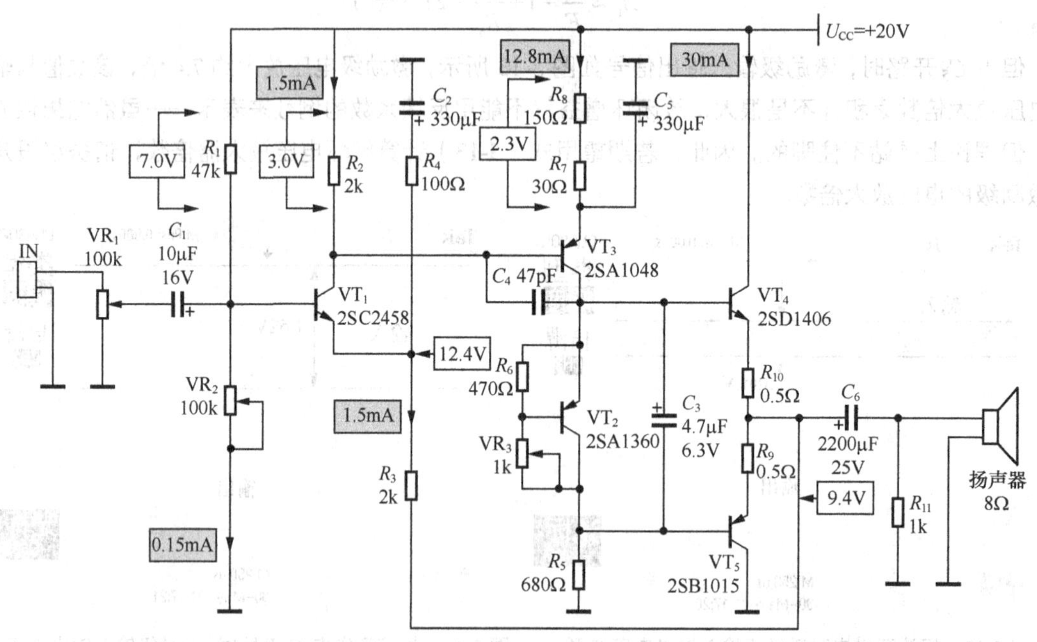

图 5-15　由 NPN 管作前置级的小功率放大器（1）

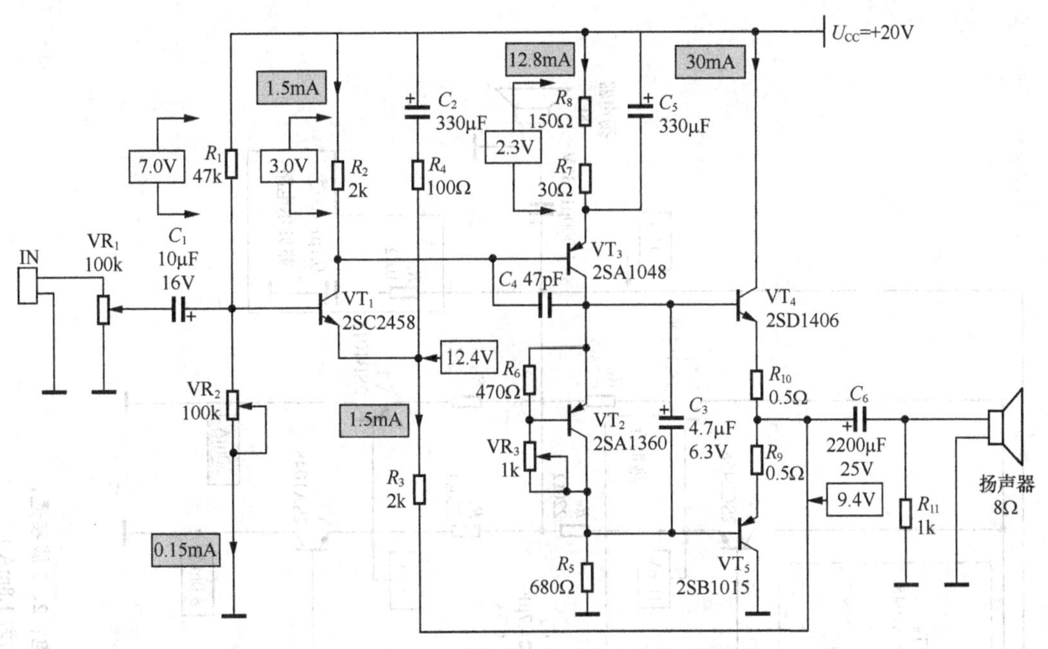

图 5-16　由 NPN 管作前置级的小功率放大器（2）

5.2　复合管输出级中功率放大器

前文介绍过图 4-7 所示电路，空载时输出电压略低于理论值，但负载扬声器（8Ω）时明显下降，即便是增加前置级并引入电压负反馈的三级功放电路（如图 5-1 所示）也不能幸免。这是因为互补功率管的直流放大系数 β 不是足够大，扬声器阻抗折算成激励管集电极的等效负载阻抗太小所致。

若输出级采用复合管，总的电流放大系数为两级电流放大系数之积，扬声器阻抗 R_L 折算到激励管集电极的等效负载阻抗很大（等于 $\beta_1\beta_2R_L$，其中 β_1、β_2 是两级晶体管的电流放大系数），对激励级动态电流的影响很小，因此负载时输出电压下降非常小，可以忽略不计。

5.2.1　复合管输出级的电路结构

单管输入-复合管输出音频放大器分析与测试（1）

图 5-17 所示为输出级采用复合管的中功率放大器。

VT_4 与 VT_6 组合等效为 NPN 管（推管），VT_5 与 VT_7 组合等效为 PNP 管（挽管）。电阻 R_9、R_{10} 为推动管 VT_4、VT_5 提供静态偏置电流，它们的压降分别施加在功放管 VT_6、VT_7 发射结及其发射极电阻 R_{11}、R_{12} 两端，调节电位器 VR_2 改变倍增电压，即可调节输出级的静态电流，消除输出信号的交越失真。

除了恒流源作为激励级负载能提高正半波提前削波失真之外，还可以采用图 5-17 中虚线框①内部的**自举电路**。它是把图 5-1 中的 R_5 拆分为图 5-17 中的 R_5 与 R_6，并在它们公共节点与输出端之间接入几百微法的电解电容 C_3 而构成。R_5 是**隔离电阻或自举电阻**，C_3 是**自举电容**。若 R_5 不存在，电容 C_3 的自举作用将无法实现，故 R_5 是自举电路的必要元件。

安装好元器件的 PCB 如图 5-18 所示。板上同时焊有自举电路和恒流源。用计算机硬盘跳线分别接 3 脚排针的中间脚与左脚或右脚进行选择，两者给激励级所能提供的静态电流基本相等，都约为 1.8mA，保证功率放大器的静态工作点不变。

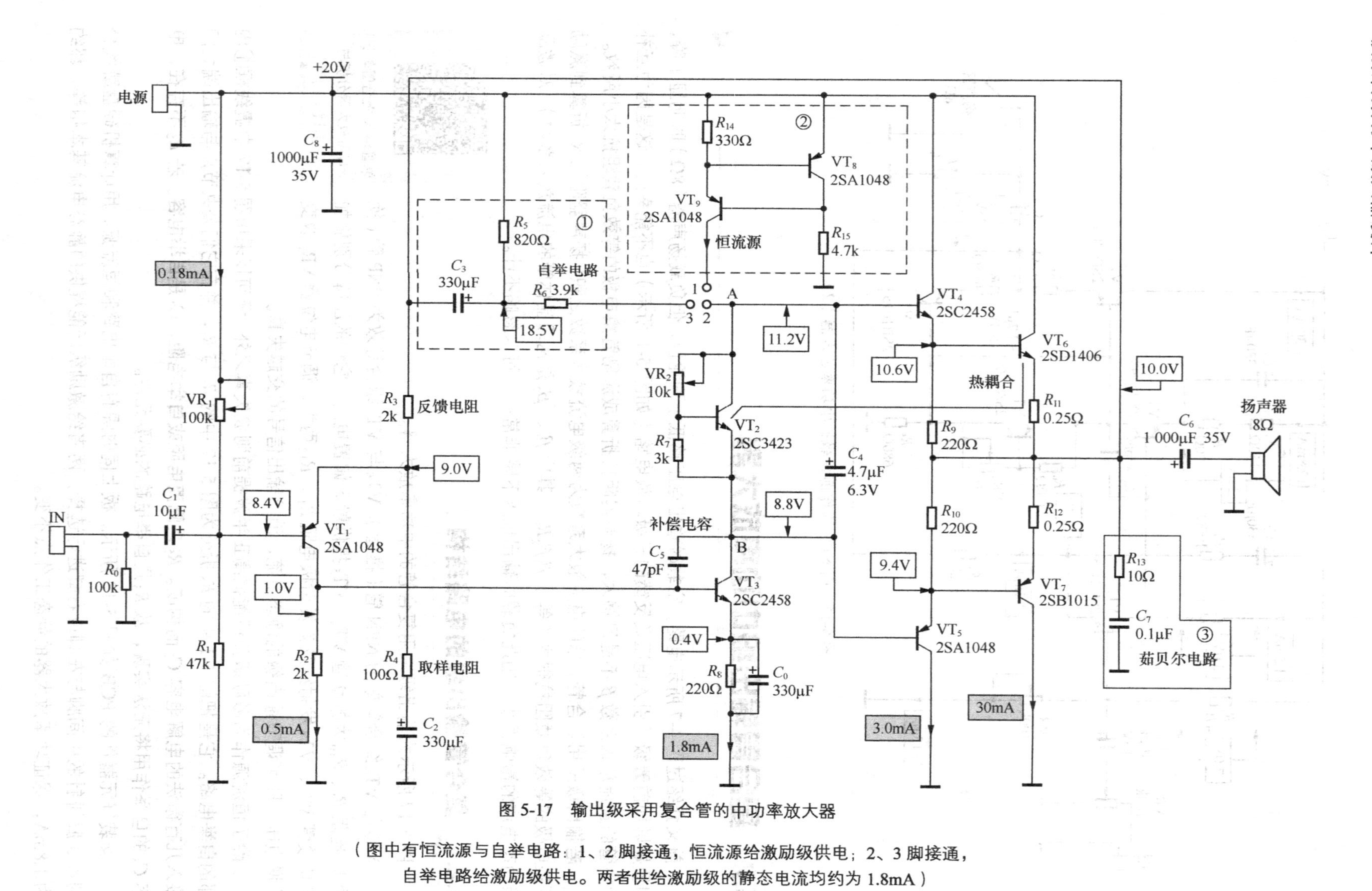

图 5-17 输出级采用复合管的中功率放大器

（图中有恒流源与自举电路：1、2 脚接通，恒流源给激励级供电；2、3 脚接通，自举电路给激励级供电。两者供给激励级的静态电流均约为 1.8mA）

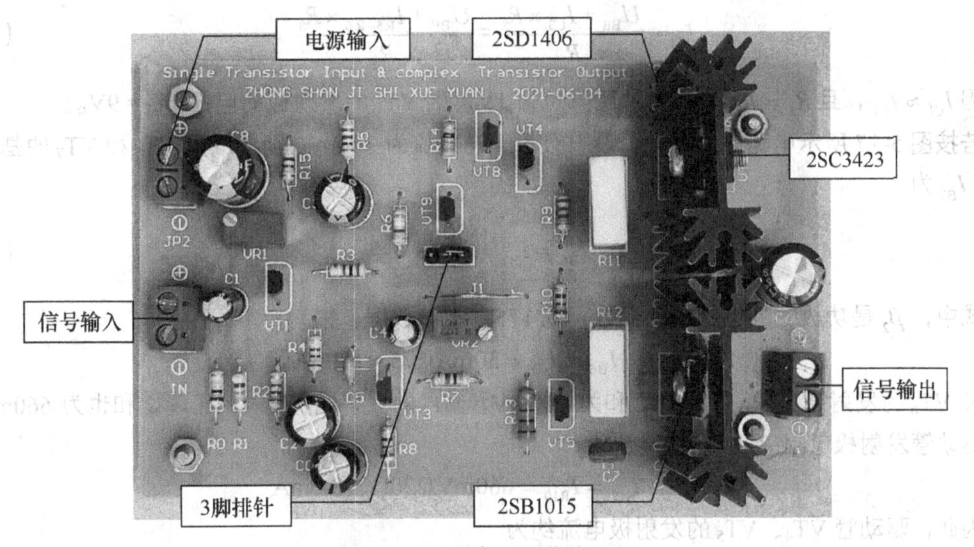

图 5-18 安装好元器件的 PCB

（电路板尺寸 7cm×11cm，散热器尺寸长 35mm×宽 34mm×脊棱 12mm）

5.2.2 静态参数

无论是恒流源抑或是自举电路供电，调试方法同单管输入级小功率放大器一样。先调节 VR_1 使输出端静态电压为电源电压的一半，输出信号的振幅接近最大，再调节 VR_2 设定功放管 VT_5 和 VT_6 静态电流为 50mA 左右。

当输出端的静态电压为 10V 且功放管 VT_6、VT_7 均有一定静态电流时，VT_4 的基极电压比输出端高 $2U_{BE}$，VT_5 的基极电位比输出端低 $2U_{BE}$。若是自举电路给激励级供电，则 R_5+R_6 两端的压降为（$10V-2U_{BE}$），则电阻 R_5、R_6 上的电流为

$$I_{R5\text{-}R6}=\frac{10V-2U_{BE}}{R_5+R_6} \tag{5-14}$$

式中，$I_{R5\text{-}R6}$ 表示 R_5、R_6 串联电路的电流，U_{BE} 是驱动管、功放管的发射结压降，取 0.6V。代入参数，得

$$I_{R5\text{-}R6}=\frac{10V-2\times0.6V}{0.82k\Omega+3.9k\Omega}=1.8mA$$

对于激励级而言，VT_3 的基极电位 U_{B3}（相对于 GND 的电压）可表示为

$$U_{B3}\approx U_{BE}+I_{C3}\times R_8 \tag{5-15}$$

式中，U_{BE} 是 VT_3 的发射结压降，取 0.6V，I_{C3} 是 VT_3 的集电极电流。忽略 VT_4、VT_5 的基极电流不计，$I_{R5\text{-}R6}\approx I_{C3}$，代入有关参数，得

$$U_{B3}\approx0.6V+1.8mA\times220\Omega=1V$$

因前置级与激励级直接耦合，故 $U_{C1}=U_{B3}$，而

$$U_{C1}\approx I_{C1}\times R_2 \tag{5-16}$$

式中，I_{C1} 是 VT_1 的集电极电流。代入有关参数，得

$$I_{C1}=1V/2k\Omega=0.5mA$$

联立式（5-15）、式（5-16），得

$$I_{C1}=\frac{U_{BE}+I_{C3}\times R_8}{R_2}=\frac{U_{BE}+I_{R5-R6}\times R_8}{R_2} \tag{5-17}$$

因 $I_{C1}\approx I_{E1}$，且 $R_2=R_3$，故 R_3 的压降也为 1V，则 VT_1 的发射极的电位 $U_{E1}=9V$。

若按图 5-17 所示电路中的参数，设末级的静态电流为 30mA，则功放管 VT_6 和 VT_7 的基极电流 I_{B6}、I_{B7} 为

$$I_{B6}=I_{B7}=\frac{30mA}{\beta_2} \tag{5-18}$$

式中，β_2 是功放管的电流放大系数，取 175。代入数据，得

$$I_{B6}=I_{B7}=30mA/175\approx170\mu A$$

设 VT_6 的发射结与 R_{11} 的压降之和为 660mV，VT_7 的发射结与 R_{12} 的压降之和也为 660mV，则通过驱动管发射极电阻 R_9、R_{10} 的电流为

$$I_{R9}=I_{R10}=660mV/220\Omega=3.0mA$$

因此，驱动管 VT_4、VT_5 的发射极电流约为

$$I_{E4}=I_{E5}=0.17mA+3.0mA=3.17mA$$

采用复合管输出级，激励级的静态电流不必设置得太大，这是因为推动级（VT_4、VT5）需要的基极电流很小，可忽略不计。比如，按上述 VT_4、VT5 的发射极电流为 3.17mA 时，则二者的基极电流约为

$$I_{B4}=I_{B5}=3.17mA/\beta_1=3.17mA/165\approx19.2\mu A \tag{5-19}$$

式中，β_1 是推动管（2SC2458、2SA1048）的电流放大系数，取 165（实测值）。

该数值相对于激励管 VT_3 的静态电流（1.8mA）微不足道。故在图 5-17 所示电路中，VT_3 的集电极负载电阻（R_5+R_6）以及 U_{BE} 倍增电路的偏置电阻都设置得比较大（相对于图 5-1 所示电路对应位置的电阻来说）。同理，恒流源也因静态电流要设置约为 1.8mA，故在图 5-17 所示电路中 R_{14} 取 330Ω，比图 5-8 所示电路中对应位置的 R_{12}（47Ω）大得多。

5.2.3 自举电路给激励级供电的工作波形

单管输入-复合管输出音频放大器分析与测试（3）

1. 自举电容 C_3 对工作波形的影响

图 5-19（a）为负载 10Ω（模拟扬声器）时，由插座 IN 输入 1kHz 0.5V_{p-p} 正弦波信号时的输入输出波形。输出信号既没有交越失真，也没有削波失真，很漂亮地被放大。输出电压为 10.5V_{p-p}，故电压放大倍数约为 21 倍（= 10.5V_{p-p}/0.5V_{p-p}），等于理论值。

若自举电容 C_3 开路，其他条件相同，输入输出波形如图 5-19（b）所示。输出电压为 10.2V_{p-p}，放大倍数约为 20.8 倍（= 10.4V_{p-p}/0.5V_{p-p}），比理论值稍小——表明接入自举电容有利于提高输出电压幅度。

由图 5-19 可见，输出级改为复合管后驱动电流大大提升，负载能力明显增强——但前提是自举电容 C_3 在路且容量足够大，20Hz 信号的阻抗比自举电阻 R_5 的阻值要小得多。比如，C_3 取值 330μF 对 20Hz 信号的阻抗为 24Ω，相对于 R_5（820Ω）相当小了。此时，考虑输出正负半波均有 2V 相对于电源正极与地的冗余度，实际输出的最大功率为

$$P_{o(max)}=\left(\frac{0.5U_{CC}-2}{\sqrt{2}}\right)^2\times\frac{1}{R_L}=\left(\frac{0.5\times20-2}{\sqrt{2}}\right)^2\times\frac{1}{8}=4W \tag{5-20}$$

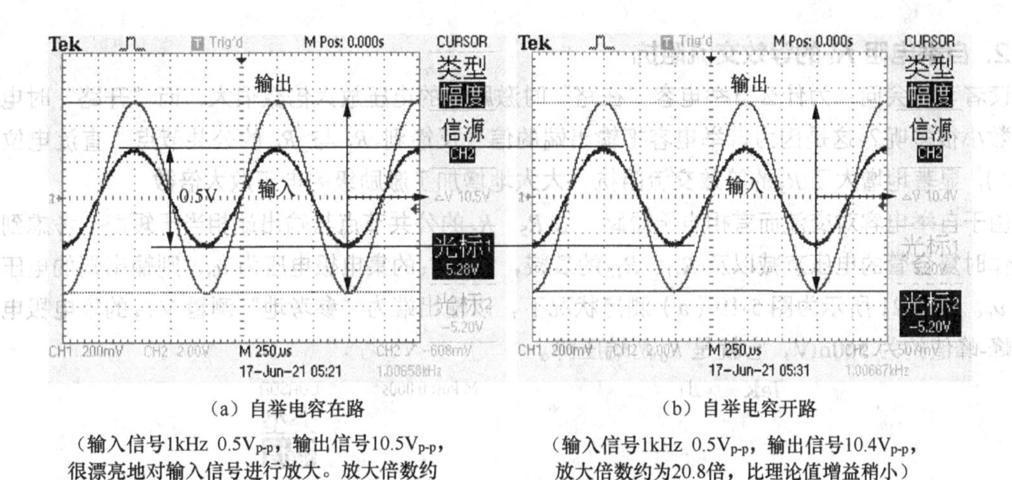

（a）自举电容在路

（输入信号1kHz 0.5$V_{p\text{-}p}$，输出信号10.5$V_{p\text{-}p}$，很漂亮地对输入信号进行放大。放大倍数约为21倍，略低于理论值21倍）

（b）自举电容开路

（输入信号1kHz 0.5$V_{p\text{-}p}$，输出信号10.4$V_{p\text{-}p}$，放大倍数约为20.8倍，比理论值增益稍小）

图 5-19　自举电路供电时的输入（CH_1）和输出（CH_2）波形

该功率是本书第四章中介绍的小功率音频放大器的 2 倍，笔者试听感觉声音已经相当大了。为了安全起见，功率管的发射极电阻 R_{11}、R_{12} 的功率最好选 1W 以上，在图 5-17 所示电路中用耗散功率为 5W 的水泥电阻，绰绰有余。

由于输出功率较大，大信号工作时散热器发热严重，为确保功率管长时间安全工作，防止热击穿，故须把 U_{BE} 倍增管 2SC3423 与其中一个功率管进行热耦合。本电路设计与 2SD1406 热耦合。

图 5-20（a）为图 5-19（a）测量状况下，VT_3 的基极（CH_1）与集电极波形（CH_2 略高于输出端的电压幅度 10.5V）。VT_3 的基极电压峰-峰值很小，已经无法用示波器精确测量出来，但其集电极电压峰-峰值约为 11$V_{p\text{-}p}$，可以想象激励级的电压增益应该是非常大的。

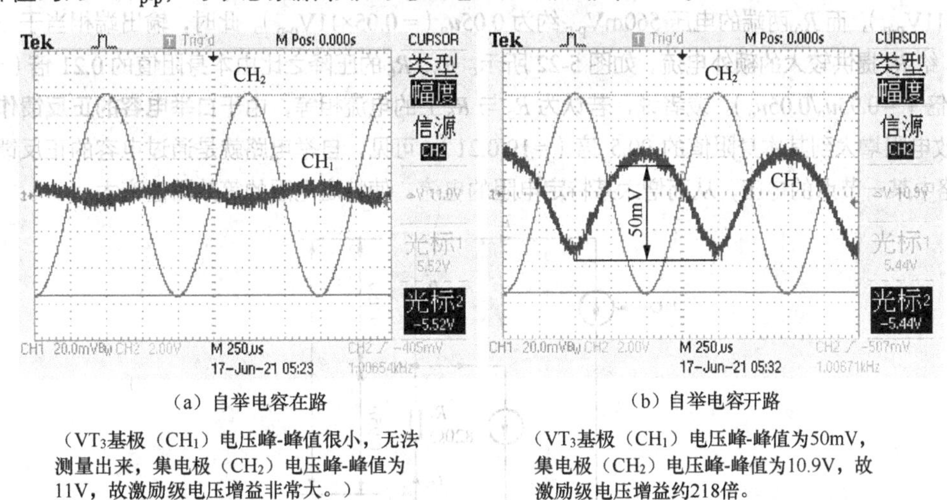

（a）自举电容在路

（VT_3基极（CH_1）电压峰-峰值很小，无法测量出来，集电极（CH_2）电压峰-峰值为11V，故激励级电压增益非常大。）

（b）自举电容开路

（VT_3基极（CH_1）电压峰-峰值为50mV，集电极（CH_2）电压峰-峰值为10.9V，故激励级电压增益约218倍。

图 5-20　自举电路供电时激励级基极（CH_1）和集电极（CH_2）波形

图 5-20（b）为图 5-19（b）测量情况下，VT_3 的基极与集电极波形（CH_2 略高于输出端的电压幅度 10.4V）。VT_3 基极电压峰-峰值约为 50mV，其集电极电压峰-峰值约为 10.9$V_{p\text{-}p}$，故激励级的电压增益约为 218 倍（= 10.9$V_{p\text{-}p}$/50m$V_{p\text{-}p}$）。由于图 5-20（a）所示 VT_3 的基极电压比图 5-20（b）所示 VT_3 的基极电压小，而图 5-20（a）所示 VT_3 的集电极电压比图 5-20（b）所示 VT_3 的集电极电压大，故自举电容 C_3 在路时，激励级的电压增益远远高于 218 倍。

2. 自举电阻 R_5 的等效交流阻抗

读者可能会问：为什么自举电容“在路”时激励级的电压放大倍数很大，而“开路”时电压放大倍数小很多呢？这是因为自举电容把输出端的信号反馈到 R_5 与 R_6 的公共节点（直流电位约为18.5V），显著地增大了 R_5 的等效交流阻抗，大大地增加了激励级的电压放大倍数。

由于自举电容对交流而言相当于短路，故 R_5、R_6 的公共节点与输出端相当于短路。考虑到大电流工作时复合管的电压衰减以及 R_{11}、R_{12} 的衰减，设 VT_3 的集电极电压为 u_o，则输出端的电压一定低于 u_o。图 5-21 所示为图 5-19（a）测量状况下，以输出端为“参考地”测量 VT_3 的集电极电压波形，峰-峰值约为 560mV，它就是 R_6 两端压降。

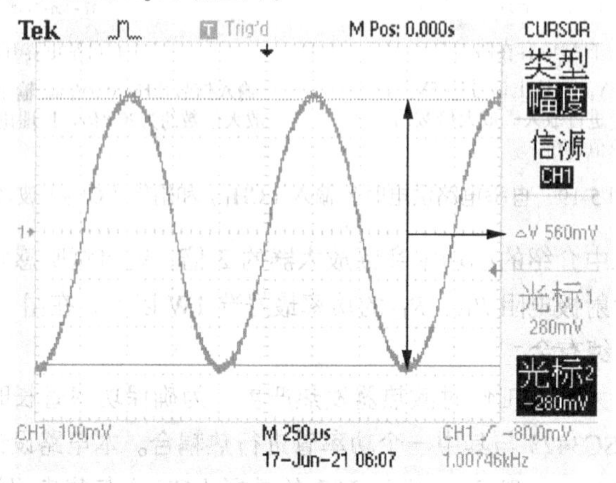

图 5-21 以输出端为“参考地”测量 VT_3 的集电极电压波形①

众所周知，电源对交流而言相当于地，故输出端电压 $10.5V_{p\text{-}p}$ 相当于加在 R_5 两端，即 $0.95u_o$（$=0.95\times11V_{p\text{-}p}$），而 R_6 两端的电压 $560mV_{p\text{-}p}$ 约为 $0.05u_o$（$=0.05\times11V_{p\text{-}p}$）。此时，输出端相当于一个附加电流源，给 R_5 提供较大的额外电流，如图 5-22 所示。R_5、R_6 的压降之比由本身阻值的 0.21 倍（$=R_5/R_6$）变成 19 倍（$=0.95u_o/0.05u_o$）。或者说，若认为 R_5 与 R_6 上的电流相等，由于**自举电容的正反馈作用**，则 R_5 的等效电阻增大到其本身阻值的 90.5 倍（$=19/0.21$）。可见，自举电路就是通过电容的正反馈作用，改变电路中某一节点的电压，从而增大某特定电阻的电流，使特定电阻的等效阻值变大。

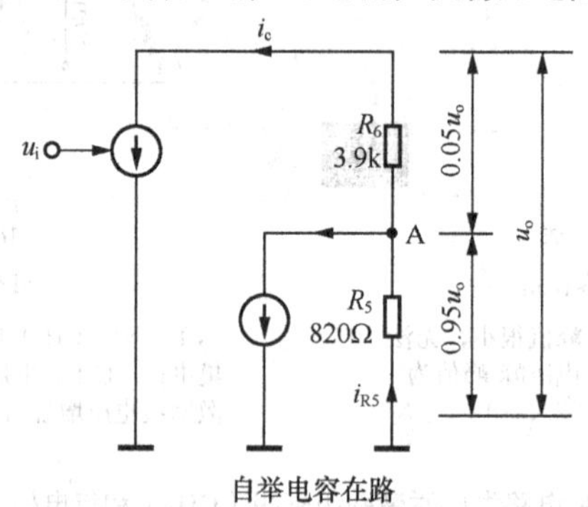

图 5-22 激励级的交流等效电路

输出端电压 $10.5V_{p\text{-}p}$ 相当于加在 R_5 两端，因此 R_6 两端的电压 $560mV_{p\text{-}p}$ 就是图 5-17 所示电路驱动级（VT_4、VT_5）和输出级（VT_6、VT_7）的衰减量，即 A 节点的电压经驱动级和输出级衰减 $560mV_{p\text{-}p}$ 呈现在输出端。主要是输出级的衰减，驱动级的衰减量微乎其微。也就是说，射极跟随器的电压跟

① 测试该波形时，示波器或信号源需要经隔离变压器供电，以实现示波器的探头地与信号地的电气隔离。

随是有条件的：大电流输出时，考虑到功率管发射极电阻的合并损耗，输入输出电压注定不能完全跟随，适度的衰减不可避免。

5.2.4 恒流源给激励级供电的工作波形

图 5-23 为负载 10Ω（模拟扬声器）时，由插座 IN 输入 1kHz $0.5V_{p\text{-}p}$ 正弦波信号时的输入输出波形。输出信号既没有交越失真，也没有削波失真，电路很漂亮地对信号进行放大。输出电压为 $10.3V_{p\text{-}p}$，故电压放大倍数约为 20.6 倍（$=10.3V_{p\text{-}p}/0.5V_{p\text{-}p}$），略低于理论值（21 倍）。

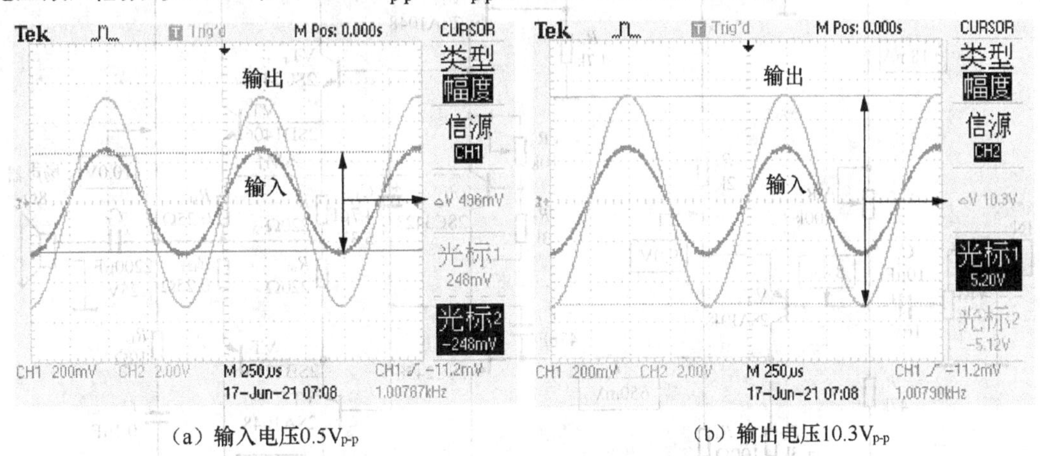

（a）输入电压$0.5V_{p\text{-}p}$　　（b）输出电压$10.3V_{p\text{-}p}$

图 5-23　恒流源给激励级供电时的输入输出波形

需要指出的是，无论是自举电路抑或是恒流源给激励级供电，要想得到最大不失真输出电压，均需要适当调节 VR_1，使输出波形正负峰值同时出现削顶失真才行，否则，若某一单边首先出现削顶失真，说明静态工作点设置不合适。

5.2.5 激励级输入端虚地

大家知道，在分立元件构成的音频功率放大器电路，除了信号源与前置级之间、采样电阻与地之间必须用电解电容隔离之外，其余地方，电解电容能不用则尽量不用。这是因为电解电容体积大、成本高、容易出现故障（漏电、电解液干涸和击穿等），更重要的原因是电容在低频端阻抗变高，随频率降低产生的相移增大。

在激励管发射极电阻 R_8 两端并联电容，看似巧妙，实际上却得不偿失。我们希望去掉电解电容，但要满足交流性能、同时又要保证静态工作稳定，这样一来，干脆把 R_8 也去掉。然而，为保证去掉 R_8 之后静态工作点基本不变，也即 VT_1 的集电极电流不变，必须减小 VT_1 的集电极电阻 R_2 的阻值至 1.3kΩ 左右（1.2kΩ+100Ω）。此时，激励管 VT_3 的发射结电压为 650mV，则 VT_1 的集电流为 0.5mA（= 650mV/1.3kΩ），反馈电阻 R_3 的压降为 1.0V，输出端直流电压基本不变。修改后的电路如图 5-24 所示，激励管 VT_3 的输入端“虚地（Virtual-earth）”，激励级称为**跨阻放大器**（详见本书第 7 章），电路进入深度负反馈，交流性能更稳定。

负载扬声器（8Ω），由插座 IN 输入 1kHz $0.5V_{p\text{-}p}$ 正弦波信号时，VT_3 的基极与输出端的电压波形如图 5-25 所示。因为输出电压仍为 $10.4V_{p\text{-}p}$，故电压放大倍数为 20.8 倍（$=10.4V_{p\text{-}p}/0.5V_{p\text{-}p}$），与理论值（21 倍）相差无几。

激励级输入端虚地（Virtual-earth）——输入电流信号、输出电压信号，输出信号与输入信号之比的量纲是 S，称为**跨阻放大器**。若一定要用电压放大倍数来表征激励级的电压放大能力的话，笔者可以坦率地告诉大家，激励级的电压增益有几万至上十万倍以上。有兴趣的读者可查阅 Philips 公司出品的 NE/SA/SE4558 的开环增益（Datasheet 的 A_V 指标），SE4558 的最小值为 50 000 倍，SA/NE4558 的最小值为 20 000 倍，3 个品种的典型值是 30 万倍[①]。

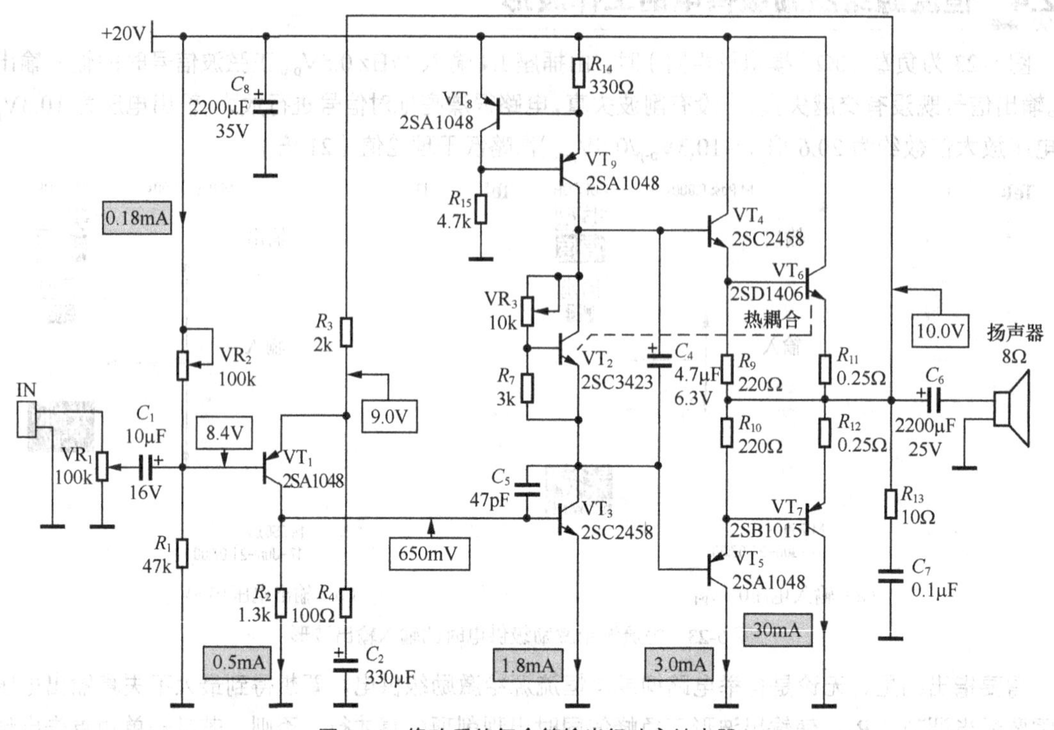

图 5-24 修改后的复合管输出级功率放大器

大家知道，用恒流源的作为激励级的集电极负载能增强正半波的输出幅度。因此，用恒流源作为激励级的集电极负载，对功率放大器的交、直流性能都有明显的改善，所以这种电路在功放电路中被设计者广泛使用。

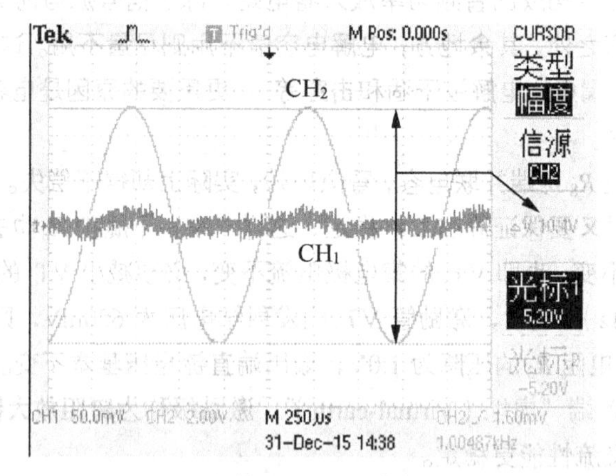

图 5-25 VT_3 的基极（CH_1）和输出端（CH_2）波形

（输入电压 $0.5V_{p\text{-}p}$，输出电压 $10.4V_{p\text{-}p}$，电压放大倍数为 20.8 倍，与理论值相差无几）

① 参见 Dual general-purpose operational amplifier（Philips Semiconductors Linear Products，August 31，1994）。

5.2.6 双电源供电的 OCL 电路

把图 5-24 所示电路适当改造就能用正负对称双电源供电，如图 5-26 所示。

适当调整电位器 VR_2 可使输出端静态电压为零，这样一来输出端电解电容 C_6 就可以去掉，电路变成直接耦合输出，称为 OCL 功放电路。**注意：由于前置级 b、e 极为负电压，为了保证电路正常工作，电容 C_1、C_2 的正负极性要对调。**此外，负电源也要用电解电容滤波，C_9 就是为此而设。当然，若输出功率不大，正负电源的滤波电容容量取 470～1 000μF 就行了。

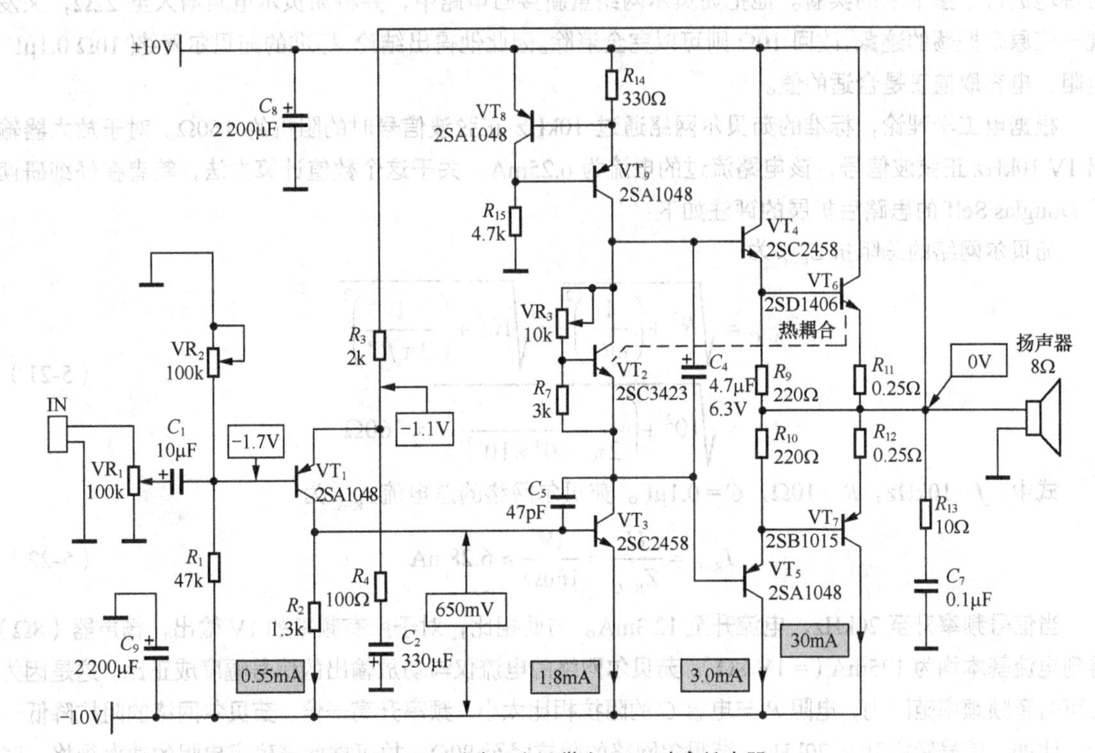

图 5-26　对称双电源供电 OCL 功率放大器

5.2.7 茹贝尔电路[①]

在前面讲述的三级功放电路中，输出端总会接 RC 串联电路到地，该电路有一个专门称呼，叫茹贝尔电路（Zobel network）。该电路在许多音响专著中都有介绍，在此撷取一段权威的论述以飨读者。

茹贝尔网络，这个看似简单又不易弄懂的网络由一只电阻与一只电容串联组成，二者位置可互换，但总是与扬声器并联。**电阻取值接近于预期所接负载的阻抗，通常为 4.7～10Ω，电容则几乎总是不变地使用 0.1μF 的容量。**这些取值看上去比较随意，不同的功放设计也经常使用同样的值，这使得人们误以为这些取值要求不高。但研究表明，这些传统的取值正是合适值。

人们很少去讨论茹贝尔网络的功能，通常称它用于防止扬声器音圈以过强的感抗出现在功放的输出端，也就是暗指这个网络能避免功放产生高频振荡。这一点比较直观易懂，因为功放的输出电阻与容性负载一起产生作用后，会给整个负反馈环路带来额外的滞后相移。但功放接容性负载为何会出现问题就不是那么清晰了，如果说容性负载使功放的稳定裕度减小，那么照此推论，感性负载

① 摘自 Audio Power Amplifier Design Handbook（Fourth Edition）[英]Douglas Self 著。

应该会使功放的稳定裕度增大。

为弄清真相，Douglas Self 又做一些实验来进行验证，他采用无缺陷 B 类放大器并让输出级采用倒置达林顿电路（见图 7-19），20kHz 的负反馈量为 32dB。在拆除茹贝尔网络、接上 8Ω 电阻后，放大器的稳定性和总谐波失真性能与空载时一样。为粗略模拟一个扬声器单元构成的音箱，Douglas Self 给 8Ω 电阻负载串上 0.47mH 的电感，此时发现输出级在 VHF（即甚高频）频段产生本级振荡，而且放大器没有产生由大环路负反馈引起的奈奎斯特振荡①（Nyquist Oscillation）。Douglas Self 有针对性地进行了接下来的实验。他把茹贝尔网络重新接回电路中，并将茹贝尔电阻增大至 22Ω，又发现一些原来振荡的迹象，改回 10Ω 则可以完全消除。因此他得出结论：标准的茹贝尔网络（10Ω 0.1μF）电阻、电容取值正是合适的值。

根据电工学理论，标准的茹贝尔网络通过 10kHz 正弦波信号时的阻抗约 160Ω。对于放大器输出 1V 10kHz 正弦波信号，该电路流过的电流为 6.25mA，关于这个数值计算方法，笔者在仔细研读了 Douglas Self 的思路后扩展的评注如下：

茹贝尔网络的总阻抗 $Z_{\mathrm{R-C}}$ 为

$$
\begin{aligned}
Z_{\mathrm{R-C}} &= \sqrt{R^2+\left(\frac{1}{\omega C}\right)^2}=\sqrt{10^2+\left(\frac{1}{2\pi fC}\right)^2} \\
&= \sqrt{10^2+\left(\frac{1}{2\pi\times10^4\times10^{-7}}\right)^2}\approx160\Omega
\end{aligned}
\tag{5-21}
$$

式中，f=10kHz，R = 10Ω，C = 0.1μF。茹贝尔网络的总电流 $I_{\mathrm{R-C}}$ 为

$$
I_{\mathrm{R-C}}=\frac{U}{Z_{\mathrm{R-C}}}=\frac{1\mathrm{V}}{160\Omega}\approx6.28\mathrm{mA} \tag{5-22}
$$

当信号频率升至 20kHz，电流升至 12.3mA。与此相比，对于所有频率的 1V 输出，扬声器（8Ω）得到电流基本均为 125mA（= 1V/8Ω）。茹贝尔网络的电流仅与功放输出的信号幅度成正比。这是因为在可听音频频率范围内，电阻 R 与电容 C 的阻抗相比太小，频率升高一倍、茹贝尔网络的阻抗降低一半。比如，信号频率升至 20kHz，茹贝尔网络的阻抗降至 80Ω，故可据此来确定电阻的功率规格。对于具有 20Vrms 输出能力的功放，10Ω 电阻要能承受 20kHz 时的持续电流为 0.25Arms（= 20Vrms/80Ω），此时耗散功率为 0.625W。

实际上，茹贝尔网络中的电阻要承受的最大压力来自于放大器的高频振荡，而放大器高频振荡的频率为 50～500kHz。

由式（5-21）可知，高频时茹贝尔网络中的总阻抗较小，总电流变大。茹贝尔电阻在放大器产生振荡的情况下至少应能在短时间内保持工作，否则给放大器查错时，新的故障可能会伴随而来。为此，通常采用额定功率 3～5W 的电阻。

对于高品质音响系统，茹贝尔电阻可以使用线绕电阻，额定功率为 5W 或更大，这样可以防止在放大器出现高频振荡时烧毁。使用线绕电阻在 VHF 频段的作用减弱，但实际上工作得很好，对感性负载仍能给放大器提供有效的抑制作用。

① 奈奎斯特（1889—1976），美国物理学家。1917 年获得耶鲁大学哲学博士学位。曾在美国 AT&T 公司与贝尔实验室任职。奈奎斯特为近代信息理论作出了突出贡献。他总结的奈奎斯特采样定理是信息论、特别是通信与信号处理学科中的一个重要基本结论。

第 6 章

差动放大器①

功放电路大都采用直接耦合进行级联（Cascades），由于放大器存在温漂（温度漂移），前一级的温漂电压将会与有用信号一起送到下一级，而且逐级放大，以至于有时很难在输出端区分什么是有用信号、什么是温漂电压，致使放大器不能正常工作。

差动放大器（the differential amplifier）②能够很好地抑制温漂，是构成多级直接耦合放大器的基本电路，广泛应用于集成运放和功率放大电路中。本章从理论分析与实践验证两方面来介绍差动放大器的有关知识。

6.1 差动放大器的工作原理

6.1.1 温度漂移

放大直流或缓慢变化的信号必须采用直接耦合方式。人们在实验中发现，在直接耦合放大电路中，即使输入端短路，用灵敏的直流表测量输出端可记录到缓慢变化的电压信号，如图 6-1 所示。这种输入电压（u_i）为零，而输出电压（u_o）缓慢变化的现象，称为**零点漂移现象，简称零漂**（Zero drift）。

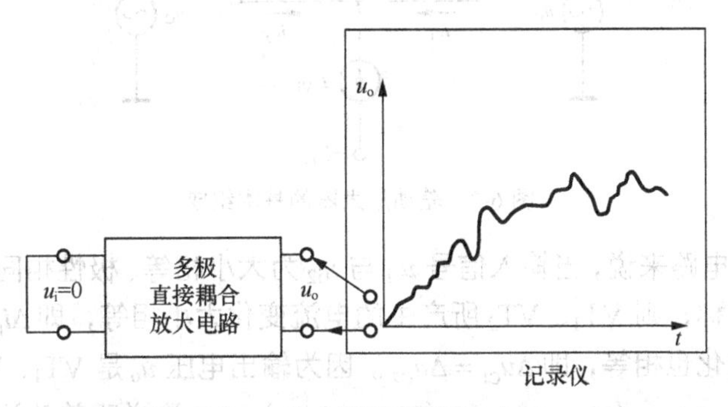

图 6-1　放大器温漂测试示意图

在放大电路中，任何参数的变化，如电源波动、元件老化、半导体元件参数随温度变化而产生的变化，都将产生输出电压的漂移。在阻容耦合放大器中，这种漂移都会被电容隔离在本级，而不

① 差动放大器也称为差分放大器，是指输入有差异，输出才有变动之意。本书这两个概念没有区分，混合使用。

② 《Analysis and Design of Analog Integrated Circuits》（fifth Edition）书中称之为射极耦合对（The Emitter-Coupled Pair），见 P214。

会传递到下一级电路进一步放大。但是，在简单的直接耦合放大器中，由于前后级直接相连，前一级的漂移电压会和有用信号一起送到下一级，而且逐级放大，以至于有时很难在输出端区分什么是有用信号、什么是漂移电压，致使放大器不能正常工作。但采用高质量的稳压电源和使用经过老化实验的元件就可以大大减小由此而产生的漂移。可见，**产生零点漂移的主要原因是温度变化所引起的半导体器件参数的变化，因而也称零点漂移为温度漂移，**简称温漂（Temperature -drift）。

图 5-1、图 5-17 和图 5-26 都是单管输入级音频放大器，经过三级直接耦合放大之后，在最终输出端必然会出现随温度不规则变化的输出量。虽然这些电路均有直流负反馈，一定程度上能稳定工作点，但并不能非常有效地抑制温漂。

解决温度漂移的方法主要有 3 种：第一，引入直流负反馈，比如稳定工作点偏置放大器；第二，采用温度补偿的方法，利用热敏元件来抵消放大管的温度变化——这个方法的缺点是成本太高，实现起来比较困难；第三，采用特性相同的晶体管构成差动放大器，使它们的温漂相互抵消，这种方法也可归结为温度补偿。

6.1.2 电路组成

图 6-2 所示为采用特性相同的晶体管构成差动放大器，尾巴电流源（具体电路参见后文）通过的尾巴电流 I_{TALL}（TAIL 尾巴之意）是差分对管（the differential pair）的 e 极电流之和。由于电路参数完全对称，集电极电位在温度变化时将时时相等，故两只晶体管的温漂相互抵消，避免了单管工作时的温度漂移问题。

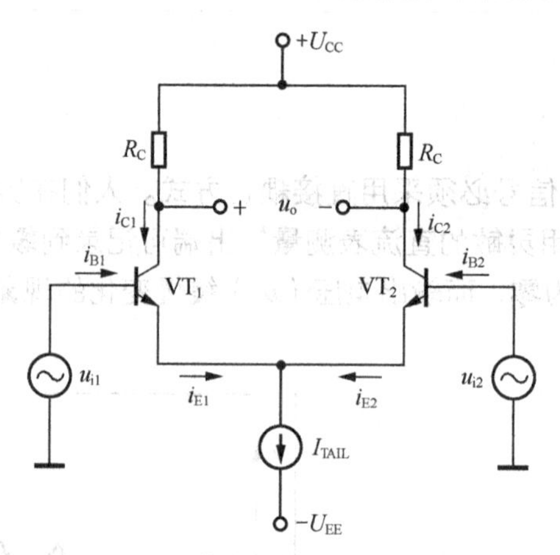

图 6-2　差动放大器的基本组成

对于图 6-2 所示电路来说，当输入信号 u_{i1} 与 u_{i2} 为大小相等、极性相同（称为共模信号 u_{ic}①）时，由于电路参数对称，则 VT_1、VT_2 所产生的电流变化大小相等，即 $\Delta i_{B1}=\Delta i_{B2}$，$\Delta i_{C1}=\Delta i_{C2}$。因此集电极电位的变化也相等，即 $\Delta u_{C1}=\Delta u_{C2}$。因为输出电压 u_o 是 VT_1、VT_2 的 c 极电位之差，所以输出电压 $u_o=u_{C1}-u_{C2}=(U_{CO1}+\Delta u_{C1})-(U_{CO2}+\Delta u_{C2})=0$。这说明差动放大器对共模信号具有很强的抑制作用，在参数完全对称的情况下，共模输出电压为零。

当输入信号 u_{i1} 与 u_{i2} 为大小相等、极性相反（称为差模信号 u_{id}②）时，由于电路参数对称，则 VT_1、VT_2 所产生的电流变化大小相等、方向相反，即 $\Delta i_{B1}=-\Delta i_{B2}$，$\Delta i_{C1}=-\Delta i_{C2}$。因此集电

① 共模信号（Common-Mode Signals），这里 i 指 input 的字头，c 指 Common 的字头。
② 差模信号（Differential-Mode Signals），这里 i 指 input 的字头，d 指 Differential 的字头。

极电位的变化也是大小相等、方向相反，即 $\Delta u_{C1}=-\Delta u_{C2}$。此时，输出电压 $u_o=\Delta u_{C1}-\Delta u_{C2}=2\Delta u_{C1}$，从而可以实现电压放大。

研究差模输入信号作用时，发现 VT_1、VT_2 的发射极与基极电流类似，变化量的大小相等，但方向相反，即 $\Delta i_{E1}=-\Delta i_{E2}$。因为尾巴恒流源总电流 I_{TAIL} 恒定，故在差模信号作用下恒流源的电流变化为零，即恒流源对差模信号相当于短路。

对差分放大器的分析多是在理想情况下，即电路参数理想对称情况下进行的。所谓电路参数理想对称，是指在对称位置的电阻绝对相等，两只晶体管在任何温度下输入特性与输出特性都完全重合。应当指出，由于电阻的阻值误差各不同，特别是晶体管特性的分散性，实际的电流不可能完全对称。

6.1.3 对共模信号的抑制作用

分析差动放大器的工作状况，可知电路参数的对称性起了相互补偿的作用，抑制了温度漂移。当电路输入共模信号 u_{ic} 时，如图 6-3 所示，b 极电流和 c 极电流的变化量相等，即 $\Delta i_{B1}=\Delta i_{B2}$，$\Delta i_{C1}=\Delta i_{C2}$。因此，c 极电位的变化也相等，即 $\Delta u_{C1}=\Delta u_{C2}$，从而使得输出电压 $u_{oc}=0$。由于电路参数的对称性，温度变化时管子的电流变化完全相同，故可以将温漂等效成共模信号，差分放大电路对共模信号有很强的抑制作用，当然对温漂也具有同样的抑制效果。

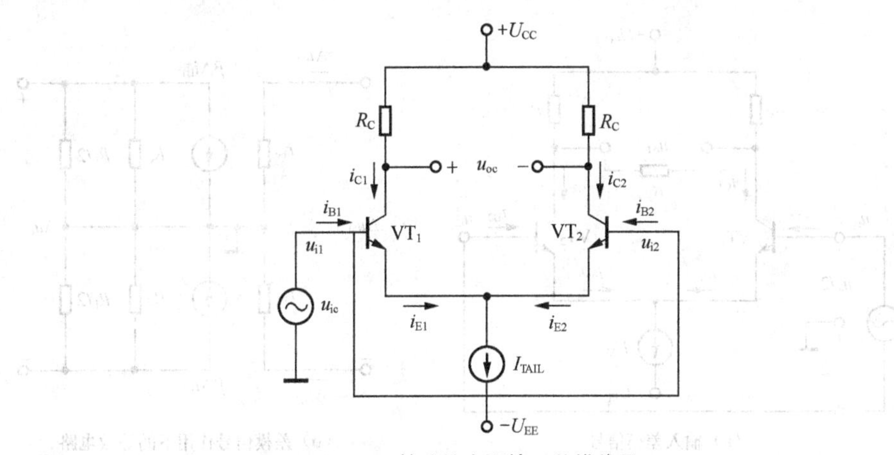

图 6-3 差分放大器输入共模信号

从图 6-3 可以看出，当共模信号 u_{ic} 作用于电路时，两只管子发射极电流的变化量相等，即 $\Delta i_{E1}=\Delta i_{E2}$。显然，恒流源的电流变化量为 2 倍的 Δi_{E1}，记为 $2\Delta i_E$，因而发射极电位的变化量 $\Delta u_E=2\Delta i_E r_{ce}$（$r_{ce}$ 是恒流源的动态电阻）。不难理解，Δu_E 的变化方向与共模信号 u_{ic} 的变化方向相同，因而使 b-e 极间电压的变化方向与之相反，导致基极电流变化减小，从而抑制了集电极电流的变化。例如，当所加共模信号 u_{ic} 为正时，两只晶体管电流电压的变化方向如下：

$$u_{ic}\uparrow\rightarrow\left|\begin{array}{l}i_{B1}\uparrow\rightarrow i_{C1}\uparrow\left(i_{E1}\uparrow\right)\rightarrow\\ i_{B2}\uparrow\rightarrow i_{C2}\uparrow\left(i_{E2}\uparrow\right)\rightarrow\end{array}\right|\rightarrow u_{E1}、u_{E2}\uparrow\rightarrow\left|\begin{array}{l}u_{BE1}\downarrow\rightarrow i_{B1}\downarrow\rightarrow i_{C1}\downarrow\\ u_{BE2}\downarrow\rightarrow i_{B2}\downarrow\rightarrow i_{C2}\downarrow\end{array}\right|\rightarrow u_{ic}\downarrow$$

可见，恒流源对共模输入信号 u_{ic} 起负反馈作用。而且，对于差分对管而言，恒流源相当于在其发射极与地之间连接了 $2r_{ce}$ 的等效电阻。r_{ce} 阻值愈大，负反馈作用愈强，集电极电流变化愈小，因而集电极电位的变化也就愈小。

实际上，差分放大器对温漂（共模信号的特殊表现形式）的抑制，**不但利用了电路参数对**

称性所起的补偿作用，使两只晶体管的集电极电位变化相等，而且**还利用了恒流源对共模信号的负反馈作用，抑制了每只晶体管集电极电流的变化，从而抑制集电极电位的变化**。恒流源在不需要多高的电源电压下，既为差动放大器设置了合适的静态工作电流，又大大增强了共模负反馈作用，使电路具有更强的抑制共模信号的能力。

为了描述差分放大电路对共模信号的抑制能力，引入一个新的参数——共模放大倍数，记为 A_{cm}①，定义为

$$A_{cm}=\frac{\Delta u_{oc}}{\Delta u_{ic}} \tag{6-1}$$

式中，Δu_{ic} 为共模输入电压，Δu_{oc} 是在Δu_{ic} 作用下的共模输出电压。它们可以是缓慢变化的信号，也可以是正弦交流信号。在图 6-3 所示差动放大电路中，在电路参数理想对称的情况下，$A_{cm}=0$。

6.1.4 对差模信号的放大作用

当给差动放大电路输入差模信号 u_{id} 时，由于电路参数的对称性，u_{id} 经分压后，加在 VT_1 一边的电压为$+u_{id}/2$，加在 VT_2 一边的电压为$-u_{id}/2$，如图 6-4（a）所示。

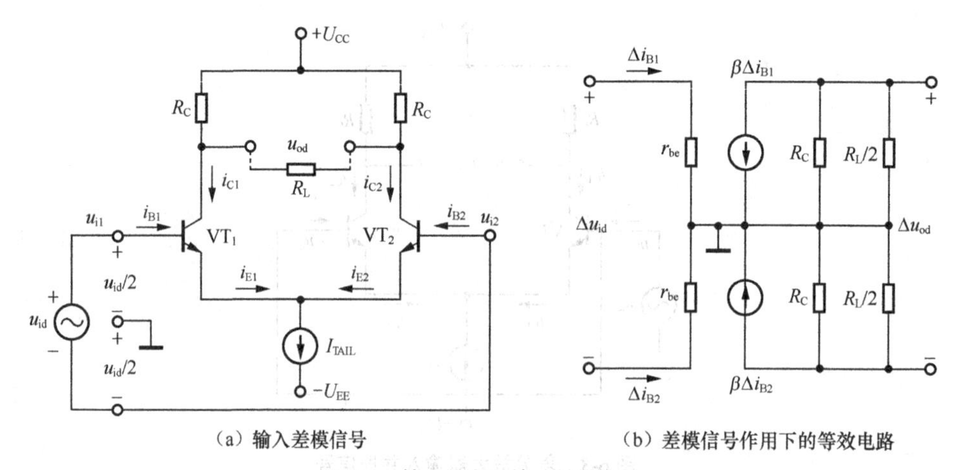

（a）输入差模信号　　（b）差模信号作用下的等效电路

图 6-4　差分放大器输入差模信号

由于差分对管 e 极在差模信号作用下相当于接“GND”，又由于负载电阻 R_L 的中点电位在差模信号作用下不变，也相当于接“GND”，因而 R_L 被分成相等的两部分，相当于 2 只 $R_L/2$ 电阻分别接在 VT_1 与 VT_2 的 c-e 之间，等效电路如图 6-4（b）所示。此时，电路的放大倍数称为差模放大倍数，记为 A_{dm}②，定义为

$$A_{dm}=\frac{\Delta u_{od}}{\Delta u_{id}} \tag{6-2}$$

式中，Δu_{id} 为差模输入电压，Δu_{od} 是在 Δu_{id} 作用下的差模输出电压。

在差模信号作用时，由于 VT_1 与 VT_2 中的电流大小相等、方向相反，所以发射极相当于

① 这里，cm 指共模 Common-Mode。

② 这里，dm 指差模 Differential-Mode。

GND。输出电压 $u_{od}=-2\Delta i_C\left(R_c//\frac{R_L}{2}\right)$，输入电压 $\Delta u_{id}=2\Delta i_B r_{be}$，故差模放大倍数为

$$A_{dm}=-\frac{\beta\left(R_c//\frac{R_L}{2}\right)}{r_{be}} \tag{6-3}$$

式中，负号表示输入输出信号反相；$\beta=\Delta i_C/\Delta i_B$。

由此可见，虽然差动放大器用了 2 只晶体管（不含恒流源），但它的电压放大能力只相当于单管共射放大器，因而，可以说差动放大器是以牺牲一只管子的放大倍数为代价，换取了低温漂的效果！

为了综合考察差动放大器对差模信号的放大能力和对共模信号的抑制能力，特引入了一个指标参数——共模抑制比，记作 K_{CMRR}①，定义为

$$K_{CMRR}=\left|\frac{A_{dm}}{A_{cm}}\right| \tag{6-4}$$

其值愈大，说明电路的性能愈好。对于图 6-4（a）所示电路来说，在电路参数理想对称的情况下，$K_{CMRR}=\infty$。

6.1.5 差动放大器的电压传输特性②

把图 6-2 所示电路改画为差分对管 c 极各自独立的输出形式，如图 6-5 所示。

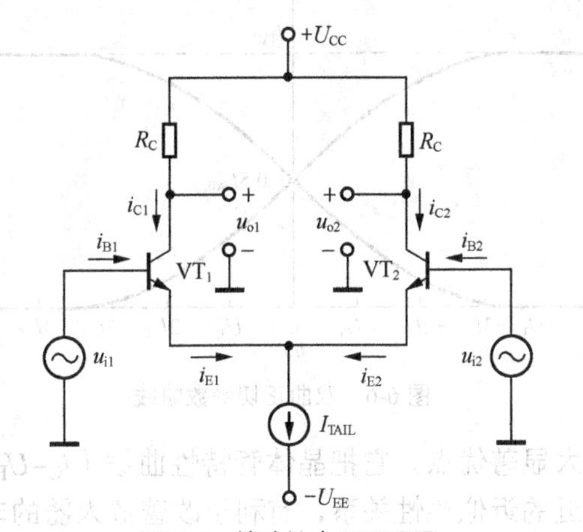

图 6-5　差动放大器原理图

根据基尔霍夫（KVL）电压定律，则有

$$u_{i1}-U_{BE1}+U_{BE2}-u_{i2}=0 \tag{6-5}$$

假设 $u_{i1}\leqslant U_{CC}$，$u_{i2}\leqslant U_{CC}$ 且 $U_{BE1}>>U_T$，$U_{BE2}>>U_T$。

根据 Ebers-Moll equations 方程，得

$$U_{BE1}=U_T\ln\frac{i_{C1}}{I_{S1}} \text{ 和 } U_{BE2}=U_T\ln\frac{i_{C2}}{I_{S2}} \tag{6-6}$$

① 英文全称是 Common Mode Rejection Ratio，一般用简写 CMRR 来表示。

② 参考文献《Analysis and design of analog integrated circuits》（Fifth edition），P214-217。

式中，I_S为常数，典型值为10^{-16}～10^{-14}A，该值大小与制造晶体管的半导体杂质浓度有关。设差分对管的电路参数完全对称，这时$I_{S1}=I_{S2}$，联立式（6-5）、式（6-6）得

$$\frac{i_{C1}}{i_{C2}}=\exp\left(\frac{u_{i1}-u_{i2}}{U_T}\right)=\exp\left(\frac{u_{id}}{U_T}\right) \tag{6-7}$$

式中，$u_{id}=u_{i1}-u_{i2}$，指差分输入电压。

又，差分对管e极总电流约等于集电极电流之和，即$I_{TAIL}\approx i_{C1}+i_{C2}$，则

$$i_{C1}=\frac{I_{TAIL}}{1+\exp\left(-\frac{u_{id}}{U_T}\right)}=\frac{I_{TAIL}}{2}\left[1+\tanh\left(\frac{u_{id}}{2U_T}\right)\right] \tag{6-8}$$

$$i_{C2}=\frac{I_{TAIL}}{1+\exp\left(\frac{u_{id}}{U_T}\right)}=\frac{I_{TAIL}}{2}\left[1+\tanh\left(-\frac{u_{id}}{2U_T}\right)\right] \tag{6-9}$$

式中，$\tanh\left(\frac{u_{id}}{2U_T}\right)$①与$\tanh\left(-\frac{u_{id}}{2U_T}\right)$是双曲正切函数，$\tanh\left(\frac{u_{id}}{2U_T}\right)=-\tanh\left(-\frac{u_{id}}{2U_T}\right)$，是奇函数。双曲正切的定义域为（$-\infty$，$+\infty$），值域是（$-1$，1）。

图6-6是差分对管c极电流i_{C1}、i_{C2}随差动电压u_{id}变化的双曲函数图像。

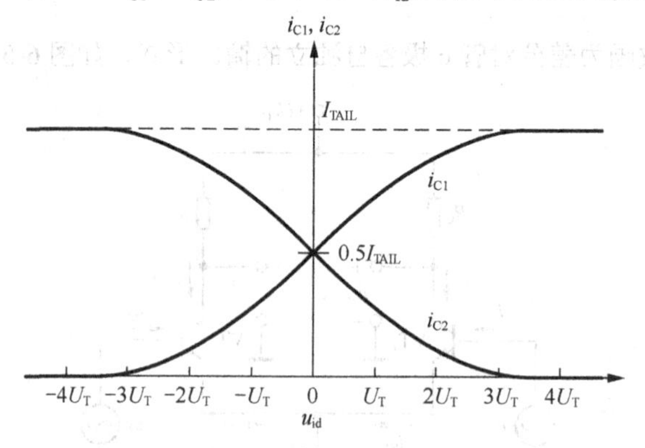

图6-6 双曲正切函数曲线

这是差动放大器的一大显著优点，它把晶体管特性曲线（i_C–U_{BE}）的指数关系转化为在差分对管输入电压$u_{id}=0$附近的近似线性关系，有利于改善放大器的非线性失真——这是一个非常重要的特性。此时，差分对管c极的输出电压分别为

$$u_{o1}=U_{CC}-i_{C1}R_c \text{和} u_{o2}=U_{CC}-i_{C2}R_c \tag{6-10}$$

通常，人们最感兴的是u_{o1}与u_{o2}的差值u_{od}。联立式（6-8）～式（6-10），得

$$u_{od}=u_{o1}-u_{o2}=\frac{I_{TAIL}R_c}{2}\left[-\tanh\left(\frac{u_{id}}{2U_T}\right)+\tanh\left(-\frac{u_{id}}{2U_T}\right)\right]=I_{TAIL}R_c\tanh\left(-\frac{u_{id}}{2U_T}\right) \tag{6-11}$$

图6-7所示为该函数的曲线，图像位于Ⅱ、Ⅳ象限。当$u_{id}=0$时$u_{od}=0$，这是差动放大器的又

① 双曲正弦函数$\sinh x=\frac{e^x-e^{-x}}{2}$，双曲余弦函数$\cosh x=\frac{e^x+e^{-x}}{2}$，双曲正切函数$\tanh x=\frac{e^x-e^{-x}}{e^x+e^{-x}}$。

一个优点。这个特性允许多级电路之间可以进行直接耦合，也是集成运放之所以采用该电路作为输入级的重要原因。有兴趣的读者可以计算一下，$u_{id}=-U_T$，$u_{od}=0.46I_{TAIL}R_c$，$u_{id}=-3U_T$，$u_{od}=0.91I_{TAIL}R_c$。见图 6-7 中标注。

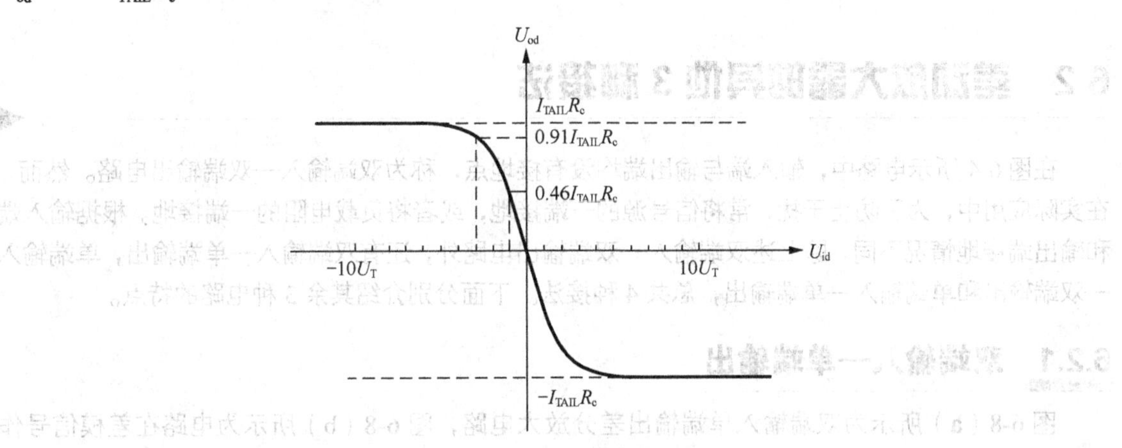

图 6-7　差动放大器的电压传输特性

对式（6-11）求导，得

$$\frac{\mathrm{d}u_{od}}{\mathrm{d}u_{id}}=-\frac{I_{TAIL}R_c}{2U_T}\left[1-\tanh^2\left(-\frac{u_{id}}{2U_T}\right)\right]$$

当 $u_{id}=0$ 时，$\tanh\left(-\frac{u_{id}}{2U_T}\right)=0$，则

$$\frac{\mathrm{d}u_{od}}{\mathrm{d}u_{id}}=-\frac{I_{TAIL}R_c}{2U_T} \tag{6-12}$$

该值表示曲线在 $u_{id}=0$ 处的斜率，数值上等于差动放大器双端输入—双端输出时的空载电压放大倍数 $A_{dm}\left(=-\frac{\beta R_c}{r_{be}}\right)$，即

$$\frac{\beta R_c}{r_{be}}=\frac{I_{TAIL}R_c}{2U_T} \tag{6-13}$$

把式（6-13）变换，得

$$r_{be}=\beta\frac{2U_T}{I_{TAIL}} \tag{6-14}$$

对于差分对管而言，每一只管子的静态电流 I_{EQ} 为尾巴电流 I_{TAIL} 的一半，故上式可以变换为

$$r_{be}=\beta\frac{U_T}{I_{EQ}}$$

当放大器双端输出且负载 R_L 时，式（6-12）可表示为

$$A_{dm}=-\frac{I_{TAIL}\left(R_c//\frac{R_L}{2}\right)}{2U_T} \tag{6-15}$$

式中，用 A_{dm} 替换掉 $\mathrm{d}u_{od}/\mathrm{d}u_{id}$，表示差模电压放大倍数。

这个公式的优点是排除了晶体管 β 随管子型号、环境温度等不确定因素带来的困扰，也不用考虑在计算 r_{be} 时纠结于 r_b 究竟取多大合适。由式（6-15）可知，若 R_c、R_L 和 I_{TAIL} 预先确定，很容易就估算出差分放大器（双端输入—双端输出）的电压增益。

6.2 差动放大器的其他 3 种接法

在图 6-4 所示电路中，输入端与输出端均没有接地点，称为双端输入—双端输出电路。然而，在实际应用中，为了防止干扰，常将信号源的一端接地，或者将负载电阻的一端接地。根据输入端和输出端接地情况不同，除上述双端输入—双端输出电路外，还有双端输入—单端输出，单端输入—双端输出和单端输入—单端输出，总共 4 种接法。下面分别介绍其余 3 种电路的特点。

6.2.1 双端输入—单端输出

图 6-8（a）所示为双端输入单端输出差分放大电路，图 6-8（b）所示为电路在差模信号作用下的等效电路。与图 6-4 电路相比，仅输出方式不同，它的负载电阻 R_L 的一端接 VT_1 管的集电极，另一端接地，因而输出回路已不再对称，故影响了静态工作点和动态参数。

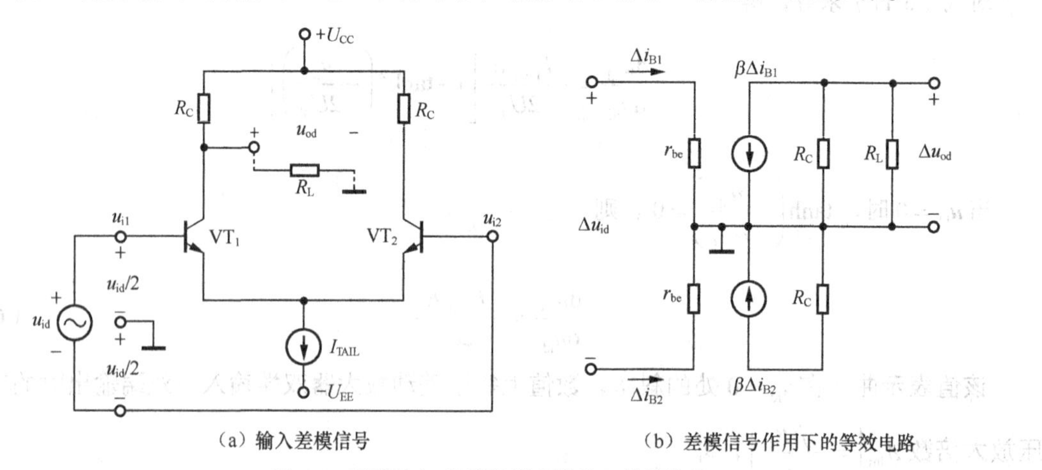

（a）输入差模信号（b）差模信号作用下的等效电路

图 6-8　双端输入-单端输出电路输入差模信号

因为在差模信号作用时，负载电阻仅取得 VT_1 的集电极电位的变化量，所以与双端输出电路相比，差模放大倍数的数值减小了。

在差模信号作用时，由于 VT_1 与 VT_2 中电流大小相等、方向相反，所以发射极相当于接 GND（同双端输入—双端输出一样）。输出电压 $u_{od}=-\Delta i_C\left(R_c//R_L\right)$，输入电压 $\Delta u_{id}=2\Delta i_B r_{be}$，因此差模电压放大倍数为

$$A_{dm}=\frac{\Delta u_{od}}{\Delta u_{id}}=-\frac{\beta\left(R_c//R_L\right)}{2r_{be}}$$

把 $r_{be}=\beta\dfrac{2U_T}{I_{TAIL}}$ 代入上式，得

$$A_{dm}=-\frac{I_{TAIL}\left(R_c//R_L\right)}{4U_T} \tag{6-16}$$

如果输入差模信号极性不变，而输出信号取自 VT_2 的集电极，则输出信号与输入信号同相。

当输入共模信号时，如图 6-9（a）所示，由于差分对管两边电路的输入信号大小相等、极性相同，所以尾巴电流的变化量为 2 倍的 Δi_{E1} 或 Δi_{E2}。因 $\Delta i_{E1}=\Delta i_{E2}$，把它们统一记为 Δi_E，因而发射极电位的变化量 $\Delta u_E = 2\Delta i_E r_{ce}$（$r_{ce}$ 是恒流源的动态电阻），等效电路如图 6-9（b）所示。

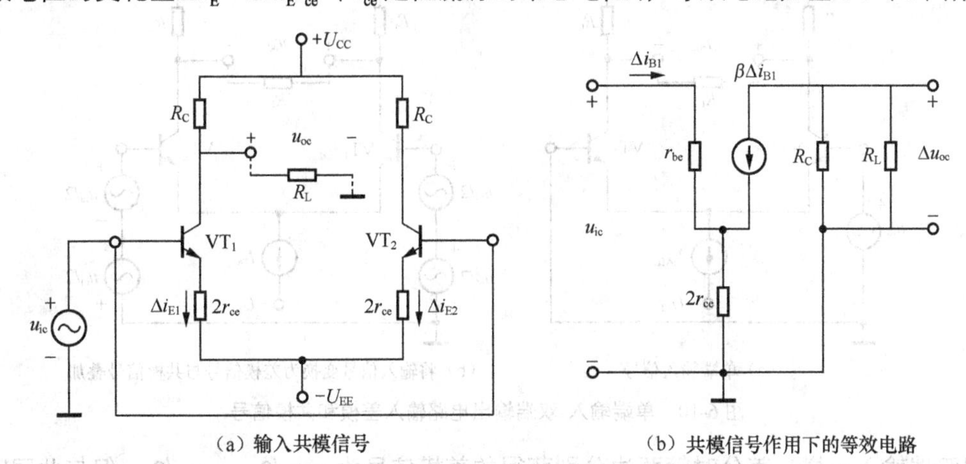

（a）输入共模信号　　（b）共模信号作用下的等效电路

图 6-9　双端输入-单端输出电路输入共模信号

对于每个管子而言，可以认为是 Δi_E 流过阻值为 $2r_{ce}$ 的电阻。因此，共模电压放大倍数为

$$A_{cm}=\frac{\Delta u_{oc}}{\Delta u_{ic}}=\frac{\beta\left(R_c//R_L\right)}{r_{be}+2\left(1+\beta\right)r_{ce}} \quad (6\text{-}17)$$

把 $r_{be}=\beta\dfrac{2U_T}{I_{TAIL}}$ 代入上式，并考虑 β>>1，则

$$A_{cm}\approx-\frac{1}{2}\times\frac{I_{TAIL}\left(R_c//R_L\right)}{U_T+I_{TAIL}\times r_{ce}}$$

因 $U_T << I_{TAIL}r_{ce}$，故

$$A_{cm}\approx-\frac{R_c//R_L}{2r_{ce}} \quad (6\text{-}18)$$

放大器的共模抑制比为

$$K_{CMR}=\left|\frac{A_{dm}}{A_{cm}}\right|=\frac{I_{TAIL}\left(R_c//R_L\right)}{4U_T}\bigg/\frac{R_c//R_L}{2r_{ce}}=\frac{I_{TAIL}r_{ce}}{2U_T} \quad (6\text{-}19)$$

由式（6-18）和式（6-19）可知，r_{ce} 愈大，A_{cm} 愈小，K_{CMR} 愈大，电路的交流性能就愈好。因此，用恒流源（动态电阻 r_{ce} 在 100kΩ 以上）比单纯用一只几千欧姆的电阻在改善共模抑制比方面要优良得多。

读者也许会问：可以用几百千欧的电阻当作尾巴电路啊？然而“理想很丰满，现实很骨感”。因为电源电压的限制，大的电阻会使尾巴电流非常小，差分对管处于临界截止状态，此时电路怎么能实现电压放大呢？

6.2.2　单端输入—双端输出

图 6-10（a）所示为单端输入—双端输出差分放大电路，两个输入端中有一个接地，输入信号加在另一输入端与地之间。

为了说明这种输入方式的特点，不妨将输入信号进行如下的等效变换。在 VT_1 的 b 极，将输入信号分成 2 个串联的信号源，数值均为 $u_{id}/2$，极性相同；在 VT_2 的 b 极，也可等效为 2 个串联的信号源，数值均为$u_{id}/2$，但极性相反，如图 6-10（b）所示。

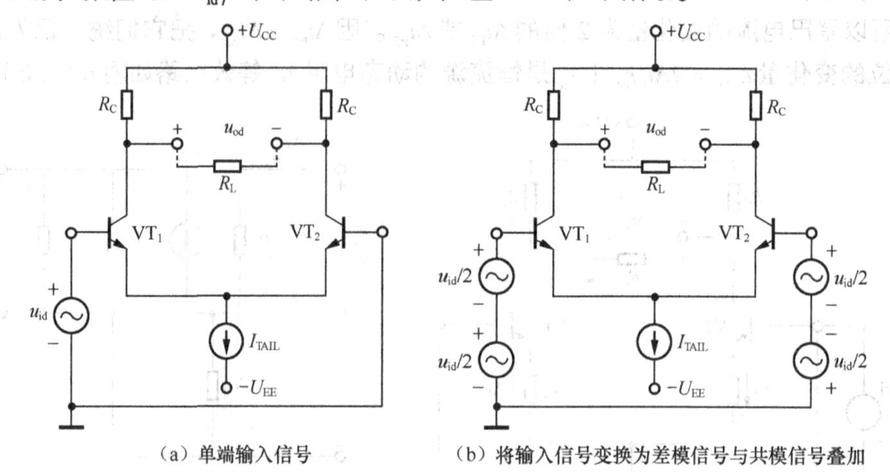

图 6-10　单端输入-双端输出电路输入差模和共模信号

同双端输入一样，差分对管两边分别获得的差模信号为$+u_{id}/2$、$-u_{id}/2$，但与此同时，两边同时输入了$+u_{id}/2$的共模信号。可见，单端输入与双端输入的区别是，在差模信号输入的同时伴随着共模信号的输入。因此，在共模放大倍数A_{cm}不为零时，输出端不仅有差模信号作用得到的差模输出电压，而且还有共模信号作用下而得到的共模输出电压，即

$$u_o = A_{dm}\Delta u_{id} + A_{cm}\frac{\Delta u_{id}}{2} \tag{6-20}$$

提示：双端输出时差模电压放大倍数A_{dm}为式（6-15）。

若电路参数理想对称，$A_{cm}=0$，即式中第二项为 0，此时电压放大倍数同双端输入—双端输出电路的一样，K_{CMR}将为无穷大。

6.2.3　单端输入—单端输出

图 6-11 所示为单端输入—单端输出差分放大电路，2 个输入端中有一个接地，输入信号加在另一输入端与地之间。同单端输入—双端输出差分放大电路一样，将输入信号在VT_1、VT_2的 b 极进行等效变换，则共模电压放大倍数$A_{cm}\neq0$时，输出电压为同式（6-20）一样。但需要注意，单端输出时差模电压放大倍数A_{dm}为式（6-16）。

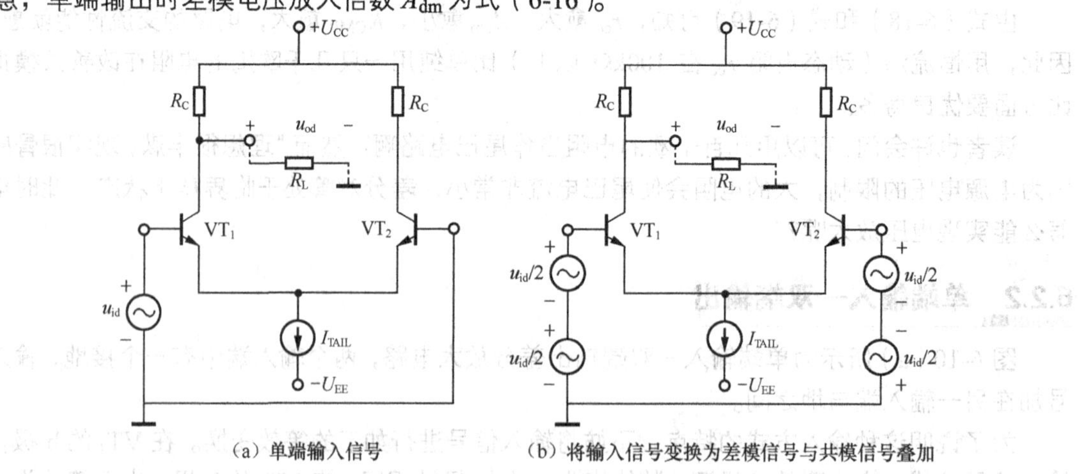

图 6-11　单端输入-单端输出电路输入差模和共模信号

将 4 种接法的动态参数特点归纳在一起，见表 6-1。

表 6-1 差动放大 4 种接法动态参数一览

	双端输入—双端输出	双端输入—单端输出	单端输入—双端输出	单端输入—单端输出
输入电阻 R_i	$2r_{be}$			
输出电阻 R_o	$2R_c$	R_c	$2R_c$	R_c
A_{cm}	0	式（6-18）	0	式（6-18）
A_{dm}	式（6-15）	式（6-16）	式（5-15）	式（6-16）
差模输入电压	u_{id}		u_{id}	
共模输入电压	—		$u_{id}/2$	
共模抑制比	∞	式（6-19）	∞	式（6-19）

在音频功放中，差动放大器的典型应用接法是双端输入—单端输出，少量采用双端输入—双端输出，并且都是以直接耦合的方式与后级电路连接。

6.2.4 差分对管参数对称的重要性

晶体管发射结电压 U_{BE} 具有–2.5mV/℃的温度系数。因此，在通常的共发射极电路中，如果希望对直流信号进行放大，则 U_{BE} 的温度变化就成为大问题——因为共发射极电路是以发射极电位为基准进行放大的。从发射极来看，U_{BE} 的变化与输入信号的直流成分发生变化是一样的，所以 U_{BE} 因温度变化致使输出发生变化，输出变动量为 U_{BE} 的变化量乘上增益。

由于差动放大电路是对差分对管的输入信号之差进行放大，2 只晶体管 U_{BE} 的温度变化相互抵消，而不会在输出中出现。因此，差动放大电路一直常被用于直流放大，在运算放大器的初级使用差动放大器也是这个原因。但是，为使温度变化完全不在输出上出现，2 个晶体管的 U_{BE} 温度特性必须绝对的一致。即使温度特性一致，若 U_{BE} 本身不同，也在输出经常产生 U_{BE} 的电压差乘上增益之后的直流电压（称此为失调电压）。因此，差分对管的 U_{BE} 要完全一致、β 值也要相同。而要让两个分立的晶体管同时满足这些特性的相同，是比较很困难的。所以，运用于差动放大电路上时，要使用两个晶体管特性完全一致的双晶体管或孪生管。这些器件是在一个半导体衬底上激光刻蚀的紧邻的两只晶体管，晶体管的各种特性的差别非常小（若进行严格挑选，找出两个晶体管特性一致的双只独立的晶体管也是有可能的，但在所有性能匹配都最好的话，还是单片式孪生管为好）。常见的孪生管型号有 S2259、A979、2SK389、2SJ109 等，场效应管比较多，作为差分输入管，效果比 BJT 好。

6.3 观察差动放大器的波形

以上内容都是“纸上谈兵”，纯粹理论分析得出的结论。那么，真实情况又是如何呢？在本节，我们将通过差动放大器的实验对其工作状况进行研究，检验理论分析是否正确，并对实际出现的与理论不符的“特殊现象”进行阐释。

6.3.1 实验用差动放大器电路结构

图 6-12 所示为实验用差动放大器，双电源电压 ± 15V 供电。该电路由 PNP 管构成差分对

管，与图 6-2 所示电路的区别在于前者输入电压 $u_{id}>0$ 时 $i_{C1}<i_{C2}$，而后者是 $i_{C1}>i_{C2}$。差动信号分别从 u_{i1}、u_{i2} 输入，放大后从 u_{o1}、u_{o2} 输出，所以是双端输入、单端（独立）输出的形式（若信号从 u_{o1} 与 u_{o2} 之间输出，即输出信号为 $u_{o1}-u_{o2}$，则是双端输出）。

恒流源给差分对管提供静态偏置电流，称尾巴电流。R_1、R_2 分别为差分对管提供 b 极偏置，输入信号通过电容 C_1、C_2 耦合[①]到差分对管的 b 极，放大后的信号经电容 C_3、C_4 耦合输出。输出信号 u_{o1}、u_{o2} 被 R_7、R_8 偏置于零电位，是纯交流信号。因 R_7 与 R_8 的阻值远远大于 R_3 与 R_4，所以对输出信号的衰减可以忽略不计。

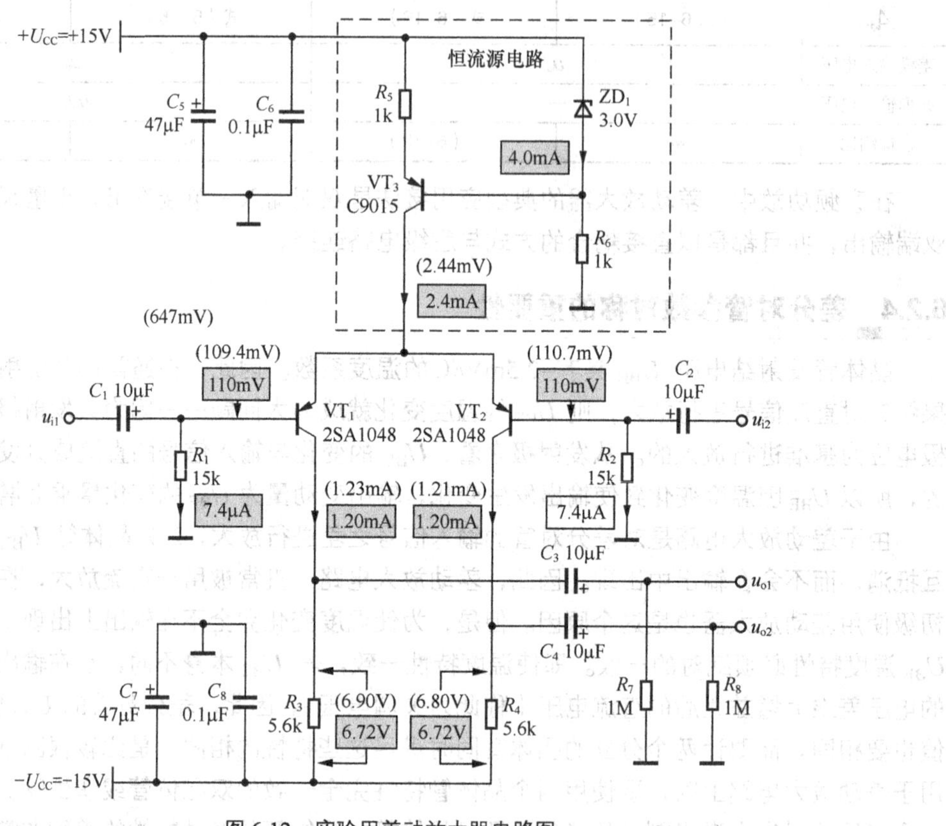

图 6-12　实验用差动放大器电路图

（1. 环境温度 25℃。2. 图中矩形框标注的是理论值，小括号内标注的是实际值。3. 按理想情况下差分对管基极电位 110mV，计算基极电流 $I_B = 7.4\mu A$。若差分对管均分恒流源电流，即 $I_C = 1.2mA$，则晶体管的直流电流放大系数 $\beta = I_C/I_B = 162$，约等于用数字万用表 h_{FE} 挡测量值）

因 VT_1 的 b 极电位为 109.4mV，则 b 极电流约为 7.29μA（= 109.4mV/15kΩ）。又，电阻 R_3 的压降为 6.90V，故 c 极电流约为 1.23mA。则 VT_1 的电流放大系数为 169（= 1.23mA/7.29μA），与当时温度（23℃）下用数字万用表实测值相当。

因 VT_2 的 b 极电位为 110.7mV，则 b 极电流约为 7.38μA（=110.7mV/15kΩ）。又，电阻 R_4 的压降为 6.80V，故 c 极电流约为 1.21mA。则 VT_2 的电流放大系数为 164（=1.21mA/7.38μA），也与当时温度（23℃）下用数字万用表实测值相当。

---

① 若没有输入耦合电容，一旦连接信号发生器，差动放大器的静态工作点将发生偏离，导致电路不能正常工作。这是因为信号发生器与差分对管基极之间有微小的电位差，直流电流在两者之间流动，故此需要增设隔直电容。

由于这里使用的2SA1048是普通的晶体管，所以发射结 U_{BE} 不是完全相同。因此，集电极电流不相等，在集电极的两只相等电阻上产生的压降也不相等，差异电压约为0.10V（=6.90V−6.80V）。这个值等于差分对管发射结 U_{BE} 的差值乘以放大器的增益，故两只2SA1048的 U_{BE} 之差为0.89mV（$=0.10V/A_{dm}=0.1V/112$ 倍，关于这个电压增益，请参见6.3.2）。

可见，虽然差分对管发射结 U_{BE} 的差只有不到1mV，但乘以增益之后就变得可觉察了。进而，在温度变化时，还要加上温度系数的差异，所以差分对管c极的电位差将变得更大。关于这一点，在多级直接耦合放大器中的末级会表现得更为明显。这样一来，用差动放大器来处理直流信号时，必须注意晶体管的 U_{BE} 的相互匹配问题。

6.3.2 差模放大的工作波形

由于双端输入很容易引入干扰，因此现以单端输入方式测试放大器的工作波形。

1. 基极与集电极波形（差模电压增益）

图6-13（a）是从 u_{i1} 输入1kHz 50mV$_{p-p}$ 的正弦波信号，u_{i2} 接地（$u_{i2}=0V$）时的输入 u_{i1} 与输出 u_{o1} 的波形。由于 u_{o1} 为5.6V$_{p-p}$，故此时的电压增益为112倍（$=5.6V_{p-p}/50mV_{p-p}$），因 u_{i1} 与 u_{o1} 反相，所以可以将电路看成是增益较大的共发射极电路。虽然VT$_2$ 的输入 u_{i2} 接地，但 u_{o2} 也有信号输出，如图6-13（b）所示，u_{i1} 与 u_{o2} 同相，因 u_{i1} 与 u_{o1} 反相，故 u_{o1} 与 u_{o2} 反相，且振幅相同。

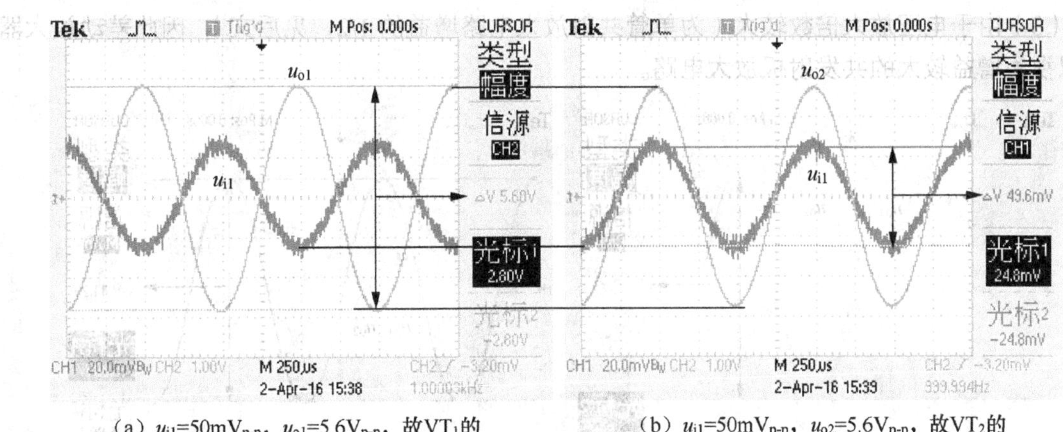

（a）u_{i1}=50mV$_{p-p}$，u_{o1}=5.6V$_{p-p}$，故VT$_1$的电压放大倍数约为112倍。u_{i1}与u_{o1}反相

（b）u_{i1}=50mV$_{p-p}$，u_{o2}=5.6V$_{p-p}$，故VT$_2$的电压放大倍数约为112倍。u_{i1}与u_{o2}同相

图6-13 输入 u_{i1} 与输出 u_{o1} 与 u_{o2} 的波形

（$u_{i1}=50mV_{p-p}$，$u_{i2}=0V$）

当信号由 u_{i1} 输入，而 $u_{i2}=0V$ 时，信号从差分对管c极分别独立取出。查阅表6-1可知，这种接法是"单端输入—单端输出"，既有共模放大又有差模放大，若忽略共模放大倍数（因恒流源的共模抑制能力强），则电压放大倍数由式（6-16）决定，即

$$A_{dm}=-\frac{I_{TAIL}(R_c//R_L)}{4U_T}\approx-\frac{I_{TAIL}\times R_c}{4U_T}=-\frac{2.4mA\times5.6k\Omega}{4\times26mV}=-129\text{倍}$$

式中，R_c、R_L 分别指图6-12中的 R_3、R_7，因 $R_3<<R_7$，故上式计算作了简化。

可见，用 $A_{dm}=-\frac{I_{TAIL}(R_c//R_L)}{4U_T}$ 计算的电压增益（129倍），比根据实际波形计算的增益（112

倍）偏大。若按公式 $A_{dm}=-\dfrac{\beta(R_c//R_L)}{2r_{be}}$ 计算，因 R_c<<R_L（本例指 R_3<<R_7），故 $A_{dm}\approx-\dfrac{\beta R_c}{2r_{be}}$。又 $r_{be}=r_b+\beta\dfrac{U_T}{I_{EQ}}$，设 r_b = 350Ω，则

$$r_{be}=350\Omega+165\times\frac{26\text{mV}}{1.2\text{mA}}\approx3.95\text{k}\Omega$$

此时，差动电压放大倍数为

$$A_{dm}=-\frac{165\times5.6\text{k}}{2\times3.95\text{k}}=-117\text{倍}$$

该值与根据实际波形计算的电压增益（112 倍）比较接近。

直接测试 u_{o1} 与 u_{o2} 的波形如图 6-14（a）所示。u_{o1} 与 u_{o2} 振幅相同，均为 5.6V_{p-p}①，二者反相。图 6-14（b）是用示波器的信号通道"减"功能得到的 u_{o1} 与 u_{o2} 的差值信号 M（= $u_{o1}-u_{o2}$），由于 M 的电压挡位（2V/div）是 u_{o1} 和 u_{o2} 电压挡位（1V/div）的 2 倍，它们在垂直方向上显示的格数相等，因此 M 的振幅是 u_{o1} 和 u_{o2} 的 2 倍。

由于电路结构的对称性，若信号是从 u_{i2} 输入，而 u_{i1} 接地（u_{i1} = 0V），结果也具有对称性。

综上所述，当差动放大器输入差模信号时，电路具有以下 3 个特征。

（1）差分对管任一只管子的基极与其自身的集电极信号反相，而与对管的集电极信号同相；

（2）差分对管的集电极信号振幅相同、相位反相；

（3）由于电压放大倍数较大（为单管共射放大电路增益的 1/2，见后文），因此差动放大器可以视为增益较大的共发射极放大电路。

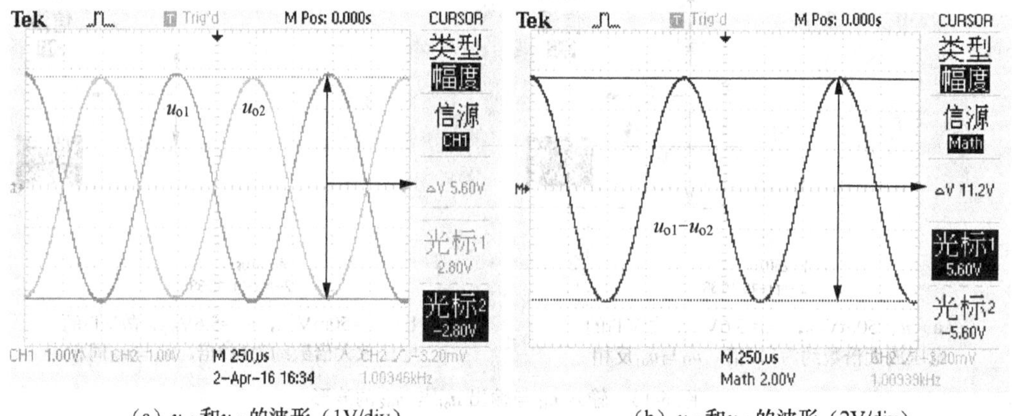

（a）u_{o1} 和 u_{o2} 的波形（1V/div）　　（b）u_{o1} 和 u_{o2} 的波形（2V/div）

图 6-14　u_{o1}（CH_1）、u_{o2}（CH_2）以及 $u_{o1}-u_{o2}$（M）的波形

（输入 u_{i1} = 50mV_{p-p}，u_{i2} = 0V；输出 u_{o1}、u_{o2} 振幅相同，均约为 5.6V_{p-p}，u_{o1} 与 u_{o2} 反相，所以二者的差值 $u_{o1}-u_{o2}$ 幅度是 u_{o1} 或 u_{o2} 的 2 倍）

2. 基极与发射极波形

图 6-15 所示为 u_{i1} = 50mV_{p-p}，u_{i2} = 0V 时的 u_{i1}、u_{o1} 及发射极电位 u_e 的波形。u_{o1} 作为参考信号，振幅仍然为 5.6V_{p-p}，u_e 为 25mV_{p-p}，是 u_{i1} 的 1/2。从相位上看，u_{i1} 与 u_e 同相。由于电压放大倍数太大，u_e 正负半波已经有些许不对称：正半波为 11.2mV_p，负半波为−13.6mV_p。

① 仔细观察 u_{o1} 和 u_{o2} 的波形，会发现 u_{o1} 振幅为 5.6V_{p-p}，u_{o2} 振幅略微小于 5.6V_{p-p}，说明电路不完全对称。

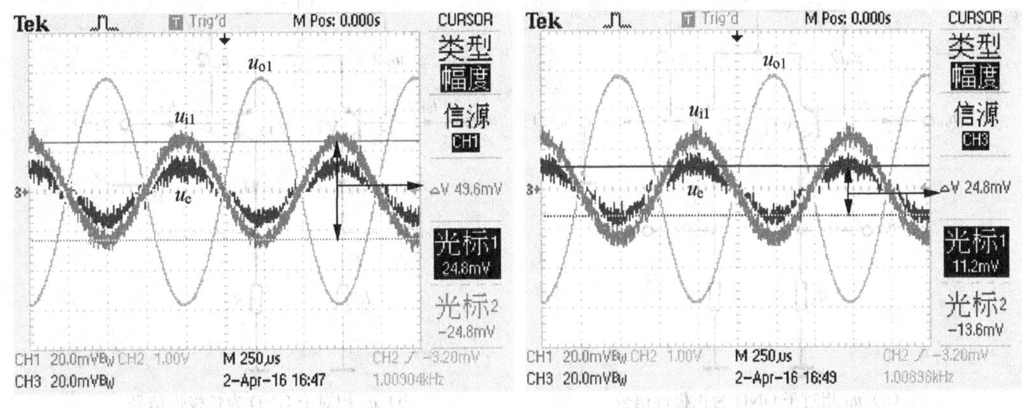

（a）测量u_{i1} =50m$V_{p\text{-}p}$（实际为49.6m$V_{p\text{-}p}$）　　（b）测量u_e =25m$V_{p\text{-}p}$（实际为24.8m$V_{p\text{-}p}$）

图 6-15　$u_{i1}=50\text{m}V_{p\text{-}p}$，$u_{i2}=0$ 时的输入 u_{i1}、u_{o1} 及 u_e 的波形

（输入信号 u_{i1} 是 u_e 的 2 倍，二者同相由于电压增益太大，u_e 正负半波有些许不对称，这是因为晶体管的输入特性曲线是指数的弯曲特性造成的）

读者可能会问：u_e 是 u_{i1} 的 1/2，那么 u_{i1} 究竟是怎样作用于差动放大器的呢?

就 u_{i1} 而言，虽然加在 VT_1 的 b 极与地之间，但因 VT_2 的 b 极（交流）接地，则 u_{i1} 相当于加在差分对管的两个 b 极之间。因 $u_{BE1}=U_{BE1}+u_{be1}$，$u_{BE2}=U_{BE2}+u_{be2}$，默认 $U_{BE1}=U_{BE2}$，则差分输入电压可表示为

$$u_{i1}=U_{BE1}-U_{BE2}=u_{be1}-u_{be2} \tag{6-21}$$

式中，u_{be1}、u_{be2} 是差分对管发射结的动态电压。

因 u_{i1} 与 u_e 同相且 $u_{i1}=2u_e$，则

$$2u_e=u_{be1}-u_{be2} \tag{6-22}$$

设差分对管发射结的动态电压相等，即 $u_{be1}=u_{be2}$，则

$$u_e=u_{be1} \text{ 或 } u_e=-u_{be2} \tag{6-23}$$

式（6-23）表明，u_e 以相反的方式作用于差分对管的发射结。

当 u_{i1} 为正极性信号时，如图 6-16（a）所示，对于 VT_1 来说，因其是 PNP 管，u_e（$=u_{i1}/2$）的作用使其发射结压降减小，即 u_{be1} 减小，则 i_{b1}、i_{c1} 均相应减小，u_{o1} 下降。对于 VT_2 来说，u_e 的作用使 u_{be2} 增大，则 i_{b2}、i_{c2} 均相应增大，u_{o2} 上升。可见，u_{i1} 与 u_{o1} 反相，与 u_{o2} 同相。

同理，当 u_{i1} 为负极性信号时，如图 6-16（b）所示，对于 VT_2 来说，u_e 的作用使 u_{be2} 减小，则 i_{b2}、i_{c2} 均相应减小，u_{o2} 下降。对于 VT_1 来说，u_e 的作用使 u_{be1} 增大，则 i_{b1}、i_{c1} 均相应增大，u_{o1} 上升。u_{i1} 与 u_{o1}、u_{o2} 仍然维持上述的相位关系。

就差分对管的单管而言，发射极电位 u_e 的振幅为输入电压 u_{i1} 的 1/2。因此，加在每一个晶体管发射结的电压为输入电压 u_{i1} 的 1/2，由此而引起的 i_c 变化量也为共发射极放大电路的 1/2，所以电压增益也为共发射极放大电路的 1/2。若是双端输出，u_{od} 是单端输出电压 u_{o1}（或 u_{o2}）的 2 倍，则差动电压增益 u_{od}/u_{id} 是共发射极放大倍数的 2 倍。

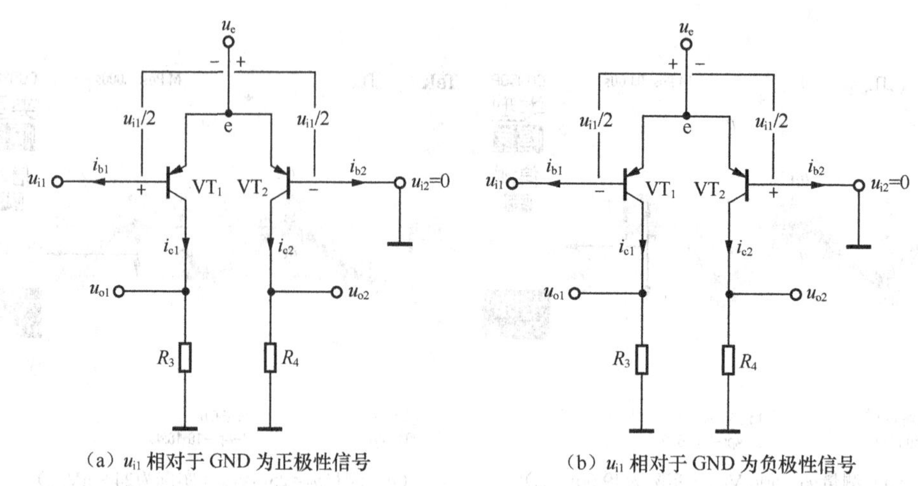

（a）u_{i1} 相对于 GND 为正极性信号　　（b）u_{i1} 相对于 GND 为负极性信号

图 6-16　差分信号作用原理分解图

（因 u_{i1} 加在 VT_1 的 b 极，而 VT_2 的 b 极接地，输入信号 u_{i1} 是 u_e 的 2 倍。因此对 VT_1 来说，加在 b-e 极之间的信号是 u_{i1} 与 u_e 的差值，即 $u_{i1}/2$；对 VT_2 来说，加在 b-e 极之间的信号是 0 与 u_e 的差值，即 $-u_{i1}/2$）

6.3.3 共模放大的工作波形

下面在差分对管基极输入共模信号，观察 c、e 极电压波形。

1. 基极与集电极波形（共模电压增益）

图 6-17 所示是 u_{i1}、u_{i2} 同为 1kHz 8V_{p-p} 正弦波信号时的输入输出波形，共模信号作用于差分对管。此时，u_{i1}、u_{i2} 比图 6-13 的 u_{i1}（=50mV_{p-p}）大得多，但输出 u_{o1}、u_{o2} 均相当小，可见共模电压增益非常小。

理想情况下，电路完全对称 u_{o1}、u_{o2} 应该为 0，但是晶体管的特性参数，比如直流放大系数 β、发射结开启电压 U_{on} 等不可能完全相同，总有一只管子在输入信号的作用下，先由静态时的电流逐渐增大，因差分对管 c 极总电流为恒定值，故迫使另一只管子由静态时的电流逐渐减小。但毕竟输入信号是共模信号，u_{o1}、u_{o2} 大小仅是由电路元件参数的差异造成的，所以幅度很小且基本相等。

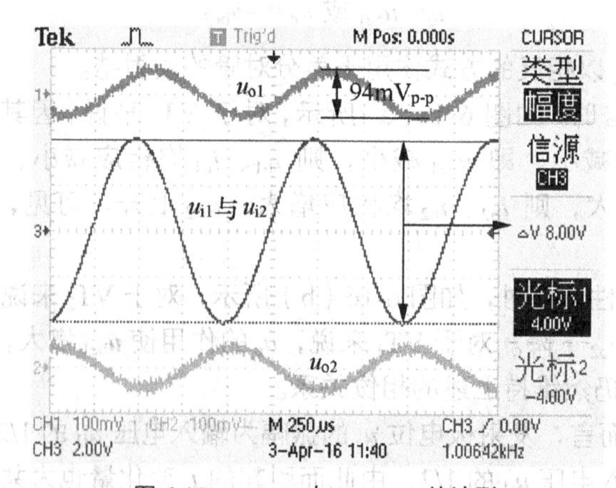

图 6-17　u_{i1}、u_{i2} 与 u_{o1}、u_{o2} 的波形

（因 u_{i1}、u_{i2} 均为 8V_{p-p}，u_{o1}、u_{o2} 约为 94mV_{p-p}，故共模电压放大倍数很小）

u_{o1} 与 u_{o2} 合成的 Lissajous-Figure 如图 6-18 所示。CH_1 与 CH_2 挡位相同，均为 20mV/div，正

弦波的幅度基本相等，合成的 Lissajous-Figure 是一个椭圆，椭圆的长轴穿越原点（屏幕中心）、倾斜 135° [①]。

在前述的理论分析中，默认共模信号作用于差分对管时，输入信号与输出信号反相［参考式（6-18）］。但实际情况并非如此，这是晶体管的结电容相移（密勒效应）造成的。笔者做了以下实验：保持输入信号幅度不变但频率改变，输出信号 u_{o1} 与 u_{o2} 合成的 Lissajous-Figure 是长轴倾斜程度不同的椭圆，这表明 u_{o1} 与 u_{o2} 的相位随频率变化而改变。

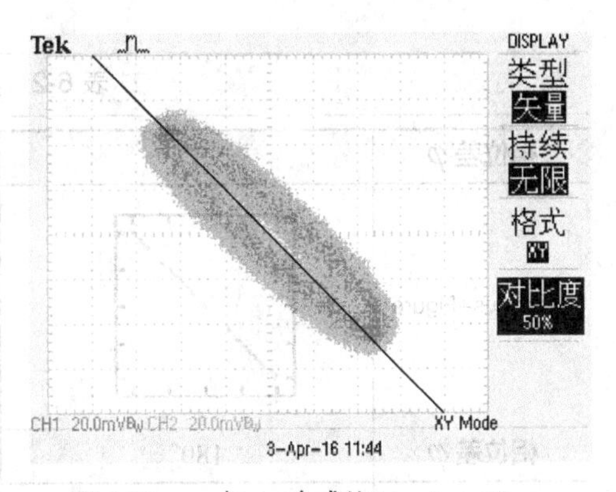

图 6-18　u_{o1} 与 u_{o2} 合成的 Lissajous-Figure

（由于 u_{o1} 与 u_{o2} 幅度较小，故合成的 Lissajous-Figure 线条粗、杂波大，下同）

需要指出的是，Lissajous-Figure 的显示效果与示波器 CH_1、CH_2 波形在屏幕上显示的幅度有关，而不是与波形的实际大小有关。若 CH_1（u_{o1}，代表 X 信道）的挡位改为 50mV/div（正弦波在时域显示的幅度变小），CH_2（u_{o2}，代表 Y 信道）的挡位为 20mV/div，合成的 Lissajous-Figure 在 Y 轴方向的高度不变，而在 X 轴方向压缩为原来的 0.4 倍[=(20mV/div)/(50mV/div)]，这时 Lissajous-Figure 变陡了，如图 6-19（a）所示。

反之，若 CH_1 的挡位不变，CH_2 的挡位改为 50mV/div，合成的 Lissajous-Figure 在 X 轴方向的宽度不变，在 Y 轴方向压缩为原来的 0.4 倍[=(20mV/div)/(50mV/div)]，这时 Lissajous-Figure 变平了，如图 6-19（b）所示。这种情况出现的“椭圆倾斜”与信号幅度相等、相移改变造成的“椭圆倾斜”是两个概念，希望读者能区分开来。

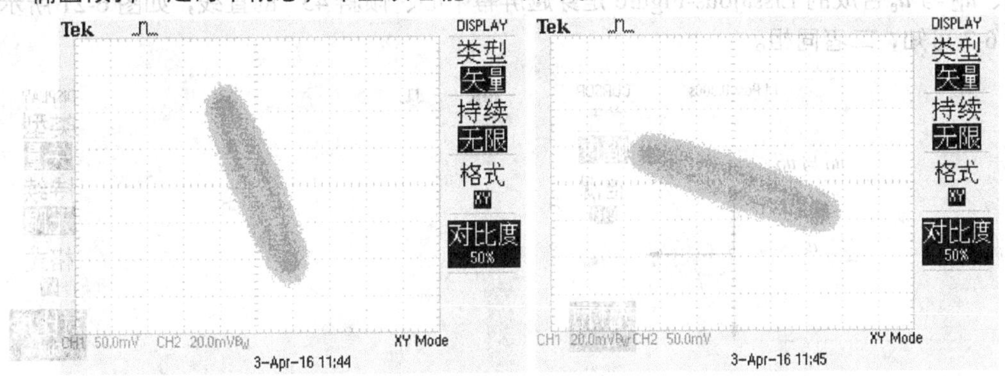

（a）CH_1（代表X信道）挡位增大，直线变陡　　（b）CH_2（代表Y信道）挡位增大，直线变坡

图 6-19　CH_1 与 CH_2 挡位的大小对 Lissajous-Figure 的影响

典型 Lissajous-Figure

在示波器两个偏转板上都加正弦波电压时，显示的图形称为 Lissajous-Figure。从本质上讲，Lissajous-Figure 是两个沿着互相垂直方向正弦振动的合成轨迹，这种图形的形状取决于不同的频率比和初始相位差。

例如，两正弦信号的频率比为 1，相位相同，且在 X、Y 方向的偏转距离相同，在荧光屏上画出一条与水平轴呈 45°角的直线。若相位相差 90°，且在 X、Y 方向的偏转距离相同，在荧光屏上画出的图形为圆。相位差为 45°和 135°时的 Lissajous-Figure，见表 6-2。

---

① 由于元器件参数的误差导致 u_{o1} 与 u_{o2} 的振幅略有不同，所以二者合成的 Lissajous 椭圆的长轴略微偏离 135°。

表 6-2　典型的 Lissajous-Figure

相位差 φ	0°	45°	90°
Lissajous-Figure			
相位差 φ	180°	135°	
Lissajous-Figure			

2. 基极与发射极波形

图 6-20 所示是 u_{i1}、u_{i2} 同为 1kHz　$8V_{p-p}$ 正弦波信号时的 u_{i1}、u_{i2} 与发射极电位 u_e 的波形。u_{i1} 经 VT_1 的 b-e 结、u_{i2} 经 VT_2 的 b-e 结同时传输到 e 极，u_e 为 $8V_{p-p}$（$=1.6div\times5.0V/div$），与共模输入电压 u_{i1}、u_{i2}（$=4div\times2.0V/div$）同振幅、同相位。这与输入差模信号时 u_{i1} 与 u_e 同相，但 u_{i1} 是 u_e 的 1/2 是不同的，请读者留意。

u_{i1}、u_{i2} 与 u_e 合成的 Lissajous-Figure 是穿越屏幕中心、倾斜 45° 的直线，如图 6-21 所示。参考表 6-2 可知，二者同相。

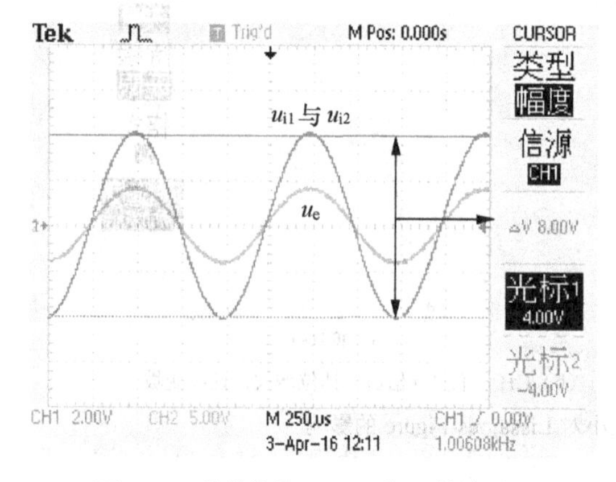

图 6-20　共模信号 u_{i1}、u_{i2} 和 u_e 的波形

（u_{i1}、u_{i2}（$=4div\times2.0V/div$）与发射极电位 u_e（$=1.6div\times2.0V/div$）的波形同振幅、同相位）

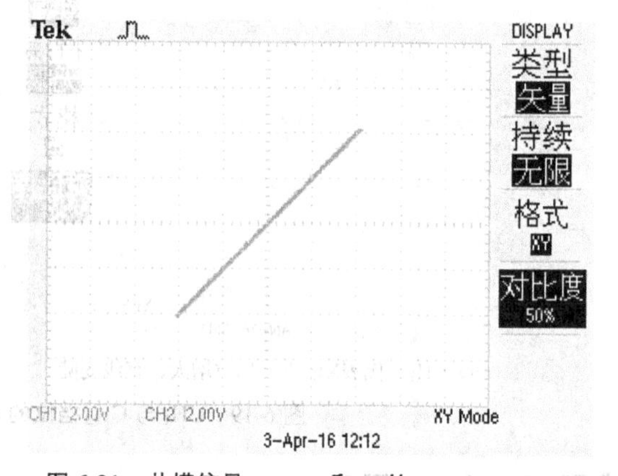

图 6-21　共模信号 u_{i1}、u_{i2} 和 u_e 的 Lissajous-Figure

（u_{i1}、u_{i2} 与 u_e 同振幅、同相位，故合成的 Lissajous-Figure 是穿越屏幕中心、倾斜 45° 的直线）

6.3.4　共模电压放大倍数与共模抑制比

根据图 6-17 所示波形可知，差分对管输入电压 u_{i1}、u_{i2} 振幅为 $8V_{p-p}$，输出电压 u_{o1} 与 u_{o2} 的振幅约为 $94mV_{p-p}$，则共模电压放大倍数为

$$A_{cm}=u_{o1}/u_{i1}=94mV_{p-p}/8V_{p-p}\approx1.2\times10^{-2}\text{倍}$$

计算结果表明共模放大倍数 A_{cm} 很小，这就是前面在计算“单端输入-单端输出”电压放大倍数时忽略共模输出电压的缘由。

联想式（6-18），考虑到 $R_7>>R_3$，可忽略不计，则

$$A_{cm} \approx -\frac{R_c // R_L}{2r_{ce}} \approx \frac{5.6k\Omega}{2r_{ce}} = 1.2\times10^{-2}$$

解之得

$$r_{ce} \approx 233k\Omega$$

计算结果表明，用作恒流源的晶体管 VT_3 的 c-e 极间动态电阻相当大，所以对共模信号的抑制能力超强。

由式（6-19），可得

$$K_{CMR} = \frac{I_{TAIL} r_{ce}}{2U_T} = \frac{2.4mA\times233k\Omega}{2\times26mV} \approx 1\times10^4 (或80dB)$$

这个共模抑制比并不算很大，优质的差动放大器（比如集成运放输入级）的共模抑制比可达一百万倍（120dB）。

温度变化同时作用于差动对管，可以视为缓慢变化的共模输入信号。差动放大器对共模信号具有较好抑制能力，故，对温漂也具有相同的抑制效果——这就是多级功放或集成运放的输入级之所以采用差动放大器的根本原因。

6.3.5 发射极串接衰减电阻降低增益

由于差动放大器没有负反馈，故差模电压增益很大，比较容易出现失真。如果不希望电压增益太大，而是控制在某个数值范围之内，可以考虑在差分对管 e 极与恒流源之间串联电阻，如图 6-22 所示。此时，电压增益也为单管共发射极电路的 1/2。因输出信号偏置电阻 R_7、R_8 阻值太大，所以，此时电压增益 A_u 可表示为

$$A_u \approx \frac{R_3}{2R_{e1}} \text{ 或 } A_u \approx \frac{R_4}{2R_{e2}} \tag{6-24}$$

代入数据，得

$$A_u \approx \frac{5.6k\Omega}{2\times100\Omega} = 28倍$$

图 6-23 所示为 $u_{i1}=264mV_{p\text{-}p}$，$u_{i2}=0V$ 时 u_{i1} 与 u_{o1} 的波形。由于 $u_{o1}=6V_{p\text{-}p}$，故此时的电压增益为 22.7 倍（$\approx 6V_{p\text{-}p}/264mV_{p\text{-}p}$），小于理论值 28 倍。

可能读者会问：为什么实际值与理论值有那么大的差别呢？这是因为我们没有考虑晶体管发射极基体电阻 r_e，若考虑 r_e 的影响，则式（6-24）可表示为

$$A_u = \frac{R_3}{2(R_{e1}+r_e)} \tag{6-25}$$

而 r_e 为

$$r_e = \frac{U_T}{I_{EQ}} \tag{6-26}$$

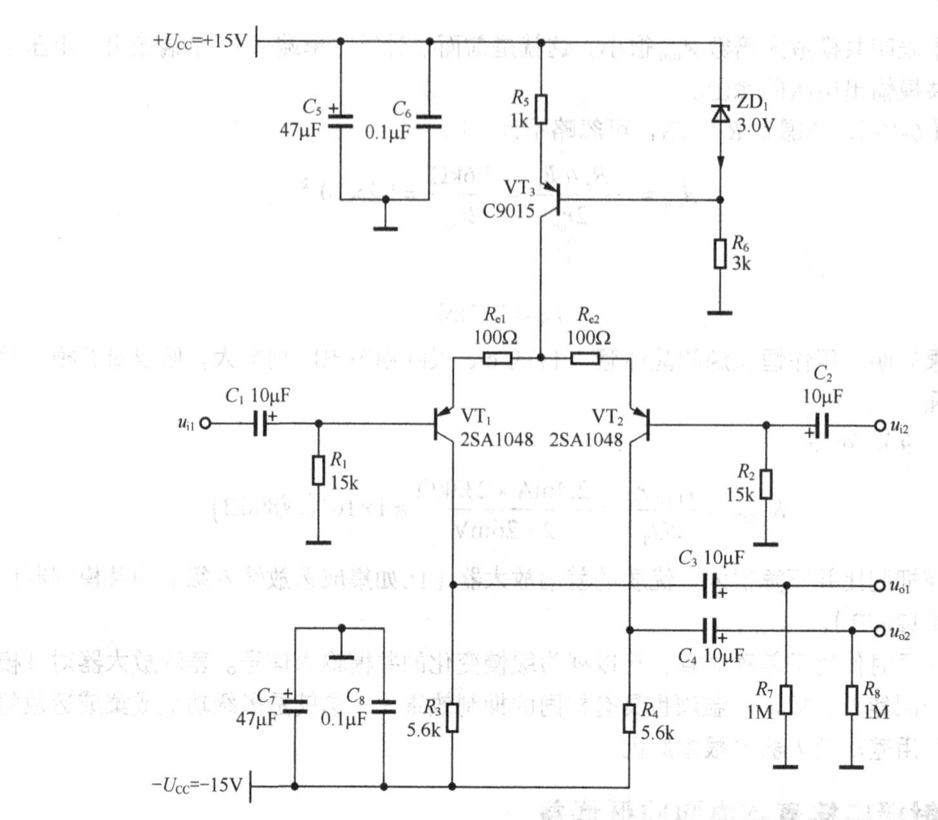

图 6-22 发射极串接衰减电阻降低增益

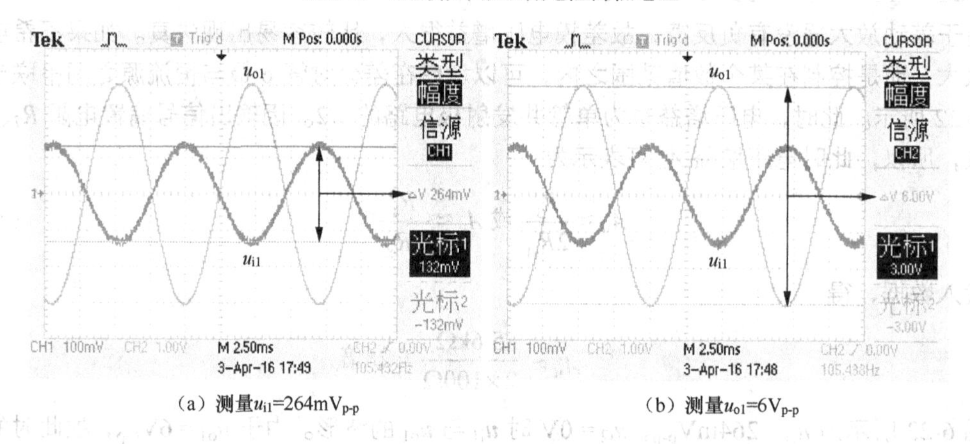

（a）测量u_{i1}=264mV$_{p\text{-}p}$　　（b）测量u_{o1}=6V$_{p\text{-}p}$

图 6-23 输入 u_{i1}（CH$_1$）与输出 u_{o1}（CH$_2$）的波形

（u_{i1}=264mV$_{p\text{-}p}$，u_{o1} 振幅为 6V$_{p\text{-}p}$，电压增益为 22.7 倍，小于理论值 28 倍）

式中，r_e 的单位是 Ω；U_T 是热电势，常温 25℃时 $U_T \approx 26\text{mV}$；I_{EQ} 是发射极电流，单位是 mA。**提示：公式适用的条件是 0.5mA<I_{EQ}<5mA，超出限值会造成较大的误差。**

由公式（5-26）计算 r_e = 20.8Ω（= 26mV/1.2mA），代入式（6-25），得

$$A_u = \frac{5.6\text{k}\Omega}{2\times(100\Omega+20.8\Omega)} \approx 23.2\text{（倍）}$$

该值与根据波形计算的 22.7 倍相当接近。

6.3.6 输入输出阻抗

差动放大器同单管共射放大电路一样，也存在输入阻抗，下面通过实验来测试差动放大器的输入阻抗。

按图 2-21 同样的方法，在信号发生器与 u_{i1} 之间串联 $R_s = 5.3\text{k}\Omega$ 电阻①，u_{i2} 接地，此时放大器是单端输入。调节信号发生器输出电压 $u_s = 140\text{mV}$，这时 $u_{i1} = 70\text{mV}$，如图 6-24 所示。

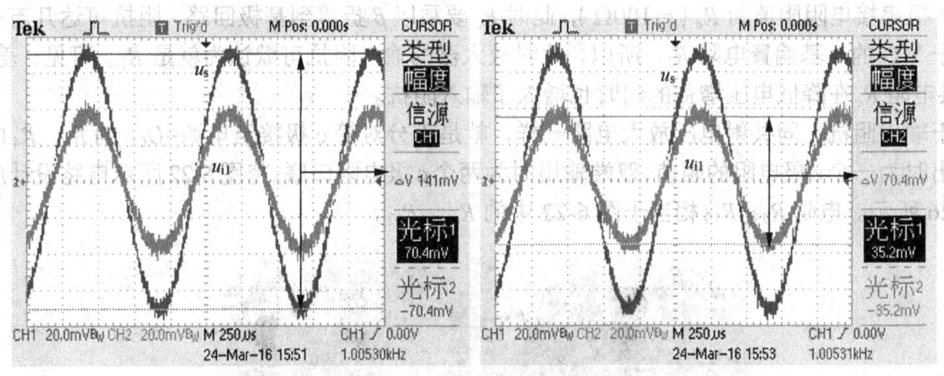

（a）信号发生器输出u_s=140mV　　（b）差动放大器的输入u_{i1}=70mV

图 6-24　输入阻抗的测量

（R_s 是为测量输入阻抗而接入的电阻，根据 R_s 接入后 u_s 与 u_{i1} 的比值，即可推算出输入阻抗的值）

1kHz 140m $V_{p\text{-}p}$ 信号从 u_{i1} 输入，u_{i2} 接地，R_s 是串接在信号源与放大器之间的电阻，R_1 是 VT_1 的基极偏置电阻，此时等效电路如图 6-25 所示。因 u_{i2} 接地，故 VT_2 的基极偏置电阻 R_2 被电容 C_2 短路。

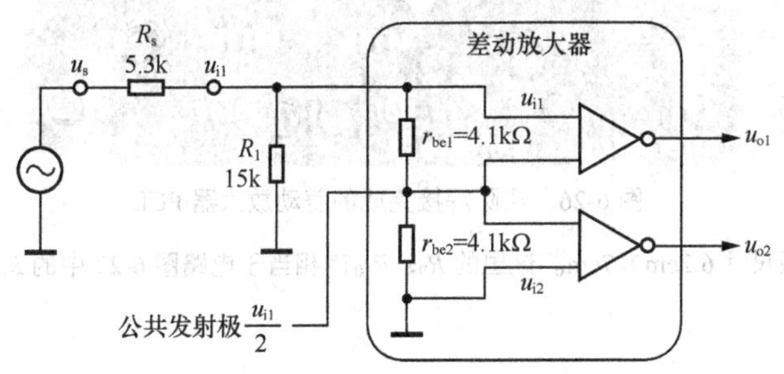

图 6-25　测量输入阻抗时的等效电路

由于 $u_{i1} = 70\text{mV}_{p\text{-}p}$，振幅为 u_s 的 1/2，故放大器的输入阻抗等于串联电阻 R_s（$= 5.3\text{k}\Omega$），在数值上，这个值是 R_1 与差分对管内部电阻 r_{be}（$= r_{be1} + r_{be2}$）的并联阻值，即

$$(r_{be1} + r_{be2}) // R_1 = 5.3\text{k}\Omega$$

解之，得

$$r_{be1} + r_{be2} = 8.2\text{k}\Omega$$

默认 $r_{be1} = r_{be2}$，则 $r_{be1} = 4.1\text{k}\Omega$。这个数值也符合在本书第 2 章给出的几千欧姆的数量级的范围。

① 实际上，笔者用的是 10kΩ 精密微调电阻，当 u_{i1} 为 u_s 的 1/2 时微调电阻的阻值为 5.3kΩ。

联想到单端输出时，电压放大倍数公式 $A_{dm}=-\dfrac{\beta R_c}{2r_{be}}$，则

$$A_{dm}=-\frac{165\times5.6\text{k}\Omega}{2\times4.1\text{k}\Omega}\approx112.7\ 倍$$

该值与 6.3.2 节中根据波形计算的电压增益几乎相等，这也从另一方面印证了 $r_{be1}=4.1\text{k}\Omega$ 是值得信赖的。

若 e 极串接电阻阻值为 R_e（$=100\Omega$），此时 R_e 要乘以 β 折算到基极回路，阻抗可达几百千欧姆，远远大于 VT_1 的 b 基偏置电阻 R_1，所以，此时放大器的输入阻抗可默认为就是 R_1。可见，差分对管 e 极串接电阻 R_e 在降低电压增益的同时也增大了输入阻抗。

至于输出阻抗，同共射电压放大电路一样，就是差分对管 c 极接至电源$-U_{CC}$的 R_3、R_4 的阻值。单端输出时为一个 c 极电阻的阻值，双端输出时为两个 c 极电阻串联。将图 6-22 所示电路设计成 PCB，如图 6-26 所示。电阻 R_9、R_{10} 相当于图 6-22 中的 R_{e1}、R_{e2}。

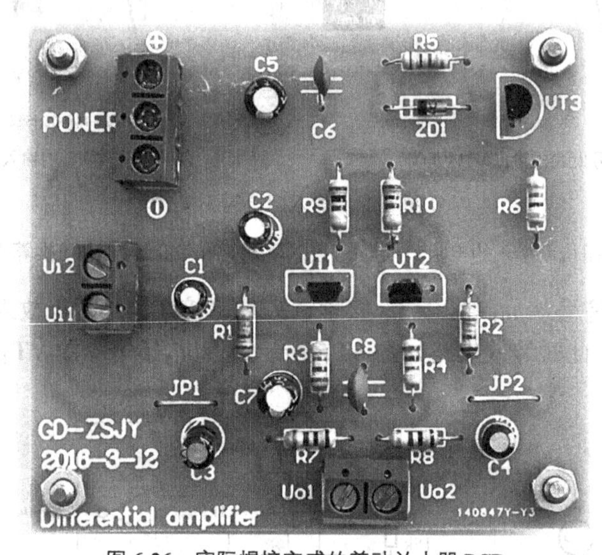

图 6-26　实际焊接完成的差动放大器 PCB

（电路板尺寸 6.2cm×7cm。这里的 R_9、R_{10} 就相当于电路图 6-22 中的 R_{e1}、R_{e2}）

6.4　差动放大器的设计

6.4.1　恒流源参数的确定

晶体管 VT_3 与 ZD_1、R_5 及 R_6 构成恒流源，稳压管 ZD_1 与 R_6 稳定 VT_3 的 b 极电位，$+U_{CC}$ 变化时 VT_3 的 b 极相对于$+U_{CC}$的电位保持不变。另一方面，稳压管 ZD_1 与 VT_3 的发射结电压 U_{BE} 之差等于 R_5 的压降，则 VT_3 的 c 极电流为

$$I_{C3}=\frac{U_{ZD1}-U_{BE}}{R_5}=\frac{3\text{V}-0.6\text{V}}{1\text{k}\Omega}=2.4\text{mA} \tag{6-27}$$

式中，U_{BE} 是 VT_3 的 be 结压降，取 0.6V。

这个电流就是差分对管的静态电流，理想情况下差分对管均分尾巴电流，所以每一只管子的 c 极间电流约为 1.2mA。相对于差分对管静态电流的精准设计要求，稳压二极管的击穿电流和开关二

极管的导通电流的设置有相当大的回旋余地。对稳压二极管来说，击穿电流要使其工作于特性曲线的陡降区；对开关二极管的来说，正向导通电流应使其工作于特性曲线的接近线性区。尽管如此，在能满足相关要求的情况下应尽量减小电流、降低功耗。

忽略 VT_3 的基极电流，则稳压管 ZD1 的反向击穿电流约等于 R_6 上的电流，则有

$$I_{ZD1} \approx I_{R6} = \frac{U_{CC} - U_{ZD1}}{R_6} = \frac{15V - 3V}{3k\Omega} = 4mA \tag{6-28}$$

用恒流源设置差分对管尾巴电流还有一个好处是，尾巴电流基本不受电源电压变动的影响，因为它主要由选择的元件参数决定。另外，为了防止电源上的杂波干扰，在正负电压与地之间均并联一大一小两只电容滤波。电解电容 C_1～C_4 用于隔离放大器与外电路的直流通路，但需要注意极性要和电路中的直流电位正确匹配。

6.4.2 电源电压的确定

本设计用两组电源电压，正电压设定恒流源的电流，负电压大小可以确定输出信号的振幅。正电压并没有出现在式（6-27）中，好像正电压大小都无所谓似的，实则不然。

差分对管 b 极通过偏置电阻接地，忽略基极电流不计，认为基极电位为零。因此，差分对管 e 极电位约为 0.6V。因差分对管 e 极接 VT_3 的 c 极，即 VT_3 的 c 极电位是 0.6V。另一方面，恒流源电路的稳压管 ZD_1 额定电压为 3V，若要恒流源正常工作，发射结必须正偏，集电结反偏。也就是说，VT_3 的 b 极电位必须高于 c 极电位 0.6V。综合考虑之后，正电压应大于 3.6V。当然，若$+U_{CC}$ 刚好设定为 3.6V，为了使稳压管 ZD_1 工作于反向击穿的陡降区（小功率稳压管击穿电流约 5mA），R_6 取 120Ω。此时，稳压管反相击穿电流为 5mA（= 0.6V/120Ω）。

$-U_{CC}$ 决定输出信号的振幅，差分对管 c 极静态电位设置在$-U_{CC}$ 的 1/2 处输出电压振幅最大。比如，本例中$-U_{CC}$ 设定为−15V，理论上输出信号最大振幅可达 $15V_{p\text{-}p}$。

6.4.3 恒流源电流的确定

既然恒流源的电流由式（6-27）确定，那么在$+U_{CC}$ 已知的情况下，合理选取稳压管 ZD_1 和电阻 R_5 的值，即可得到期望的电流。由于该电流就是差分对管的总电流，一般来说，小信号电压放大电路，差分对管的静态电流取 1～5mA。根据这个数值范围，用式（6-27）反向计算可以得到合适的稳压管 ZD_1 和 R_5 的参数，但首先得假定 ZD_1 与 R_5 二者之一为已知参数。

当然，除了图 6-12 中用晶体管与稳压管二极管构成恒流源之外，用电阻对晶体管基极进行偏置分压也可以构成恒流源，如图 6-27 所示。

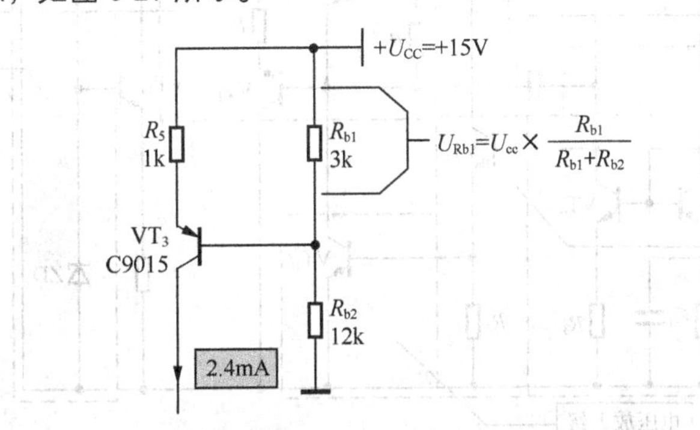

图 6-27 晶体管与基极分压偏置电阻构成的恒流源

当$+U_{CC}$ = 15V 时，按图中参数计算电阻 R_{b1} 两端的电压为

$$U_{Rb1}=U_{CC}\times\frac{R_{b1}}{R_{b1}+R_{b2}}=15V\times\frac{3k\Omega}{3k\Omega+12k\Omega}=3V \qquad (6\text{-}29)$$

该值约等于图 6-12 中稳压管二极管两端的压降。因此，从直流效果上看，这两个恒流源基本相同，但是图 6-27 所示电路的输出电流会随$+U_{CC}$的改变而变化，这一点不如图 6-12 中晶体管与稳压管二极管构成的恒流源稳定。

6.4.4 集电极电阻的确定

在负电源电压确定的前提下，若差分对管 c 极静态电位在负电压的 1/2 处，输出信号振幅最大，因此差分对管 c 极电阻的选取也变得简单了。

静态时，差分对管均分恒流源的输出电流，即 $I_{C1}=I_{C2}=0.5I_{C3}$，若 $I_{C1}R_3=0.5U_{CC}$（此处 U_{CC} 是负电源电压的绝对值），则 $R_3=U_{CC}/I_{C3}$。本例中，理论上 $R_3=15V/2.4mA=6.25k\Omega$，在电阻 E24 系列中没有该电阻，就近阻值为 6.2kΩ。笔者手头也没有 6.2kΩ 电阻，只有附近阻值 5.6kΩ，也是不错的选择。

6.5 差动放大器在集成运放中的应用

从本质上讲，集成运放是一种高性能直接耦合放大电路，虽然内部结构各不相同，但是它们的基本组成部分、结构形式、组成原则基本一致，且输入级均采用差动放大器。加之，集成运放与功率放大器有许多相同或类似之处，所以对集成运放电路的分析具有重要意义。

MC4558 是目前非常广泛使用的通用型集成运放，其内部一个运放单元电路如图 6-28 所示（8 脚接正电源，4 脚接负电源，在内部共用）。

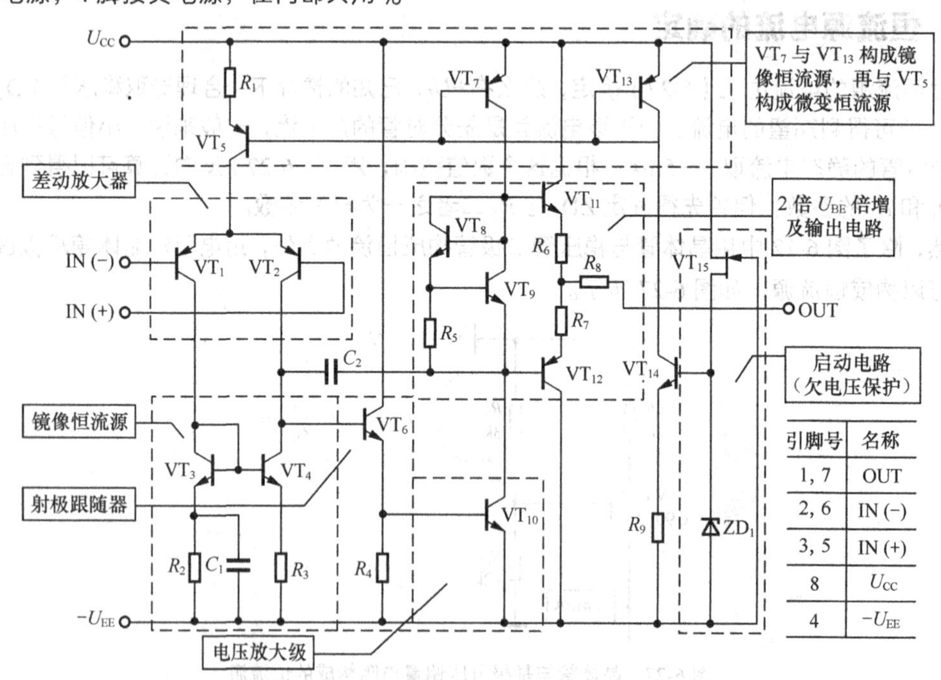

引脚号	名称
1, 7	OUT
2, 6	IN (−)
3, 5	IN (+)
8	U_{CC}
4	$-U_{EE}$

图 6-28 集成运放 MC4558 内部电路原理图

虽然 MC4558 内部电路比较复杂，但是按各部分电路的作用与功能可划分为 4 个模块，如图 6-29 所示。它们分别是差分输入级、电压放大级、偏置电路和输出级。

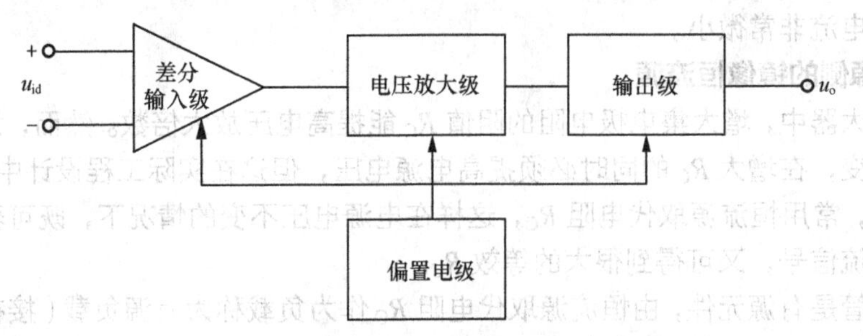

图 6-29　集成运放 MC4558 内部功能框图

（1）输入级

一般是由晶体管（BJT）或结型场效应管（JFET）组成的差动放大电路，利用它的对称特性提高整个电路的共模抑制比和其他方面的性能。它的两个输入端分别标示“+”“−”符号，其中带“+”号的为同相输入端，带“−”号的为反相输入端。

（2）电压放大级

电压放大级的主要作用是提高电压增益，它可由一级或多级放大电路组成。

（3）输出级

输出级一般由电压跟随器或互补电压跟随器构成，以降低输出电阻，提高带负载能力。

（4）偏置电路

偏置电路为各级提供合适的工作电流。此外还有一些辅助环节，如电平移动电路、过载保护电路以及高频补偿电路等。下面对各部分具体电路逐一介绍。

1. 启动电路

启动电路由 N 沟道结型场效应管 VT_{15} 和稳压二极管 Z_1 组成。静态时，场效应晶体管栅极电位为 $-U_{EE}$（单电源供电时为 0，双电源供电时为负电压）。若电源电压足够高，稳压管 ZD_1 被击穿，VT_{15} 依靠稳压管 ZD_1 建立一个负的偏置电压，VT_{15} 导通给 VT_{14} 的基极提供偏置电压，VT_{14} 的 b-e 结与 ZD_1 和 R_9 构成恒流源，为输入级和激励级电路提供偏置电流。若电压太低，ZD_1 不能被击穿，恒流源不能正常工作，整个电路也不工作，所以该部分称启动电路。

恒流源的偏置电流 I_{C14} 为

$$I_{C14} \approx I_{E14} \approx \frac{U_{ZD1} - U_{BE14}}{R_9} \tag{6-30}$$

式中，I_{C14}、I_{E14} 是指 VT_{14} 的集电极和发射极电流。

2. 正电源侧的镜像恒流源和微变恒流源

正电源侧的镜像恒流源由 VT_7 与 VT_{13}（制造工艺保证它们特性相同）构成。VT_{14} 为 VT_7、VT_{13} 提供基极偏置电流，同时 VT_{14} 又给 VT_{13} 设定 c 极电流。因此，VT_7 与 VT_{13} 的 c 极电流相等，约等于 VT_{14} 的 c 极电流。

VT_7 为激励管 VT_{10} 提供偏置电流，或者说 VT_7 是 VT_{10} 的集电极负载。

VT_7、VT_{13} 与 VT_5、R_1 构成微变恒流源。因 VT_5 的 b-e 结与 R_1 串联、再与 VT_7、VT_{13} 的 b-e 结并联，故 VT_5 的 e 极电流很小，只有微安级，所以称微变恒流源。

3. 差分输入级

差分输入级是双端输入、单端输出，由 VT_1、VT_2（制造工艺保证它们特性相同）和位于上侧的微变电流源和位于下侧的比例电流源一起构成。其中，微变恒流源如同差动放大器长长的尾巴，工程上常称之为**微变恒流源长尾式差分放大器**。因 VT_5 的 e 极电流只有微安级，故差分输入级静态电流非常微小。

4. 负电源侧的镜像恒流源

在共射放大器中，增大集电极电阻的阻值 R_C 能提高电压放大倍数。然而，为了维持晶体管的静态电流不变，在增大 R_C 的同时必须提高电源电压，但这在实际工程设计中不能随心所欲。在集成运放中，常用恒流源取代电阻 R_C，这样在电源电压不变的情况下，既可获得合适的静态电流，对于交流信号，又可得到很大的等效 R_C。

由于晶体管是有源元件，由恒流源取代电阻 R_C 作为负载称为有源负载（接在差动对管的集电极，这是作为有源负载的重要特征），可以使单端输出的差动放大器差模放大倍数提高到接近双端输出时的情况。

镜像恒流源由 VT_3、VT_4（制造工艺保证它们特性相同）和 R_2、R_3 组成，为保证输入级的对称性，一般来说要求 $R_2=R_3$，此时 $I_{C3}\approx I_{C1}$，$I_{C4}\approx I_{C2}$，则 VT_6 的基极电流约等于 0。

5. 中间电压放大级

差动放大器的输出信号由 VT_2 集电极引出送到电压放大级的缓冲级 VT_6，VT_6 是射极跟随器，输入阻抗高、输出阻抗低，能增强对电压放大管的电流驱动能力，极大地提高了开环增益。静态时，VT_2 集电极电位是 VT_6 与 VT_{10} 的 b-e 结压降之和。

R_4 为 VT_6 设置静态电流，$I_{C6}\approx 0.6V/R_4$。

6. 输出电路

VT_8 和 VT_9 组成 2 倍 U_{BE} 倍增电路，抵消输出管 VT_{11} 和 VT_{12} 发射结死区压降。由于 R_5 与 VT_9 发射结并联，故 $I_{R5}=U_{BE9}/R_5$，该电流约等于 VT_8 的发射极电流。合理设置 R_5 的阻值，就可以使 VT_8、VT_9 均处于放大状态。因 VT_8 的 b、c 极并联，故晶体管当二极管使用，因此 VT_9 的 c-e 极间电压 U_{CE9} 相当于 2 只串联二极管的压降，完全可以抵消 VT_{11}、VT_{12} 的发射结死区电压，消除交越失真。另外，它们都位于一块微小的半导体晶片上，传热效果良好，因此还具有温度补偿作用。

晶体管 VT_{11}、VT_{12} 为互补输出管，发射极串联的电阻 R_6、R_7 以及串接在输出通路中电阻 R_8 用于保护集成电路在意外情况下免遭损坏，R_6～R_8 取值为几十至一百多欧姆。正因为这 3 只电阻的存在，限制了输出电流不可能大，因此这种集成运放多用于电压放大器或比较器等小电流的场合。电容 C_2 为**密勒电容**，跨接于互为反相的输入、输出信号两侧，作高频补偿。

需要指出的是，集成运放 MC4558 既可以由正负对称双电源供电，也可以工作于单电源。单电源工作时第 4 脚接地。此外，MC4558 线性工作时需要设置合适的静态工作点[①]，否则将不能进行信号放大。

有关 MC4558 集成运放的更详细的资料，请读者参考其他文献。

---

① 参考《模拟电子技术基础》，机械工业出版社，葛中海主编，第 169 页。

第 7 章 差动输入级功率放大器

差动放大器是不需要调整就能可靠地降低失真（Distortion）的少数电路形式之一。原因是**差分对管的跨导由晶体管的工作性质决定，而不是依靠晶体管诸如 β 值等不可预期参数的匹配**。这种电路具有很高的稳定性，能降低噪声与失真，抑制零漂，减小失调电压等优点，几乎是音频功率放大器的必选输入电路。

7.1 功放历史、电路结构与工作方式

7.1.1 功放的简要历史

在功放领域里，无论在历史上还是今天，电子管功放（电子管又称胆管，所以人们常常称电子管功放为胆机）都是所有人必须翻到的一页，如图 7-1 所示。

图 7-1 电子管功放

从历史角度讲，早在 20 世纪初电子管就已经登场，在三四十年代被广泛运用在各个领域，是一直在包括功放在内的电子和无线电设备中充当重要角色的关键器件，几十年长盛不衰。这期间，为了与负载耦合，放大器被迫使用输出变压器。后来采用锗材料晶体管的功放开始出现，但锗功率管有一个致命缺点，就是在温度升高后很容易损坏。**硅材料功率管最先出现的是 NPN 管**。当时，大多数以推挽方式工作的功放的输出级还得依靠变压器实现功率的输入与输出，变压器又重又大、造价高、线性度差，高低频两端相移较大，严重限制了大环路负反馈（Global NFB）的应用。

Lin 设计了第一台 OTL 功放，使用后来被人们称为准互补输出级（Quasi-complementary output stage），类似图 7-21（a），但因是单电源供电，放大器必须通过电容才能与扬声器连接。尽管这个电路仍然存在着诸多不足之处，但利用当时市场已有供应的中功率 NPN 管与 PNP 管配对，输出级可以全部使用 NPN 大功率管（当时 PNP 大功率管还未出现）并工作于推挽状态，使得功放无须变压器就能做到与扬声器的阻抗匹配，首次实现了功放输出的无变压器化。

20 世纪 60 年代后期出现适合于功放的互补功率管，这种全互补输出级（Full complementary output stages，见图 7-18）能获得比准互补输出级更低的失真。大约在同一时期，差分对管作为单元电路被应用于功放，于是出现了以直流耦合（DC-coupled）接替电容耦合（Capacitor-coupled）与扬声器连接的 OCL 功放，实现了功放输出的无电容化，最终演化为目前最常见的电路结构。

旧事重提，虽然在 20 世纪 70 年代，随着半导体和集成电路的出现，电子管被迅速淘汰，似乎已无出头之日。但在 20 世纪 90 年代，垂垂老矣的电子管又因发烧友的青睐而起死回生，被广泛运用在 Hi-Fi 领域，电子管功放和电子管 CD 机一时充斥市场，主要原因在于电子管特有的温暖音色。

在技术指标方面，电子管功放的一些关键参数，比如在频宽、失真度和信噪比方面，均不如作为后起之秀的晶体管功放，特别是在失真这个令多数发烧友头疼的问题上，电子管机也丢了分。然而，恰恰是这种失真让电子管功放重出江湖，这是因为电子管机的偶次谐波（失真的一种形式）很丰富，虽然速度慢，但会给听者以舒适、甜美、醇和的感觉。另外，电子管在工作周期中的逐渐衰变，也会使其在不同阶段发出不同音色，给人以多种声音的感觉，这也是电子管机老树开新花的原因之一。大家都熟悉中国传统饮食文化中的一朵奇葩——臭豆腐，闻着臭、吃着香。缺点奇特、优点突出，这与电子管机之于人们的听音欣赏有异曲同工之妙！

时至今日，随着技术和制造水平的提高，优质的电子管机在信噪比、失真度、频宽等方面也有了不小进步，以至于很多人惊呼电子管机出了石机的声音，这也许是很多人始料不及的吧！

7.1.2 三级功放的电路结构[①]

本节所称的功放电路结构是指放大器的总体结构，即电路框图这一层次上的结构。尽管每级细节上有些许不同，但正如下面所写的，几乎所有的功率放大器都是三级结构。

绝大多数音频功放使用图 7-2 所示的传统三级结构（譬如本书第 5 章的图 5-1、图 5-17 和图 5-27 都是三级结构）。第一级为跨导级（Trans-conductance stage），**将差动输入电压变换为电流输出**。第二级为跨阻级（Trans-impedance stage），**将输入电流变换为电压输出**，该级提供了整个放大器的所有电压增益，因此也称为电压放大级（Voltage-amplifier stage，简称 VAS）。第三级为单位增益（Unity-voltage-gain，即增益为 1）输出级。

这种三级结构的放大器布局，能够使级与级之间的相互干扰降低至可以忽略的程度。比如，由于第二级是电流输入（输入端可视为虚地），在这一级的输入处只有很小的电压信号（见图 7-14 中的 CH_3），也就是说差动级的输出电压很小，这样就使得差分对管因密勒效应带来的相移（Phase-shift）和可能存在的厄利效应[②]（Early effect）减至最小。又如，第二级补偿电容 C_{dom} 降低了本级的输出阻抗，使第三级输入阻抗的非线性带来的影响被削减，因此实际失真比预期的失真要小。尽管大家已相当熟悉放大器的三级结构，但诸如上述优点还不是被人们普遍所知。

由于大环路负反馈能改善线性，其负反馈量又取决于放大器的开环增益（Open-loop gain），因

---

① 摘自《Audio Power Amplifier Design Handbook》（Fourth Edition）【英】Douglas Self 著。

② 厄利效应也称基区宽度调制效应，是指当双极性晶体管（BJT）的 c-e 极间电压 U_{CE} 改变，b-c 极间耗尽宽度 $W_{B\text{-}C}$（耗尽区大小）也会跟着改变。由詹姆斯·M·厄利（James M. Early）所发现。

此要重视各级对开环增益的贡献。由于三级结构功放的输出级基本总是单位增益，这种情况下，**放大器总的开环增益**就可以简单地表示为**输入级的跨导与电压放大级的跨阻**之积（参见公式 7-2）。除了在很低频率范围之外，**放大器总的开环增益**完全是由密勒电容 C_{dom} 决定（参见公式 7-3）。

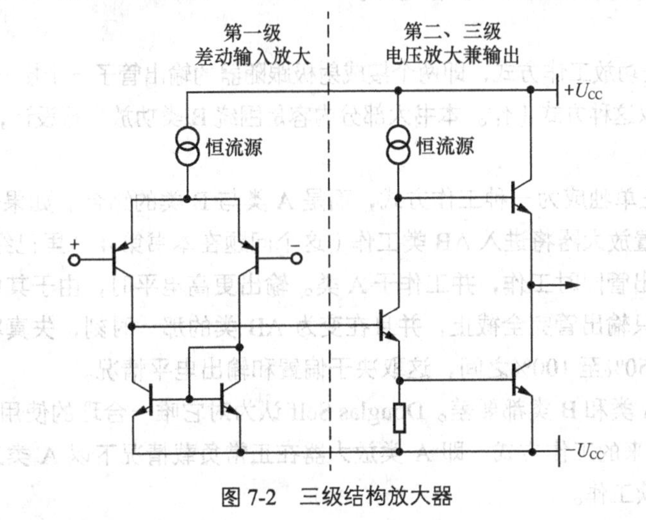

图 7-2　三级结构放大器

功率放大器的典型闭环增益（Closed-loop gain）约 20～30dB，20kHz 处的负反馈量为 24～40dB，并随着频率的下降负反馈量以 6dB/oct[①]的速率增大，当频率下降到主极点（Dominant pole）频率之后，负反馈量保持不变。

控制失真的关键是负反馈量，放大器的开环带宽与控制失真没有直接关系（注：与增益带宽积有关系）。Douglas Self 发表在英国《电子世界》杂志上的 B 类功放设计，输入级的跨导 g_m 为 9mA/V，密勒电容 C_{dom} 为 100pF，在 20kHz 处得到 31dB（或 35.5 倍）的负反馈量（推荐值 24～40dB）。

由于电压放大级的极点已经是放大器的主极点，可以通过增强这个极点的主导作用来降低高频负反馈量至安全水平，以保证功放稳定工作，因此三级结构放大器的补偿相对比较简单。C_{dom} 在电压放大级产生的本地负反馈还提供了很有价值的线性化效果。至少 99% 的功放使用传统的三级结构，因此本书后面的很多内容就是介绍这种结构的放大器的设计。

7.1.3　功放的工作方式

过去曾在很长的一段时间里，高品质音频功放的工作方式只有 A 类和 AB 类两种。这是因为那时有源器件只有电子管，B 类电子管放大器产生的失真过多，很少有人能接受，即便用于公众扩声场合也是如此，号称高品质的音频功放全部工作于推挽 A 类。半导体器件出现后，功放设计有更大的自由度，绝大部分功放采用 A 类、AB 类和 B 类的工作方式。

1. A 类

在 A 类功放中，电流持续流过输出器件，能够避免器件开关产生非线性。它的工作方式比较简单，与 B 类输出级电路一样，但偏置电压更高，有较大的偏置电流。这样，在放大器接额定负载时仍有足够的输出电流，输出管在任何时刻都不会截止。这种偏置方法的主要优点是不会突然出现输出电流不足的现象。当所接的负载阻值小于额定负载阻值时，放大器的工作方式变为 AB 类，失真随之增加的程度有限，不会带来明显的听感问题。

在电子管放大器书籍中，可以看到有关功放 AB1 类和 AB2 类工作方式的介绍。工作于 AB1 类时，输出电子管不会出现栅极电流，工作于 AB2 类时，则会有电流流过栅极。这一区别很重要，因

① 分贝/倍频程。

为 AB2 类输出级电子管流动的栅极电流，使前一级的电路设计大大增加了难度。半导体器件跟 AB1 类、AB2 类没有任何关系。对于三极管来说，工作时总是有电流流过基极；而对于功率场效应管，除了内部电容充放电之外，总是没有栅极电流。

2. B 类

B 类是最为常见的功放工作方式，即两个接成射极跟随器的输出管子一个接一个地先后轮流工作。可能超过 99%的功放以这种方式工作。本书大部分内容是围绕 B 类功放进行设计，这里不再专门介绍。

3. AB 类

AB 类并不是真正单独成为一种工作方式，而是 A 类与 B 类的结合。如果一台放大器偏置为 B 类工作方式，增大偏置放大器将进入 AB 类工作（这个问题在本书第 4 章里已经介绍过）。输出低于一定电平时，两只输出管同时工作，并工作于 A 类。输出更高电平时，由于其中一只输出管输出较大的电流，导致另一只输出管完全截止，并且在变为 AB 类的那一时刻，失真率会跳升。每一只管子的导通工作时间在 50%至 100%之间，这取决于偏置和输出电平情况。

AB 类的线性比 A 类和 B 类都要差。Douglas Self 认为对它唯一合理的使用是在 A 类放大器中，作为从 A 类退一步下来的工作方式，即 A 类放大器在正常负载情况下以 A 类工作，面对较低的负载时仍能以 AB 类继续工作。

7.2 差动功放的基本原理

7.2.1 差动功放是如何工作的？

图 7-3 所示是一台十分传统的功率放大器电路，具有广泛的代表性，可称之为标准放大器（Standard amplifier）。许多资料都有对该类型线路的论述，这种电路具有易于使用的优点，粗略懂得其工作原理的人就可以装制成一台功能齐备的功放。但通常还没有注意到它的精妙之处和蕴含的强大力量，本节将深入分析这种放大电路几乎没人知道的多个重要方面。

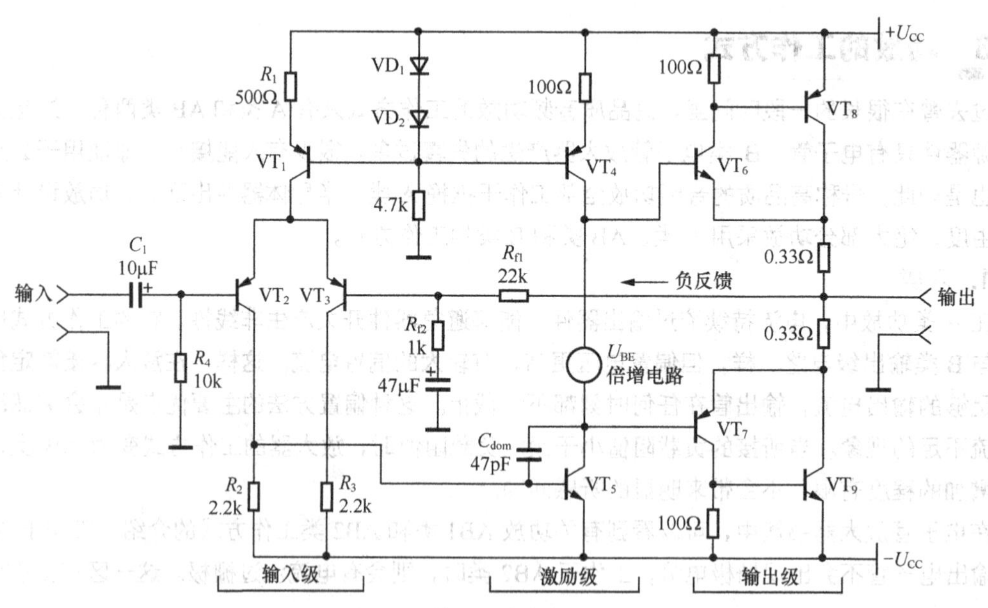

图 7-3　传统 B 类功率放大器

这种功放电路使用差动放大器作为输入级，差动输入级是不需调整就能可靠地降低失真的少数电路形式之一。原因是**差分级的跨导由晶体管的工作性质决定，而不依靠晶体管诸如 β 值等不可预知参数的匹配**。在 1nA～1A 电流变化范围内，晶体管的 I_C–U_{BE} 仍有众所周知的精确对数关系，即

$$I_C = I_S \exp\left(\frac{U_{BE}}{U_T}\right) \text{①} \tag{7-1}$$

式中，I_S 为常数，典型值为 10^{-16}～10^{-14}A，该值大小与制造晶体管的半导体杂质浓度有关。

激励管的基极电压信号典型值为数 mV，看上去像失真的三角波（见图 7-12（b））。由于电路结构是一个**跨导放大器**②（差分电压输入、电流输出）驱动一个**跨阻放大器**③（将电流变换为电压）。在输入级，差分对管的结构，将单管输入级的指数函数曲线拉直成双曲正切函数在 $u_{id} = 0$ 附近的近似线性关系（见图 6-6），矫正了单只晶体管的传输特性。

在电压放大级，对低频信号来说大环路的负反馈足够令本级线性化，对高频信号来说大环路的负反馈量虽然下降，但其作用被 C_{dom} 产生的并联负反馈接替，因此电压放大级仍保持良好的线性。电压放大级的密勒主极点补偿作用得非常巧妙，这种补偿不是因为找到表现最弱的晶体管而用来作为强化手段。

电压放大器的工作可分为高频段和低频段两部分进行分析。**在低频段，放大器的开环增益保持得相当恒定，超过主极点频率后进入高频段，开环增益按–6dB/oct 的速率随频率的上升而下降。**假定输出级的增益为单位增益，因此低频增益为差动级的跨导与激励级的跨阻之积，即

$$\text{低频增益} = g_m \times \beta \times R_c \tag{7-2}$$

式中，g_m 是差动级的跨导，β、R_c 分别是激励管的电流放大系数和集电极（或等效）电阻。

由于等式右边 3 个因子至少有一个因子（β）不易控制，因此低频增益的计算结果与实际值会有一定的出入。另外，需要说明的是，只要低频增益高到一定程度，就有足够的负反馈量来消除低频失真。通常情况下，通过提高激励级集电极电阻的阻值 R_c，或接恒流源负载，或像本书第 5 章中使用自举电路（见图 5-17），可以获得极高的低频增益和较大的高频本级负反馈。

高频时，因为密勒电容 C_{dom} 的作用，激励级的本级负反馈使得本级在主极点频率以上，输出阻抗随着频率上升以–6dB/oct 的速率下降，10kHz 时的典型阻抗为数千欧姆。此时，高频增益是差动级的跨导 g_m 与 C_{dom} 的容抗之积，即

$$\text{高频增益} = \frac{g_m}{\omega \times C_{dom}} \tag{7-3}$$

由式（7-3）可知

$$\text{高频增益} = \frac{g_m}{\omega \times C_{dom}} = \frac{g_m}{2\pi f \times C_{dom}}$$

则，对于任意高于主极点的频率，**增益带宽积**可表示为

$$\text{增益带宽积} = \frac{g_m}{2\pi f \times C_{dom}} \times f = \frac{g_m}{2\pi \times C_{dom}} \tag{7-4}$$

该式为常数，大小由差动输入级的跨导 g_m 与密勒电容的容量 C_{dom} 共同决定。

---

① 参考文献《Analysis and design of analog integrated circuits》（Fifth edition），P27。

② 跨导放大器（全称为 Operational trans-conductance amplifier，OTA）是一种将输入差分电压转换为输出电流的放大器，因而它是一种电压控制电流源。跨导放大器因高阻抗的差分输入，配合负反馈进行工作的特性，使得跨导放大器类似于常规运算放大器。

③ 跨阻放大器（全称为 Trans-impedance amplifier，TIA）是放大器类型的一种。

7.2.2 功放的增益带宽积[1]

差动输入级功率放大器与集成运放的电路结构基本相同，主要区别有 3 点：一是后者大都拥有启动电路（参见图 6-28），电压太低不能工作；二是前者各级的工作电流远大于后者；三是前者的输出级采用功率管，而后者的输出级所用的晶体管同其他级所用的晶体管相同。决定差动功放和集成运放频率特性的主要的环节是差动级与激励级，这两级电路结构对于差动功放和集成运放来说基本相同，所以频率特性也类似。

图 7-4 所示为某个理想化的集成运放的开环幅频特性曲线。作为对比，笔者在此也提供飞利浦公司的集成运放 NE/SA/SE4558 的开环幅频特性曲线，如图 7-5 所示。两条曲线均表明，集成运放的开环增益随频率的增加而下降。图 7-4 所示转折频率约为 7Hz，在 7Hz 以下开环增益为 107dB 且基本不变；超过 7Hz 随着频率的上升，增益以-20dB/10oct 的速率下降（注意：转折频率处的开环增益是近似的，精确值要比 107dB 小 3dB，参见图 7-5）。

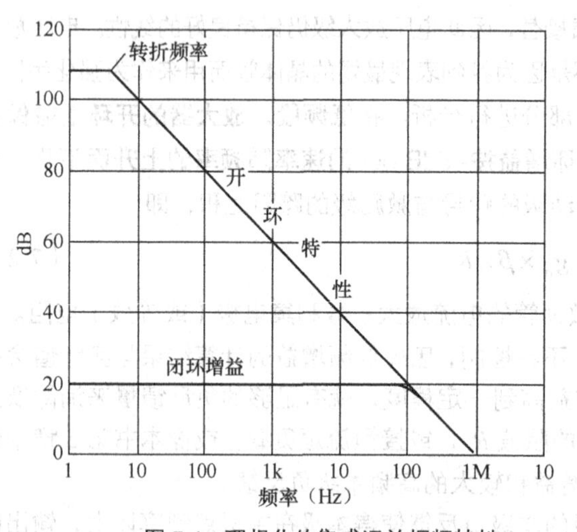

图 7-4　理想化的集成运放幅频特性

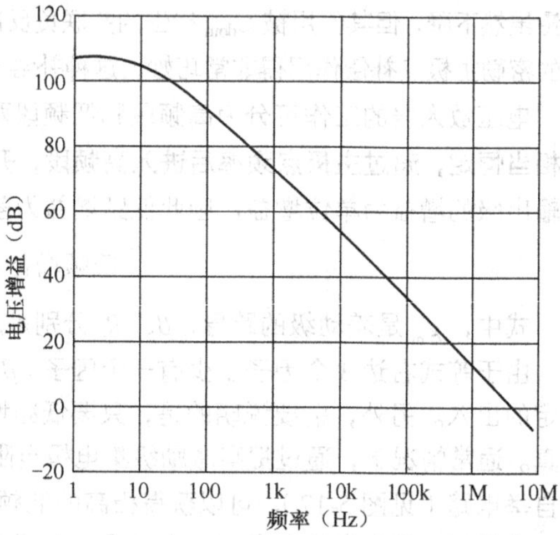

图 7-5　NE/SA/SE4558 的幅频特性

实际上，开环增益在 5Hz 左右开始减少，这表明在开环工作时带宽非常狭窄。好在集成运放线性工作时通常是闭环且引入负反馈，所以增益降低，带宽增加。一般来说，用幅频特性曲线可以大致预测到闭环负反馈放大器的带宽。

例如，由集成运放组成的反相放大器的闭环增益为 100 倍（或 40dB），在图 7-4 纵轴上找到 40dB，向右延伸与开环特性曲线相交，该点横坐标就是闭环转折频率。因此闭环带宽是 10kHz，实际增益为 37dB（=40dB －3dB）。由于在转折频率以上增益以–20dB/10oct 的速率下降，故当频率上升到 100kHz 时，增益将减至 17dB（=40dB –20dB –3dB），这就是图 7-4 中的闭环增益曲线。

当不考虑转折频率的增益误差时，观察频点 10kHz 40dB 和 100kHz 20dB，因为 20dB、40dB 对应的放大倍数分别为 10 倍、100 倍，这里居然有“10kHz × 100 倍 =100kHz × 10 倍”的奇妙状况——它就是式（7-4）描述的**增益带宽积**。在电子学或控制系统领域，**增益带宽积是评价放大器性能的一项重要指标**。

① 英文指 Gain Bandwidth Product（GBP）。

7.2.3 功放的主极点频率

差动功放的主极点频率类似于集成运放的转折频率。根据低频增益、高频增益及激励级随频率变化的增益变化率–6dB/oct，可以推导出主极点频率。设任意高于主极点的参考频率为 f，数值由公式（7-3）约定，该频点以下的增益以 6dB/oct 的变化率增大，直到增至刚好等于由公式（7-2）约定的低频增益时，该增益对应的频点就是主极点频率 f_c，即

$$g_m \times \beta \times R_c = \frac{g_m}{\omega \times C_{dom}}$$

把 $\omega = 2\pi f_c$ 代入上式，整理得主极点频率 f_c 为

$$f_c \approx \frac{1}{2\pi \times C_{dom} \times \beta \times R_c} \qquad (7\text{-}5)$$

7.2.4 功放中的负反馈

在音频放大器设计中，似乎一直以来很少用到控制理论，可能原因是控制理论假定你已相当准确地知道研究对象的各项特性，尤其是极点和零点①的情况，而音频放大器往往不具备这样的条件。许多专著详细介绍过控制系统中的负反馈理论，但对于负反馈理论在功放中的应用，认识上存在着诸多误区。

负反馈在功放中应用的主要用途是降低谐波失真、减小输出阻抗以及提高电源抑制比。此外，它还能改善放大器的频率响应、使增益保持稳定以及减小直流漂移，但这些方面对于音响来说通常不是最重要的，头等重要的是功放能否正常连续工作而不会“爆机”。

按照负反馈的基本原理，各项性能因加入负反馈而得到改善的系数为

$$\text{改善系数} = A \times F$$

式中，A 为放大器的开环增益；F 为反馈网络的衰减系数，也即闭环增益 A_f 的倒数（见式 5-13）。对于大多数音响电路，这个改善系数可认为是开环放大倍数除以闭环放大倍数（A/A_f），或简化为计算开环增益的 dB 值减去闭环增益的 dB 值（$=20\lg A-20\lg A_f$）。

一台典型的功放不能缺少负反馈，否则会因它自身的直流失调电压，使电路处于饱和状态而不能正常工作。功放有多级电路，每一级都会增加相移（Phase-shift），简单的闭环应用通常会在高频处产生严重的奈奎斯特振荡，如图 7-6 所示。

这是一个大问题，出现这种自激振荡的功放，不仅可以烧毁负载的高音扬声器（Tweeters），而且会使功率管以足够快的超音频振荡而无法关断，功率管将因过热而损坏。解决功放自激振荡的标准办法是进行补偿，通过增加一只电容，通常作为密勒积分器（Miller integrator）形式，开环增益（$20\lg A$）以 6dB/oct 的速率衰减，在相移达到足以引起放大器振荡之前环路增益（等于 $A \times F$）降为 1 倍即可。

① 一、传递函数中的零点和极点的定义：零点是指当系统输入幅度不为零且输入频率使系统输出为零时，此输入频率值即为零点。极点是指当系统输入幅度不为零且输入频率使系统输出为无穷大（系统稳定破坏，发生振荡）时，此频率值即为极点。二、每一个极点之处，增益衰减–3dB，并移相–45°；之后每十倍频，增益下降 20dB。零点与极点相反。零点之处增益增加 3dB，并移相+45°；之后每十倍频，增益增加 20dB。

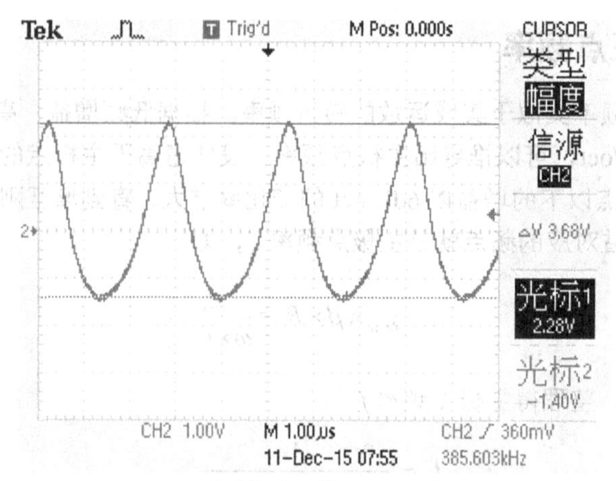

图 7-6　功率放大器出现奈奎斯特振荡

（功率管在超过音频的振荡频率下无法关断，通过功率管的电流可达数安以上，在几秒时间内就因过热而烧毁。图中显示振荡频率约为 385kHz）

7.3 差动输入级功率放大器

7.3.1 差动功放的电路结构

图 5-26 所示电路有一个明显的缺点是前置管 VT_1 的静态电流流经负反馈网络，输入端直流电压比输出端电压低 2～3V。不过，在大众还没有集成运放可用和晶体管元件价格较高的 20 世纪 60 年代初，它已经是一款不错的功放电路了。当人们发现差分对管的交直流卓越特性之后，单管输入级功率放大器就逐渐淡出了电子工程师视野……

使用差分对管作为放大器的输入级最起码有 5 个好处：第一，克服了图 5-26 所示电路前置管的静态电流通过负反馈网络的缺点；第二，差分对管基极电位基本相等且都约等于 0，因基极电流非常微小，故通过反馈电阻 R_8 的压降可忽略不计，则输出端电位也约等于 0，便于直接耦合输出；第三，利用差分对管的 b-e 极间电压相互抵消，从而获得低失调电压；第四，利用差分对管共模信号抑制作用减小温漂；第五，将单管输入级的指数函数曲线拉直成双曲正切函数在 $u_{id}=0$ 附近的双曲正切函数曲线，线性度远比单管输入级电路优秀——这似乎不为很多人知晓！

此外，一般来说功放大都由市电降压供电（车载功放例外）。由于电源无稳压环节，故纹波随输出功率变化波动很大；但因纹波同时施加到差分对管上——相当于共模输入信号，差动放大器具有较强的共模信号抑制能力，所以差动输入级能较好地抑制电源纹波。

差动输入级音频放大器分析与测试（1）

根据本书第 5 章单管输入级功放电路的知识而设计的基本差动功放电路如图 7-7 所示。

由图 7-7 可以看出，功放电路分为三级：差动输入级（也称为前置级）、激励级和输出级，前后相邻两级均采用直接耦合。差动输入级和激励级均采用恒流源供给静态电流，二者使用同一个稳定的基准电压，R_7 为基准电压的偏置电阻，同时又为 VT_1、VT_6 提供基极偏置电流。根据 VT_1、VT_6 的 e 极串接电阻不同，可以很方便地设定输入级与激励级的静态电流。

静态电流设计的一般原则是后级电流大于前级、逐级增加。因此，差动输入级的电流最小，功率输出级的电流最大。

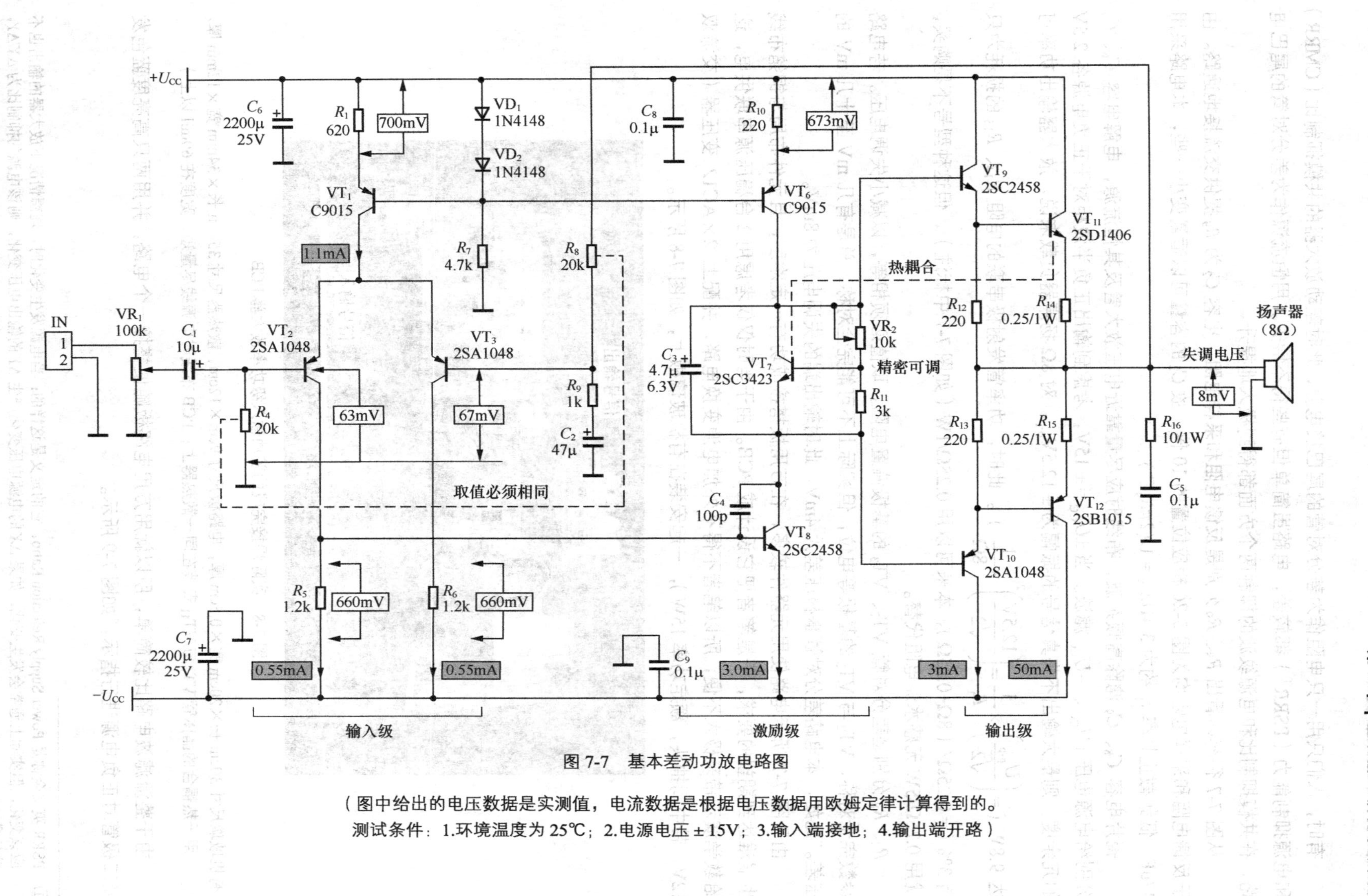

图 7-7　基本差动功放电路图

（图中给出的电压数据是实测值，电流数据是根据电压数据用欧姆定律计算得到的。
测试条件：1.环境温度为25℃；2.电源电压±15V；3.输入端接地；4.输出端开路）

有时，人们只用一只电阻作为差分对管的尾巴接电源，此时差动放大器的共模抑制比（CMRR）和电源抑制能力（PSRR[①]）都较差，电路虽简单但有些得不偿失。用恒流源作为差分对管的尾巴电路，在共模抑制比和电源纹波的抑制两个方面都得到极大地提升。

从图 7-7 很容易看出 R_8、R_9 分别是**反馈电阻**和**采样电阻**，电容 C_2 为 R_9 提供交流接地通路。由于反馈电阻和采样电阻均为图 5-26 相应位置的 10 倍，故 C_2 的容量可以适量变小一些，本电路采用 47μF，低频截止频率 f_L 约为 3.4Hz［$=1/(2\pi R_9 C_2)$］。

瓷片电容 C_8、C_9 滤除高频杂波，布线时应尽量靠近电压放大管及其恒流源，电解电容 C_6、C_7 分别给电源电压 $+U_{CC}$、$-U_{CC}$ 滤波。当 $\pm U_{CC}=\pm 15V$，考虑到输出正负半波相对于正负电源各 2.5V 的冗余度，则最大输出不失真信号的振幅为 $\pm 12.5V_{p-p}$。对 8Ω 扬声器负载来说，放大器输出功率可达 9.8W（$=\left(\dfrac{U_{p-p}}{\sqrt{2}}\right)^2\times\dfrac{1}{R_L}=\left(\dfrac{12.5V}{\sqrt{2}}\right)^2\times\dfrac{1}{8\Omega}$）。此时，功率管发射极串联的电阻 R_{14}、R_{15} 的损耗为只有 3%（$=0.25\Omega/(8\Omega+0.25\Omega)$）。本来可以用 0.25Ω/1W（如图 7-7 中标注），但这种型号不易购买，就用 0.25Ω/5W 无感水泥电阻代替。

R_4、R_8 分别是差分对管 VT_2、VT_3 的基极偏置电阻，取值必须相等，以减小失调电压。若电路参数完全对称，VT_2 与 VT_3 的基极等电位，但实际上不可能完全对称，总是有几 mV 至十几 mV 的压差。比如，本电路差分对管基极压差为 4mV，此时输出端的失调电压为 8mV。

由于图 7-7 所示电路使用元器件较多，在万用板搭接成功有一定难度，且元件布局与铜箔布线也很难达到期望的要求，于是笔者把它设计成 PCB。由于当时仅仅考虑用 2 台稳压源串联供电，这给教学演示带来极大不便，所以笔者不得不外加电源变换电路，并配上 2×AC12 变压器（交流双 12V，带中间抽头，额定功率 15W），一起安装在有机玻璃板上，如图 7-8 所示。

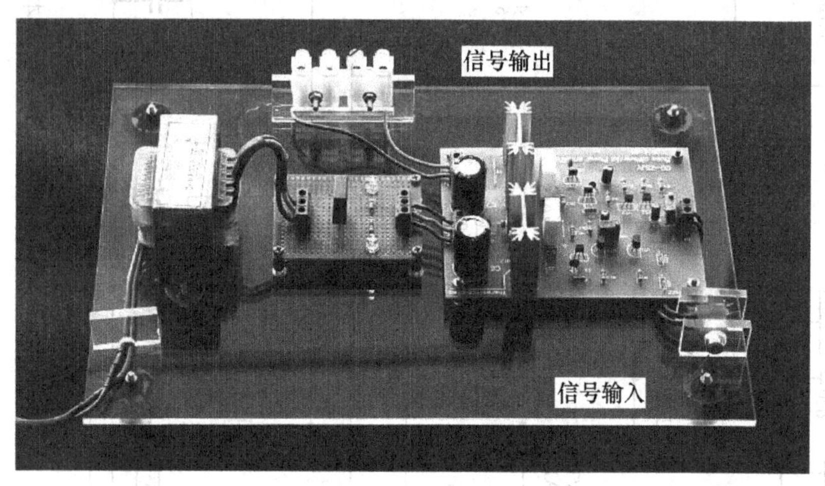

图 7-8　实际焊接完成的差动输入级功率放大器 PCB

（有机玻璃尺寸 30cm 长×20cm 宽×0.5cm 厚，电路板尺寸 9cm×12cm，散热器尺寸 35mm 长×34mm 宽×12mm 厚。用于热耦合的晶体管 VT_7 与 VT_{11} 安装在同一散热器上；PCB 布线时电源线尽量短，宽度在 60mil 以上）

由于整流滤波电路比较简单，所以就用万用电路板随便搭接一个电路，并用两只高亮度蓝色发光二极管对正负电源进行指示，如图 7-9 所示。

① PSRR 英文全称是 Power Supply Rejection Ratio。它的定义是这样的：当电源发生变化时，理想情况下放大器的输出也不应该变化，但实际上通常会发生变化。如果 ΔX 的电源电压变化产生 ΔY 的输出电压变化，则该电源的抑制比为 $\Delta X/\Delta Y$，单位是 dB。

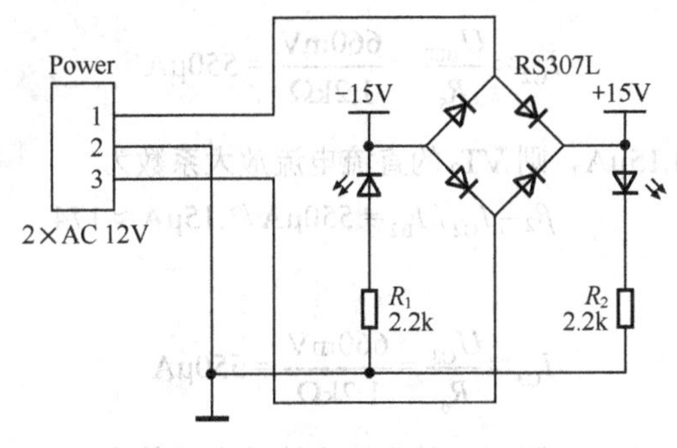

图 7-9　整流滤波电路

（该电路安装在万用电路板上，电路板尺寸 5cm×7cm）

整流桥为 RS307L，额定电流 3A，反向耐压 1 000V（实际上，在本电路中反向耐压 50V 就足够了，这个整流桥是笔者早几年制作其他电路剩下的，为避免浪费，就用在这里了），如图 7-10 所示。把两个电路板连接，经功放板上的大电解电容滤波后，电源电压约为 ±15.5V。

图 7-10　整流桥 RS307L

（额定电流 3A，反向耐压 1000V）

7.3.2　静态参数计算（电源电压为 ±15.5V）

电阻 R_4 给 VT_2 提供基极偏置，实测 VT_2 的基极电压为 63mV，则其电流为

$$I_{B2}=I_{R4}=\frac{U_{B2}}{R_4}=\frac{63\text{mV}}{20\text{k}\Omega}=3.15\mu\text{A} \tag{7-6}$$

式中，U_{B2} 指 VT_2 的 b 极对地电压，等于偏置电阻 R_4 两端的电压。

负反馈电阻 R_8 给 VT_3 提供基极偏置，实测 VT_3 的 b 极电压为 67mV，输出端静态电压为 8mV，则其电流为

$$I_{B3}=I_{R8}=\frac{U_{B3}-U_O}{R_8}=\frac{67\text{mV}-8\text{mV}}{20\text{k}\Omega}=2.95\mu\text{A} \tag{7-7}$$

式中，U_{B3} 指 VT_3 的 b 极对地电压；U_O 是放大器输出端静态电压，称为失调电压，该数值越小越好，理想情况下为零，便于直接接扬声器负载。

R_7 与 2 只开关二极管 1N4148 构成基准电压电路，因此电源 $+U_{CC}$ 与 VT_1、VT_6 的 b 极之间的电压为 1.3V。默认 VT_1 的 b-e 结压降等于 0.6V，则差动级尾巴恒流源的电流为

$$I_{R1}=\frac{U_{R1}}{R_1}=\frac{U_{VD1-VD2}-U_{BE1}}{R_1}=\frac{1.3\text{V}-0.6\text{V}}{620\Omega}\approx 1.12\text{mA} \tag{7-8}$$

式中，U_{R1} 指 R_1 两端的压降；$U_{VD1-VD2}$ 指 2 只 1N4148 的串联压降。

忽略 VT_8 的 b 极电流不计，则 VT_2 的 c 极电流为

$$I_{C2} \approx \frac{U_{BE8}}{R_5} = \frac{660\text{mV}}{1.2\text{k}\Omega} = 550\mu\text{A} \tag{7-9}$$

由于 VT_2 的基极 $I_{B2} = 3.15\mu A$，则 VT_2 的直流电流放大系数为

$$\beta_2 = I_{C2} / I_{B2} = 550\mu\text{A} / 3.15\mu\text{A} \approx 174$$

而 VT_3 的 c 极电流为

$$I_{C3} \approx \frac{U_{C3}}{R_6} = \frac{660\text{mV}}{1.2\text{k}\Omega} = 550\mu\text{A} \tag{7-10}$$

由于 VT_3 的基极 $I_{B3} = 2.95\mu A$，则 VT_3 的直流电流放大系数为

$$\beta_3 = I_{C3} / I_{B2} = 550\mu\text{A} / 2.95\mu\text{A} \approx 186$$

用万用表实际测量值为 165，这里的 β 值偏大。这是因为晶体管的 c 极电流远大于 b 极电流，稍有偏差就会造成较大误差。因此，上述分析与计算过程权且算是向读者传达一个思路吧！

激励级恒流源的电流为

$$I_{R10} = \frac{U_{R10}}{R_{10}} = \frac{673\text{mV}}{220\Omega} \approx 3.0\text{mA} \tag{7-11}$$

忽略驱动管 VT_9、VT_{10} 的基极电流不计，可以认为 I_{R10} 等于激励管 VT_8 的 c 极电流。

式（7-8）、式（7-9）结果表明 $I_{C2} = I_{C3}$，是比较理想的。若 VT_2 与 VT_3 的电流差异较大，会造成不平衡失真（详见 8.1.3）。若 $I_{C2} \neq I_{C3}$，在已经设定了差分级尾巴电流且不想变更的情况下，可以考虑改变 VT_2 的 c 极电阻 R_5 来实现 I_{C2} 与 I_{C3} 相等。这个变更的思路如下：首先，假定差分对管 VT_2 与 VT_3 均分尾巴电流，即 $I_{C2} = I_{C3} = 0.5\,I_{R1}$；其次，由于激励管 VT_8 的 b-e 结压降 U_{BE8} 变化不大，约为 0.65V。所以，根据欧姆定律很容易求得 R_5（$= 2U_{BE8} / I_{R1}$）。

顺便提一下，当差动放大器单端输出时，即使短路 VT_3 的 c 极负载电阻 R_6 也无妨。但工程实际中往往要安装 R_6 且 $R_6 = R_5$。这时，若电路参数设计得比较理想（$I_{C2} = I_{C3}$），R_5、R_6 的压降相等，工业生产时通过测试这两个电阻的压降就可以判断电路是否异常。当然，若不想改变 R_5，也可以调整差动级的尾巴电流，实现差分对管 c 极电流的平衡。

一般来说，功率放大器由前级到后级静态电流是逐级递增的。比如，本电路输入级电流约为 1mA，激励级电流为 3mA，推动级电流约为 3mA（减小 R_{12}、R_{13} 可增大），末级电流可由 VR_2 调节得到，大小比较灵活，本电路设为 10～30mA。

差动输入级音频放大器分析与测试（3）

7.3.3 动态参数估算

为了便于读者理解式（7-2）、式（7-3）和式（7-4），现就以图 7-7 为例来估算一下它们的大致数量级。

1. 差动级跨导

由于图 7-7 的差动输入级是双端输入、单端输出，对于 PNP 管构成的差分放大器而言，有

$$i_{C2} = \frac{I_{TAIL}}{1 + \exp\left(\dfrac{u_{id}}{U_T}\right)} = \frac{I_{TAIL}}{2}\left[1 + \tanh\left(-\frac{u_{id}}{2U_T}\right)\right] \tag{7-12}$$

式中，i_{C2} 指 VT_2 的集电极电流；u_{id} 指差分对管同、反相输入信号之差；I_{TAIL} 指差分对管的尾巴总电流。对式（7-11）求导，得

$$\frac{\mathrm{d}i_{C2}}{\mathrm{d}u_{id}}=-\frac{I_{TAIL}}{4U_T}\times\left[1-\tanh^2\left(-\frac{u_{id}}{2U_T}\right)\right] \tag{7-13}$$

当 $u_{id}=0$ 时，$\tanh\left(-\frac{u_{id}}{2U_T}\right)=0$，则有

$$\frac{\mathrm{d}i_{C2}}{\mathrm{d}u_{id}}=-\frac{I_{TAIL}}{4U_T} \tag{7-14}$$

表达式分子是电流、分母是电压，单位量纲是 S（西门子），该参数被定义为差分放大器的跨导 g_m，表示输入电压与输出电流转移特性曲线在 $u_{id}=0$ 时的斜率。又因为图 7-7 中差分对管发射极总电流约等于 R_1 上的电流，不考虑负号，则

$$g_m=\frac{I_{TAIL}}{4U_T}=\frac{I_{R1}}{4U_T}=\frac{1.12\text{mA}}{4\times 26\text{mA}}\approx 10.8\text{mA/V}$$

该值与 Douglas Self 发表在英国《电子世界》杂志上的 B 类功放设计，输入级的跨导 g_m 为 9mA/V（密勒电容 C_{dom} 为 100pF）的值比较接近。

2．低频增益

用式（7-2）计算低频增益时，除了要知道差动放大器的跨导 g_m 之外，激励管的 β 值及其集电极等效电阻 R_c 也要已知。由本书第 2 章可知 2SC2458 的 $\beta\approx 165$。另外，图 7-7 中激励管的集电极负载不是具体的电阻而是恒流源，其等效电阻一般在 200kΩ 以上（参考 6.3.4，$r_{ce}\approx 233\text{k}\Omega$），这里选整数 200kΩ（即便选 100kΩ，电压放大倍数只有 1 倍或 6dB 的差异，并不会对结果产生多大的影响），则低频增益约为

$$\text{低频增益}=g_m\times\beta\times R_c=10.8\text{mA/V}\times 165\times 200\text{k}\Omega\approx 3.6\times 10^5\text{倍（或 111dB）}$$

这表明，激励级的低频电压增益非常大。正因为如此，当放大器的输入信号频率很低时，若用示波器探测激励管 VT_8 的输入输出信号，在其 b 极测到的信号幅度非常微小，但 c 极测到的信号幅度却非常大。

3．高频增益

激励级的输出电压随信号频率增大而减小，这是因为随频率升高 C_{dom} 的容抗减小，本级负反馈逐渐增强。用式（7-3）计算高频增益，C_{dom} 就是图 7-7 中的 C_4。另外，计算高频增益时需要选定具体的频率点，这里选 1kHz 和 2kHz，于是有

$$\text{高频增益 }1_{(1\text{kHz})}=\frac{g_m}{2\pi f_1\times C_4}=\frac{10.8\text{mA/V}}{2\times 3.14\times 10^3\text{Hz}\times 10^{-10}\text{F}}\approx 1.7\times 10^4\text{倍（84.6dB）}$$

$$\text{高频增益 }2_{(2\text{kHz})}=\frac{g_m}{2\pi f_2\times C_4}=\frac{10.8\text{mA/V}}{2\times 3.14\times 2\times 10^3\text{Hz}\times 10^{-10}\text{F}}\approx 8.5\times 10^3\text{倍（78.6dB）}$$

计算结果显示，1kHz 的高频增益比 2kHz 的高频增益大 6dB/oct，这表明功放的开环增益以 –6dB/oct 的速率下降。因密勒电容 C_{dom} 的作用，频率每上升 1 倍放大倍数下降一半，用分贝表示为 –6dB（$=20\times\lg 0.5$dB）。据此推理，10kHz 的增益为 64.6dB，20kHz 的增益为 58.6dB。反之，100Hz 的增益为 104.6dB，50Hz 的增益为 110.6dB，约等于用式（7-2）理论计算的 111dB。

因为负反馈量为输出量的 1/21 倍（或–26.4dB），所以功率放大器在 20kHz 频点的负反馈量为 32.2dB（= 58.6dB-26.4dB）。该值与 Douglas Self 发表在英国《电子世界》杂志上的 B 类功放设计，输入级的跨导 g_m 为 9mA/V（密勒电容的容量 C_{dom} 为 100pF），在 20kHz 处的负反馈量为 31dB 的值也比较接近。

4. 主极点频率

由式（7-5）计算主极点频率 f_c 为

$$f_c = \frac{1}{2\pi \times C_4 \times \beta \times R_c} = \frac{1}{2 \times 3.14 \times 10^{-10}\text{F} \times 165 \times 200\text{k}\Omega} \approx 47.8\text{Hz}$$

5. 开环带宽

因闭环增益为 21 倍，根据**增益带宽积相等的原则**，由式（7-4）可知，**增益带宽积**

$$\frac{g_m}{2\pi \times C_{dom}} = 闭环增益 \cdot f$$

代入参数，得

$$\frac{10.8\text{mA/V}}{2 \times 3.14 \times 10^{-10}\text{F}} = 21 \times f$$

即

$$f = \frac{10.8\text{mA/V}}{21 \times 2 \times 3.14 \times 10^{-10}\text{F}} \approx 820\text{kHz}$$

在这么高的频率时幅频特性才发生转折，可见在 20～20kHz 的频率范围内，功放的增益是多么平坦！实际上，音频功率放大器不需要这么广阔的宽带，这时只需要在负反馈电阻 R_8 的两端并联一只小容量的电容（容量几百皮法以下），就可限制闭环的宽带。

差动输入级音频放大器分析与测试（4）

7.3.4 工作波形

1. 输入输出波形

图 7-11 为负载扬声器（8Ω）时，由插座 IN 输入 1kHz 1$V_{p\text{-}p}$ 正弦波信号时的输入与输出波形。因输入信号经前置级与激励级两次反相放大，故输入输出同相。输出信号没有削波失真，很漂亮地对信号进行放大。输出电压为 21$V_{p\text{-}p}$，故电压放大倍数为 21 倍，等于理论值。

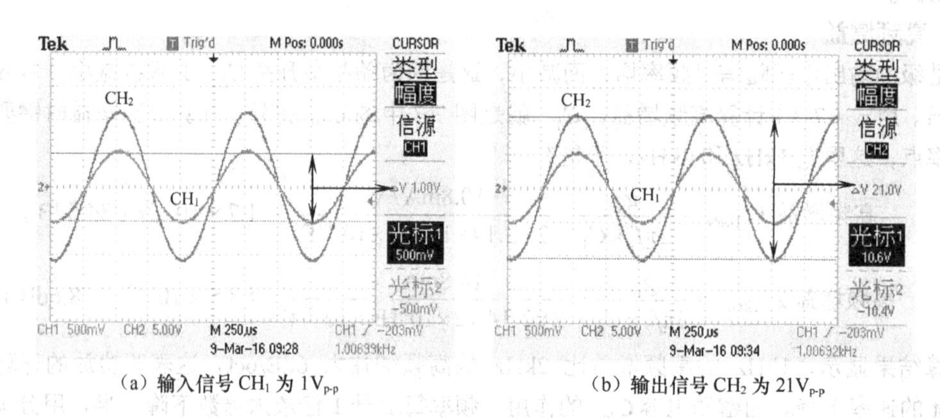

（a）输入信号 CH_1 为 1$V_{p\text{-}p}$　　（b）输出信号 CH_2 为 21$V_{p\text{-}p}$

图 7-11　插座 IN 输入（CH_1）和输出（CH_2）的波形

（输入信号振幅 1$V_{p\text{-}p}$，输出信号振幅 21$V_{p\text{-}p}$，故电压放大倍数为 21 倍）

图 7-12 为由插座 IN 输入 1kHz 1$V_{p\text{-}p}$ 正弦波信号，空载与负载扬声器（8Ω）时关键节点的波形，波形具有以下 4 个特征：

（1）VT_2、VT_3 的 b 极信号幅度基本相同（这里用“基本相同”，而不是“绝对相同”），都约等于输入信号。

（2）空载时，VT_2、VT_3 的 c 极信号都非常小，波形为正弦波。前者的振幅小于后者，这是因为 VT_2 的 c 极信号要送给激励管 b 极，其输入阻抗相当于 VT_2 的另一个新增负载（R_5、R_6 分别是 VT_2 与 VT_3 的固有负载）。随着输入信号频率升高，C_{dom} 将逐渐取代激励管的输入阻抗而成为 VT_2 的主导性负载。

（3）负载时，VT_2、VT_3 的 c 极信号都有一定的幅度，波形似三角波。

（4）从相位上看，差分对管的 b、c 极波形既不是同相，也不是反相，而是有一定的相位差，这种特征与差动放大器共模输入时有些类似（参见图 6-17）。

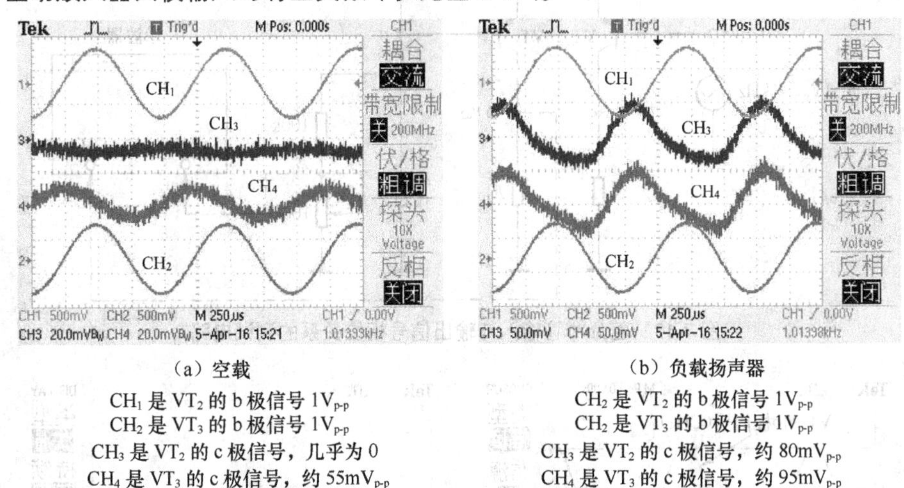

（a）空载

CH_1 是 VT_2 的 b 极信号 $1V_{p-p}$
CH_2 是 VT_3 的 b 极信号 $1V_{p-p}$
CH_3 是 VT_2 的 c 极信号，几乎为 0
CH_4 是 VT_3 的 c 极信号，约 $55mV_{p-p}$

（b）负载扬声器

CH_2 是 VT_2 的 b 极信号 $1V_{p-p}$
CH_2 是 VT_3 的 b 极信号 $1V_{p-p}$
CH_3 是 VT_2 的 c 极信号，约 $80mV_{p-p}$
CH_4 是 VT_3 的 c 极信号，约 $95mV_{p-p}$

图 7-12　插座 IN 输入 1kHz&$1V_{p-p}$（CH_1）时的几个关键节点的波形

2. 差动放大器的 Lissajous-Figure

差动输入管 VT_2 的 c 极信号 u_{o1}（见图 7-12（a）中通道 CH_3）接激励级 VT_8 管的 b 极，由于幅度太小，不能与 VT_2 的 b 极信号合成能观察到的正确 Lissajous-Figure。因此，就以空载时（负载时差分对管 c 极信号近似三角波，也不能与加在 b 极的正弦波合成准确的 Lissajous-Figure）VT_3 的 c 极信号 u_{o2}（见图 7-12（a）中通道 CH_4）为参考对象，观察它与 VT_3 的 b 极信号（见图 7-12（a）中通道 CH_2）的相位关系，然后推论 VT_2 的 b、c 极信号之间的相位关系。虽然，负载时差分对管的 c 极信号由正弦波变为三角波，但差分对管 b、c 极信号之间的相位并不会发生改变。

为了更好地借用 Lissajous-Figure 观察 VT_3 的 b、c 极信号之间的相位关系，需要把二者（用示波器通道 CH_1、CH_2 测试）在示波器屏幕上显示的幅度相同。由于 VT_3 的 c 极信号的幅度很小，因此需要对 VT_3 的 b 极信号进行适当衰减才能使二者相等。

图 7-13 所示为 VT_3 的 b、c 极信号相位关系测试电路，用 100kΩ 固定电阻与 100kΩ 可调电阻串联，然后与负反馈信号的采样电阻 R_9 并联。因串联阻值很大，故对 VT_3 的 b 极信号（即反馈信号 u_f）的影响忽略不计。从串联电阻中间 A 点取出衰减信号输入到示波器通道 CH_1，从 VT_3 的 c 极取出信号 u_{o2} 输入到通道 CH_2。

当从 VT_1 的 b 极输入 u_s=$1V_{p-p}$ 10kHz① 正弦波信号时，转动 100kΩ 可调电阻，使 A 点的信号（通道 CH_1）幅度等于 VT_3 的 c 极信号 u_{o2}（通道 CH_2），如图 7-14（a）所示。为了进行对比，图中还给出了 VT_2 的 b 极信号 u_{i1}（等于 u_s，通道 CH_3），该信号与节点 A 信号同相，而节点 A 信号是反馈信号 u_f 的一部分，故 u_{i1} 与 u_f 也同相——这一点可以从图 7-14（a）中的波形得到印证。

图 7-14（b）所示是节点 A 信号与 VT_3 的 c 极信号 u_{o2} 合成的 Lissajous-Figure，是一个原点位于

① 实际测试发现，输入信号频率愈低，差分对管 c 极信号振幅愈小，与 b 极信号合成的 Lissajous-Figure 宛如一个点，不易观察其形状，因此不好判断相位关系，所以这里选择频率较高的 10kHz 信号测试。

屏幕中心的圆。可见，节点 A 信号与u_{o2}相位差为 90°，或者说u_f与u_{o2}相位差为 90°，即 VT_3的 b、c 极信号相位差为 90°，且u_f滞后于u_{o2}。

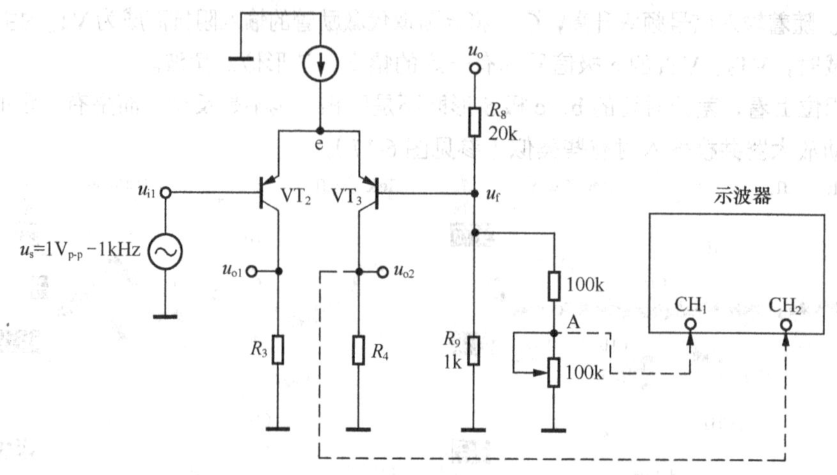

图 7-13 差分对管输入与输出信号相位关系的测试电路

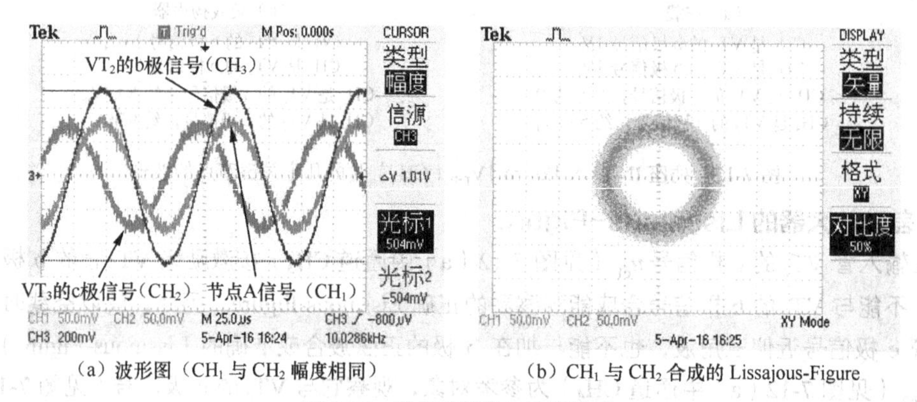

（a）波形图（CH_1 与 CH_2 幅度相同）　　（b）CH_1 与 CH_2 合成的 Lissajous-Figure

图 7-14 差分对管输入输出波形

因差分对管输入信号u_{i1}与u_f同相，故u_i滞后于u_{o2}相位 90°。另一方面，u_f是功放输出信号u_o的一部分，故u_i、u_f与u_o同相，又因为差分对管 c 极电流i_{c1}与i_{c2}（二者之和等于尾巴电流）此消彼长，故u_{o1}与u_{o2}反相。u_{o2}、u_{o2}与u_i、u_f及u_o的相位关系如图 7-15（a）所示。

这是因为在主极点频率以上，电压放大级相当于一个密勒积分器，u_{o1}经过激励放大后产生固定 90° 的相位滞后，即激励级的输出信号（与功率放大器的输出信号u_o同相）比u_{o1}滞后 90°。同时，u_i也比u_{o1}滞后 90°。也就是说，若差动输入信号u_i与输出信号u_o同相，则差动级的输出必定产生了 90° 的相移。

这里有一个问题，就是差动放大器是如何调节 90° 相移的?

答案是输入信号u_i和反馈信号u_f在差动输入级相减，这两个信号各自的幅值相对较大，但两者的相移较小，相减后得到幅值小、相位超前 90° 的u_{o1}（同时产生幅值小、相位滞后 90° 的u_{o2}），该信号被送往电压放大级进行激励放大，产生滞后 90° 的输出信号u_o，故功放的输入信号与输出信号的波形同相。

在主极点以下且远离主极点频率，C_{dom}相当于开路，作为激励级的输入信号（u_{o1}）与u_o反相，因u_{o1}与u_{o2}反相，故u_{o2}与u_o同相，各个参量之间的相位如图 7-15（b）所示。随着输入信号频率逐渐靠近主极点，C_{dom}的作用逐渐显现，u_{o1}、u_{o2}相位超前相移，表现在相位图上沿顺时针旋转

（虚线所示），直到信号的频率上升到主极点时 u_{o1}、u_{o2} 同时与 u_i、u_o 正交，不过 u_{o1} 滞后 u_i、u_o 波形 90°，u_{o2} 超前 u_i、u_o 波形 90°。继续增加输入信号的频率，相位保持图 7-15（a）所示位置而不再变化。

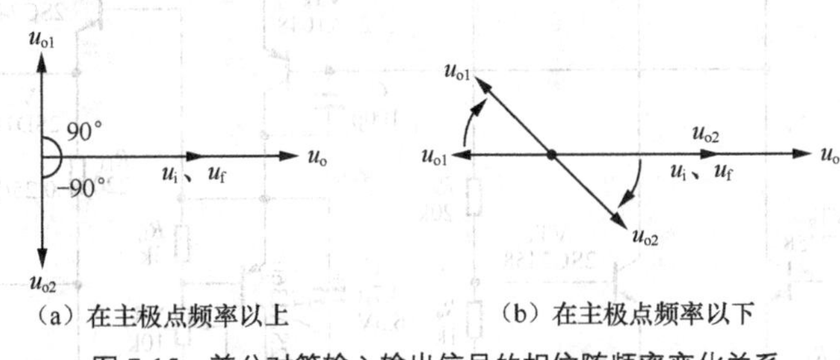

（a）在主极点频率以上　　（b）在主极点频率以下

图 7-15　差分对管输入输出信号的相位随频率变化关系

3. 极限输出功率

图 7-16 所示为输入 1kHz 正弦波信号，负载 10Ω 和 5Ω 电阻（模拟扬声器）时的最大极限输出电压摆幅。

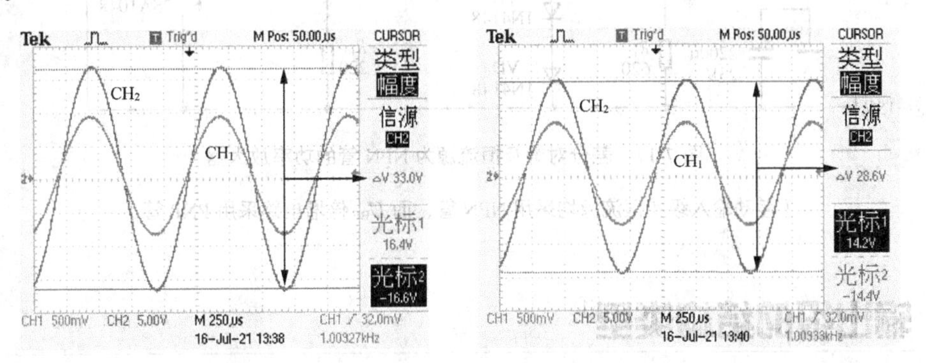

（a）负载 10Ω 电阻，输出信号的极限摆幅为 $33V_{p-p}$　　（b）负载 5Ω 电阻，输出信号的极限摆幅为 $28.6V_{p-p}$

图 7-16　两种负载时的极限输出电压摆幅[①]

负载 10Ω 电阻时的输出电压的极限振幅为 $33V_{p-p}$，最大输出不失真功率可达 13.6W。负载 5Ω 电阻时的输出电压的极限振幅为 $28.6V_{p-p}$，最大输出不失真功率可达 20.5W。

7.3.5　用 NPN 管作输入级的功放

差分对管除了采用 PNP 管之外，也可以采用 NPN 管配对，如图 7-17 所示。这时，差分对管 c 极通过电阻 R_5、R_6 接到正电源，为差动级设置静态偏置电流的恒流源置于差分对管的 e 极与负电源之间。为了与 NPN 管构成的差分对管匹配，激励放大管必须相应改为 PNP 管。伴随着晶体管型号的改变，激励级的恒流源也必须置于激励管的 c 极与负电源之间。与图 7-7 所示电路相比，输入级与激励级电路沿垂直方向发生镜像翻转。此外，两个恒流源及 U_{BE} 倍增电路的晶体管都改为 NPN 管，如此一来，功率放大器的前两级与图 7-7 所示电路对偶——在模拟电子电路经常会遇到这样奇妙的状况。

由于管型的变化，差分对管基极静态电流的方向发生逆转，这使得图 7-17 的差分对管 b 极静态电位为负值。因此，需要把耦合电容 C_1、C_2 的极性与图 7-7 所示电路中的方向相反，否则电容漏电将会引起输出端静态电压偏移，严重时甚至于不能正常工作。

① 由于原设计用 2×AC12V/15W 变压器输出功率太小，故 2021.7.16 改为 2×AC15V/30W 变压器供电。

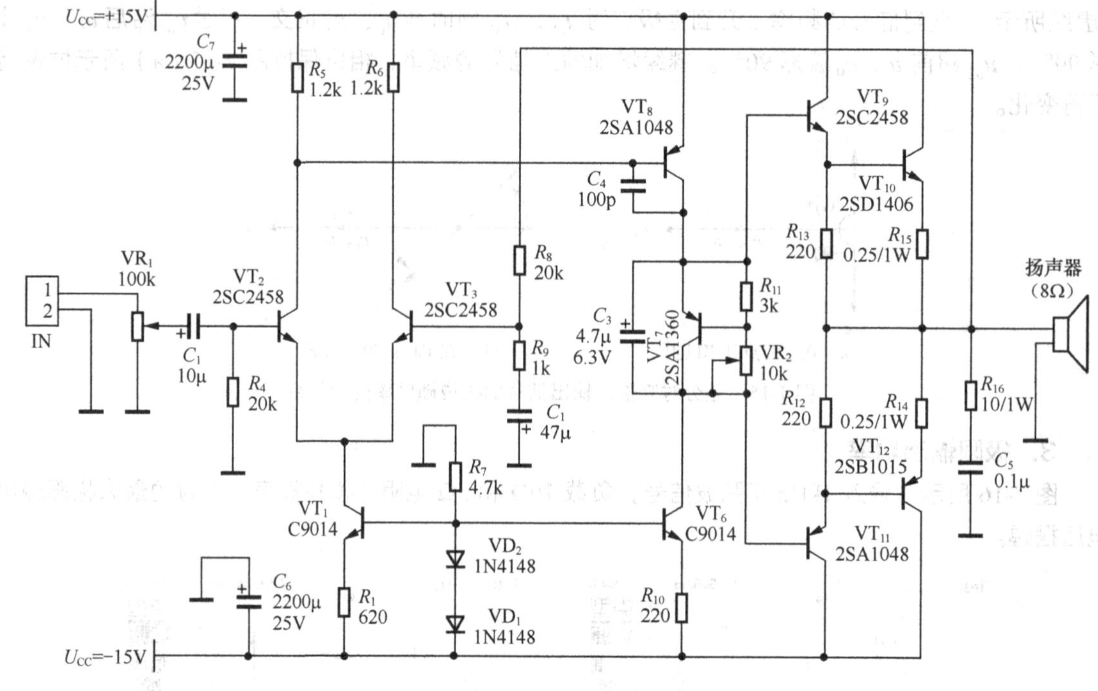

图 7-17　差分对管及恒流源为 NPN 管的功率放大器

（差动输入级和恒流源均采用 NPN 管，而 U_{BE} 倍增电路采用 PNP 管）

7.4　输出级的结构类型①

输出级的类型多种多样，常见的类型如图 7-18、图 7-19 和图 7-20 所示，图中所标的元件参数均为典型值。

7.4.1　射极跟随器类型

射极跟随器最常用的 3 种输出级电路如图 7-18 所示，它们均为两级射极跟随器结构，第一个射极跟随器起着驱动第二个射极跟随器的作用。之所以称这个输出级为射极跟随器类型而不称其为达林顿类型，是因为达林顿这个名称容易被人理解为驱动管、输出管与发射极电阻封装在一起的器件，即达林顿管。图 7-7 输出级采用图 7-18（a）的形式。

这里所有的电路，元件取值在现实中具有代表性，电路的重要之处如下。

（1）输入信号经过两个串联的 be 结传送至输出端，本级没有负反馈（注意：要与射极跟随器本身就有的 100%电压负反馈区分开来）。

（2）偏置电压与发射极电阻 R_{E1} 之间有两个不同的 be 结，因管型不同，故 be 结的电流和温度都不同。偏置电压必须同时对这两个结的温度变化做出相应的补偿，而热耦合只能针对其中一个 be 结——这是该电路的缺陷。

图 7-18（a）是最流行的输出级电路，驱动管的两个发射极电阻都连到输出端。图 7-18（b）输出级是从图 7-18（a）的形式变化而来，初看上去其中的改变好像没有什么意义，但实际上得到了额外的好

① 摘自《Audio Power Amplifier Design Handbook》（Fourth Edition）【英】Douglas Self 著。

处——驱动管共用没有与输出端相连的电阻 R_E，使得驱动管能够将已关闭的输出管 be 结反向偏置。

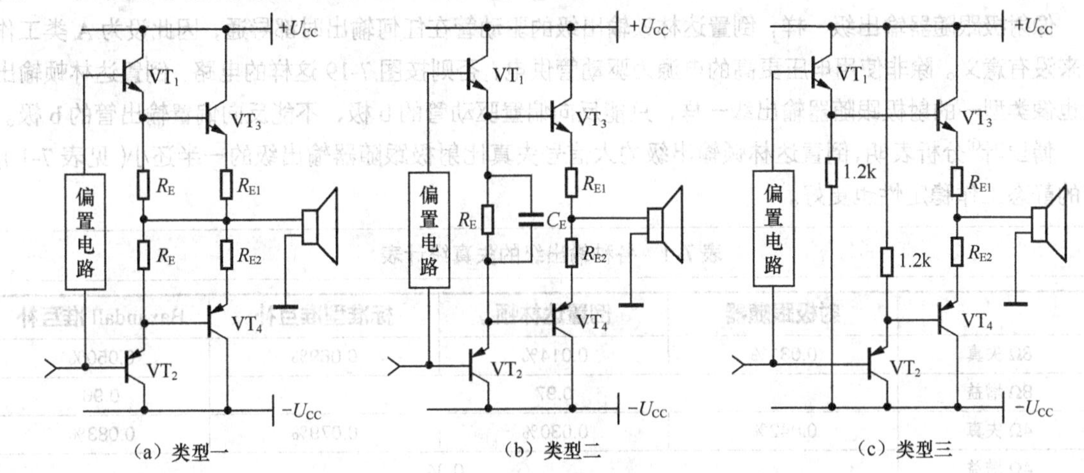

(a) 类型一　(b) 类型二　(c) 类型三

图 7-18　3 种类型的射极跟随器输出级

假设输出电压下降变负，R_{E1} 上流过的电流跌至为零，但 R_{E2} 上的电流在增大继而产生压降，这样就引起 VT_4 的 b 极电压变得更负。这个更负的电压通过 R_E 耦合到 VT_3 的 b 极，令其产生反向偏置。按照图中给出的元件值，8Ω 负载时 VT_3 的 be 结反向偏置电压可达到–0.5 V（4Ω 负载时则达到–1.6 V）。加速电容 C_E 的设置使得这个运作过程明显加快，防止电阻 R_E 限制 be 结的电荷泄放速度。

在类型一输出级电路中，当 R_{E2} 有相同压降，由于两只 R_E 都连到输出端，阻止了这个电压传送至 VT_3 的 b 极，这时驱动管 VT_1 的 b 极被反向偏置。因驱动管上的储存电荷通常不会引起问题，反向偏置转加到驱动管上就得不到原来的好处。而在类型二电路中，尽管驱动管也会关断，但不会被反向偏置。

图 7-18（c）中的驱动管发射极电阻（1.2kΩ）没有接到输出端，而是分别接到对侧的电源，使驱动管一直维持工作于 A 类。有人认为驱动管工作于 A 类在某种程度上可以更好地为输出管提供低频控制，这种常见看法未必正确。不过这种结构驱动管的功耗会因此明显增加是肯定的。对于输出管来说，低频特性没有任何得益。

类型一和类型二输出级的驱动管在输出管关断时仍导通，并在输出管开启前返回工作状态。在输出管 b 极的反向偏置上，类型三与类型二同样好。特别是类型三，由于有阻值较高的驱动管射极电阻连接在较高的电压上，当输出管的 b 极载流子变化时，可能会得到比类型二更干脆的高频关断（这一点需要研究确认）。

三种类型输出级的大信号线性度实际上相同，均具有两个 be 结串联在输入与负载之间的特征。

7.4.2　倒置达林顿类型

互补晶体管输出级采用的另一种主要电路形式——倒置达林顿（Complementary-feedback pair，简称 CFP），上下半臂均为异型管配对，如图 7-19 所示。

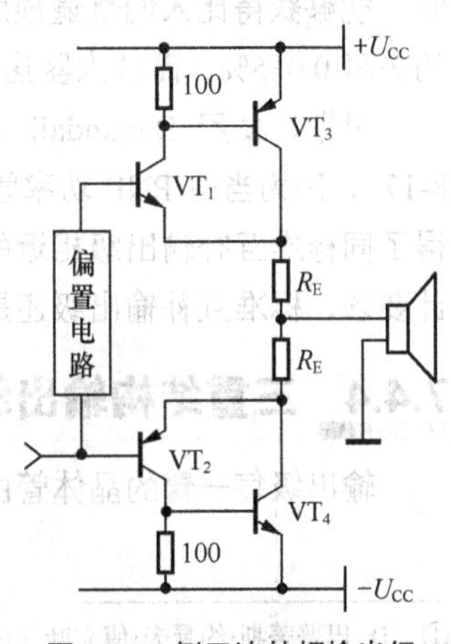

图 7-19　倒置达林顿输出级

驱动管被安排用于输入电压与输出电压的比较，如此通过本级负反馈控制输出信号而获得了良好的线性，比射极跟随器输出级仅仅依靠每只管子自身 100%电压负反馈所获得的线性还要好。通常认为倒置达林顿输出级的热稳定性比射极跟随器输出级的好，因为前者的输出管U_{BE}被包含在负反馈环路内，只有驱动管的U_{BE}会影响静态工作电流。

像射极跟随器输出级一样，倒置达林顿输出级的驱动管在任何输出时都导通，因此设为 A 类工作看来没有意义。除非使用电压更高的电源为驱动管供电，否则按图 7-19 这样的电路，倒置达林顿输出级也像类型一的射极跟随器输出级一样，只能反向偏置驱动管的 b 极，不能反向偏置输出管的 b 极。

傅里叶[①]分析表明，倒置达林顿输出级的大信号失真比射极跟随器输出级的一半还小（见表 7-1），它的静态工作稳定性也更好。

表 7-1　各种输出级的失真统计表

	射极跟随器	倒置达林顿	标准型准互补	Baxandall 准互补
8Ω 失真	0.031%	0.014%	0.069%	0.050%
8Ω 增益	0.97			0.96
4Ω 失真	0.042%	0.030%	0.079%	0.083%
4Ω 增益	0.94			

注：增益是指输出电压与复合管的输入电压的比值。

7.4.3　准互补输出级

当初，放大器是迫不得已才使用准互补输出级，因为那时候很长时间都不能制造出与 NPN 硅功率管接近互补的 PNP 管。标准型准互补电路如图 7-20（a）所示，以交越区内对称性差而著名。在图 7-20（a）所示驱动管 VT_2 的 e 极与总输出之间增加一个 Baxandall 二极管（实际电路二极管还要并联一只电阻，其阻值大小与 VT_2 的集电极电阻阻值差不多），如图 7-20（b）所示。

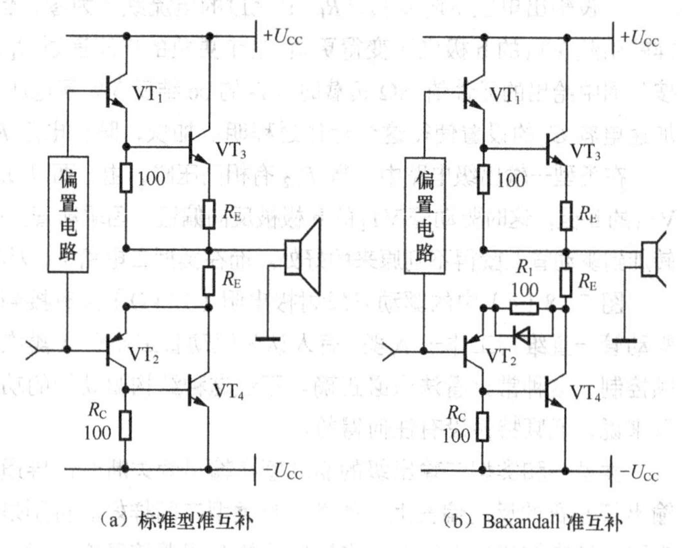

（a）标准型准互补　（b）Baxandall 准互补

图 7-20　准互补输出级

当使用这种 Baxandall 准互补输出级并置于负反馈的闭环电路之内时，能够获得比人们普遍预期要好得多的性能。例如，100W 输出时 1kHz 的失真 0.0015%，10kHz 的失真 0.015%，而放大器这时只使用适中的负反馈量，在 20kHz 约为 34 dB。

早期，使用 Baxandall 式准互补输出级的最充分理由是能够减少输出管上的成本开销（参见图 8-17），因为当时 PNP 功率管比 NPN 功率管贵得多。增加一个 Baxandall 二极管的成本极小，但获得了同标准互补输出级相近的性能。目前，PNP 功率管的价格同 NPN 功率管一样，若没有特别的设计要求，标准互补输出级还是大多数工程师的首选。

7.4.4　三重结构输出级

输出级每一臂的晶体管由 2 个增至 3 个后，输出级电路的晶体管排列组合呈跳跃式增加，图 7-21

① 让·巴普蒂斯·约瑟夫·傅立叶（Jean Baptiste Joseph Fourier，1768－1830），法国著名数学家、物理学家。傅立叶在论文中推导出著名的热传导方程，并在求解该方程时发现解函数可以由三角函数构成的级数形式表示，从而提出任意函数都可以展成三角函数的无穷级数。傅里叶级数（即三角级数）、傅里叶分析等理论均由此创始。

所示是常见 3 种组合形式。三重结构的输出级电路具备如下两个优点。

（1）在高电压、大电流时线性更佳；

（2）三重结构的第一级管称预驱动管，它可以工作于很小的功耗下，使用时保持温升很小，因而整个输出级的静态电流设定可以更稳定可靠。

需要指出的是，通常使用的电路形式也不能反向偏置输出管的 b 极以改善关断失真。图 7-21 显示了 3 种很常用的三重结构电路形式均已被商业产品的放大器所采用，其中图 7-21（a）所示电路被英国 Quad-303 放大器所采用。三重结构的输出级电路需小心设计，因为上下臂容易出现本级高频稳定性问题。

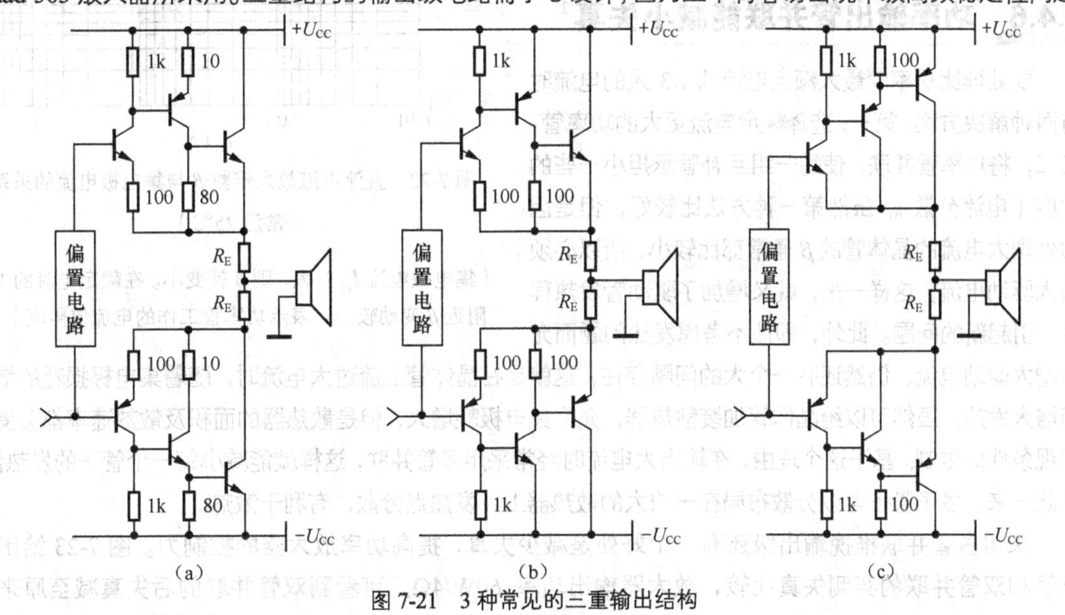

图 7-21　3 种常见的三重输出结构

有时候不但需要使用三重结构的输出级，而且末级还要多管并联。这是因为输出级的输出电流太大，仅靠一对互补管组成的输出级根本承担不了。比如，驱动 2Ω 甚至 1Ω 负载就需要使用数只大功率管并联输出。另一方面，发热是晶体管的大敌，将晶体管的尺寸增大，集电极损耗的值也会增加，然而增加是有限的。如果集电极损耗不是由一个功率管来承担，而是由多个功率管并联分担就能让发热分散。下面就来介绍这方面的内容。

7.4.5 大信号失真的机理

当负载阻抗减小，基本上不会向放大器提出更高的输出电压要求。因此，大信号失真很明显是一种以电流为主的效应，与流过输出级器件的信号电流幅度密切相关。与 8Ω 负载相比，4Ω 负载要输出的电流增大了 1 倍，但这样还不会令输出器件产生明显的额外失真，关键是驱动管流向输出管 b 极的电流增大超过了 1 倍，这是由于输出管在 c 极电流增大时 β 值下跌所引起的。这个超出 1 倍额外增大的电流导致了几乎所有额外的失真。这里准确的细节还没有完全弄清，但看来缘由是，这个由 β 值下跌引起的“额外电流”与输出电压呈很差的线性关系，与驱动管的非线性结合后进一步恶化。β 值下跌究其根源在于高能级注入效应（high-level injection effects）引起，此效应属于半导体物理学范畴而不是放大器设计原理范畴。不同型号器件的这一效应有很大不同，因此选择输出管时，必须考虑低于 8Ω 时的需要。

图 7-22 所示为 2SD1406 集电极电流 I_C 与 β 的关系。I_C 在 0.1～0.4A 区间 β 基本不变，约 175 倍，之后随 I_C 增大 β 减小，在 I_C=3A 时 β 减小至 45 倍左右。一般来说，功率管以额定电流的 1/3

为使用限值，因为在该电流值附近 β 变动较小。由表 4-3 可知 2SD1406 额定电流为 3A，因此 1A 是 2SD1406 的电流使用限值。

推挽工作状态的功率管只有半波输出电流，所以估算电流时，要把峰值电流乘以 0.45 折算成平均值，然后再与功率管的额定电流比较大小，以确定是否合用。

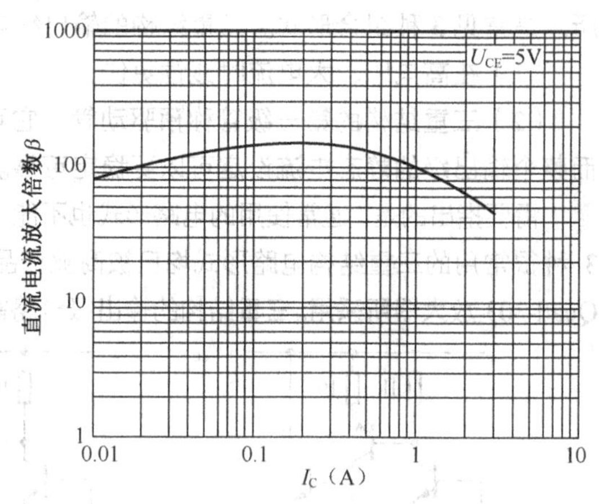

图 7-22　直流电流放大倍数 β 与集电极电流的关系（常温 25℃）

（集电极电流 I_C 变大，则 β 就变小。在额定电流的 1/3 附近 β 变动较小，表示功率管工作的电流值限度）

7.4.6　功率输出管并联能减小失真[①]

要处理比功率管最大额定电流的 1/3 大的电流时有两种解决方案：第一，选择额定电流更大的功率管；第二，将功率管并联，使每一组互补管承担小一些的额度（电流分散）。虽然第一种方法比较好，但是因为处理大电流的晶体管的 β 通常都比较小，所以必须增大驱动电流，这样一来，就又增加了驱动管发热程度，引起新的问题。此外，即便不考虑发热问题而允许增大驱动电流，仍然还有一个大的问题存在，这就是在晶体管上流过大电流时，随着集电极损耗的增加而增大发热。虽然可以给晶体管加装散热器，允许集电极耗增大，但是散热器的面积及散热速率都会受到客观条件的限制。基于这个理由，在输出大电流时经常采用多管并联，这样就能减小每一个管子的发热量。如此一来，多子管子可以分散布局在一块大的散热器上，发热点分散，有利于散热。

采用多管并联推挽输出级还有一个好处是减少失真，提高功率放大器的控制力。图 7-23 给出了单管和双管并联的实测失真比较，放大器输出功率 60W/4Ω。可看到双管并联的后失真减至原来单管的 1/1.9，这是一个有价值的改善。

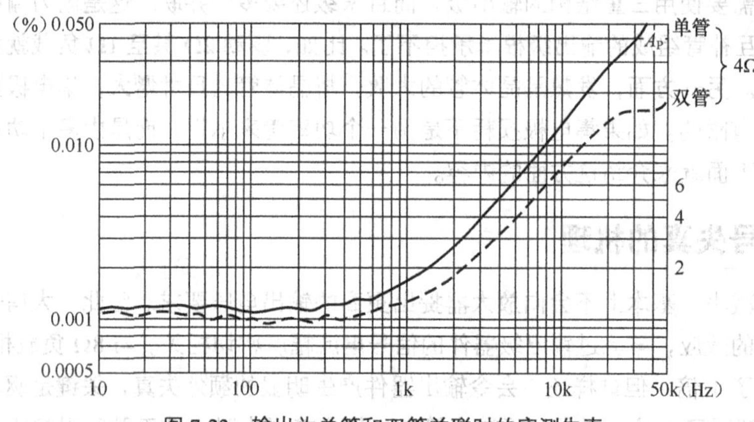

图 7-23　输出为单管和双管并联时的实测失真

（输出管型号为 MJ15024/MI15025，放大器输出功率 60W/4Ω）

7.4.7　功率管并联输出的功放电路

1. 电路结构及工作原理

图 7-24 所示为输出级采用双臂并联的差分输入级功放电路。

---

① 摘自《Audio Power Amplifier Design Handbook》（Fourth Edition）【英】Douglas Self 著。

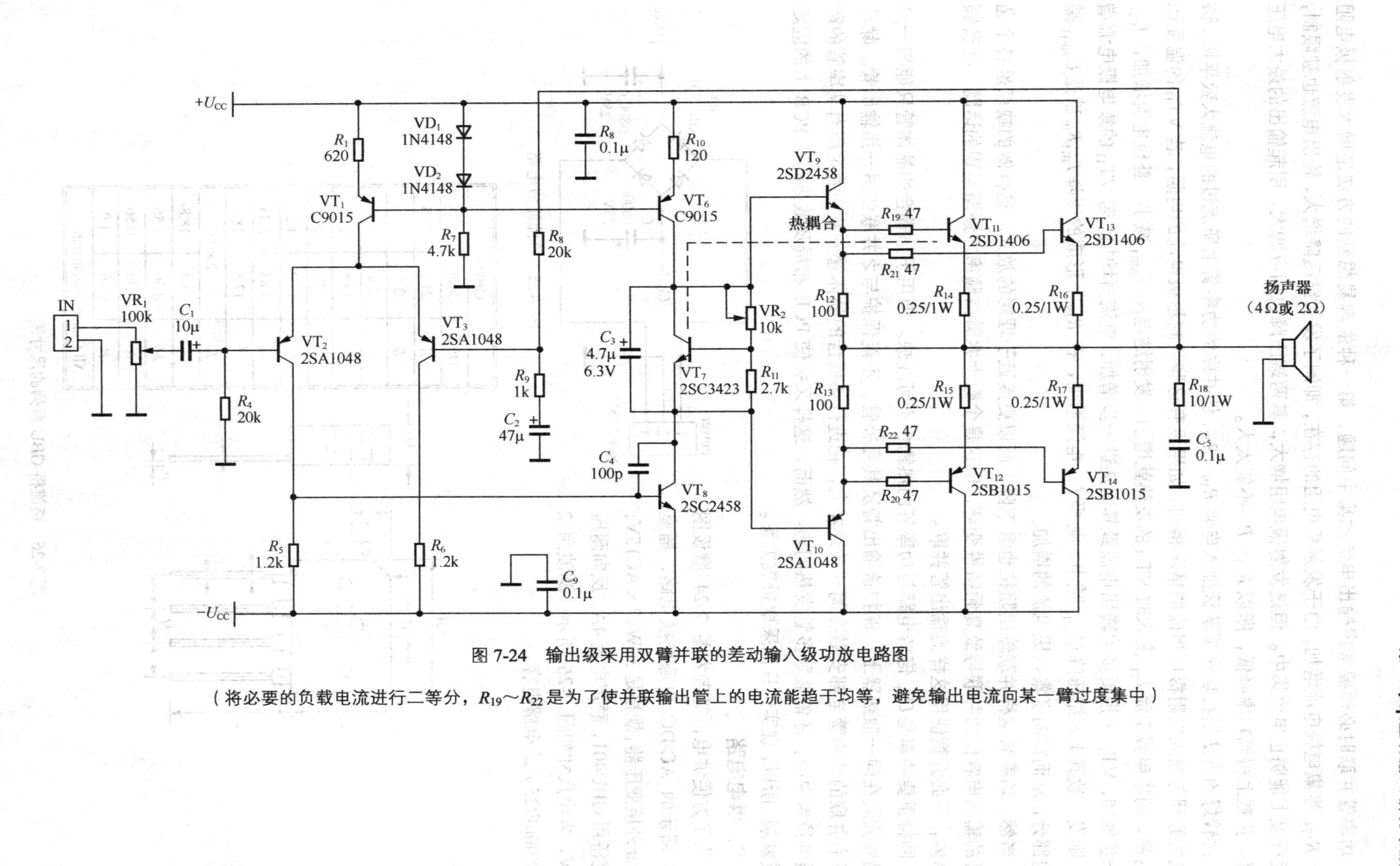

图 7-24 输出级采用双臂并联的差动输入级功放电路图

（将必要的负载电流进行二等分，R_{19}～R_{22}是为了使并联输出管上的电流能趋于均等，避免输出电流向某一臂过度集中）

功率管并联时必须要考虑输出电流的集中问题，第一种最容易想到的方法是增大发射极电阻 R_{14}～R_{17}。当集电极电流增加，由于发射极电阻的存在，抑制了发射结压降增大，输出电流也被限制，一定程度上能防止电流集中。但是发射极电阻增大，其两端压降也相应增大，引起输出的最大电压下降，负载上得到功率降低，所以 R_{14}～R_{17} 不能太大。

比较好的方法是在功率管基极插入电阻 R_{19}～R_{22}，使并联的功率管上所流过的电流大致平衡。该方法的原理与增大发射极电阻值的情况相同。如果没有这些限制基极电流的电阻，若 VT_{11} 的温度比 VT_{13} 高，则集电极电流 I_{C11} 变大时 VT_{11} 的发热就增加，发射结电压 U_{BE11} 减小、基极电流增加，I_{C11} 进一步增加，VT_{11} 承担更多的输出电流致其发热进一步增加、电流再增加。若 VT_{11} 的集电极电流增加，则发热致其 b-e 结压降 U_{BE11} 减小，基极 I_{B11} 电流增加，在 R_{19} 上形成的压降 $I_{B11}R_{19}$ 就是 U_{BE11} 减小的部分，从而抑制了集电极电流的增加。

当然，功率管这样并联输出阻抗也会下降，所以更接近于理想的放大。这样做的缺点是各个晶体管的输入电容因为并联导致高频特性变坏，但这是个数十兆赫兹频率才逐渐呈现的话题，在音频范围内，不必介意使用这样的输出管并联。

同样重要的事是 U_{BE} 倍增电路与功率管的热耦合不可或缺。但用于热耦合的晶体管只能与一只输出管安装在同一散热器上，保护该输出管及其互补管，不能保护与之并联的另一组输出管。除非把所有并联的功率管全部安装在同一散热器上，把进行热耦合的晶体管安装在固定所有功率管的散热器的位置中心，才能兼顾多管发热问题。然而，这样又会使 PCB 布局及散热器在 PCB 上的固定造成麻烦，所以，现实中只能采取折衷方案。

2. 供电电路

为了方便供电，笔者为图 7-24 增设图 7-25 所示的 AC-DC 电源变换电路，插座 Power 外接变压器，规格是 30W，2×AC15V；整流桥用 GBU401，额定电流 4A，反向耐压 100V，大小尺寸如图 7-26 所示；滤波用 2 只 6800μF/25V 的电解电容。

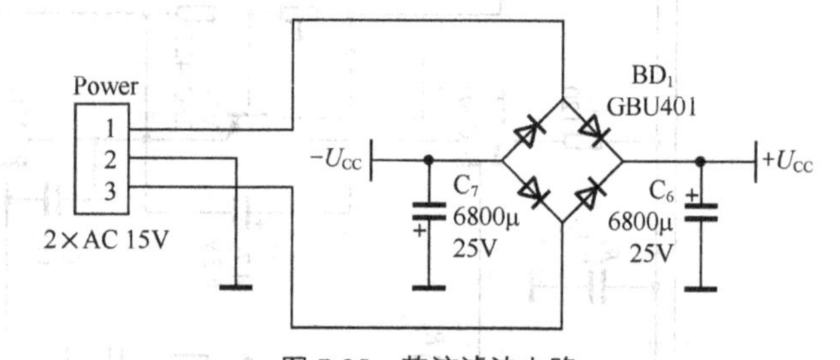

图 7-25 整流滤波电路

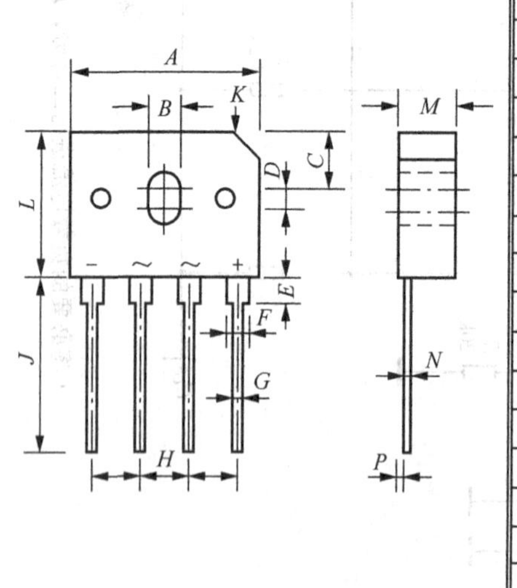

GBU		
Dim	Min	Max
A	21.8	22.3
B	3.5	4.1
C	7.4	7.9
D	1.65	2.16
E	2.25	2.75
G	1.02	1.27
H	4.83	5.33
J	17.5	18.0
K	3.2×45°	
L	18.3	18.8
M	3.30	3.56
N	0.46	0.56
P	0.76	1.0
All Dimensions in mm		

图 7-26 整流桥 GBU 系列的尺寸图

表 7-2 中列出了 GBU 系列整流桥的特性参数。

表 7-2　GBU 系列整流桥的特性参数

特 性	符号	GBU 4005	GBU 401	GBU 402	GBU 404	GBU 406	GBU 408	GBU 410	单位
反向重复峰值电压 反向工作峰值电压 直流阻塞电压	U_{RRM} U_{RWM} U_{R}	50	100	200	400	600	800	1000	V
最大有效值电压	U_{RMS}	35	70	140	280	420	560	700	V
平均整流输出电流@T_C=110℃	I_O	4.0							A
（每个要素）最大正向电压@I_F=2.0A	U_{FM}	1.0							V
最大直流反向电流@T_J=25℃ 额定负载阻塞电压@T_J=125℃	I_R	5.0 50							μA
（每个要素）典型结电容	C_J	80							pF
从 PN 结到管体的典型热阻	$R_{\theta JC}$	2.2							℃/W
工作温度和贮存温度	T_J，T_{stg}	−55～+150							℃

3. 负载 4Ω 与 2Ω 扬声器时的工作波形

安装好元件的 PCB 如图 7-27 所示。晶体管 VT_7 与 VT_{11} 安装在同一散热器上用于热耦合，防止热击穿。散热器表面钝化涂黑减小热阻，有利于热辐射。另外，PCB 布线时电解电容 C_6、C_7 靠近整流桥堆，功率管的电源布线尽量短、宽度在 60mil 以上。

图 7-27　由图 7-24 电路设计完成的 PCB

（电路板尺寸 9cm×14cm，散热器尺寸 35mm 长×34mm 宽×12mm 厚。用于热耦合的晶体管 VT_7 与 VT_{11} 安装在同一散热器上；功率管的电源布线尽量短、宽度在 60mil 以上）

图 7-28 为输入 1kHz 正弦波，加大输入电压（CH_1）且保持不变，负载单只扬声器（4Ω）和 2 只扬声器并联（2Ω）时最大极限输出电压（注：用 2 台稳压电源串联供电，电压为±15V）。

负载 4Ω 扬声器时，输出信号（CH_2）的极限振幅低于 25.2V_{p-p}；负载 2Ω 扬声器时，输出信号的极限振幅低于 22.2V_{p-p}。可见，负载 4Ω 扬声器时最大输出功率远不到 20W（$\approx\left(\dfrac{25.2V}{2\sqrt{2}}\right)^2\times\dfrac{1}{4\Omega}$），负载 2Ω 扬声器时最大输出功率远不到 30W（$\approx\left(\dfrac{22.2V}{2\sqrt{2}}\right)^2\times\dfrac{1}{2\Omega}$）。

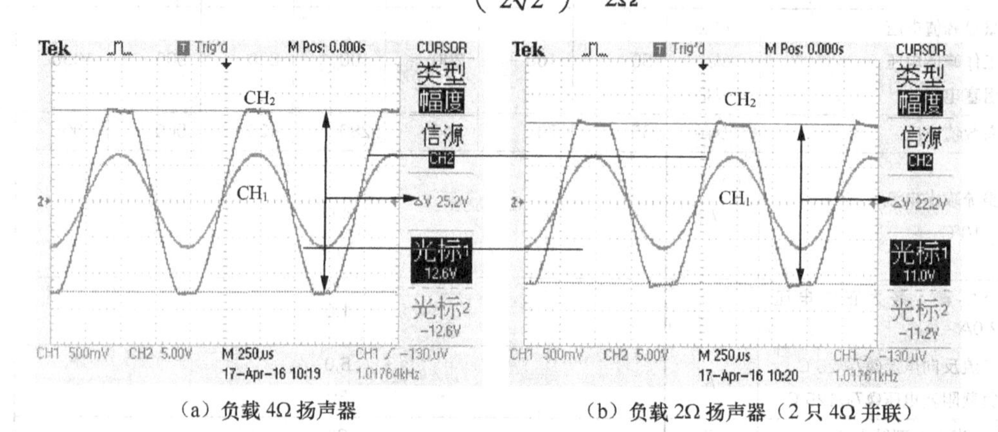

（a）负载 4Ω 扬声器　　（b）负载 2Ω 扬声器（2 只 4Ω 并联）

图 7-28　输入信号幅度相同，不同负载时极限输出电压

实际测试还发现，若激励级恒流源设置电阻 R_{10} 仍然像图 7-7 所示电路一样，取值为 220Ω，负载时正半波会提前削波失真，这表明激励级所能提供激励电流 3.0mA（≈673mV/220Ω）偏小。图 7-24 所示电路改为 120Ω 时，流过 R_{10} 的电流可达 5.6mA（≈673mV/120Ω），此时加大输入信号输出信号正负半波几乎同时削波失真，表明双管并联输出时，应加大激励级的静态电流。

为了方便移动与演示教学，笔者把 2 块电路板安装在一块有机玻璃板上做成双声道，由一个 40W、2×15V 变压器供电（整流滤波约为 ±20V），整体布局如图 7-29 所示。

图 7-29　安装在有机玻璃箱体的双声道功放及变压器

（有机玻璃尺寸 30cm 长×26cmm 宽×高 9cm 厚）

需要指出的是，由于输出级静态电流是按 ±15V 调整 VR_2 的，但现在电压增大到 ±20V，所以需要重新调整输出级电流，具体操作方法请参考 4.3.1 小节。需要指出的是，因功率管 be 结导通电压的差异性，并联输出管的静态电流并不完全相等（即电阻 R_{14} 与 R_{16} 的压降不相等），但二者的差异不大，这是电阻 R_{19}～R_{22} 的作用所在。

第 8 章 深入研究小信号放大级

差动输入级几乎总是做成跨导电路形式，肩负的关键职责是从输入信号中减去负反馈信号，产生误差信号驱动输出。由于输入级信号电平幅度小，人们认为它的线性问题没有激励级或输出级那样突出，因此有关输入级的设计常被忽视。实际上只要设计稍有不慎，就可能导致输入级在放大器的高频失真中占主要部分。输入级跨导是设定高频开环增益的两个重要参数之一（另一参数是激励级的跨阻），对放大器的稳定性、瞬态响应以及失真性能影响很大。本章就来研究这些方面的问题。

8.1 差动输入级

8.1.1 输入级产生的失真

图 7-3 只是小信号级别的功放，输入级以电流的形式输出，输出级为 AB 类射极跟随器，电源对输入级的线性不会产生明显影响，VT_2 的集电极电流摆动是关键。

图 8-1 为 3 种不同结构的差分输入级，复杂程度按次序递增。第一种是用单只电阻作差分对管“尾巴”的输入级，共模抑制比（CMRR）和电源抑制比（PSRR）都比较差，电路虽简单但有些得不偿失，这里不再做进一步的考虑。第二种是用恒流源作差分对管“尾巴”的输入级。第三种是在第二种的基础上，用镜像电流源作差分对管集电极负载取代纯电阻负载，这种输入级最为平衡，而且跨导为第二种电路的 2 倍（见下文）。

初看上去会觉得，由于输入级处于电压放大级之前，处理的信号电压摆幅很低，失真理应只占功放失真的很小部分。但是，在第一极点 P_1 频率以上，驱动电容 C_{dom} 的电流成为关键因素，而且每上升一倍频程需求将增大 1 倍。驱动 C_{dom} 的电流由输入级提供，电流峰值需求为

$$I_p = \omega \times C_{dom} \times U_p \tag{8-1}$$

式中，$\omega = 2\pi f$，$1/(\omega \times C_{dom})$ 是 C_{dom} 的容抗；U_p 是功放输出的电压峰值。

例如：听觉上限频率为 20kHz 时，功放向扬声器（8Ω）输出 100W 的峰值功率，峰值电压为 $40V_p$。故当 C_{dom} 为 100pF 时，差动级需要输出 0.5mA（$= 2\times3.14\times10^{-10}\times2\times10^4\times40$）的峰值电流驱动 C_{dom}，这个电流可能已经占去差动级静态电流的大部分。对于绝大部分功放来说，差动输入级的静态电流一般为 1～5mA。因此，若要确保高频失真小，电流大幅变动下跨导的线性就变得尤为重要。

图 8-2 所示为将 B 类输出改为小信号 A 类射极跟随器的样板放大器。

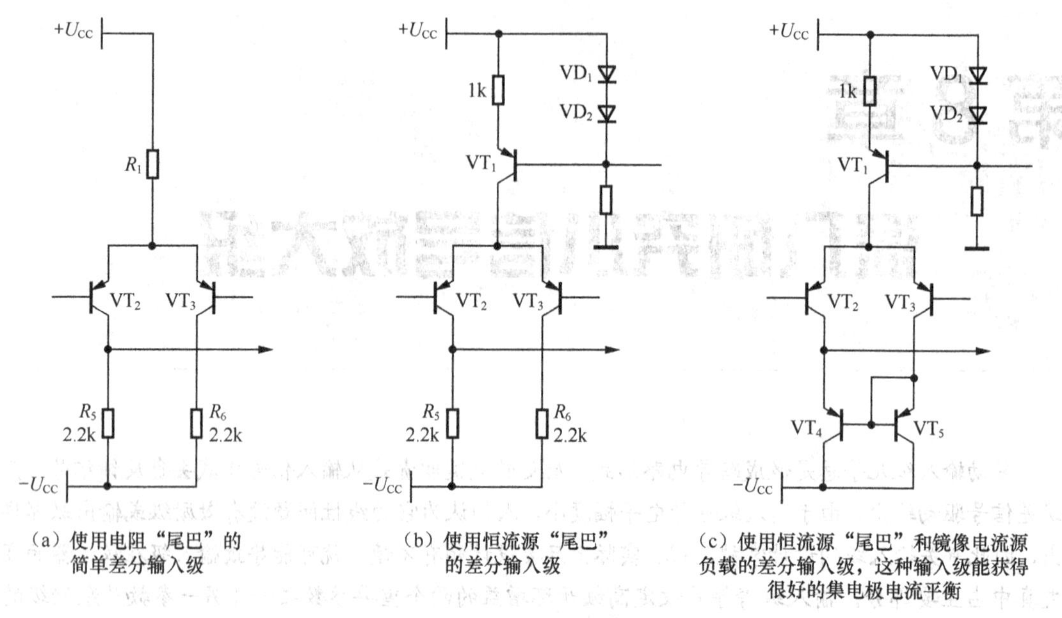

（a）使用电阻“尾巴”的简单差分输入级

（b）使用恒流源“尾巴”的差分输入级

（c）使用恒流源“尾巴”和镜像电流源负载的差分输入级，这种输入级能获得很好的集电极电流平衡

图 8-1　3 种结构的差分输入级

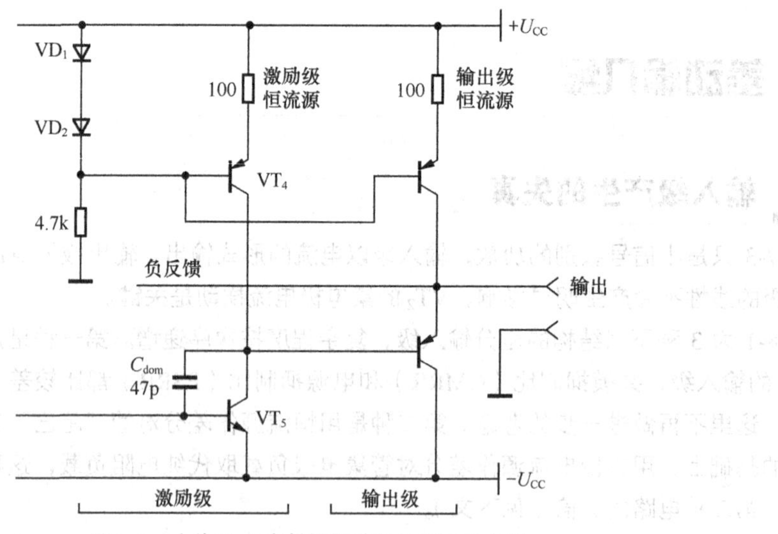

图 8-2　小信号 A 类射极跟随器的样板放大器

图 8-3 所示曲线 A 显示样板放大器差动输入级的失真（输出电平为+16dBu），与精心加以平衡的输入级的失真相比，样板放大器其他因素造成的失真可以忽略。为了显示高频失真特性和难以察觉的低频失真，以 80kHz、500kHz 两种带宽进行测量，图中给出了两种带宽的测量结果。使用 A 类小信号输出级，确保了电压放大级的线性化。

由曲线 A 可见，500kHz 带宽测量，从低频直到 10kHz 的失真均被本底噪声掩盖，之后显现出来并以 18dB/oct 的斜率上升。80kHz 带宽测量，从低频直到 10kHz 的失真均被本底噪声掩盖，之后到 40kHz 达到峰值、然后再转为缓慢下降。且 80kHz 带宽测量的失真比 500kHz 带宽测量的失真小得多。

作为对比，单管输入级的曲线 B 也以 80kHz、500kHz 两种带宽进行测量。从低频直到 200Hz 的失真均被本底噪声掩盖，之后显现出来并以 12dB/oct 的斜率上升。500kHz 带宽测量，虽然曲线 B 比曲线 A 失真小且高频上升速率慢，但开始失真的起始频率点大大提前。80kHz 带宽测量时，曲线 B 比曲线 A 在从低频直到 200Hz 差不多，但随着频率的上升，两曲线“分道扬镳”，前者比后者差很多。正因为单管输入级固有的缺陷使其成为使用的最大障碍，所以只作为研究对比的参考价值，目前商用功放输入级几乎均采用差动放大器。如果差动输入级的电流没有达到精确平衡，情况就更为复杂，2 次谐波伴随 3 次谐波一起产生，基于同样的理由，失真曲线将以 12dB/oct 的速率上升。

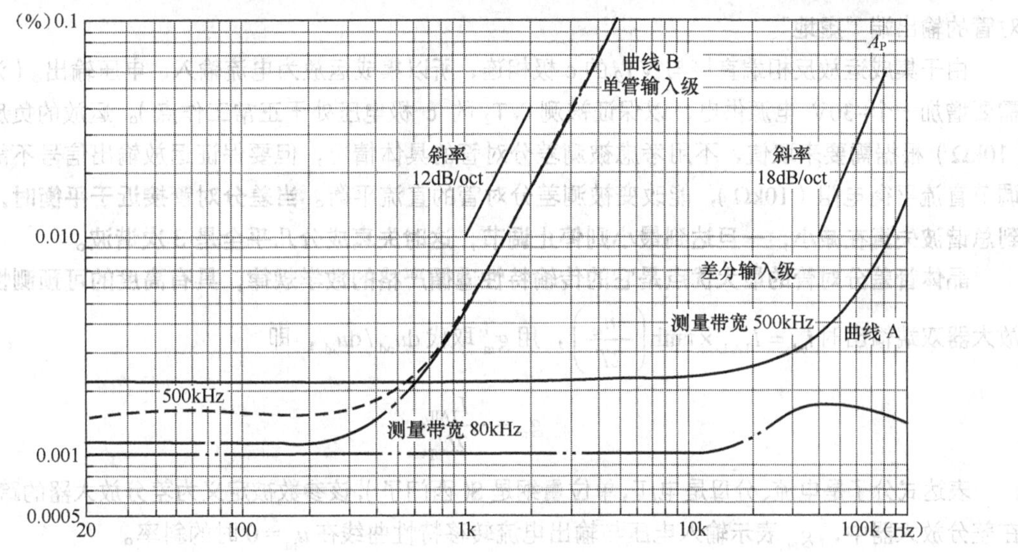

图 8-3　放大器的失真性能

（A 为采用差动输入级的失真曲线，B 为单管输入级的采用失真曲线；A、B 曲线分别用 80kHz、500kHz 两种测带宽进行测量，所以共有 4 条曲线。单管输入级无法消除由晶体管明显弯曲的 I_c-U_{be} 指数特性产生的大量的 2 次谐波，且开始失真的起始频率点大大提前）

8.1.2　单独测量输入级的失真

检查整个放大器失真曲线的斜率对判断输入级失真有好处，但要真正搞清楚差动输入级的失真在整个放大器失真曲线中所占的分量，还需要单独测量输入级的失真。利用图 8-4 所示的测试电路就能实现对其失真的单独测量，集成运放能使被测差分对管的输出端产生接近于理想的“**虚地**”。

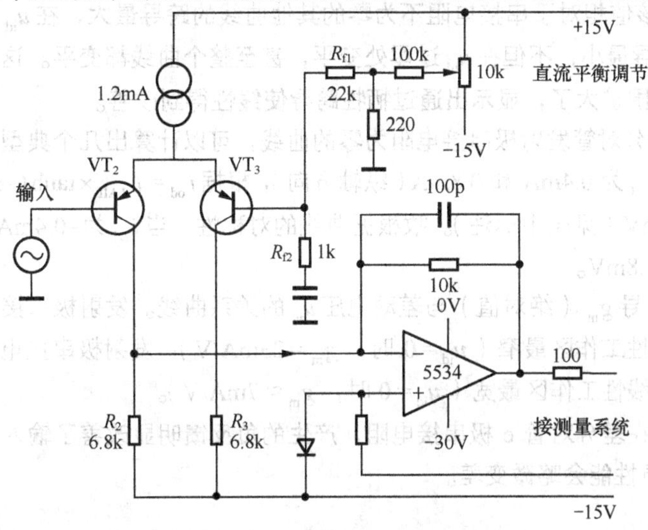

图 8-4　单独测量输入级失真的测试电路

（并联负反馈接法的运算放大器由二极管提供正确的直流偏置）

集成运放的同相端通过一只二极管接负电源——用于直流偏置，设置合适的静态工作点。反相端接差动放大器的输出信号，因集成运放两输入端之间“虚短”，故差分对管的输出端——VT_2的c极，相当于通过一只二极管接负电源，约等于图7-7中VT_8的发射结压降。从交流信号上看，差分对管的输出端“**虚地**”。

由于集成运放反相端直接与VT_2的c极相连，所以集成运放为电流输入、电压输出。（注意：它需要增加一个–30V电源供电，以保证被测VT_2的c极电压处于正常工作点）。运放的负反馈电阻（10kΩ）根据需要来取值，不用考虑被测差分对管的具体情况，但要保证运放输出信号不能削波。调节直流平衡电阻（10kΩ），能改变被测差分对管的直流平衡。**当差分对管接近于平衡时，将观察到总谐波失真在减小，一旦达到最小则停止调节，这时失真成分几乎全是3次谐波。**

晶体管差分对管的最大优点是它的传输特性遵循严格的数学规律，具有高度的可预测性。差动放大器双端输出时$i_{od}=I_{TAIL}\times\tanh\left(\frac{-u_{id}}{2T}\right)$，用$g_m$取代$du_{od}/du_{id}$，即

$$g_m=-\frac{I_{TAIL}}{2U_T} \tag{8-2}$$

表达式分子是电流、分母是电压，单位量纲是S(西门子)，该参数被定义为差分放大器的跨导g_m[①]。在差分放大器中，g_m表示输入电压与输出电流转移特性曲线在$u_{id}=0$时的斜率。

由式（8-2）可以得到3个重要结论：

（1）当差分对管c极电流相等时（$u_{id}=0$，$i_{od}=0$）跨导（绝对值）最大，即曲线的斜率最陡；

（2）跨导最大值与差分对管的尾巴总电流I_{TALL}成正比；

（3）晶体管的β值没有出现在等式中，因此差分对管的性能不受晶体管类型及大小的显著影响。

图8-5所示为差分对管发射极串接电阻产生的线性化仿真效果。串接电阻由10Ω增加至100Ω，步长为10Ω，故总共10条曲线，每条曲线代表了发射极串接不同阻值的电阻时差动输入电压u_{id}与输出电流i_{od}之间的关系。

由图8-5可知差分对管尾巴总电流$I_{TAIL}=1.2\text{mA}$，当e极串接电阻为零时，由式（8-2）求得跨导$g_m\approx-23\text{mA/V}$。该值相对于串接电阻不为零的其他曲线的跨导最大，在u_{id}过零处曲线最陡。串接电阻为100Ω时跨导最小，不但在u_{id}过零处变平，甚至整个曲线都变平。这说明发射极串接负反馈电阻后线性工作范围扩大了，显示出通过牺牲跨导使线性得到改善。

根据图8-5中差分对管发射极串接电阻为零的曲线，可以计算出几个典型差动电流对应的差动输入电压。比如，当i_{od}为0.4mA和0.8mA（纵轴方向），根据$i_{od}=I_{TAIL}\times\tanh(-u_{id}/2U_T)$，计算$u_{id}$分别为–18mV和–41.8mV（见图中标注）。故根据曲线的对称性，当i_{od}为–0.4mA和–0.8mA时，则分别对应着18mV和41.8mV。

图8-6所示为跨导g_m（绝对值）与差动电压u_{id}的关系曲线。发射极串接电阻为零时的跨导曲线变化幅度最大、线性工作区最窄（$u_{id}=0$时，$g_m=23\text{mA/V}$）；发射极串接电阻为100Ω时的跨导曲线变化幅度最小、线性工作区最宽（$u_{id}=0$时，$g_m\approx7\text{mA/V}$）。

理论分析证实，在差分对管e极串接电阻，产生的负反馈明显改善了输入级的线性范围，但引起跨导g_m变小，噪声性能会略微变差。

---

① 在电子学领域，MOS管的转移特性具有相同的量纲，跨导的大小反映了栅-源电压u_{GS}对漏极电流i_D的控制作用；在MOS管的转移特性曲线上，跨导为曲线的斜率。

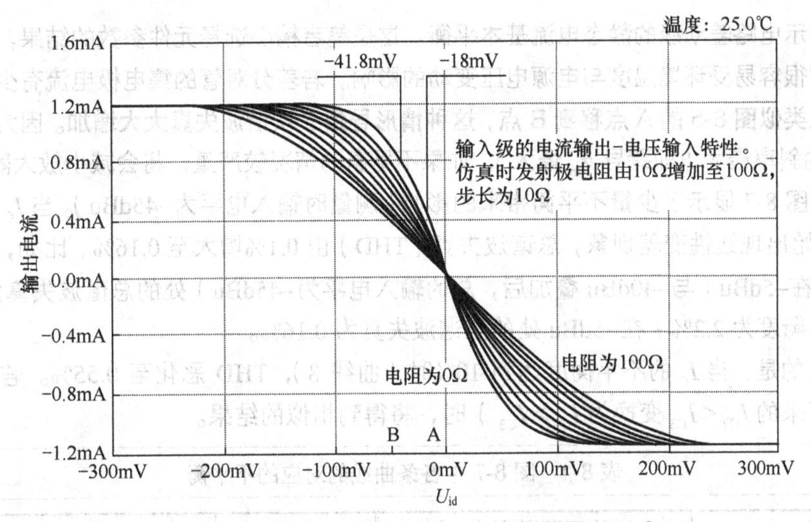

图 8-5 差动电压与差动电流之间关系的仿真结果[①]

（差分对管加入本级负反馈后的线性工作范围扩大了，显示出通过牺牲跨导使线性得到改善）

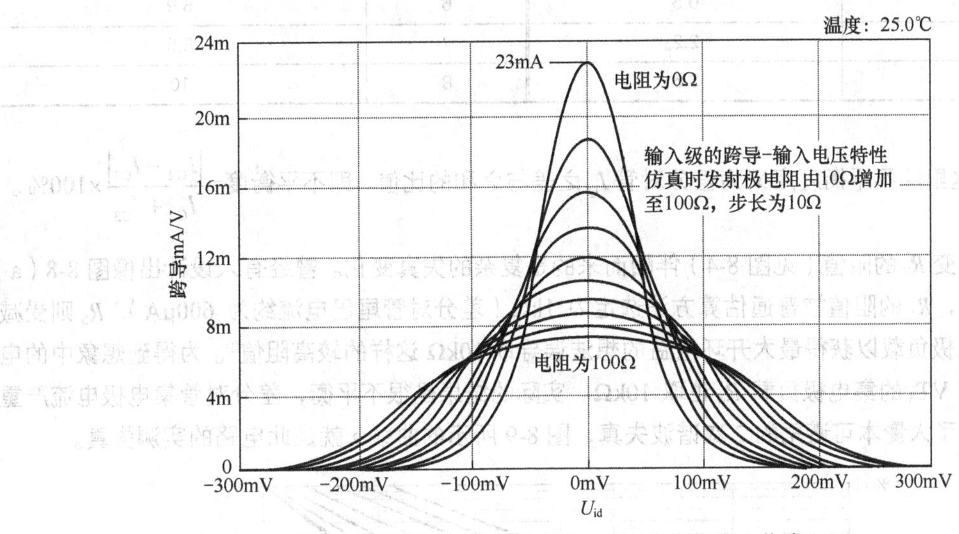

图 8-6 跨导 g_m 与差分电压 u_{id} 的关系曲线（仿真）

（顶部最高、横向最窄是 e 极串接 0Ω 时的跨导曲线，$u_{id}=0$ 时 $g_m=23\text{mA/V}$，线性工作区最窄；
顶部最低、横向最宽是 e 极串接 100Ω 时的跨导曲线，$u_{id}=0$ 时 $g_m=7\text{mA/V}$，线性工作区最宽）

如本书第七章所述，**放大器的高频增益由输入级跨导 g_m 和密勒电容 C_{dom} 共同决定**，见式（7-3）。**放大器的开环增益与大环路负反馈量会因输入级跨导的减小而减小。**这是差分对管发射极串接电阻时产生的负面因素，但可以通过输入级的恒定跨导设计弥补其不足（详见 8.1.5 小节）。

8.1.3 直流平衡能减小总谐波失真

差分对管精确的直流平衡是功率放大器的重要基础，这一点需要读者务必牢记！

① 摘自《Audio Power Amplifier Design Handbook》（Fourth Edition）。Douglas Self 在做该图仿真时是以双端输入-双端输出电路为参考得出的，此时输出电流可正可负，过零处的跨导是单端输时的 2 倍。然而，即便差动放大器单端输出，若差分对管集电极为镜像电流源负载，过零处的跨导仍然是电阻负载的 2 倍。

图 7-7 所示电路差动级的静态电流基本平衡，这是笔者精心选择元件参数的结果，这种平衡不太靠谱，因为它很容易受环境温度与电源电压变动的影响。若差分对管的集电极电流有少许不平衡，**其工作点就会从类似图 8-5 的 A 点移到 B 点，这种情形导致 2 次谐波失真大大增加。**因为差分对管传输特性在 A 点的斜率最大（即跨导 g_m 最大），如果不平衡的情况较严重，将会减小放大器的开环增益。

表 8-1 和图 8-7 显示了少量不平衡带来的影响（测量时输入电平为–45dBu）。当 I_C 的不平衡度只有 2%时就开始出现线性变差现象，总谐波失真（THD）由 0.1%增大至 0.16%。比如，曲线 1（I_C 不平衡度为 0）在–5dBu（与–40dBu 叠加后，总的输入电平为–45dBu）处的总谐波失真为 0.1%，而曲线 3（I_C 不平衡度为 2.2%）在–5dBu 处的总谐波失真为 0.16%。

更为严重的是，当 I_C 的不平衡度达到 10%时（曲线 8），THD 恶化至 0.55%。若不平衡换为另一方向（由原来的 $I_{C2}<I_{C3}$ 变换为 $I_{C2}>I_{C3}$）时，将得到相似的结果。

表 8-1　图 8-7 中各条曲线的对应的不平衡

曲线	I_C 的不平衡度（%）	曲线	I_C 的不平衡度（%）
1	0	5	5.4
2	0.5	6	6.9
3	2.2	7	8.5
4	3.6	8	10

提示：这里的不平衡度定义为差分对管 I_C 之差与之和的比值，即不平衡度=$\frac{|I_{C2}-I_{C3}|}{I_{C2}+I_{C3}}\times 100\%$。

简单地改变 R_2 的阻值（见图 8-4）伴随而来的是复杂的失真变化。曾经有人设计出像图 8-8（a）所示的输入级，R_1 的阻值按普通估算方法选定为 1kΩ（差分对管尾巴电流约为 600μA），R_5 则受减轻 VT_2 的集电极负载以获得最大开环增益的想法误导取 10kΩ 这样的较高阻值①。为得到想象中的电流平衡，对管 VT_3 的集电极负载 R_6 也取 10kΩ。实际的结果是很不平衡，差分对管集电极电流严重不对称，产生了大量本可避免的 2 次谐波失真，图 8-9 所示的曲线 a 就是此电路的实测失真。

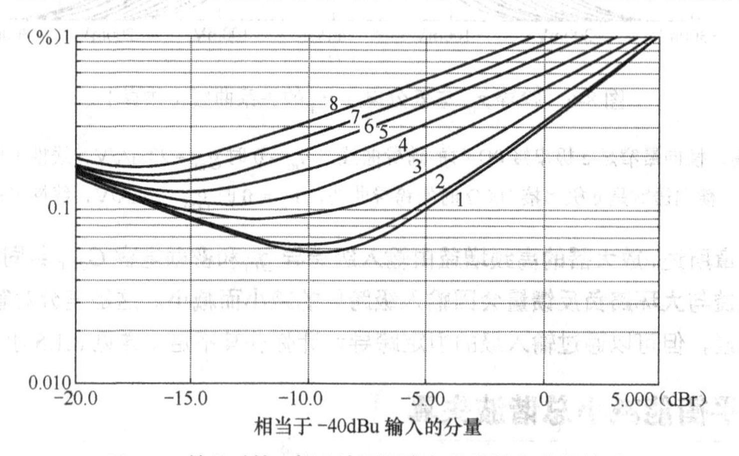

图 8-7　差分对管 c 极电流不平衡与总谐波失真的关系

（只要出现 2%这么小的平衡偏离，2 次谐波失真将增大并超过 3 次谐波失真）

① 实际上，跨导级的任务并非要输出多高的电压，而是要获得在 u_{id}=0 附近的线性特性。

为了认识直流平衡的重要性，把差分对管的集电极负载电阻改小一些，如图 8-8（b）所示，把差分对管集电极电阻 R_5、R_6 均改为 2.2kΩ。因 R_5 的压降被激励管 VT_4 的 be 结钳位于约 0.6V，故流过 R_5 的电流约为 273μA（≈ 0.6V/R_5 = 0.6V/2.2kΩ）。再考虑 VT_4 的基极大概需要十几至二十几微安的电流，则流过 R_6 的电流也大约为 300μA。如此一来，差分对管的集电极电流就基本平衡了。就是这么简单的改变却产生了惊人的变化，测量的失真结果如图 8-9 所示的曲线 b。开环增益比原来的电路增加了约 7dB，但与平衡性增强所带来的改善相比，对闭环线性的改善还是显得较小。

顺便说一下，在图 8-9 所示的曲线 a 与曲线 b 之间还有一条曲线，它代表 R_5 为 4.7kΩ 时的失真状况，比曲线 a 的失真起频点延后，但比曲线 b 的失真起频点明显超前一些，且幅度也大。

图 8-8（b）中差分对管集电极电流的平衡相当“不靠谱”，这是因为晶体管 VT_4 的 be 结压降会随温度变化而改变，常温时的平衡会在高温或低温时变得不平衡，所以说这种平衡是脆弱的平衡，有必要寻求不受温度影响的“电流真平衡”结构。

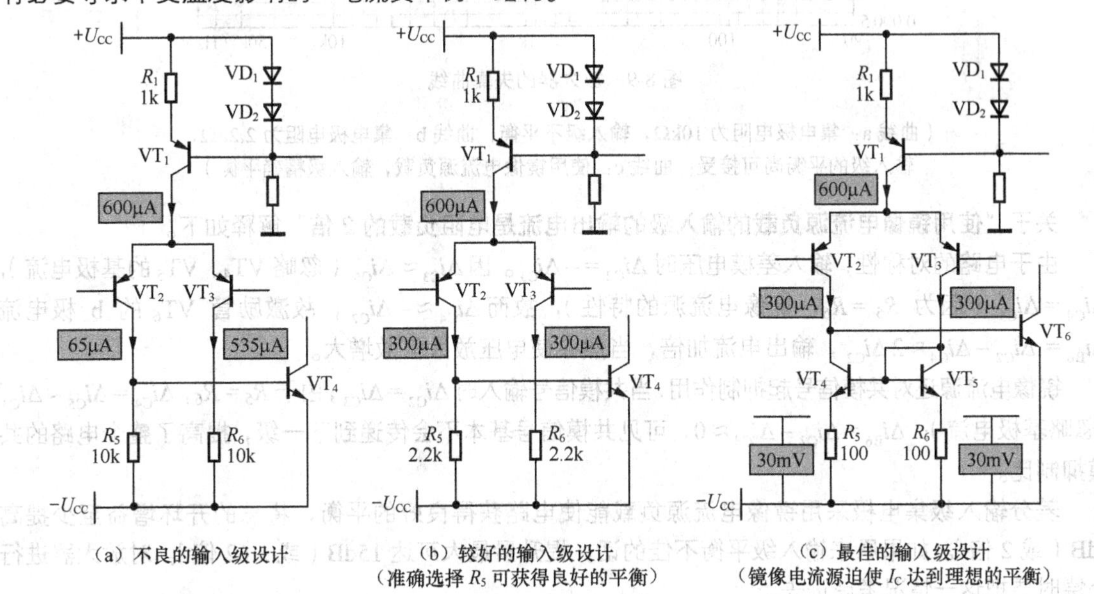

（a）不良的输入级设计　（b）较好的输入级设计（准确选择 R_5 可获得良好的平衡）　（c）最佳的输入级设计（镜像电流源迫使 I_C 达到理想的平衡）

图 8-8　差动输入级电流平衡的改良

8.1.4　镜像电流源负载能迫使差分对管电流精确平衡

图 8-7 所示曲线显示了差分对管电流平衡的敏感度、良好的线性和高频失真性能。为了获得精确的电流平衡，把图 8-8（b）的差分对管集电极电阻修改成图 8-8（c）所示的镜像电流源。因 VT_4 与 VT_5 特性相同、发射结压降相等，故 R_5、R_6 的压降也相等，VT_4 与 VT_5 的 e 极电流相等，迫使差分对管电流达到很接近的相等。这个电路能获得良好的削减 2 次谐波失真的能力，大幅改善失真的效果如图 8-9 的曲线 c 所示。由于差分对管的 c 极电流相等，基极电流也相等（默认 β 相同），因此**输入级的直流失调**也更小。

对于同样的输入电压，采用图 8-8（c）所示的输入级，输出电流是图 8-8（b）的 2 倍，但仍然遵从双曲正切函数的转移规律。由于失真特性依从于输入电压，所以这个 2 倍电流输出是在同一失真水平下得到的。换句话说，我们将输入电压减半就可以得到同样的输出，这样失真就降为原来的 1/4（由精确平衡的差分对管产生，只含有 3 次谐波）。

当然，镜像电流源使用分立器件，发射极电阻 R_5、R_6 的引入是必需的，只有这样的直流负反馈才能获得良好的电流平衡。如果不设发射极电阻，即便使用同一品种的三极管，也会因参数特性不完全相同而令高频失真性能产生明显的变化。发射极电阻 R_5、R_6 的压降设在 30~60mV 范围为宜，足以令镜像电流源对管的 U_{BE} 偏差不会对失真造成影响。

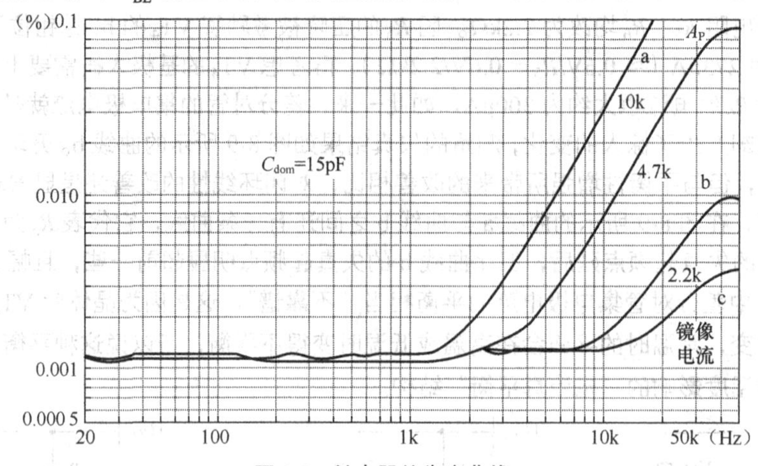

图 8-9 放大器的失真曲线

（曲线 a：集电极电阻为 10kΩ，输入级不平衡；曲线 b：集电极电阻为 2.2kΩ，输入级的平衡尚可接受；曲线 c：使用镜像电流源负载，输入级精确平衡）

关于“**使用镜像电流源负载的输入级的输出电流是电阻负载的 2 倍**”解释如下。

由于电路的对称性，输入差模电压时 $\Delta i_{C2}=-\Delta i_{C3}$。因 $\Delta i_{C3}\approx\Delta i_{C5}$（忽略 VT_4、VT_5 的基极电流），$\Delta i_{C4}=\Delta i_{C5}$（因为 $R_5=R_6$，镜像电流源的特性），故而 $\Delta i_{C4}\approx-\Delta i_{C2}$，故激励管 VT_6 的 b 极电流 $\Delta i_{B6}=\Delta i_{C2}-\Delta i_{C4}\approx 2\Delta i_{C2}$，输出电流加倍，当然会使电压放大倍数增大。

镜像电流源还对共模信号起抑制作用，当共模信号输入时 $\Delta i_{C2}=\Delta i_{C3}$，由于 $R_5=R_6$，$\Delta i_{C4}=\Delta i_{C5}\approx\Delta i_{C3}$（忽略基极电流）；$\Delta i_{B6}=\Delta i_{C2}-\Delta i_{C4}\approx 0$，可见共模信号基本不会传递到下一级，提高了整个电路的共模抑制比。

差分输入级集电极采用镜像电流源负载能使电路获得良好的平衡，将总的开环增益至少提高 6dB（或 2 倍）。如果原来输入级平衡不佳的话，提升量最大可达 15dB（或 5.62 倍）。对放大器进行补偿时要把这一情况考虑进去。

使用镜像电流源负载的另一个令人高兴的结果是，放大器的转换速率大致提高了 1 倍，因为输入级的输出电流全部传送给密勒电容 C_{dom}，没有像图 8-8（b）那样，有一半输出电流浪费在 VT_3 的集电极负载上。

密勒电容 C_{dom} 的容量为 100pF，图 8-8（b）电路的转换速率约为 2.8V/μs（参考 8.3.1 小节），而图 8-8（c）所示电路的转换速率可达 6.0V/μs。最糟糕的是图 8-8（a）所示电路的不平衡输入级，其在输入电压上升时转换速率（即正向转换速率）为 0.7V/μs，输入电压下降时转换速率（即负向转换速率）为–5.0V/μs。

8.1.5 输入级的恒定跨导变换

即使输入级使用镜像电流源负载，但我们仍觉得高频失真需进一步减少。它的失真一旦从本底噪声中显露出来后，就以每 2 倍频程增大至原来 8 倍的速率（即 18dB/oct）上升，因此应尽可能把它显露的位置推到更高的频率。

由式（8-2）可知，增大差动级的尾巴电流能提高跨导 g_m，然后在差分对管发射极串接电阻，利用本级负反馈将跨导恢复至增大尾巴电流前的 g_m 值（如果不恢复原值，C_{dom} 就必须同比例地增大才能保持相同的稳定裕度）。这一小伎俩尽管是轻而易举的，但有效地改善了输入级的线性与宽度。晶体管的非线性是因为管子内部的发射极基体电阻 r_e 造成的，增大 I_C 就是为了减小这个电阻，然后

用 R_e 取代 r_e 减小的部分。

图 8-10（a）所示差分对管的跨导 g_m 为 23mA/V（≈1.2mA/$2U_T$），每只管子的 I_C 为 0.6mA，故差分对管 e 极内基体电阻阻值 r_e 为 43Ω（$=U_T/I_E$ = 26mV/0.6mA）。改进电路如图 8-10（b）所示，I_C 为 1.2mA，故，r_e 为 27Ω（$=U_T/I_E$ = 26mV/1.2mA）。

为了减小跨导 g_m 保证返回原值，需要串接的发射极电阻为 16Ω（=43Ω–27Ω），取就近值 15Ω。按图 8-4 所示的方法以–40dB 的输入电平测量，此电路的失真由 0.32%下降至 0.032%，得到了一个极有价值的线性化效果，并且使得整台放大器的高频失真改善了约 5 倍。只要电路保持平衡，失真成分仍全部是可见的 3 次谐波。由于电流不适宜增大太多，r_e 按电流倒数下降的程度有限，电路性能的改善也就只能达到这种程度。这种电路被 Douglas Self 命名为"恒跨导衰减"（Constant- g_m degeneration）负反馈，但亦未必非常贴切。

图 8-10（b）所示电路比图 8-10（a）静态电流增大 1 倍，转换速率也因此得益，理论上可以由原来约 10V/μs 提升至 20V/μs（此时 C_{dom} 为 100pF）。这样一个几乎不花成本的小改动就罕有地发挥出这种电路的全部优点，在失真和转换速率两项性能上均得到好处。

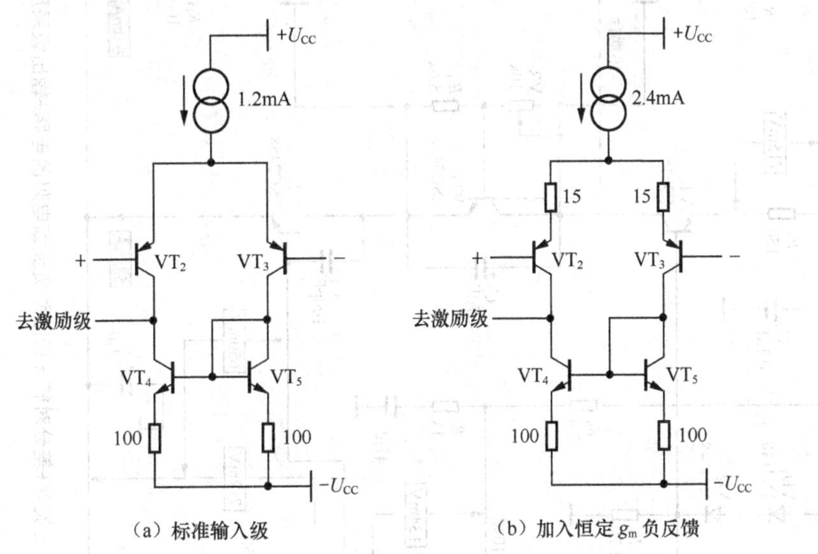

图 8-10　加入恒定 g_m 负反馈前后的差分输入级

（在保持跨导不变的情况下，将输入级工作电流增大 1 倍，失真大约下降为原来的 1/10）

8.1.6　直流失调电压

改进型差动输入级音频放大器电路分析

影响功放噪声性能的那些因素同样支配着功放输出端的直流失调电压。一般来说，放大器的直流失调电压以 ± 50 mV 为最大限值较为恰当；为了达到这一要求，可以在输入管基极设置用于调节输出端直流电位的微调电阻，也可以专门设计直流伺服电路。但是，这些做法会增加电路的复杂程度。对于没有采用直流伺服电路的放大器，应尽量将这个限制缩减至最小；为了确保达到要求，需要精心挑选差分对管晶体管。实际操作中，一般是用数字万用表测量两管的 β 值接近，用二极管挡测量两管的 be 结正向压降 U_{BE} 值接近。

图 8-11 所示为差分对管 c 极接镜像恒流源负载的功放电路，在差分对管 e 极串联负反馈电阻 R_2、R_3，减小输入级的跨导，增加线性工作区的宽度。激励级与图 7-7 基本相同，只是图 8-11 设置的静态电流更大一些。输出级采用倒置达林顿结构，热稳定性比射极跟随器输出级的好。采用更大的散热器给功率管散热，故电源电压可以提高到 ± 20V 以上（整流滤波电路同图 7-25，在此从略）。

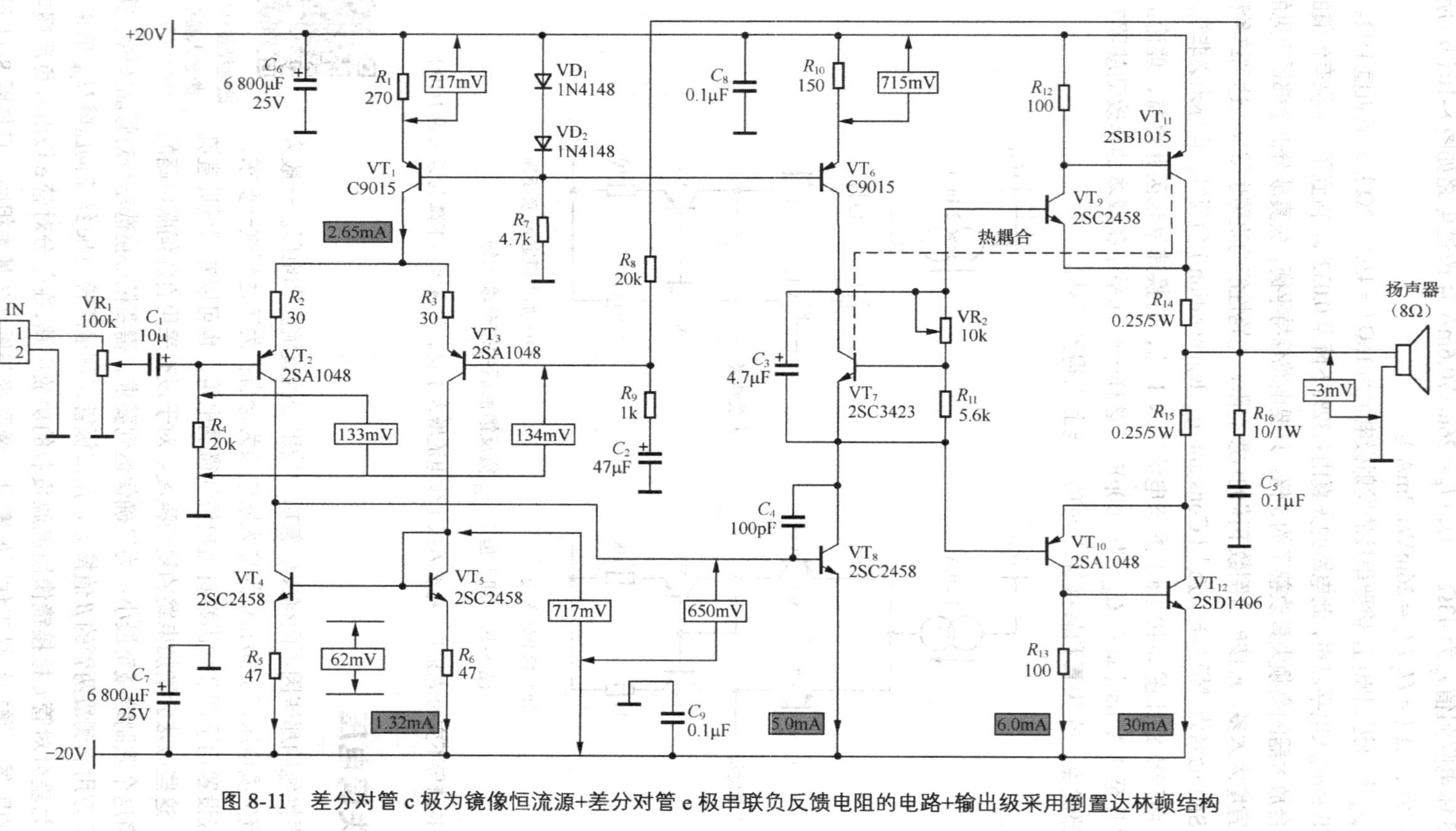

图 8-11　差分对管 c 极为镜像恒流源+差分对管 e 极串联负反馈电阻的电路+输出级采用倒置达林顿结构

（图中给出的电压数据是实测值，电流数据是根据电压数据用欧姆定律计算得到。

测试条件：1.环境温度为 25℃；2.电源电压 ±20V；3.输入端接地；4.输出端开路）

电阻 R_1 决定输入级的静态电流，取值 270Ω，电流约 2.65mA（该值与 R_7 大小有关，R_7 愈小 VD_1、VD_2 的正向压降愈大，则 R_1 上的电流愈大）。此时，输入级的镜像电流源负载对管电流均为 1.32mA，R_5、R_6 的两端电压约为 62mV。激励级恒流源限流电阻 R_{10} 的阻值为 150Ω，电流为 5.0mA，这个中等规模的值可以提高激励级的动态电流驱动能力。电阻 R_{12}、R_{13} 决定驱动管的电流，当它们同为 100Ω 时电流为 6.0mA，这个量级已经足够。

对于输入级元件取值在通常范围内的功放，失调电压不是由差分对管的 U_{BE} 失配决定的，因为 U_{BE} 失配产生的失调往往只有 ±5mV 或附近以内。更多的是因为第二种因素，即差分对管的 β 值不一致导致的——β 值的差异会令流经 R_4 和 R_8 的基极电流不同。导致输出失调电压的第三个因素是差分对管 e 极所接的电阻 R_2 与 R_3 的失配。这里 R_2 与 R_3 的阻值均为 30Ω，每只电阻压降 40mV（≈1.32mA×30Ω），选用 5%精度电阻可能出现最大达 4mV（=2×40mV×5%）的失调电压。

笔者随机选择几种不同型号的晶体管安装到图 8-11 所示电路的差动输入级，实际测得的失调电压如表 8-2 所示。

表 8-2　不同型号晶体管差分对管的失调电压（常温 25℃）

管型	差分对管	直流放大系数 β	发射结电压（mV）	基极电压（mV）	失调电压（mV）
S9012	VT_2	232	614	86.3	20.6
	VT_3	281	607	93.3	
S8550	VT_2	345	580	53.1	5.2
	VT_3	358	576	55.8	
A1015	VT_2	313	617	66	−1.7
	VT_3	308	612	68.6	
2SA1048	VT_2	170	632	133	−3.9
	VT_3	168	630	134	

注：因 A1015，2SA1048 的管脚顺序是 e–c–b，而 S9012、S8550 的管脚顺序是 e–b–c，所以 S9012、S8550 的 b 脚与 c 要对调以后才能安装到 PCB 板上。

由表 8-2 可以看出 3 个特征：

（1）晶体管的 β 值愈大，差分对管 b 极电位愈小；反之则大。

（2）差分对管的 β 值差异愈小，失调电压愈小；反之则大。

（3）在 β 值接近的情况下，β 值愈大，失调电压愈小；反之则大。

故，减小失调电压最好的办法是首先选择 β 值差异小的晶体管作差分对管，在此基础上 β 值愈大愈好。比如，表 8-2 中两只 A1015 的 β 值差异小且 β 值大，故失调电压只有−1.7mV。2 只 S9012 的 β 值差异大，即便 β 值也不小，但失调电压却最大，达到 20mV 以上。

安装好元件的 PCB 如图 8-12 所示。

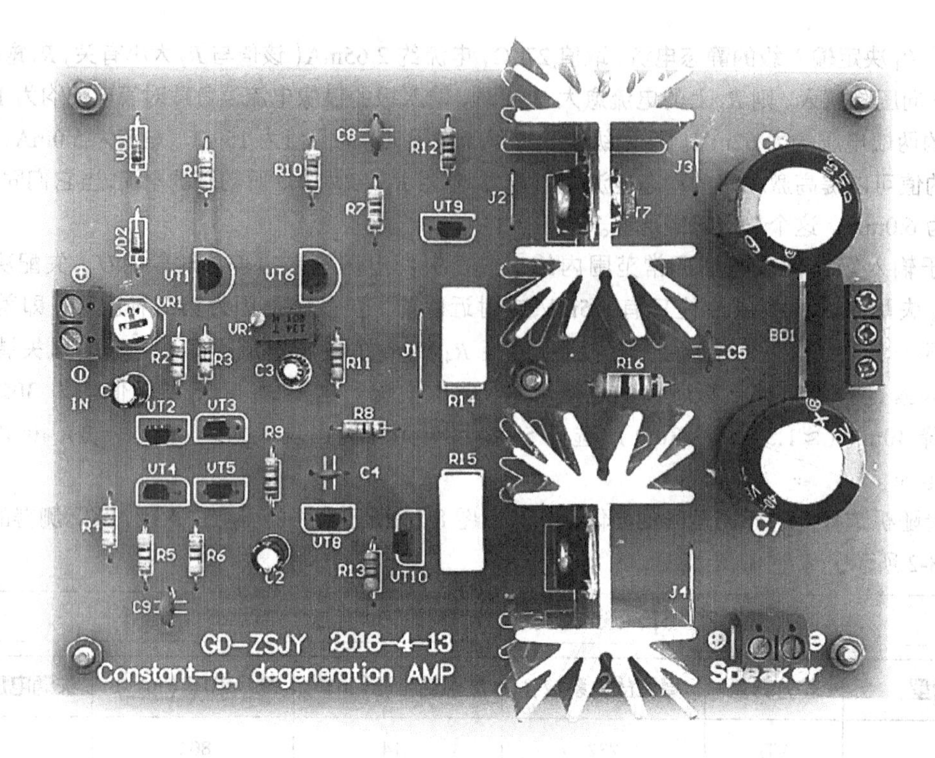

图 8-12 安装好元件的 PCB

（电路板尺寸 9.5cm×13cm，散热器尺寸 43mm 高×42mm 宽×24mm 脊棱。U_{BE} 倍增管 VT_7 与 VT_{11} 安装在同一散热器上用于热耦合）

8.2 电压放大级

8.2.1 电压放大级的失真

人们通常认为电压放大级（也称激励级）是功放中要求最苛刻的部分，它不仅提供了功放的几乎所有电压增益，而且还要提供功放的全部电压摆幅（输入级要提供重要的跨导增益，但它的输出仅限于电流形式），但正如音响领域不少事情那样，表面看上去的往往不是事实。实际上，设计良好的电压放大级产生的失真只构成放大器整体失真的很小部分，即便采用一些最简单的步骤去优化电压放大级的线性，也能让它的失真从放大器总失真量中消失。

图 8-13 所示是一台采用小信号 A 类输出级的样板放大器（参考图 8-2，电源电压为 ±15V，输出电平为+16dB）的实测失真曲线。它没有预先对输入级或电压放大级采取专门的增强线性措施，其输入级失真可忽略不计。低频段的失真低于本底噪声，大约从 1kHz 起慢慢上升的失真是来自电压放大级。在更高的频率上，电压放大级的 6dB/oct 上升速率与输入级的 12dB/oct 或 18dB/oct 上升速率叠加，于是我们看到了很多典型放大器急剧上升的失真曲线。正如前面解释，电压放大级在低频段只产生相对很小失真的主要原因是大环路负反馈对失真的抑制作用，而在高频段，失真则被 C_{dom} 产生的本级负反馈所抑制。

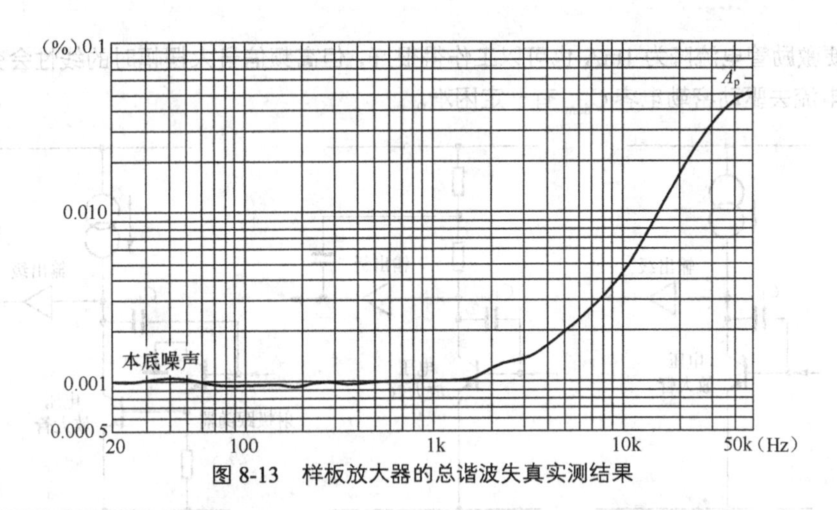

图 8-13 样板放大器的总谐波失真实测结果

（可见在低频段具有很低的失真，从 2kHz 起至 20kHz 曲线加速上升。曲线末端处上升变缓是由于测量带宽限制为 80kHz 之故）

从结构上看，电压放大级是最基本的共发射极放大器，这种放大器的 I_C-U_{BE} 传输特性曲线是指数曲线的很小一部分，呈弯曲状而非直线，因此**电压放大级产生了失真，其失真大部分是 2 次谐波，在闭环放大器中将随着频率增大以 6B/oct 的速率增大。**

对于功率更大的放大器来说，电压放大级的失真并不会恶化，因为电源电压更高，电压放大级仍是工作于特性曲线与原来相同的部分。但是，输入级就不是这样，由于输出摆幅增大，需要输入级提供更大的电流来驱动 C_{dom} 。此时，差分对管的 U_{BE} 电压也更高，但对本级线性的影响很小。

8.2.2 改善电压放大级的线性：有源负载技术

典型的电压放大级电路架构如图 8-14（a）所示。这是经典的共射极电压放大器，驱动电流从基极输入、大摆幅电压由集电极输出。保持电压放大级具有高的开环增益很重要（它本身还有 C_{dom} 形成的本级负反馈），以便增强本级的线性，故不能使用简单的电阻负载，而应采用恒流源负载。图 7-7、图 8-11 就属于这种电路架构。由于有源负载的等效交流阻抗高，使激励管的集电极阻抗增大，从而令本级的原始增益提高。

以自举电路作负载的电路如图 8-14（b）所示。采用自举电路得到的输出电压摆幅更大，因为激励管的集电极电压摆动幅度可高于正电源电压。因此，在某些场合下自举电路这种特性使其仍具有应用的活力。比如，在汽车功放中使用效果良好，因为可以令汽车功放能充分利用有限的电源电压。图 5-17 就属于这种电路架构。

这两种有源负载技术还具有另一个重要作用，即能为激励级有效地驱动输出级的正向摆动提供足够的电流，以尽量达到正电源电压。如果电压放大级使用接至正电源的纯电阻负载，则缺乏这种能力——关于这一点，我们在本书第 5 章已经作了的详细分析。

使用自举式负载的有一个缺点是电源电压的变动，会影响激励级的静态电流。设置和稳定保持输出级的静态工作状况本来就已相当困难，现在新增加这项影响因素，当然不会受欢迎。还有一种很少人知道但更可靠的自举电路形式，就是在激励管集电极与输出级之间插入一个单位增益缓冲器，如图 8-14（f）所示，利用电阻 R 实现自举。R 是激励管的集电极负载，由于两端压降等于缓冲管的 U_{BE} ，其值决定了激励管的电流。故此这个电流比较稳定，使得 R 形成自举，对于激励管来说呈现恒流源的特性。在图示的电路中，与 6mA 的缓冲管静态电流比较，3mA 的激励管电流已相当充裕。

实际上，即便激励管电流降为 1mA 也可以工作得很好，但高频信号大摆幅时的线性会变差，因为单纯只靠这个电流去驱动密勒电容 C_{dom} 有一定困难。

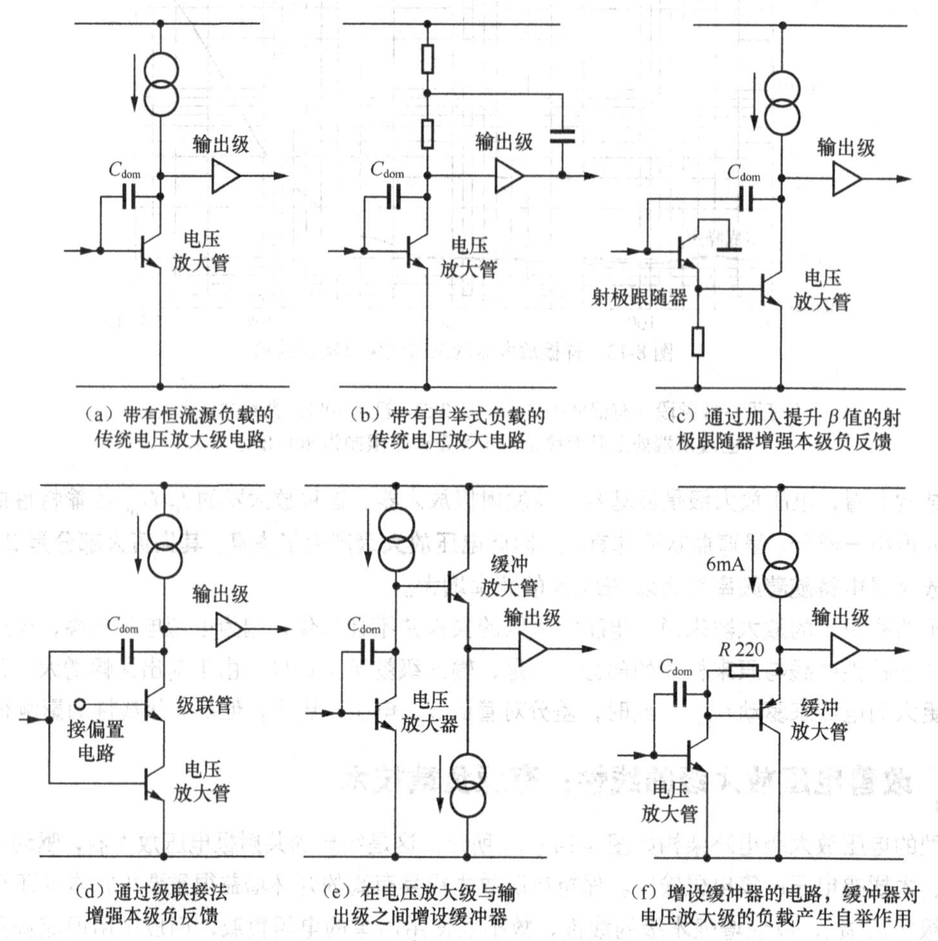

图 8-14　6 种不同的电压放大级电路

（电压放大级在此已简化为反映本质的概念电路；三角符号代表输出级的电压跟随特性—射随器；部分重叠的圆圈+旁边的箭头代表恒流源）

8.2.3　电压放大级的强化

如果要得到最优的放大器，就需要进一步改进与 C_{dom} 相关的噪声性能，或许可以尝试把激励级的传输特性弄直，但实际上最简单的方法是增强由 C_{dom} 产生的本级负反馈。放大器的低频增益是 $g_m \times \beta \times R_c$，后 2 项因子的乘积为激励级的增益，故增大其中一个因子就可以增大本级负反馈。应注意，只要 C_{dom} 仍保持原值，高频段的大环路负反馈量就不会改变，因此功放的稳定性不受影响。

激励级的 β 值可以通过在激励管之前设一个射极跟随器来调节，如图 8-14（c）所示。功放电路中额外加插任何一级电路都应事前做好充分考虑，因为这会增加相移，使电路的稳定性变差。不过这里所加这一级电路是在 C_{dom} 起密勒作用的环路之内，因此带来不稳问题的可能性很小。这个射极跟随器的作用有时被描述为“在输入级与电压放大级之间起缓冲作用”，但**真正的作用是增强 C_{dom} 产生的本级负反馈，令电压放大级变得更线性**。图 8-16 就属于这种电路架构。

当然，也可以通过提高集电极阻抗来获得更高的激励级增益，直接在激励级使用共射—共基接法的级联电路，如图 8-14（d）所示。但必须指出的是，这种方法只适用于直接驱动线性良好的阻抗，否则会因为负载的非线性而得不到良好的效果。假定现在通过使用 A 类输出级或加入激励级缓冲器来避免出现这一问题，这时能使失真大幅减小，就像前面的提升 β 值技术一样。这种电路对增益产生的提升作用，最终要受共基极接法晶体管和恒流源负载晶体管的厄利效应限制，而且严重受下一级输入阻抗的影响，但也能获得约 10 倍量级的有效增强作用。图 8-17 就属于这种电路架构。

图 8-15 所示的曲线 A 和 B 均是样板放大器在输入级差分对管射极串联 100Ω 电阻，产生过量本级负反馈的情况下测得，因此激励级的失真显现得更清晰。曲线 A 是激励级没有采用（共射—共基接法的）级联电路的情况，曲线 B 是激励级采用级联电路的情况。注意，两条曲线的斜率均为 6dB/oct。曲线 C 是差分对管无串联射极反馈电阻的标准输入级配合级联激励级的情况，几乎整个音频带内都充分达到了小于 0.001% 的失真性能水平，失真成分差不多都被本底噪声淹没。

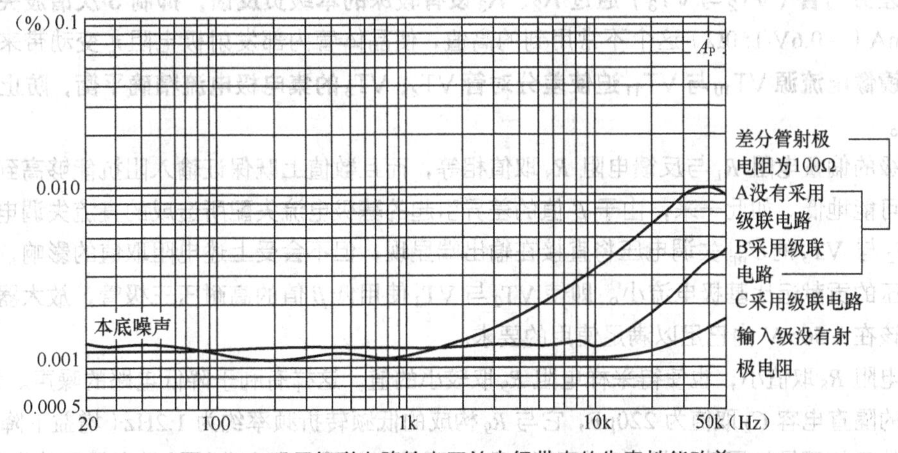

图 8-15　采用级联电路给电压放大级带来的失真性能改善

使用共射—共基级联电路时，就可以采用型号繁多的高 β 值晶体管作为激励管。一般来说，这些高 β 值管的饱和压降 U_{CEO} 值普遍较低，本来不能承受大功率功放的高电源电压。用了共射—共基级联电路之后，可输出的最大摆幅下降了少许，但仅约为 300mV 程度，这通常可以接受。共射—共基级联电路能够令共基管的集电极与共射管的结电容 C_{bc} 隔离开来，经常用于改善电路的频率响应。使用共射—共基级联电路后 C_{dom} 对频响的决定性作用进一步强化，虽然看上去频响没有受到多少影响，但避免了 C_{bc} 的难于预判以及其容量受信号大小影响这两项缺点带来的危害。因此，放大器的补偿仅由一个容量大小明确的电容决定。

以上几种改善电压放大级的技术难说哪一种更好。插入射极跟随器来增大 β 值的方法，电路要比共射—共基级联电路略为简单，但成本上差别很小。尽管这两类线性化电压放大级的方法看起来差别很大，但基本策略相同，都是增强本级负反馈。采用其中任何一类方法，只要运用得当，都可以令激励级的失真达到可忽略程度。

8.2.4　50W（B 类）Hi-Fi 功放

图 8-16 是一个为家庭 Hi-Fi 用途而设计的 50W（B 类）功放电路图。尽管看上去电路比较传统，但经过细心设计电路的参数，获得的性能比传统放大器好得多，但只有细心地布线和巧妙地选择接地点才能得到优秀的放大性能。这就涉及 PCB 设计经验，不是一两句话能够讲清楚的。

对于电路中给出的参数和电源电压 $\pm U_{CC} = \pm 35V$，当输入电压为 $\pm 1.0V_{rms}$，功率放大后输出电

压约为 ±21V_{rms}，这台放大器额定输出可达 50W/8Ω。

对于功放而言，最好的输出级是射极跟随器类型二与倒置达林顿这两种形式，前者关断失真小，后者的基本线性最佳。此放大器选用了射极跟随器类型二的输出结构，**由于 R_{15} 的作用，使得输出管关闭时be 结被反向偏置，从而获得了降低高频关断失真的好处**。可能存在的缺点是它的静态工作状况或许不及倒置达林顿电路稳定，因为它没有形成本级负反馈去抑制输出管发热时的 U_{BE} 变动，但考虑到家庭使用，环境温度变化较小，只要有合适的散热器和热耦合，静态工作稳定度就已足够。

VT_1 和 VT_{14} 构成负反馈式尾巴恒流源，R_5 的压降很小，可忽略不计，故 R_4 的压降等于 VT_{14} 的 be 结导通压降。当配上电容 C_{11} 时，理论上的电源抑制比要比 2 只二极管与 1 只三极管构成的恒流源高出 10dB，这是因为正电压波动经 C_{11} 耦合到电阻 R_{21} 与 R_{22} 的节点，抑制了 VT_1、VT_5 的电流变化——可以看成电路的局部负反馈。这两个恒流源与图 5-8 有一定的渊源，请读者留意。

输入差分对管（VT_2 与 VT_3）通过 R_2、R_3 设有较深的本级负反馈，抑制 3 次谐波失真。尾巴电流取 4mA（= 0.6V/150Ω）这个不常用到的高值，使晶体管内部发射极电阻 r_e 变动带来的影响减至最小。**镜像电流源 VT_{10} 与 VT_{11} 迫使差分对管 VT_2、VT_3 的集电极电流精确平衡，防止产生 2 次谐波失真。**

输入级的偏置电阻 R_1 与反馈电阻 R_8 取值相等，而且数值上既保证输入阻抗能够高到合理的程度，又尽可能地低。如此一来，由于 β 值的差异引起的基极电流失配所造成的直流失调电压得以最小化。VT_2 与 VT_3 的 U_{BE} 失调电压将直接在输出端显现，但不会受上述电阻取值的影响，而且对直流失调电压的贡献远比基极电流小。即使 VT_2 与 VT_3 使用低 β 值的高耐压三极管，放大器的直流失调电压应该在 ±50mV 内已足以满足使用的要求。

反馈电阻 R_8 取值小，也使得采样电阻 R_9 取较小的值，这样有利于降低电路的噪声。为 R_9 提高交流通路的隔直电容 C_2 取值为 220μF，它与 R_9 构成的低频转折频率约为 1.2Hz（增益下降 3dB 处）。取这个值的目的不是扩展功放超低音部分的频响，而是为了避免电容非线性带来低频端失真的上升。C_2 取值改为 100μF，则 10Hz 处的总谐波失真由小于 0.000 6%变为小于 0.001 1%，也是可以接受的。

保护二极管 VD_1 用于防止功放因为某种错误而一直处于输出高幅值负电压的状态而损坏 C_2，看上去它会带来一些失真，但实际上测量不到。

对功放的带宽施加限制，应该在更前端的电路利用非电解电容来实现。比如，在输入端插入 RC 低通滤波电路，电阻 R 取几千欧姆，电容 C 取几十皮法以上，这个低通滤波器还有一个重要作用是减小 TIM 失真①。

电容 C_3 限制了功放的闭环带宽并使相位裕量更充分，电阻 R_{20} 与 C_3 串联用于限流，防止停机瞬间脉冲造成 VT_3 损坏。由于 R_{20} 相对于 C_3 的阻抗太小，C_3 可以视为与 R_8 并联，频率愈高 C_3 的阻抗愈小、反馈量愈大，故电容 C_3 用于限制功放的闭环带宽。

在激励级内插射极跟随器 VT_{12}，密勒电容跨接在 VT_{12} 的 b 极与激励管 VT_4 的 c 极之间，以此改进激励级。射极跟随器的特点是输入阻抗高、输出阻抗低，负载电流能力强。这样一来，VT_{12} 相当于缓冲级，对差分级的电流需求非常小，激励级的总 β 值增大，使得本级负反馈的线性化效果增强。深入的研究表明，增大电压放大级 β 值的方法比采用共射—共基电路（见图 8-17）的方法能获得低得多的集电极阻抗，这是本级负反馈大大增强所致。因为密勒电容 C_{dom} 取值较大（C_5 = 100pF），有效地吞没了晶体管的极间电容和电路中的杂散电容，使电路设计能做出提前预判。

① 瞬态互调失真（Transient Intermodulation Distortion），简称 TIM 失真，是上世纪 70 年代才公开发布的失真，是与负反馈有关的一个负面现象。当反馈放大器收到一个非常陡峭的输入信号（就是包含高频成分），负反馈反应延迟，这一瞬间放大器处于开环状态，输出瞬间过载而产生削波，这一削波失真称为瞬态互调失真。

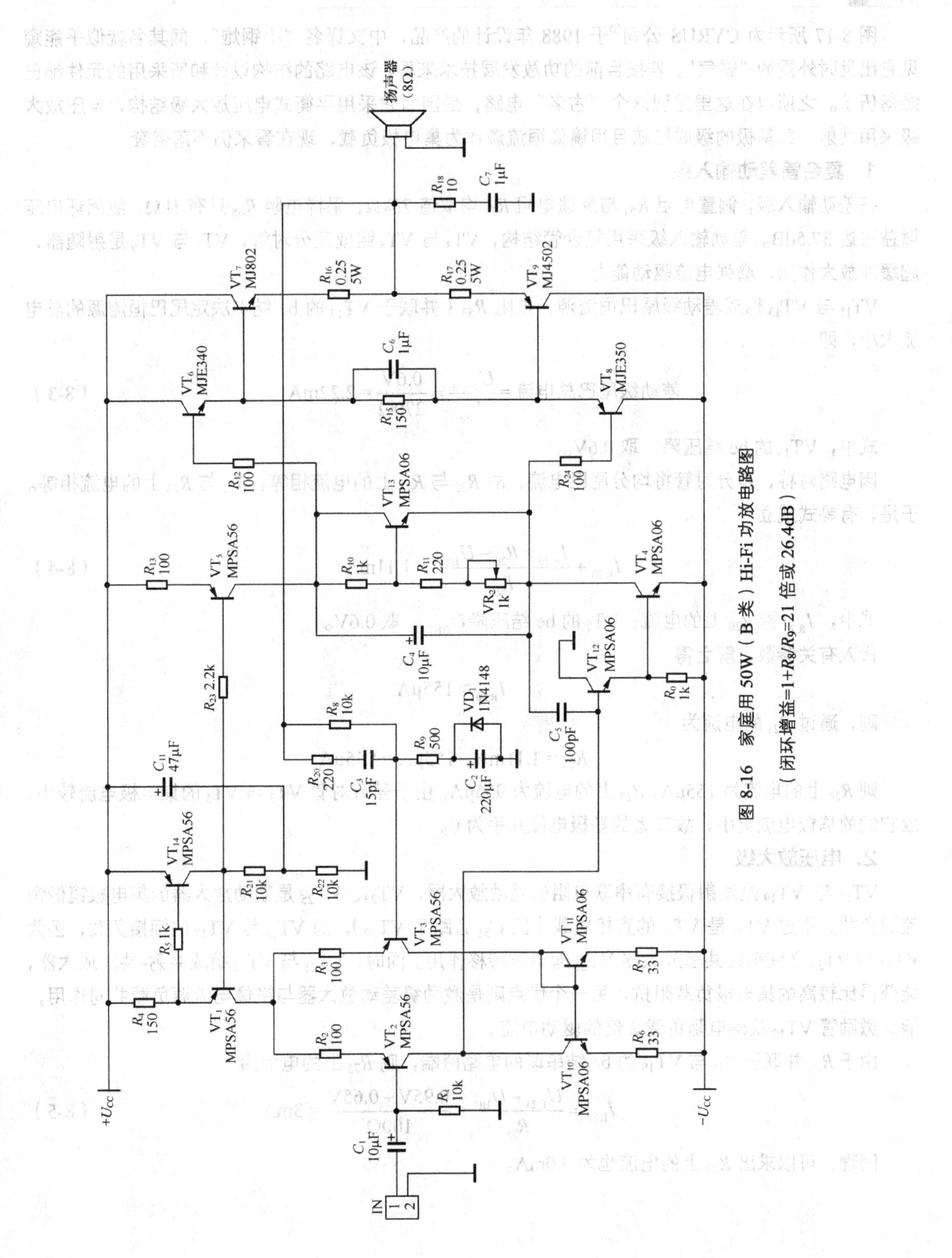

图 8-16　家庭用 50W（B 类）Hi-Fi 功放电路图
（闭环增益=1+R_8/R_9=21 倍或 26.4dB）

8.2.5 “小钢炮”——平衡式电压放大级功放电路实例

图 8-17 所示为 CYRUS 公司[①]于 1988 年设计的产品，中文译名“小钢炮”，闻其名就似乎能窥见它出世时外露的“霸气”。若按目前的功放发展技术来看，该电路的结构设计和所采用的元件都已经落伍了。之所以在这里呈现这个“古老”电路，是因为它采用平衡式电压放大级结构，电压放大级采用共射—共基极的级联接法且用镜像恒流源作为集电极负载，现在看来仍不落俗套。

1. 复合管差动输入级

在差动输入级，偏置电阻 R_{51} 与反馈电阻 R_{71} 均取值 75kΩ，采样电阻 R_{65} 只有 1kΩ，故闭环电压增益可达 37.5dB。差动输入级采用复合管结构，VT_3 与 VT_5 组成差分对管，VT_7 与 VT_9 是射随器，起缓冲放大作用，增强电流驱动能力。

VT_{11} 与 VT_{13} 构成差动级尾巴恒流源，电阻 R_{53}（并联于 VT_{13} 的 be 结）决定尾巴恒流源的总电流大小，即

$$\text{差动级尾巴总电流}=\frac{U_{\text{BE13}}}{R_{53}}=\frac{0.6\text{V}}{270\Omega}=2.22\text{mA} \tag{8-3}$$

式中，VT_{13} 的 be 结压降，取 0.6V。

因电路对称，差分对管将均分尾巴电流，故 R_{20} 与 R_{24} 上的电流相等，R_{21} 与 R_{23} 上的电流相等。于是，有等式成立

$$I_{\text{R}20}+\frac{I_{\text{R}20}\times R_{20}-U_{\text{BE7}}}{R_{21}}=1.11\text{mA} \tag{8-4}$$

式中，$I_{\text{R}20}$ 指 R_{20} 上的电流；VT_7 的 be 结压降 U_{BE7}，取 0.6V。

代入有关参数，解之得

$$I_{\text{R}20}\approx 155\mu\text{A}$$

则，通过 R_{21} 的电流为

$$R_{21}=1.11\text{mA}-155\mu\text{A}=955\mu\text{A}$$

则 R_{24} 上的电流为 155μA，R_{23} 上的电流为 955μA。由于差分对管 VT_3 与 VT_5 的集电极电流较小，故它们的基极电流更小，故二者的基极电位几乎为 0。

2. 电压放大级

VT_{17} 与 VT_{19} 是发射极接有串联电阻的差动放大器，VT_{23}、VT_{25} 是差动放大器的集电极镜像恒流源负载。不过 VT_{25} 是 VT_{19} 的直接负载（因 C_{51} 旁路了 VT_{39}），而 VT_{23} 是 VT_{17} 的间接负载，因为 VT_{17} 与 VT_{23} 之间串接共基放大器 VT_{21} 起电压转移作用。同时，VT_{21} 与 VT_{17} 组成共射-共基放大器，能获得比较高的集电极负载阻抗，另一个优点则是激励级差动放大器与镜像电流源负载共同作用，能让激励管 VT_{19} 获得电阻负载 2 倍的驱动电流。

由于 R_{21} 并联于 R_{75} 与 VT_{19} 的 be 结串联的电路两端，则 R_{75} 上的电流为

$$I_{\text{R}75}=\frac{U_{\text{R}21}-U_{\text{BE}}}{R_{75}}=\frac{0.95\text{V}-0.65\text{V}}{100\Omega}=3\text{mA} \tag{8-5}$$

同理，可以求出 R_{73} 上的电流也为 3.0mA。

① CYRUS 最早成立时是英国 Mission 的一个部门，专门设计和制造与 Mission 搭配的功能。

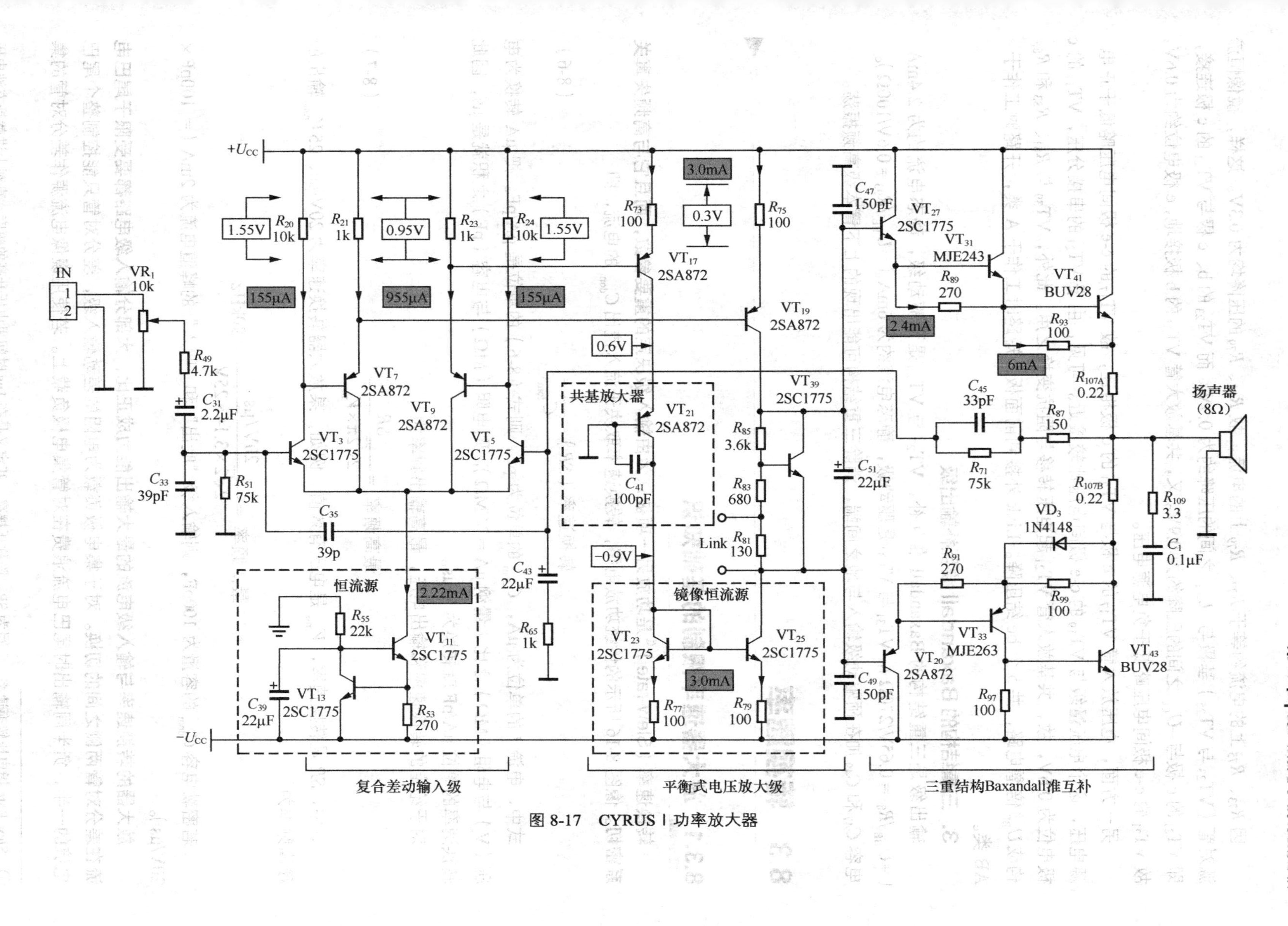

图 8-17 CYRUS I 功率放大器

因 R_{73}、R_{75} 上的电流约等于 R_{77}、R_{79} 上的电流，故 R_{77}、R_{79} 的压降均为 0.3V。这样，镜像恒流源对管（VT_{23} 与 VT_{25}）基极与 $-U_{CC}$ 之间的压降约为 0.9V，而 VT_{23} 的 b、c 极与 VT_{21} 的 c 极连接，即 VT_{21} 的 c 极与 $-U_{CC}$ 之间的压降约为 0.9V。又，共基放大管 VT_{21} 的 b 极接地，e 极电位约为 0.6V，故 VT_{21} 的 c-e 极间电压略低于负电源电压。

另一方面，电压放大管 VT_{17} 的 c 极与 VT_{21} 的 e 极相连，故 VT_{17} 的 c-e 极间电压略低于正电源电压，这个电压量级与 VT_{19} 的 c-e 极间电压比较接近。可见，由于 VT_{21} 的串接分压，VT_{17} 的 c 极电位为 0.6V，故，共基放大管 VT_{21} 起电压转移与阻抗变换之用。此外，VT_{39} 与 R_{81}、R_{83} 和 R_{85} 构成 U_{BE} 倍增电路，共 5 个 be 结压降。Link 外接到前面板，短路时工作于 A 类，开路时工作于 AB 类。

3. 三重结构的 Baxandall 准互补输出级

输出级是三重结构的 Baxandall 准互补，VT_{27} 与 VT_{20} 是预驱动级，静态电流约为 2.4mA（$=U_{BE}/R_{89}=0.65V/270\Omega$），$VT_{31}$ 与 VT_{33} 是驱动级，静态电流约为 6mA（$=U_{BE}/R_{93}=0.6V/100\Omega$）。电容 C_{47} 和 C_{49} 加在预驱动级输入与地之间端，消除三重结构可能出现的上下臂本级高频振荡。

8.3 转换速率

8.3.1 放大器速率限制的基础知识

转换速率（Slew-rate）①**是功放另一项被认为由输入级决定的重要参数，而且它与高频失真关系密切。**像图 8-16 所示的传统功放电路，转换速率取决于流入流出 C_{dom} 的电流，即

$$\text{转换速率}(SR)=\frac{I}{C_{dom}} \tag{8-6}$$

式中，电流 I 的单位为 μA，C_{dom} 的单位为 pF，则式（8-6）的单位是 μA/pF。把 μA 转换为电压（V）与电阻（MΩ）之比（量纲 μA = V/MΩ），则电阻（MΩ）与电容（pF）之积就是 μs，因此转换速率的单位 μA/pF 就转换为 V/μs。

对于给定的转换速率和输出电压，最高输出频率为

$$\text{最高频率}=\frac{SR}{2\sqrt{2}\pi\times V_{rms}} \tag{8-7}$$

式中，SR 是转换速率，V_{rms} 是电压有效值。例如，某放大器转换速率为 20V/μs，25 V_{rms} 输出的最高频率为

$$\text{最高频率}=\frac{20V/\mu s}{2\sqrt{2}\times 3.14\times 25V}\approx 90kHz$$

若密勒电容 C_{dom} 的容量为 100pF，则输入级“吐出”和“吸入”的峰值电流为 2mA（= 100pF × 20V/μs）。

放大器的转换速率与输入级电流的最大输出能力成正比，大部分输入级电路都要受限于尾巴电流在差分对管两侧之间的切换。对于集电极负载为电阻的差动输入级，差分对管只能控制整个尾巴电流的一半，负半周输出时尾巴电流浪费在对管集电极负载上。若使用镜像电流源作差分对管的集

① Slew Rate 指电压转换速率，简写为 SR，简称压摆率。其定义是在 1μs 时间里电压升高的幅度，直观上讲就是方波电压由波谷升到波峰所需时间，单位通常有 V/s、V/ms、V/μs 和 V/ns 4 种。

电极负载，这样被浪费的一半尾巴电流被利用起来，使得正负向的转换速率均增大一倍。比如，当尾巴电流为 1.2mA，差分对管若采用镜像电流源负载，转换速率可由原来约 5V/μs[①]提升至 10V/μs（此时 C_{dom} 为 100pF）。这似乎非常简单——增大尾巴电流源的电流就可以提高转换速率，但是尾巴电流不是对 C_{dom} 转换电流的唯一限制。

图 8-18 显示了正向摆动和负向摆动时的电流流动路径。正向电流只靠激励级的恒流源供给，如果激励级恒流源提供的电流小于差分对管的尾巴电流源，将导致最大的正向转换速率下降，导致正负双向转换速率不对称。负向转换时激励管 VT_4 能够流过 C_{dom} 所有需要的电流，而不受激励级恒流源的影响。对于大部分功放电路来说，激励级的恒流源不会造成转换速率上的问题。因为要保证能够有足够的电流去驱动输出级推挽工作，需要激励级的工作电流比差动输入级的电流大。

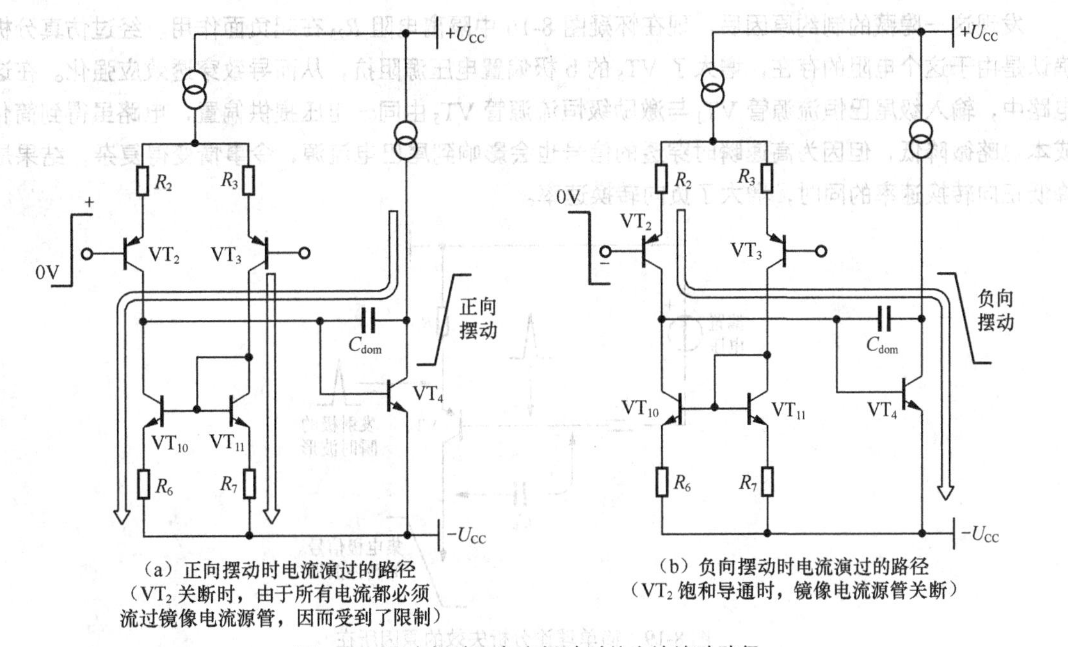

（a）正向摆动时电流流过的路径（VT_2 关断时，由于所有电流都必须流过镜像电流源管，因而受到了限制）

（b）负向摆动时电流流过的路径（VT_2 饱和导通时，镜像电流源管关断）

图 8-18 正向摆动和负向摆动时的电流流动路径

8.3.2 转换速率的提高

依据式（8-6）计算图 8-16 的转换速率为 40V/μs（= 4mA/100pF）。而测量显示放大器具有不对称的正向与负向转换速率，正向的转换速率为+21V/μs，负向的转换速率为–48V/μs（简计为+21/–48，下同），即实际结果与理论值有较大误差。

再看图 8-16，激励级恒流源电流（约 6mA）显然大于输入级吸入电流出现困难时需要灌向 C_{dom} 的电流，故当我们尝试将 R_4 的阻值由原来的 150Ω 减小至 100Ω（与 R_{13} 取值一样），期望能增大放大器的转换速率。但结果令人失望，转换速率仅有很小的改变，正负向的转换速率为+21/–62，负向的转换速率仍然超出理论预测值–60V/μs，因此需要先找出正向转换速率为何小这么多的原因。

第一感觉是激励级恒流源似乎并非罪魁祸首，因为 R_4 与 R_{13} 取值一样，这个恒流源应能供应输入级所能吸收的所有电流。实践发现，当 R_4 = 150Ω、R_{13} = 68Ω 时，得到的转换速率为+23/–48，这个值虽然较小，但正向转换速率稍稍增大，负向转换速率显著减小，这清楚地表明激励级恒流源产

① 差分对单侧管的峰值电流为 0.6mA，按式（8-6）理论计算的转换速率为 6V/μs，但转换速率还与其他因素有关，故实际值比按式（8-6）计算的值偏小。

生了一些可以觉察到的作用。

8.3.3 晶体管极间电容穿透效应对转换速率的影响

恒流源可以在音频频率范围内提供相当稳定的电流，这已令它经常被人们选用为激励级的集电极负载。在这样的应用下，恒流源管 VT_5 的 c 极暴露在信号的全部摆幅和所有的转换速率面前。当放大器快速正向摆动时，高速信号通过 VT_5 的 c 极与 b 极的极间电容 C_{bc}，从 c 极瞬时穿透到 b 极，如图 8-19 所示。如果 b 极电压没有很好地被箝位，那么这个快速的正向摆动穿透信号驱使 b 极电压上升，令 e 极电阻 R_{13} 的压降减小，导致 VT_5 的输出电流也就减小。而当放大器快速负向摆动时情况正相反，恒流源电流在短时间内增大。换言之，快速正向摆动造成了自身可用电流的减小，快速负向摆动造成了自身可用电流的增加。

发现这一隐藏的制约原因后，现在怀疑图 8-16 中隔离电阻 R_{23} 在起负面作用。经过仿真分析，确认是由于这个电阻的存在，增大了 VT_5 的 b 极偏置电压源阻抗，从而导致穿透效应强化。在这个电路中，输入级尾巴恒流源管 VT_1 与激励级恒流源管 VT_5 由同一电压提供偏置，电路虽得到简化，成本也略微降低，但因为高速瞬时穿透的信号也会影响到尾巴电流源，令事情变得复杂，结果是在降低正向转换速率的同时，增大了负向转换速率。

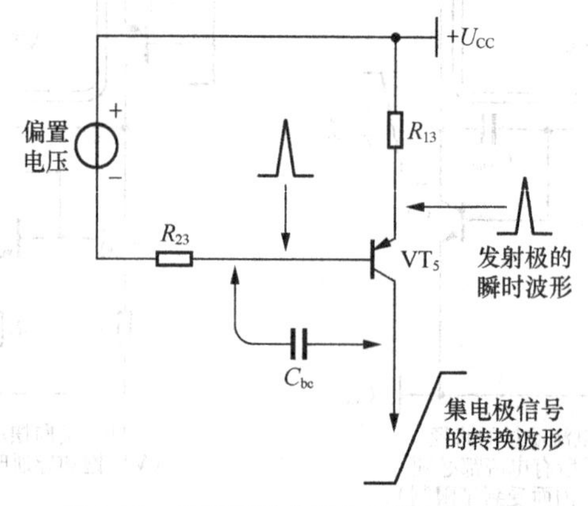

图 8-19 简单理论分析失效的原因所在

（激励级恒流源晶体管 VT_5 的 c 极出现高速的上升沿波形，穿透了管子内部电容 C_{bc} 而产生耦合作用，令工作电流瞬时减小）

8.3.4 现实中的速率限制

图 8-16 偏置电路的隔离电阻 R_{23} 不只是本电路使用，它们非常普遍使用于其他放大器中。设置这个电阻不是为了把两个恒流源在交流上进行相互隔离（在某种意义说还完全做不到），而是为了便于排查故障。没有这个电阻时，如果 VT_1 开路，偏置参考电压将崩溃，把两个恒流源都关闭，为排除故障就需花时间去检查究竟是哪一个恒流源出了问题。认识到这一点，去掉 R_{23} 测得的转换速率立即由+21/−48 改善到+24/−48，这已比前面尝试的改善程度还大，并且不需要减小 R_{13}（比如从 100Ω 减至 68Ω），导致激励管 VT_4 静态电流增大带来的功耗增加问题。

图 8-16 的差动级尾巴恒流源为主动式（由 VT_{14} 提供反馈控制），若把它的激励级恒流源改为主动式，如图 8-20 所示，该电路就可以更好地阻止穿透效应，其反馈直接抑制了那些并非需要的异常电流变动（C_S = 6pF 没有加入）。转换速率由+24/−48 改善到+28/−48。激励级电流加大后，这个改动得到的改善效果似乎更佳，比如 R_4 = 100Ω、R_{13} = 68Ω 时转换速率为+37/−52。正向转换速率有确切

的改善，负向转换速率也略有增大，表明尾巴恒流源电流仍会因穿透效应而短暂增大。

看来有必要尽量减少穿透效应，因为它恰好在决定转换速率的关键时刻在起作用。一种可行的做法是为 VT_5 的 c 极加一只级联三极管起屏蔽作用，使 VT_5 的 c 极与快速的电压摆动分隔开。但这样又会增加偏置电路的元件数量，使得正向转换速率下降，虽然下降的程度很小。由于是激励级恒流源的电容穿透效应引起这个问题，能不能反过来应用这一点，使得急剧的电压变动引起恒流源电流增大，以抵消原来的减少，从而最后令电流不变呢？答案是肯定的。

如图 8-20 所示，如果在激励级恒流源管 VT_5 的 c 极（此处有电压的全部摆幅）与尾巴电流源的反馈控制检测点 A 之间加入一个小电容 C_S。当 VT_5 的 c 极电压急速上升时，VT_{14} 的 b 极将随之上升，即朝着令 VT_{14} 关闭的方向摆动，这样一来，VT_5 通过 R_{21} 得到的偏置电流增大，输出电流也随之增大。这一技术相当有效，但它是一种正反馈，应用时需多加注意，C_S 的容量必须要小。7.5pF 是不至于引起放大器高频稳定性受损的可用最高值。

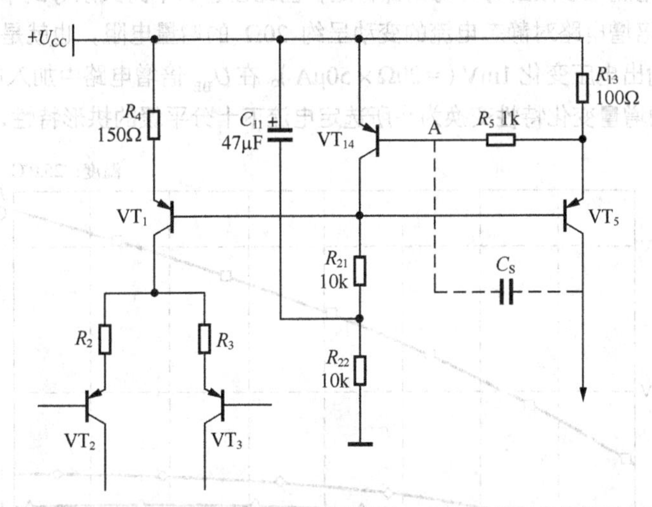

图 8-20　对控制 VT_5 电流的偏置电路进行修改，目的是减轻晶体管的穿透效应

当 $R_4 = 100\Omega$、$R_{13} = 68\Omega$ 时，加入 $C_S = 6\text{pF}$，可令放大器的正负向转换速率由+37/−52 变为+42/−43，电路原有的正负向转换的不对称性已得到修正。如果要求有很好的对称性，则需精细调整所加电容容量。

8.3.5　其他影响速率的因素

其他一些未被人们怀疑的因素，实际上对放大器速度造成了影响。转换速率受输出负载及输出级的工作方式种类影响，这一点还不是有很多人知道。

比如，前面的例子中，$R_4 = 100\Omega$、$R_{13} = 68\Omega$ 时，输出级工作于 B 类驱动 8Ω 负载时得到的正负向转换速率为+37/−52，改为驱动 4Ω 则变为+34/−58，正向转换速率下降再度表现得比较明显。如果输出级工作于 A 类（仍驱动 8Ω 负载），则得到正负向转换速率为+35/−50。

可以解释为，尽管输出级有驱动管和输出管两级，但仍向激励级吸取了较明显的电流。在正向摆动期间，为了驱动 4Ω 这个较重的负载，驱动管需吸取足够的 b 极电流，使流经 C_{dom} 的电流被分走，而这时正是 C_{dom} 最需要电流通过的时候。对于输出级工作于 A 类的情形，则是因为输出管的工作电流一直都比较大，驱动管需要较多的 b 极电流（即便是静态工作时），所以把激励管 c 极的电流多吸走了一部分。

如果减小密勒电容 C_{dom} 的容量，则可以提升放大器的速度。但为保证放大器有足够的高频稳定性，需要把负反馈量控制低至合理的程度，这样就要对高频的环路增益进行限制。在主极点频率 P_1

以上的开环增益等于输入级的 g_m 与 C_{dom} 阻抗的乘积［高频增益＝$g_m/(\omega C_{dom})$］，而通过差分对管发射极的本级负反馈作用，g_m 已在合理范围内做到尽可能低。为此，发射极电阻 R_2 和 R_3 均取 100Ω，取值已是足够的大，因为尾巴电流一分为二地流过这两只电阻的电流匹配精度很可能不会优于 1%，而且噪声性能也因为这两只电阻取值较大受到一定的损害。在这种情况下，要得到与原来相同的 20kHz 反馈量，C_{dom} 只能取大而不能减小。

8.3.6 具有电流补偿功能的 U_{BE} 倍增电路

静态的稳定需要 U_{BE} 倍增电路能够消除输出级 4 只晶体管的 be 结变化。U_{BE} 倍增电路非标准形式，而是经过修改，使得流过它的电流发生变动时输出的偏置电压更稳定。**这个电流变动是由于 VT_{13} 的偏置不能完全免除电源电压的影响之故，而且 VT_{13} 的输出电流在开机初期会因发热和 U_{BE} 的变化而迁移。**

B 类功放的静态电流难以做到每时每刻都稳定，因此在它的平衡关系等式中预留额外的余量是有意义的。标准的 U_{BE} 倍增电路对静态电流的变动呈约 20Ω 的增量电阻，也就是说静态电流迁移变化 50μA 带来它的两端输出电压变化 1mV（＝20Ω×50μA）。在 U_{BE} 倍增电路中加入电阻 R_{14}，可以将原来控制输出电压 U_{CE13} 的增量变化特性变换为在所选定电流下十分平缓的拱形特性，如图 8-21 所示。

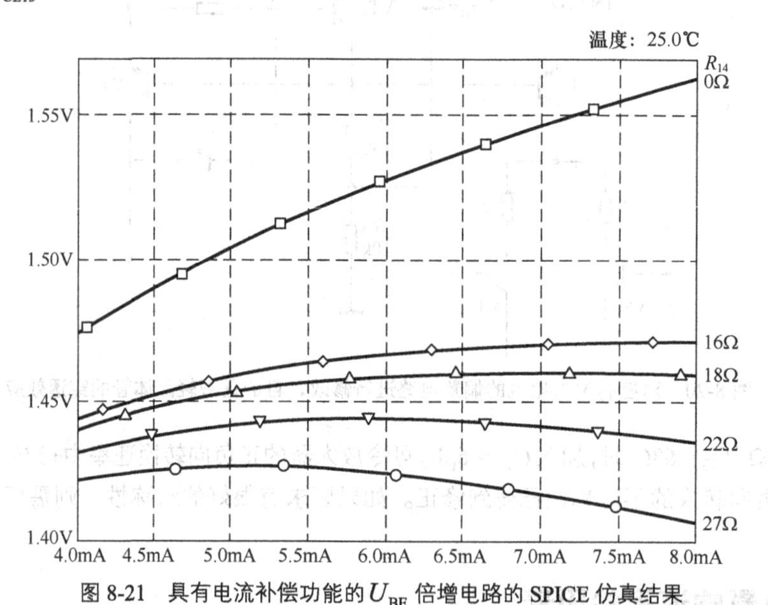

图 8-21 具有电流补偿功能的 U_{BE} 倍增电路的 SPICE 仿真结果

R_{14} 设为 22Ω，则电压的峰值拱起点电流为 6mA，这时静态电流变动需超过 500μA 才引起两端输出电压 1mV 的变化。也就是说，加入电阻 R_{14} 的改进型 U_{BE} 倍增电路静态电流的变动呈约 2Ω 的增量电阻，是标准的 U_{BE} 倍增电路的电阻增量的 1/10。如果晶体管 VT_{13} 的静态电流超过 6mA，则 R_{14} 的阻值必须作相应调整。例如，VT_{13} 的静态电流为 8mA，则 R_{14} 应设为 16Ω 才比较合适。

8.3.7 改进转换速率的 50W（AB 类）Hi-Fi 功放设计实例

按上述要求对图 8-16 改进后如图 8-22 所示。输入级偏置电阻 R_1 串接精密微调电阻 VR_1 接 GND，方便调节失调电压至 0 附近。对转换速率的电路加以修正，比如增设减少穿透效应的电容 C_S。适当改变取样、反馈电阻的阻值，提高电压增益至 27.7dB。增大 U_{BE} 倍增管的基极电阻 R_{10} 为 2.2kΩ，减小 VT_{13} 偏置支路的电流，使其集电极电流是偏置支路电流的 5～8 倍以上。在缓冲级 VT_{12} 的集电极增设 RC 限流滤波电路，防止 VT_{12}、VT_4 相继击穿问题。

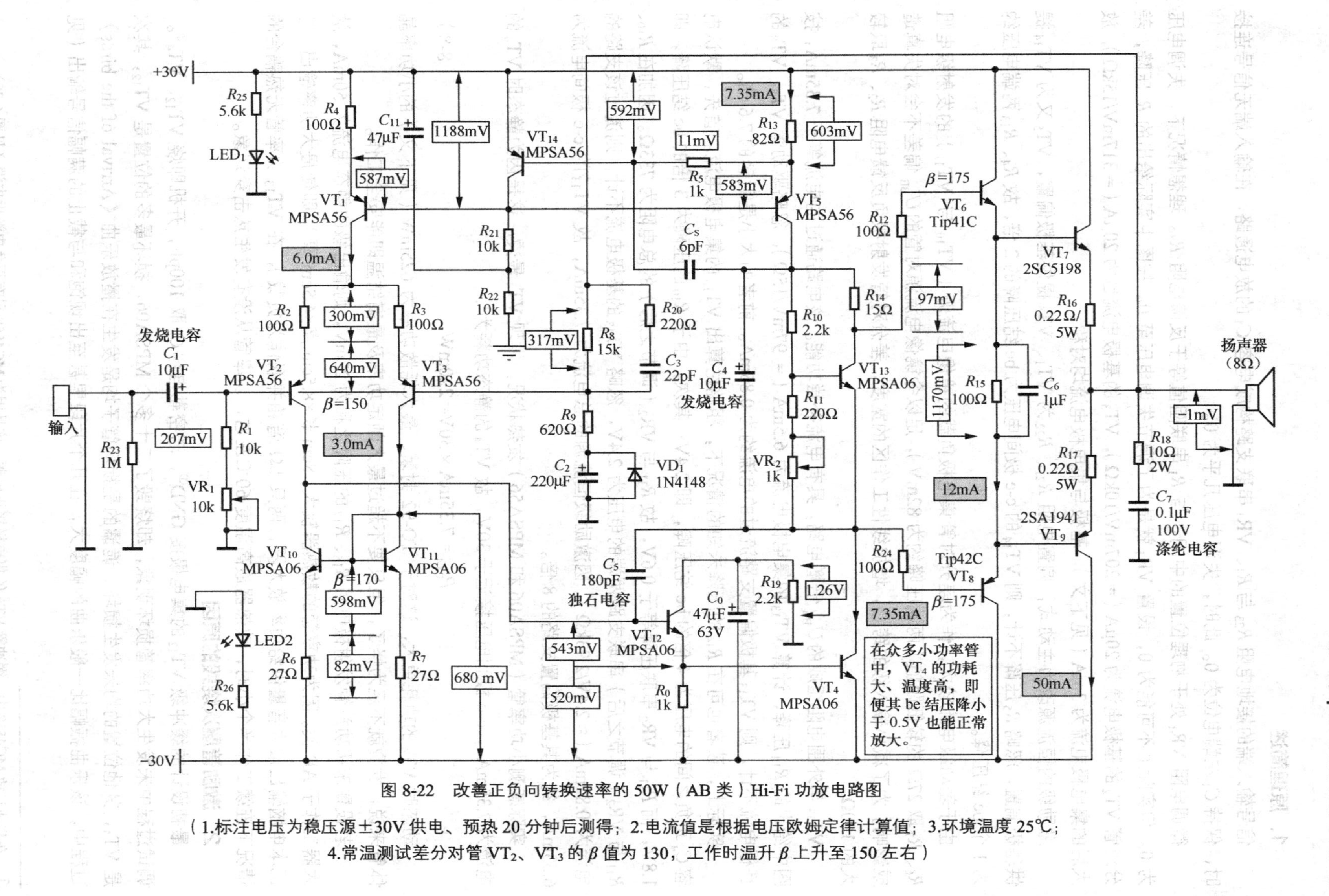

图 8-22　改善正负向转换速率的 50W（AB 类）Hi-Fi 功放电路图

（1.标注电压为稳压源±30V 供电、预热 20 分钟后测得；2.电流值是根据电压欧姆定律计算值；3.环境温度 25°C；4.常温测试差分对管 VT_2、VT_3 的 β 值为 130，工作时温升 β 上升至 150 左右）

1. 原理简述

信号输入端的接地电阻 R_{23} 与 R_1、VR_1 串联支路构成电容 C_1 的放电通路，在输入端无信号连接时，保持 C_1 左端电位为 0。此时，失调电压几乎为 0。

微调电阻 VR_1 处于物理位置的中间，与 R_1 串联阻值等于反馈电阻 R_8。理想情况下，失调电压为 0。但实际上不可能为 0，设置 VR_1 就是为了调节失调电压至 0。按图中实际给出的 R_1 压降，差分对管 VT_2 的基极电流为 20μA（=207mV/10kΩ），VT_3 的基极电流也为 20μA（=317mV/15kΩ），放大后的集电极电流为 3mA（见下文），基极与集电极电流均对称。

激励级的恒流源改为主动式，偏置电阻 R_{21}、R_{22} 为 VT_1、VT_5 提供基极偏置，VT_5 又为 VT_{14} 提供基极偏置，忽略 R_5 压降不计，则 VT_{14} 的 c-e 极间电压为 be 结压降的 2 倍，故 R_4、R_{13} 两端电压约为 1 个 be 结压降。

由于差动级电流较大，作为差分对管集电极负载的镜像电流源（VT_{10} 与 VT_{11}）的发射级电阻 R_6、R_7 取 27Ω 的较低阻值（两端压降约为 82mV），足以令镜像电流源对管的 U_{BE} 偏差不会对失真造成影响。为了减小输入级的跨导，增加线性工作区的宽度，差分对管发射极负反馈电阻 R_2、R_3 取较大的 100Ω。

VT_{13} 与外围电阻组成的 U_{BE} 倍增电路，具有电流补偿功能。该电路通过的电流等于 7.35mA，按图中给出的 R_{14} 压降，计算 VT_{13} 的集电极电流为 6.5mA（= 97mV/15Ω），忽略驱动管 VT_6、VT_8 的基极电流不计，则 VT_{13} 基极偏置支路流过的电流约为 0.85mA。前者的大小是后者的 7.6 倍。

实际上，读者也可在 R_{14} 的压降未知的情况下，粗略估算出 VT_{13} 的集电极电流。首先，默认电容 C_4 正负之间的电压为 4 倍的 be 结压降，即 2.4V；其次，由于 R_{10} 的压降为 3 倍的 be 结压降，即 1.8V，而 R_{11} 与 VR_2 串联压降等于 0.6V，故 R_{11} 与 VR_2（调节之后）的总电阻为 733Ω。因加在 R_{10}、R_{11} 与 VR_2（调节之后）串联支路两端的电压为 2.4V，忽略 VT_{13} 的基极电流不计，则流过该支路的电流为 0.82mA（≈2.4V/2.93kΩ）。因激励级恒流源的总电流为 7.35mA，故 VT_{13} 的 c-e 极间电流为 6.53mA，约为其基极偏置支路的 8 倍。

实际感测小功率管（MPSA06 和 MPSA56）发热状况，发现 VT_4 最烫。这是因为静态时 VT_4 的电流为 7.35mA ，c-e 极间电压接近于 30V，故 VT_4 的静态功耗为

$$P_{VT4} = 7.35\text{mA} \times 30\text{V} = 220\text{mW} \tag{8-8}$$

动态时 VT_4 的功耗更大，这对于 TO-92 封装、最大耗散功率为 625mW（见下文）的小功率晶体管来说，发烫就不足为怪了，但只要不超过最大额定功率及最高结温即能安全工作。

若设置末级功放管发射极电阻 R_{16}、R_{17} 的压降之和为 22mV，则输出级的静态电流为 50mA，放大器工作于 AB 类。因为功率管的散热器较大（8cm 长×8.5cm 高×4.5cm 厚），即使最大功率输出（笔记本电脑输出最大音量供给功率放大器，两只 8Ω 音箱并联作为负载），在 VT_{13} 功率管无热耦合的情况下连续工作半个小时，散热器最高温度 60℃左右，功率管从没有发生热击穿现象。

2. 激励管屡次烧毁的原因

最初设计的缓冲级 VT_{12} 的集电极接 GND①，若密勒电容 C_5 取 100pF，开机即烧 VT_{12}、$VT_4$②。调试过程中未发生大功率管损坏现象，却烧毁了二十多个 MPSA06，损坏最多的位置是 VT_{12}，其次是 VT_4，其他位置的均未发生损坏。诡谲的是损坏管子均是发生在播放乐曲《Arrival of the birds》过程中，该乐曲振幅比一般乐曲的幅度大，在几个片段里甚至出现饱和与截止的满幅信号输出（见

① 在集成运放 MC4558 中，缓冲管 VT6 的集电极接正电源，这是因为 MC4558 只有正负电源供电端（见图 6-28）。
② 笔者研究这个功放历时 4 个多月，设计了 3 个版本（2016/5/27，2016/6/30 和 2016/9/30）。

图 8-23），烧坏管子的时刻恰恰在这种情形下发生。

管子烧坏原因是这样的，当 VT_{12} 的基极为正向电压峰值、导通电流大，这时从 GND 与–30V 之间形成一条直流通路：GND→VT_{12} 的 c-e 极→VT_4 的 be 结→–30V，一旦持续时间过长（约 0.3s），因 VT_{12} 的 c-e 极间承受的电压高，故其功耗大，其 c-e 极间先被击穿，接着 VT_4 的 be 结烧穿，负电源电压与地短路。此时 VT_4 的 c-e 极间开路，放大器输出接近于正电源的电压加在扬声器上，所以，每当此时笔者都会手忙脚乱地赶紧切断电源，防止扬声器损坏。

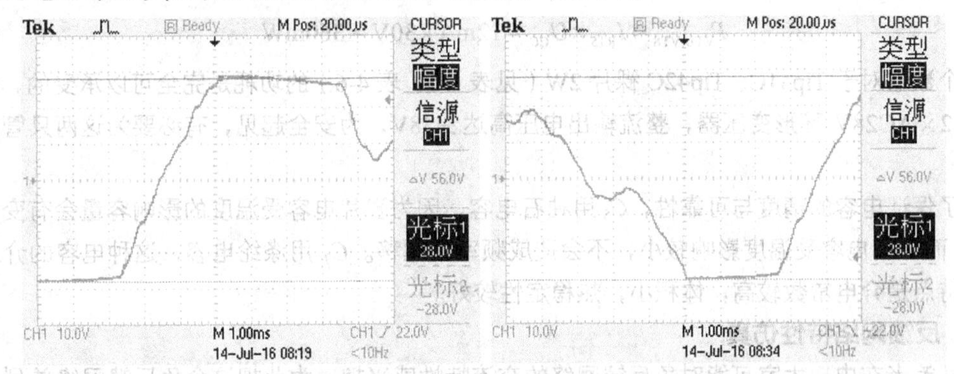

（a）上升沿触发，峰值接近于正电源电压　　（b）上升沿触发，谷值接近于负电源电压

图 8-23　播放《Arrival of the birds》过程中出现的满幅信号

后来，把 C_5 增至不常见的 180pF，放置在办公室断断续续地工作一个多月，好像问题彻底解决了。不曾想，2016 年 9 月 28 再次播放那首神曲时，又烧管了。故障现象是输出端电位几乎等于负电源电压。检测发现 VT_{12} 的 b、c 短路，但发射结正常；VT_4 的发射结与集电极均正常，c、e 极间二次击穿（有一定电阻），通电时 c、e 极间约有 2V 的电压。

鉴于从 GND 经 VT_{12} 的 c-e 极与 VT_4 的发射结到负电压的低阻通路，竟然没有一只限流电阻存在，极端情况下烧管现象屡次发生。因此，笔者决意在 VT_{12} 的 c 极与 GND 之间串接电阻 R_{19}，并在节点处与负电压之间接入电解电容 C_0 滤波（PCB 的第三个设计版本）。此时，C_0 与 R_{19} 构成 RC 滤波电路给 VT_{12} 供电。同时，又能因 R_{19} 的电流限制作用，避免 VT_{12}、VT_4 烧管发生。

尽管烧管问题解决了，但密勒电容 C_5 仍不能取常见的 100pF。否则，一旦调节 VR_2，使功放有小小的静态电流，输出端立即出现如图 8-24（a）所示的高频自激。把容量增至 150pF，高频自激暂时消失了。但继续调节 VR_2、增大静态电流，输出端又出现如图 8-24（b）所示的高频自激。令人可喜的是，即便电路自激 VT_{12}、VT_4 烧管事件再也没有发生。最后把 C_5 的容量定在 180pF。

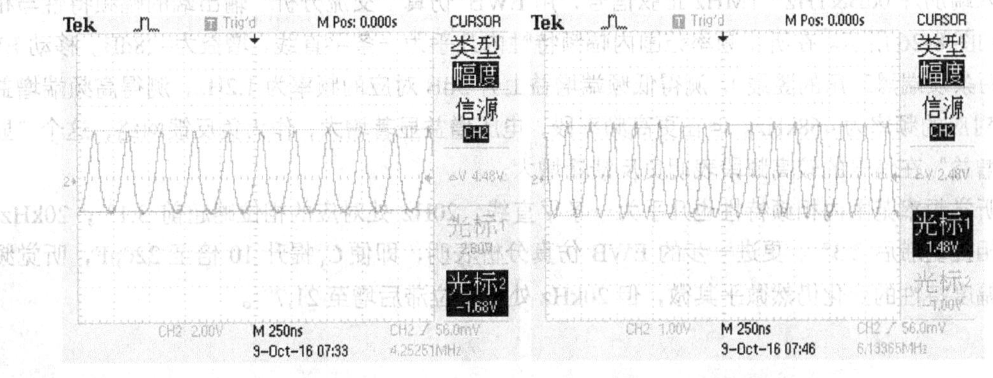

（a）密勒电容为100pF　　（b）密勒电容为150pF

图 8-24　补偿电容容量小，电路高频自激

静态时，忽略 VT_4 的基极电流，VT_{12} 的集电极电流约等于 0.52mA（$=U_{BE4}/R_0=520mV/1k\Omega$），则 R_{19} 的压降约为 1.2V。C_0 相当于储能器，为 VT_{12} 提供瞬间变化的动态电流，同时，又能把负电源的纹波耦合到缓冲管 VT_{12} 的集电极，减小负电源波动对缓冲管的影响。需要指出的是，由于 R_{19} 的压降很小，故 C_0 耐压要选 35V 以上。

预驱动级 VT_6 与 VT_8 的 e-e 极间电阻 R_{15} 的压降为 1.17V，故它们的集电极电流约为 12mA，则 VT_6 与 VT_8 的功耗为

$$P_{VT6,VT8} \approx I_{R15} \times U_{CC} = 12mA \times 30V = 360mW \tag{8-9}$$

这个数值对于 Tip41C、Tip42C 裸片 2W（见表 4-5、表 4-6）的功耗是完全可以承受的，但考虑到改为 2×AC28V 环形变压器，整流输出电压高达 ±38V，为安全起见，有必要为这两只管加装散热器。

为了保证电容的精度与可靠性，C_5 用独石电容，因为瓷片电容受温度的影响容量会有变化（不稳定），而独石电容受温度影响较小，不会造成频率的漂移。C_7 用涤纶电容，这种电容的介质是涤纶，其特点是介电常数较高，体积小，热稳定性较好。

3. 反馈网络特性仿真

包括笔者在内，大家可能对负反馈网络的交流特性感兴趣。为此把这个负反馈网络单列出来，因二极管与交流性能毫无关系，故去除二极管后的电路如图 8-25 所示。这个负反馈网络的输入在图 8-23 中是输出，负反馈网络的输出在图 8-23 中是负反馈信号。我们的目的是通过在负反馈网络的输入端加注振幅恒定的扫频信号，观察输出信号的幅度与相位随频率变化的趋势，就能大致判断该网络的幅频特性和相频特性。

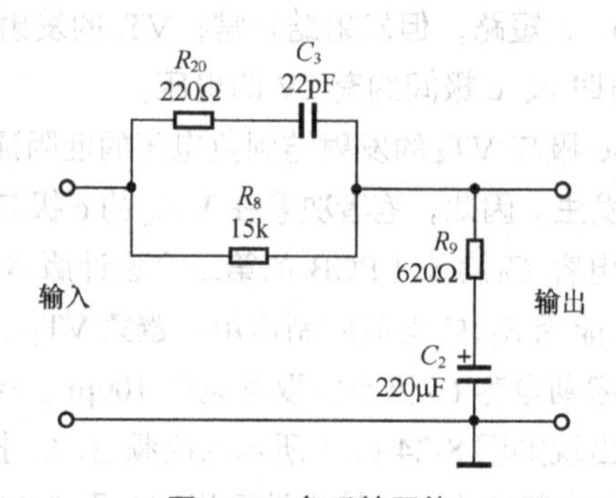

图 8-25 负反馈网络

输入端加注 0dB&1Hz～1MHz 正弦信号，用 EWB[①]仿真“交流分析”输出端的幅频特性与相频特性，如图 8-26 所示。在听觉频率范围内幅频特性内几乎为一条平直线，增益为−28dB。移动 EWB 游标（两条顶端黑三角的竖线），测得低频端增益上升 3dB 对应的频率为 1.2Hz，测得高频端增益上升 3dB 对应的频率为 468kHz。但在更高频率段，电压增益显著增大，作为负反馈网络，这个“显著升高的增益”在信号的较高频段表明负反馈量增大。

在听觉频率范围内相频特性也几乎为一条平直线，20Hz 处对应的相位略超前 3.1°，20kHz 处对应的相位略滞后 2.3°。更进一步的 EWB 仿真分析表明，即便 C_3 提升 10 倍至 220pF，听觉频率范围内幅度特性的变化仍然微乎其微，但 20kHz 处的相位滞后增至 21.7°。

① EWB 软件，全称为 Electronics Workbench EDA，是交互图像技术有限公司在 20 世纪 90 年代初推出的 EDA 软件，用于模拟电路和数字电路的混合仿真，利用它可以直接从屏幕上看到各种电路的输出波形。

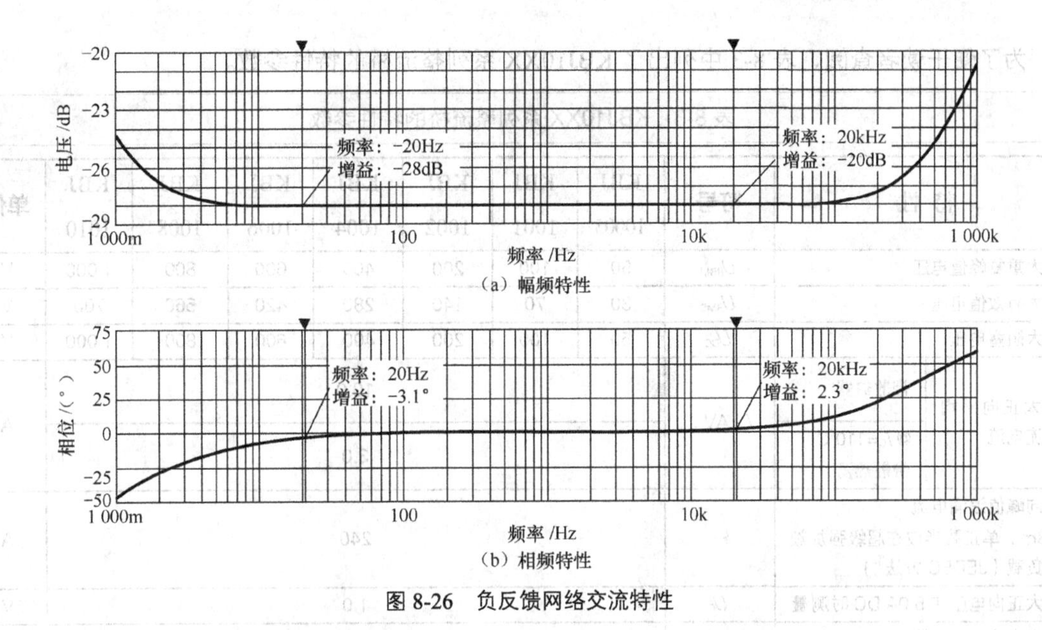

图 8-26　负反馈网络交流特性

（横坐标 1000m 指 1Hz，100 指 100Hz，其余类推）

4. 整流桥 KBJ1010 及供电电路

为了方便供电，为图 8-22 增设的 AC-DC 整流滤波电路如图 8-27 所示。插座 Power 外接环形变压器，规格 80W，2×AC28V[①]。整流桥型号为 KBJ1010，额定电流 10A，反向耐压 1 000V（实际上即使用 KBJ1002，耐压 200V 亦够，二者价格一样），滤波大电解电容用 10 000μF/50V。整流滤波输出电压为 ± 38V。

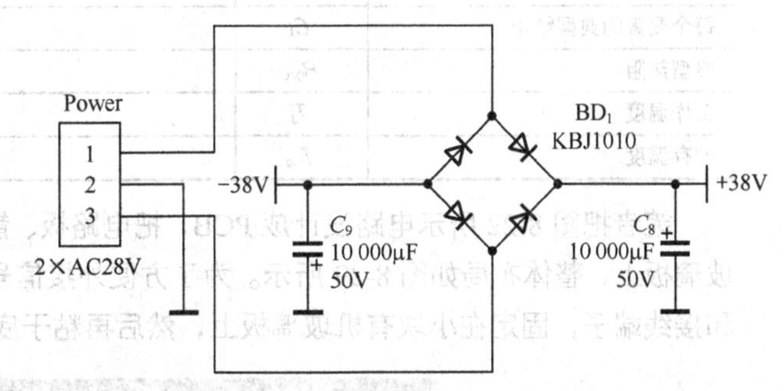

图 8-27　为图 8-22 增设的整流滤波电路

整流桥 KBJ1010 的尺寸如图 8-28 所示。

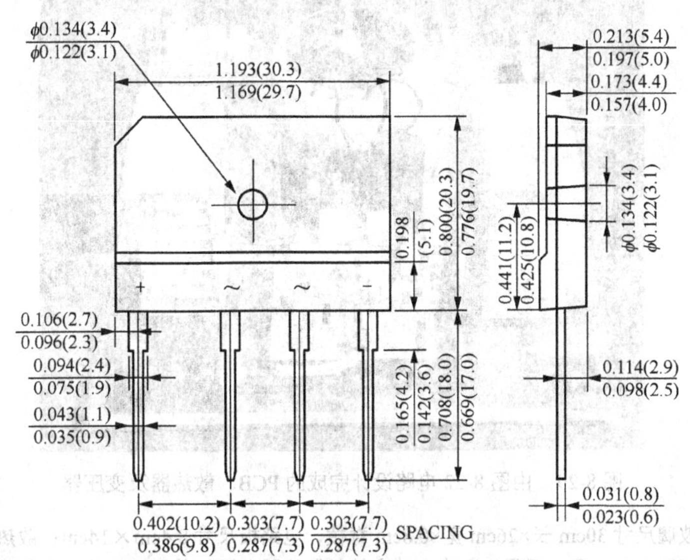

图 8-28　KBJ10XX 系列整流桥的尺寸图

① 该变压器是在广东省中山市（小榄镇）圣元变压器公司订做的。

为了便于读者查阅，表 8-3 中列出了 KBJ10XX 系列整流桥的特性参数。

表 8-3　KBJ10XX 系列整流桥的特性参数

特性		符号	KBJ 10005	KBJ 1001	KBJ 1002	KBJ 1004	KBJ 1006	KBJ 1008	KBJ 1010	单位
最大重复峰值电压		U_{RRM}	50	100	200	400	600	800	1 000	V
最大有效值电压		U_{RMS}	30	70	140	280	420	560	700	V
最大阻塞电压		U_{DC}	50	100	200	400	600	800	1 000	V
最大正向平均整流电流	带散热器	I(AV)	10.0							A
	@T_C=110℃ 带散热器		3.0							
正向峰值浪涌电流 8.3ms 单正弦半波在超级强加额定负载（JEDEC 方法[①]）		I_{FSM}	240							A
最大正向电压在 5.0A DC 时测量		U_F	1.0							V
最大直流反向电流@T_J=25℃ 额定负载阻塞电压@ T_J =125℃		I_R	10.0 500							μA
每个要素的典型结电		C_J	55							pF
典型热阻		$R_{θJC}$	1.4							℃/W
工作温度		T_J	−55～+125							℃
贮存温度		T_{stg}	−55～+150							℃

笔者把图 8-22 所示电路设计成 PCB，把电路板、散热器（含功率管）及变压器固定在一块有机玻璃板上，整体布局如图 8-29 所示。为了方便外接信号源和扬声器，这两个端子分别设置莲花插座和接线端子，固定在小块有机玻璃板上，然后再粘于底板。

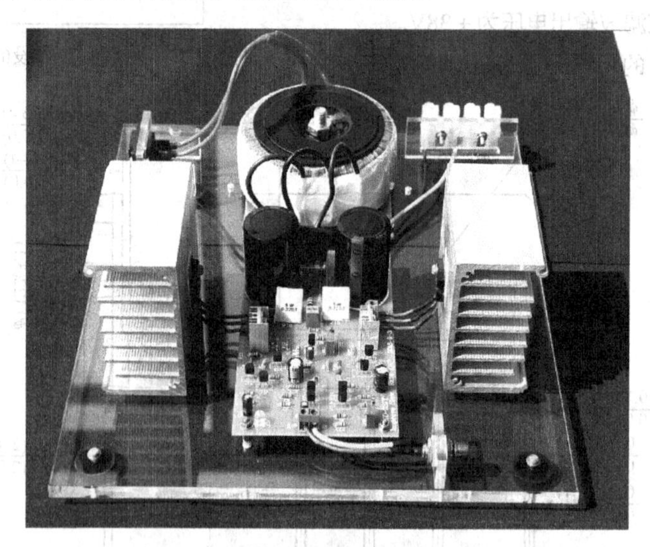

图 8-29　由图 8-22 电路设计完成的 PCB、散热器及变压器

（有机玻璃尺寸 30cm 长×26cm 宽×0.8cm 脊棱，电路板尺寸 8.4cm×14cm；散热器尺寸 8cm 长×8.5cm 高×4.5cm 厚；重量 3 千克。功率管与散热器之间加装云母垫片；制作成本约 150 元）

① JEDEC 即固态技术协会，是微电子产业的领导标准机构。在过去 50 余年的时间里，JEDEC 所制定的标准为全行业所接受和采纳。作为一个全球性组织，JEDEC 的会员构成是跨国性的，不隶属于任何一个国家或政府实体。

实测变压器整流滤波电压为 ±38V，因 VT_7（2SC2198）的集电极接正电压，VT_9（2SA1941）的集电极接负电压。如果功率管集电极与散热器直接相贴安装，两块散热器之间的电压高达 76V，人体触及有麻电的危险。为防止触电危险，在功率管与散热器之间垫云母片，如图 8-30 所示，此时散热虽然效果略微变差了些，但能保证用电安全无虞。

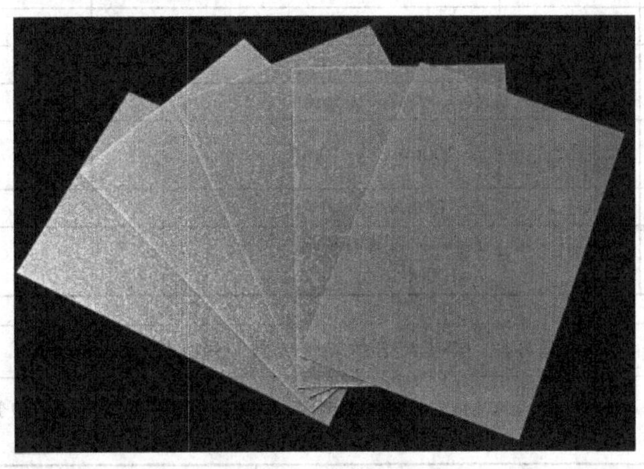

图 8-30 导热云母片

此外，由于输出级静态电流是按 ±30V 调整的，现在电压增大到 ±38V，所以要重新调整 VR_2 设定输出级静态电流。根据实际工程经验，这个操作应该在放大器大功率工作一段时间（比如 5 分钟），等散热片温升到约 50～60℃之后再进行。因为 U_{BE} 倍增管 VT_{13} 与功率管没有热耦合，若在刚上电时就调节 VR_2 设定输出级静态电流（比如，测量两只功率管 c-c 极间电压为 10mV 左右，电流约为 20mA），一旦大功率工功率管发热、be 结压降减小，因 U_{BE} 倍增电压不变，故功率管集电极电流增大，其 be 结压降进一步减小，集电极电流进一步增大……功率管有热击穿的可能。但通过长时间大信号工作，并未发生热击穿故障，这是因为散热器足够大，当静态电流达到 50mA 以上时，功率管 be 结压降的减小速率赶不上发射极电阻 R_{16}、R_{17} 压降的增大速率，二者达至热平衡。

5. 小功率 MPSA06 和 MPSA56 对管

由于图 8-22 正负电源电压跨度高达 76V，超过 2SC2458 和 2SA1048 的最高耐压 50V。因此，这里选用额定工作电压为 80V 的 MPSA06（NPN 型）和 MPSA56（PNP 型）对管，TO-92 封装。表 8-4～表 8-7 列出了 Fairchild 公司出品的 MPSA06 和 MPSA56 的特性参数。

表 8-4 MPSA06 的（最大额定值）特性参数

（T_a=25℃）

项目	符号	规格	单位
集电极–基极间电压	U_{CBO}	80	V
集电极–发射极间电压	U_{CEO}	80	V
发射极–基极间电压	U_{EEO}	4	V
集电极电流	I_C	0.5	A
集电极损耗	P_C	625	mW
热阻	R_T	200	℃/W
结温	T_j	150	℃
保存温度	T_{stg}	–55～150	℃

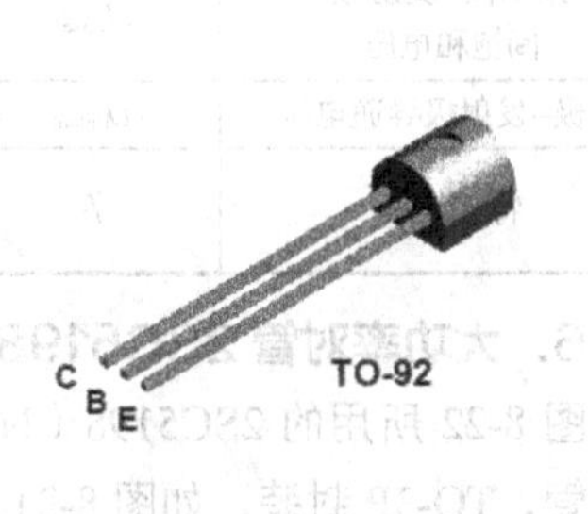

表 8-5　MPSA06 的特性参数（电特性）

（T_a=25℃）

项目	符号	测试条件	最小值	最大值	单位
集电极截止电流	I_{CBO}	U_{CB}=80V，I_E=0		0.1	μA
发射极截止电流	I_{EBO}	U_{EB}=4V，I_C=0		0.1	μA
直流电流放大系数	H_{FE-1}	U_{CE}=1V，I_C=10mA	100		
	H_{FE-2}	U_{CE}=1V，I_C=100mA	100		
集电极-发射极间饱和电压	$U_{CE(sat)}$	I_C=100mA，I_B=10mA		0.25	V
基极-发射极导通电压	$U_{BE(on)}$	I_C=100mA，U_{CE}=1V		1.2	V
特征频率	f_T	U_{CE}=1V，I_C=100mA f=100MHz	100		MHz

表 8-6　MPSA56 的特性参数（最大额定值）

（这个晶体管与 MPSA06 是互补对管。饱和压降只有-0.25V（最大值），封装也同 MPSA06 一样）

（T_a=25℃）

项目	符号	规格	单位
集电极-基极间电压	U_{CBO}	-80	V
集电极-发射极间电压	U_{CEO}	-80	V
发射极-基极间电压	U_{EBO}	-4	V
集电极电流	I_C	-0.5	A
集电极损耗	P_C	625	mW
热阻	R_T	200	℃/W
结温	T_j	150	℃
保存温度	T_{stg}	-55～150	℃

表 8-7　MPSA56 的特性参数（电特性）

（T_a=25℃）

项目	符号	测试条件	最小值	最大值	单位
集电极截止电流	I_{CBO}	U_{CB}=-80V，I_E= 0		-0.1	μA
发射极截止电流	I_{EBO}	U_{EB}=-4V，I_C= 0		-0.1	μA
直流电流放大系数	H_{FE-1}	U_{CE}=-1V，I_C=-10mA	100		
	H_{FE-2}	U_{CE}=-1V，I_C=-100mA	100		
集电极-发射极间饱和电压	$U_{CE(sat)}$	I_C=-100mA，I_B=-10mA		-0.25	V
基极-发射极导通电压	$U_{BE(on)}$	I_C=-100mA，U_{CE}=-1V		-1.2	V
特征频率	f_T	U_{CE}=-1V，I_C=-100mA f=100MHz	50		MHz

6. 大功率对管 2SC5198 和 2SA1941

图 8-22 所用的 2SC5198（NPN 管）和 2SA1941（PNP 管）是东芝公司出品的三重扩散型大功率对管，TO-3P 封装，如图 8-31 所示。

图 8-31　2SC5198 和 2SA1941

2SC5198 和 2SA1941 的特性参数见表 8-8～表 8-11。

表 8-8　2SC5189 的特性参数（最大额定值）

（T_a=25℃）

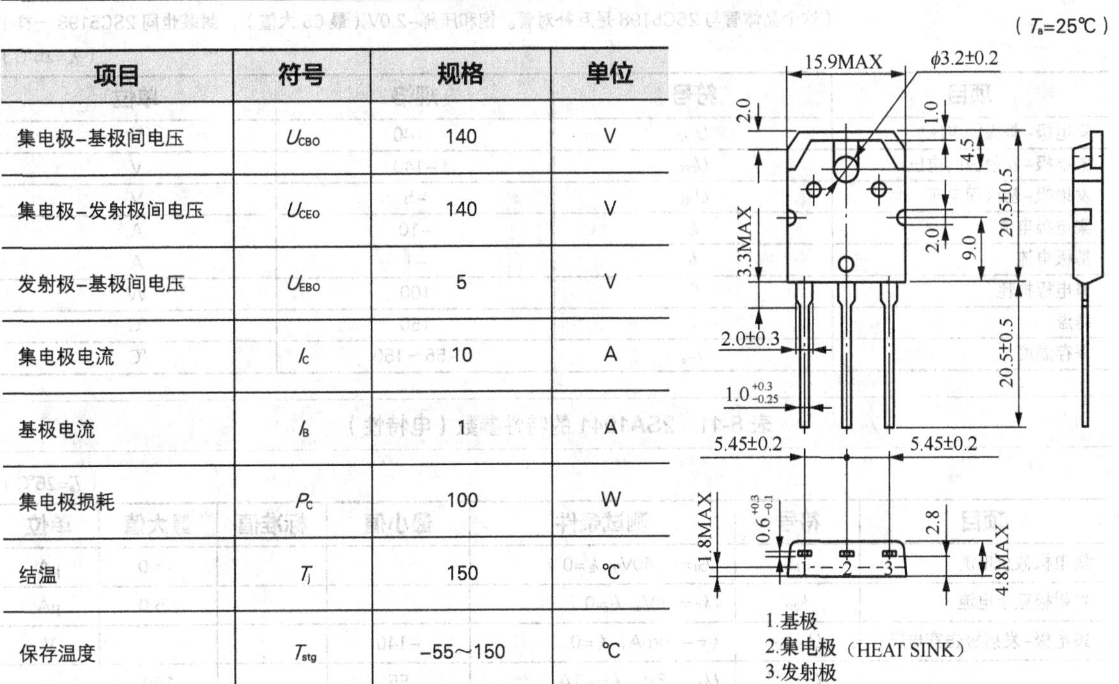

项目	符号	规格	单位
集电极-基极间电压	U_{CBO}	140	V
集电极-发射极间电压	U_{CEO}	140	V
发射极-基极间电压	U_{EBO}	5	V
集电极电流	I_C	10	A
基极电流	I_B	1	A
集电极损耗	P_C	100	W
结温	T_j	150	℃
保存温度	T_{stg}	−55～150	℃

表 8-9　2SC5189 的特性参数（电特性）

（T_a=25℃）

项目	符号	测试条件	最小值	标准值	最大值	单位
集电极截止电流	I_{CBO}	U_{CB}=140V，I_E=0			5.0	μA
发射极截止电流	I_{EBO}	U_{EB}=5V，I_C=0			5.0	μA
集电极-发射极击穿电压	$U_{BR(CEO)}$	I_C=50mA，I_B=0	140			V
直流电流放大系数	H_{FE-1}（注）	U_{CE}=5V，I_C=1A	55		160	
	H_{FE-2}	U_{CE}=5V，I_C=5A	35	83		
集电极-发射极饱和电压	$U_{CE(sat)}$	I_C=7A，I_B=0.7A		0.2	2	V

续表

项目	符号	测试条件	最小值	标准值	最大值	单位
基极-发射极电压	U_{BE}	U_{CE}=5V，I_C=5A		0.9	1.5	V
特征频率	f_T	U_{CE}=5V，I_C=1A		30		MHz
集电极输出电容	C_{ob}	U_{CB}=10V，I_E=0，f=1MHz		170		pF

注：直流电流放大系数 H_{FE-1} 等级分类。

R55	R65	R75	R85
55～65	65～75	75～85	85～95

O95	O105	O115	O125	O135	O145	O155
95～105	105～115	115～125	125～135	135～145	145～155	155～160

表 8-10　2SA1941 的特性参数（最大额定值）

（这个晶体管与 2SC5198 是互补对管。饱和压降-2.0V（最 65 大值），封装也同 2SC5198 一样）

（T_a=25℃）

项目	符号	规格	单位
集电极-基极间电压	U_{CBO}	-140	V
集电极-发射极间电压	U_{CEO}	-140	V
发射极-基极间电压	U_{EBO}	-5	V
集电极电流	I_C	-10	A
基极电流	I_B	-1	A
集电极损耗	P_c	100	W
结温	T_j	150	℃
保存温度	T_{stg}	-55～150	℃

表 8-11　2SA1941 的特性参数（电特性）

（T_a=25℃）

项目	符号	测试条件	最小值	标准值	最大值	单位
集电极截止电流	I_{CBO}	U_{CB}=-140V，I_E=0			-5.0	μA
发射极截止电流	I_{EBO}	U_{EB}=-5V，I_C=0			-5.0	μA
集电极-发射极击穿电压	$U_{BR(CEO)}$	I_C=-50mA，I_B=0	-140			V
直流电流放大系数	H_{FE-1}（注）	U_{CE}=-5V，I_C=-1A	55		160	
	H_{FE-2}	U_{CE}=-5V，I_C=-5A	35	83		
集电极-发射极饱和电压	$U_{CE(sat)}$	I_C=-7A，I_B=-0.7A		-0.8	-2.0	V
基极-发射极电压	U_{BE}	U_{CE}=-5V，I_C=-5A		-1.0	-1.5	V
特征频率	f_T	U_{CE}=-5V，I_C=-1A		30		MHz
集电极输出电容	C_{ob}	U_{CB}=-10V，I_E=0，f=1MHz		320		pF

注：直流电流放大系数 H_{FE} 分为 R 和 O 两挡，具体分类 R：55～110，O：80～160。

第 9 章 功率放大器设计实例分析

我们知道差动放大器的电路结构、参数对谐波失真、转换速率等技术指标有重大影响。在本书第 8 章里，对一些技术指标的孜孜追求上可谓“挖空心思”、穷尽一切可能，冀图每一件事情都要做到精益求精，直至完美！这种专业精神值得赞赏。但是，实际上作为商业用途的功放，它们的许多技术指标要远远逊色于专业水平。相对于（谐波、非线性、互调）失真、转换速率等指标，厂商更加关注于输出功率、稳定性和安全性以及性价比，这是可以理解和接受的。

本章我们将以实际电路为例，介绍目前市场上广泛采用的电路结构，这些结构设计可能与本书第 8 章中介绍的理论相悖，这些退而求其次的设计方案就是权衡上述多方面利弊的折衷。

9.1 全互补对称功率放大器

20 世纪 80 年代，晶体管在功放电路中的使用还比较“吝啬”，只有功率输出级采用互补或准互补电路，差动输入级和激励级均不采用互补结构。根据电路的“对偶”原则，差动输入级与激励级均可以采用异型管组成两个功能相同的差动输入级与激励级，然后把两个“对偶”的电路有机结合、连至单一的输出级，就构成了全互补对称功率放大器。这种电路是目前中档功放用得较多的一种结构，具有对称性好、频响宽、结构简单等特点。失真度虽不是特别低，但转换速率、TIM 失真等动态指标却相当好。

9.1.1 互补对称差分输入级

图 9-1 所示为全互补对称功率放大器。第一级采用互补对称差分电路（VT_1 与 VT_2 构成上半区，负责放大正半波信号；VT_3 与 VT_4 构成下半区，负责放大负半波信号）。电阻 R_5 与 R_6、R_7 与 R_8 分别是上下半区差分对发射极本地衰减电阻，作用是减小输入级的跨导 g_m，但却能增大线性工作区。也正因为衰减电阻的负反馈作用，即便差动放大器的集电极为最简单的 2 只等值电阻设计，也能使输入级获得良好的平衡（如果不设发射极电阻，即便使用同一品种的三极管，也会因参数特性不完全相同而令高频失真性能产生明显的变化）。这里，仍然选优质低噪声 MPSA06、MPSA56 作为互补差分对，这使得输入级具有较低的噪声和较高的动态范围。

大家知道，用纯电阻给差分对提供尾巴电流有 2 个缺点：一是抑制共模信号的能力较差，二是尾巴电流随电压变化而改变。所以，本电路采用稳压二极管 ZD1、VT_5 与 R_{11} 构成的简单恒流源给下半区的差分对供电，ZD_2、VT_6 及 R_{12} 构成的恒流源给上半区的差分对供电。R_{13} 是 2 只稳压二极管的限流电阻，确保稳压管工作在反向击穿电压的陡降区（在该区域内，管子两端电压的微弱变化都会引起通过的电流剧烈变化）。

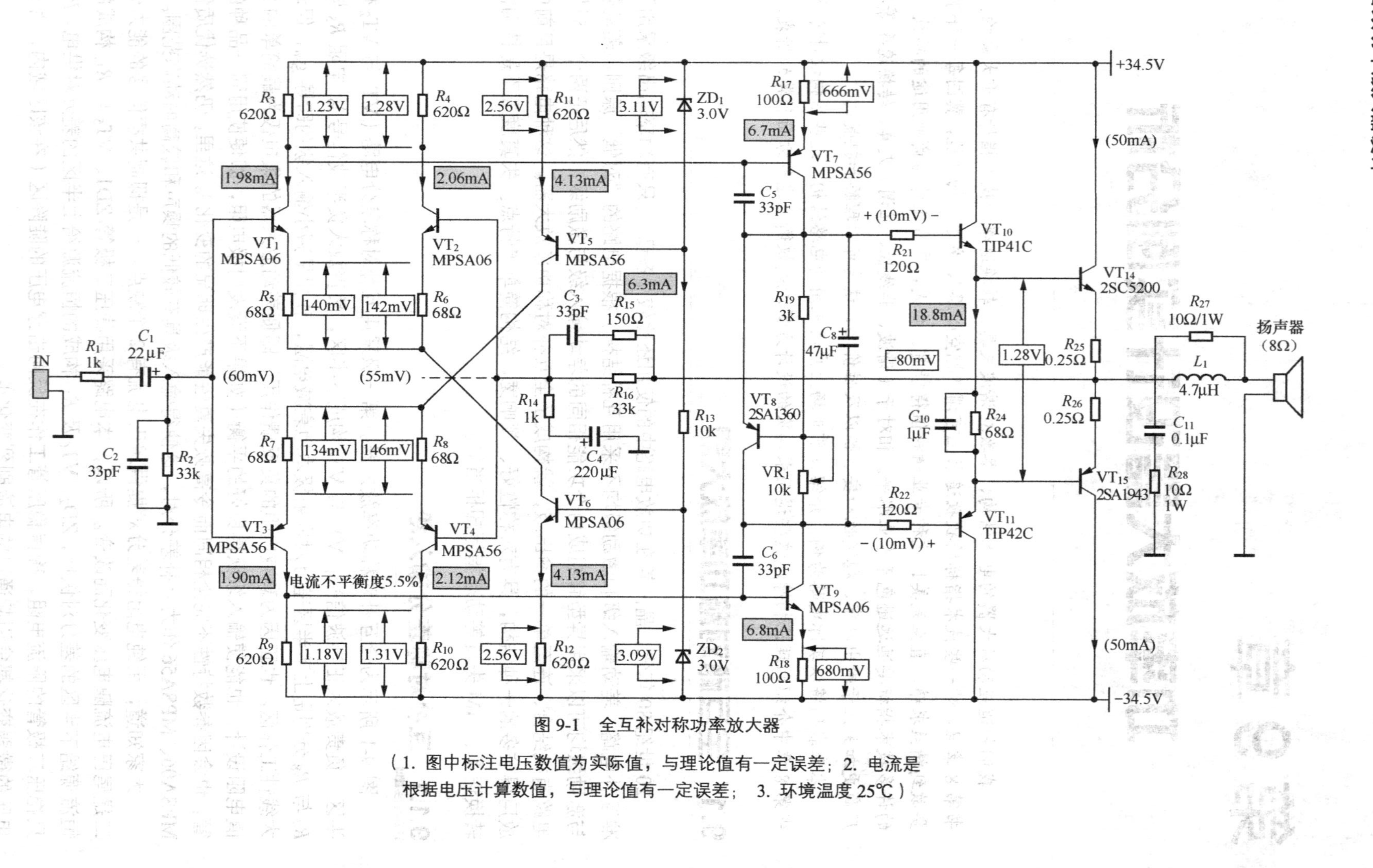

图 9-1 全互补对称功率放大器

（1. 图中标注电压数值为实际值，与理论值有一定误差；2. 电流是根据电压计算数值，与理论值有一定误差；3. 环境温度 25℃）

根据电源电压及相关元件参数，计算上下半区差分对的尾巴总电流为

$$差分对的尾巴总电流=\frac{U_{ZD1}-U_{BE}}{R_{11}}=\frac{3V-0.6V}{620\Omega}\approx 3.9mA \quad (9\text{-}1)$$

式中，U_{ZD1} 是 ZD_1（或 ZD_2）两端的电压，U_{BE} 是 VT_5（或 VT_6）的 be 结压降。

电路对称时，差分对均分尾巴电流，则晶体管 VT_1～VT_4 的静态电流均为 1.95mA，集电极电阻 R_3 与 R_4 的压降为

$$U_{R3}=U_{R4}=1.95mA\times 620\Omega\approx 1.21V \quad (9\text{-}2)$$

实际上，由于元件参数存在误差，互补差分对的 4 只晶体管集电极电流并不相等，参见图 9-1 中的标注。上半区差分对电流相差无几，下半区差分对电流相差 0.22mA。这说明上半区左右基本对称，下半区左右不对称，导致电流不平衡度达到 5.5%［=0.22mA/（1.90mA+2.12mA）］，负半波总谐波失真较大。

除了下半区左右不对称之外，上半区差分对（VT_1 与 VT_2）与下半区差分对（VT_3 与 VT_4）也不对称。上半区差分对晶体管 MPSA06 的 β 值偏大，下半区差分对晶体管 MPSA56 的 β 值偏小，在 MPSA06 与 MPSA56 集电极电流相等时，前者所需的基极电流小，后者所需的基极电流大，多余的电流在 R_2 与 R_{16} 上形成正向压降。所以，差分对左臂晶体管（VT_1 与 VT_3）的基极电位为 60mV，右臂晶体管（VT_2 与 VT_4）的基极电位为 55mV。

若互补差分对左臂晶体管与右臂晶体管的基极电流相等，输入端偏置电阻 R_2 与反馈电阻 R_{16} 均无电流、无压降，差分对左右臂晶体管的基极电位为 0V，输出端失调电压为 0V，但实际却不为 0V。推论：若下半区差分对 MPSA56 的 β 值偏大，上半区差分对 MPSA06 的 β 值偏小，前者需要的基极电流少于后者的基极电流，多余的电流在 R_2 与 R_{16} 上将形成负向压降。

由于 MPSA06 的 β 值偏大，MPSA56 的 β 值偏小，即便在 R_3 的压降（1.23V）比 R_9 的压降（1.18V）大的情况下，VT_9（MPSA06）的导通程度也比 VT_7（MPSA56）的导通程度略强，故输出端失调电压为-80mV，超出 ±50mV 可接受的范围。因此，要做一台好的功放，差动级与激励级互补对管的 β 值一般要控制在 3%的偏差之内，否则就会出现电路结构对称，但参数因误差不对称，导致失调电压偏大的不良状况。

但话说回来，即便采用精度为 1%的金属膜电阻，β 值相差 3%的对管，也会造成参数不对称。若采用精度为 5%的碳膜电阻，参数不对称将更为严重。怎样才能解决因参数不对称造成的电流不平衡问题呢?

方法很简单，把激励管 VT_9 的发射极电阻 R_{18} 的阻值**由 100Ω 增大为 120Ω**。此时，R_{18} 的压降增大，VT_9 的 be 结压降减小，削弱 VT_9 的导通程度，失调电压趋于 0V，如图 9-2 所示。此时，因 R_{18} 的压降为 741mV，则其上通过的电流为 6.2mA（≈741mV/120Ω）。差分对左臂晶体管（VT_1 与 VT_3）的基极电位抬高至 94mV，右臂晶体管（VT_2 与 VT_4）的基极电位抬高至 110mV，失调电压为 2.6mV——一个相当理想的数值。这时，新的情况出现了，虽然下半区差分对电流相差无几，但上半区差分对电流相差 0.27mA，不平衡度达到 6.6%，导致正半波总谐波失真较大。可见，这种靠增加下半区激励管发射极电阻阻值的办法解决失调电压问题有点顾此失彼之虞。

工程上，为了解决失调电压过于偏离 0V 问题，往往会把 R_{18}（或 R_{17}）的位置设计成一只固定电阻与一只微调电阻串联。比如，用固定 47Ω 与微调 100Ω 电阻串联代替 R_{18}，这样可以很方便地调节失调电压。同时，为了防止出现上半区差分对电流不平衡，可在差分对发射极电阻节点插入微调电阻，从微调电阻的动点接尾巴恒流源。如此一来，若差分对集电极电流不平衡，调节微调电阻，发射极电阻“此消彼长”，定能调至差分对集电极电流平衡。

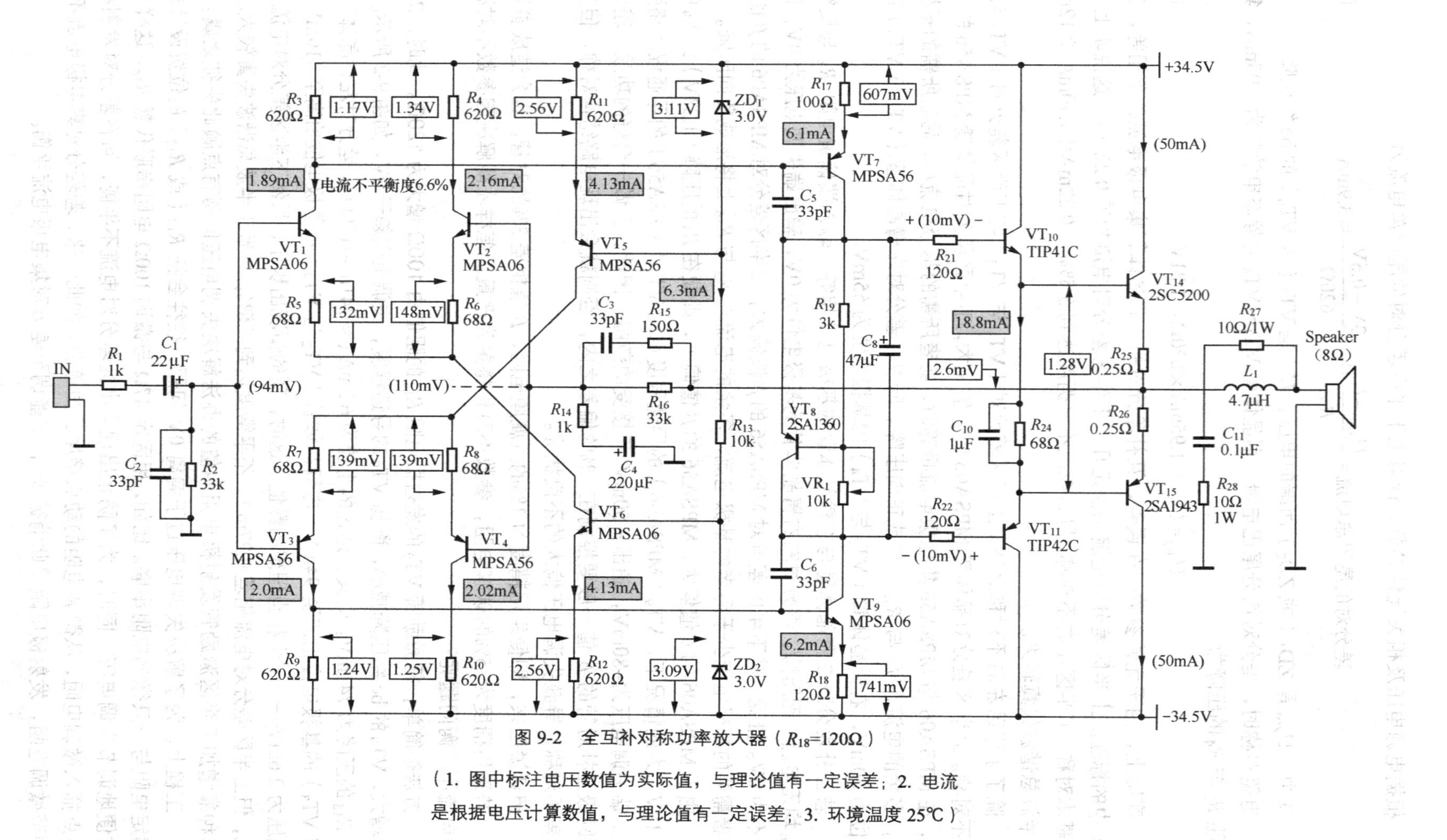

图 9-2　全互补对称功率放大器（R_{18}=120Ω）

（1. 图中标注电压数值为实际值，与理论值有一定误差；2. 电流是根据电压计算数值，与理论值有一定误差；3. 环境温度25℃）

9.1.2 电压放大级

第二级电压放大管 VT_7 和 VT_9 仍然采用 MPSA56、MPSA06 组成互补激励放大电路，两者集电极之间是由晶体管 2SA1360 与电阻 R_{19} 及 VR_1 构成的 U_{BE} 倍增电路。因 R_{17}、R_{18} 分别串接在 VT_7、VT_9 的发射极与供电电源之间，从反馈形式上看，属于电流串联负反馈（激励管基极不再虚地），故电压增益比发射极没有串联电阻时小得多，总的开环增益下降，失真度增大，但稳定性和转换速率都得到提升。此时，激励管的 b、c 极之间只需要较小的 33pF 电容就可以了。

激励级的电流与差分输入级紧密相关，或者说，差分对集电极电阻的压降决定着激励级的电流，即

$$激励级的电流=\frac{U_{R3}-U_{BE}}{R_{17}}=\frac{1.2V-0.6V}{100\Omega}=6.0mA \quad (9\text{-}3)$$

式中，U_{R3} 是电阻 R_3 的压降，U_{BE} 是激励管 VT_7（或 VT_9）的 be 结压降。这个理论值与实测值稍有误差，这因为：第一，这里默认晶体管发射结电压恒为 0.6V，实际上，此时 VT_7 的 be 结压降为 563mV，VT_9 的 be 结压降为 499mV（见图 9-2 中的标注）；第二，所用碳膜电阻的精度只有±5%。此时，激励管 VT_7、VT_9 的 c-e 极间电压约为 33V，故二者的静态功耗为

$$激励管的静态功耗=6.0mA\times 33V=198mW \quad (9\text{-}4)$$

“一个平衡的电压放大级最有吸引力，因为对于已经平衡的输入级不能再平衡”，但图 9-1 的输入级与激励级均采用互补结构的形式，虽然可以做到上下半区的跨导和转换速率相同（与密勒电容有关），但开环增益和幅频特性（比如低频、高频转折频率）未必相同（与 β 值有关）。但因该电路的稳定性很高，故在许多中低档的音响设备大量采用，然而，Hi-Fi 音响系统却很少采用全互补结构。

9.1.3 功率输出级

第三级功率输出级采用射极跟随器类型二的结构形式，发射极电阻采用了悬浮接法（不接中点）。为了增强驱动级对输出管的驱动能力，在此设置驱动级为 18.8mA 的较大电流。VT_{10} 与 VT_{11} 的 c-e 极间电压约为 34V，故驱动管的静态功耗为

$$驱动管的静态功耗=18.8mA\times 34V=639mW \quad (9\text{-}5)$$

静态时，驱动管稍烫，动态大信号输出时比较烫，所以最好加装小型铝材散热器。

接在输出级与差动级的负反馈网络中的反馈电阻 R_{16} 的阻值为 33kΩ，采样电阻 R_{14} 的阻值为 1kΩ，因此闭环电压增益为 30.6dB。然而，即便这么高的电压增益，因电阻 R_{17}、R_{18} 引入了本级电流串联负反馈，尽管 C_5、C_6 选用较小的 33pF 电容，电路仍能保持较高的稳定性。此外，输入电阻 R_1 与电容 C_2 组成低通滤波电路，可以改善 TIM 失真。

若设置末级功放管发射极电阻 R_{25}、R_{26} 的压降之和为 25mV，则输出级的电流为 50mA，放大器工作于 AB 类。因为功率管的散热器较大，即使负载 4Ω（两只 8Ω 并联）扬声器，音量开到最大（常会出现削顶失真），在 U_{BE} 倍增管 2SA1360 没有与功率管进行热耦合的情况下（室温 25℃）连续大功率输出 30 分钟，散热器最高温度约为 50℃左右，功率管从没有发生热击穿现象。因此为了布局美观，笔者就这么将就着了。

9.1.4 输出电感的作用

唯有简单的功放才常常让输出级直接与外接负载相连，这种直接连接通常只适合于负反馈量小的功放。因为负反馈量小，功放有充足的稳定裕度，能够避免电抗性负载引起的不稳问题。

这么多年以来，功放设计者们都小心处理放大器接容性负载时的问题。他们的担心要追溯到当年英国QUAD公司推出世界上第一款实用的静电音箱。这种音箱的等效阻抗大致可模拟为通常的8Ω电阻与一只2μF的电容并联。如果不采取预防措施，单纯一只2μF电容就足以引起放大器的振荡，而静电音箱真正的负载阻抗远比这个模拟阻抗复杂，特别是其内部还设有升压变压器以产生所需的驱动电压。

如果放大器没有接输出电感，当它驱动1只电阻与1只电容并联的负载时，最容易引起振荡的电容值不是2μF，而是接近于0.1μF。解决这种振荡问题的最有效办法是在放大器的输出端串接一个低值空芯电感，如图9-1所示，L_1的电感值为4.7μH。这个输出电感将放大器与负载电容分隔，又不会造成音频频响有什么损失。

电感值通常是1～7μH，设定上限值为7μH是出于避免负载呈4Ω时高频明显滚降的需要，若放大器负载要考虑2Ω的情况，则设定的上限值要减半。

通常使用方波信号测试放大器的瞬态响应，并以8Ω电阻并联2μF电容来模拟静电音箱的负载——静电音箱作为负载常被视为放大器工作的一个极端情况。但是，放大器输出端接有电感，负载呈明显容性时它们会一起产生谐振，使得放大器的频响高端出现一个突峰，方波响应出现过冲，并在方波响应的上升沿和下降沿出现振铃——容性负载测试中，输出电感与负载电容的谐振几乎普遍导致方波信号出现阻尼性振铃，虽然不会引起放大器自激振荡，但使得放大器的输出实际上根本看不出来是方波。这个振铃频率在40 kHz附近，频率如此之低，显然不是来自放大器本身，而是由于输出网络使放大器的方波响应出现振铃。

实际应用中的好办法是给**输出电感并联一只低值电阻来提供阻尼，这只阻尼电阻**（R_{27}）降低了输出电感与容性负载谐振的Q值，从而减小了过冲和振铃。

放大器接容性负载时，如果有意把输出电感临时短路以制造自激振荡，则放大器振荡的频率通常在100～500 kHz范围，若再持续短路，可能会导致功率管毁坏。这时的输出波形一点也不像典型容性负载测试时看到的清晰振铃波形，而且也没有诸如“阻尼良好”的振铃波形出现，因为500 kHz的阻尼振荡意味着放大器离灾难性振荡可能仅一步之遥。

9.1.5 大功率2SC2500和2SA1943对管

笔者为图9-1增设如图8-27所示的AC-DC电源变换电路。插座Power外接环形变压器，规格100W，2×AC24V。整流滤波后的电压为±34V。

为了方便连接信号源和扬声器，笔者分别为这两个端口增设了引线端子固定于小块有机玻璃板上，然后再粘到底板。信号输入端子是（网购）一款音频蓝牙模块板，加装+5V电源电路之后，就可以与手机蓝牙通信，接收音频信号。当然，断掉蓝牙音频模块的信号，还可以外接其他音频信号输入，如图9-3所示。

图9-1所示电路用大功率管2SC5200（NPN型）和2SA1943（PNP型）是对管，封装TO-3PL，比2SC5198和2SA1941外形更大，集电极损耗可达150W（带散热器，管体温度为25℃），而2SC5198和2SA1943的集电极损耗只有100W（带散热器，管体温度为25℃）。所以，2SC5200与2SA1943能承载更大的集电极损耗。表9-1～表9-4列出了它们的特性参数。

图 9-3　由图 9-1 所示电路设计完成的 PCB、散热器及变压器

（有机玻璃尺寸 36cm 长×32cm 宽×0.8cm 厚，电路板尺寸 8.5cm×13.8cm；散热器尺寸 10cm 长×9.5cm 宽×4.6cm 厚；重量 5 千克。蓝色万用板上的小电路板是网上购买的音频蓝牙模块，该模块外加电源电路就能正常接收手机的蓝牙信号。制作成本大约 200 元）

表 9-1　2SC5200 的特性参数（最大额定值）

（T_a=25℃）

项目	符号	规格	单位
集电极-基极间电压	U_{CBO}	230	V
集电极-发射极间电压	U_{CEO}	230	V
发射极-基极间电压	U_{EBO}	5	V
集电极电流	I_C	15	A
基极电流	I_B	1.5	A
集电极损耗	P_C	150	W
结温	T_j	150	℃
保存温度	T_{stg}	−55～150	℃

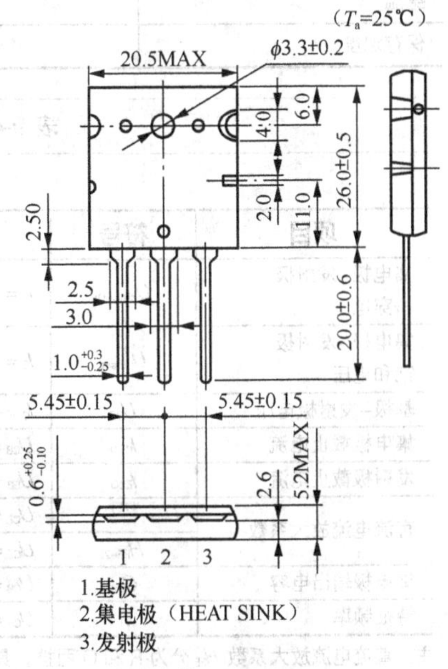

表 9-2 2SC5200 的特性参数（电特性）

（T_a=25℃）

项目	符号	测试条件	最小值	标准值	最大值	单位
集电极-发射极击穿电压	$U_{BR(CEO)}$	I_C = 50mA，I_B = 0	230			V
集电极-发射极饱和电压	$U_{CE(sat)}$	I_C = 8A，I_B = 0.8A			3	V
基极-发射极电压	U_{BE}	I_C = 7A，U_{CE} = 5V			1.5	V
集电极截止电流	I_{CBO}	U_{CB} = 230V，I_E = 0			5	μA
发射极截止电流	I_{EBO}	U_{EB} = 5V，I_C = 0			5	μA
直流电流放大系数	H_{FE-1}（注）	U_{CE} = 5V，I_C = 1A	55		160	
	H_{FE-2}	U_{CE} = 5V，I_C = 7A	35			
集电极输出电容	C_{OB}	U_{CB} = 10V，f = 1MHz		200		pF
特征频率	f_T	U_{CE} = 5V，I_C = 1A		30		MHz

注：直流电流放大系数 H_{FE} 分为 R 和 O 两挡，具体分类 R：55～100，O：80～160。

表 9-3 2SA1943 的特性参数（最大额定值）

（T_a=25℃）

项目	符号	规格	单位
集电极-基极间电压	U_{CBO}	−230	V
集电极-发射极间电压	U_{CEO}	−230	V
发射极-基极间电压	U_{EBO}	−5	V
集电极电流	I_C	−15	A
基极电流	I_B	−1.5	A
集电极损耗	P_C	150	W
结温	T_j	125	℃
保存温度	T_{stg}	−55～150	℃

表 9-4 2SA1943 的特性参数（电特性）

（T_a=25℃）

项目	符号	测试条件	最小值	标准值	最大值	单位
集电极-发射极击穿电压	$U_{BR(CEO)}$	I_C=−50mA，I_B=0	230			V
集电极-发射极饱和电压	$U_{CE(sat)}$	I_C=−8A，I_B=−0.8A			−3	V
基极-发射极电压	U_{BE}	I_C=−7A，U_{CE}=−5V			−1.5	V
集电极截止电流	I_{CBO}	U_{CB}=−230V，I_E=0			−5	μA
发射极截止电流	I_{EBO}	U_{EB}=−5V，I_C=0			−5	μA
直流电流放大系数	H_{FE-1}（注）	U_{CE}=−5V，I_C=−1A	55		160	
	H_{FE-2}	U_{CE}=−5V，I_C=−7A	35	60		
集电极输出电容	C_{OB}	U_{CB}=−10V，f=1MHz		360		pF
特征频率	f_T	U_{CE}=−5V，I_C=−1A		30		MHz

注：直流电流放大系数 H_{FE} 分为 R 和 O 两挡，具体分类 R：55～110，O：80～160。

9.2 功率放大电路的安全运行

在功率放大电路中，功放管既要流过大电流，又要承受高电压。例如，在功放电路中，功率管的最大集电极电流等于最大负载电流，而最大管压降等于 $2U_{CC}$。只有功放管不超过其极限值，电路才能正常工作。因此，所谓功率放大电路的安全运行，实际上就是要保证功放管的安全工作。在实用电路中，常加保护措施，以防止功放管过电压、过电流和过功耗。本节仅就功放管的二次击穿和散热问题作简单介绍。

9.2.1 功率管的二次击穿

从晶体管的输出特性可知，对于某一条输出特性曲线，当 c-e 之间电压增大到一定数值时，晶体管将产生击穿现象。而且，i_B 愈大，击穿电压愈低，称这种击穿为“**一次击穿**”。只要外电路限制击穿后的电流，管子就不会损坏，待 c-e 之间电压减小到小于击穿电压 $U_{(BR)CEO}$ 后，管子也就恢复到正常工作，因此这种击穿是可逆的，不是破坏性的。

晶体管在一次击穿后，若电流不加限制，c-e 之间电压迅速减小，集电极电流会骤然增大，如图 9-4（a）所示，当晶体管的工作点变化到临界点 A 时，工作点将以毫秒甚至微秒级的高速度从 A 点到 B 点，此时电流猛增，而管压降却减小，称为“**二次击穿**”。

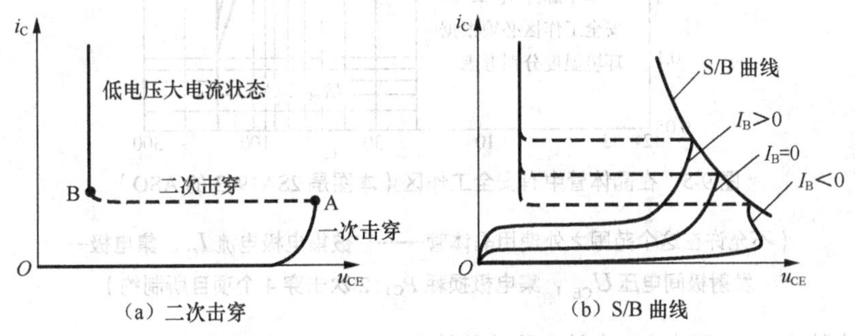

图 9-4　晶体管的击穿现象

产生“**二次击穿**”的原因主要是管内结面不均匀、晶格缺陷等。发生“**二次击穿**”的过程是：结面某些薄弱点上电流密度增大，引起这些局部点的温度升高，从而使局部点上电流密度更大，温度更高……最终导致过热点的晶体熔化，相应在 c-e 之间形成低阻通道，导致 U_{CE} 下降，i_C 剧增，结果是晶体管尚未发烫就已损坏。可见，二次击穿是在低电压、大电流时发生的。因此，二次击穿是不可逆的，是破坏性的。

i_B 不同时二次击穿的临界点不同，将它们连接起来，便得到二次击穿临界曲线，简称为 S/B 曲线，如图 9-4（b）中所画。从二次击穿产生的过程可知，防止晶体管的一次击穿，并限制其集电极电流，就可避免二次击穿。

9.2.2 功率管的安全工作区

所谓功率管的安全工作区是将晶体管没有被损坏的范围表示在曲线图上的区域，即是安全工作区 ASO（Area of Safe Operation）。图 9-5 所示为 2SA1943 的 ASO 曲线图，被集电极电流 I_C、集电极损耗 P_C 和集电极—发射极间电压 U_{CEO} 所限定。这个曲线图的纵轴是由最大集电极电流所决定的。然而如果是单个脉冲，即使超过最大额定值也行。

看一下横轴，在集电极耗散功率 $P_C = I_C \times U_{CE}$ 以下由集电极电流限定，为平坦的直线。但在该值以上，当 U_{CE} 增加，则成为随 P_C 而向右下降的曲线。若继续增加 U_{CE}，接着就会发生所谓二次击穿。高的 U_{CE} 与大的 I_C 使结温急剧地上升，电流再次增加，由温度上升的所谓电流集中——即仅在晶体管芯片狭小的局部区域的过电流而产生熔化，出现发射极—集电极间的短路。由于这个限制，向右下降得更加厉害。

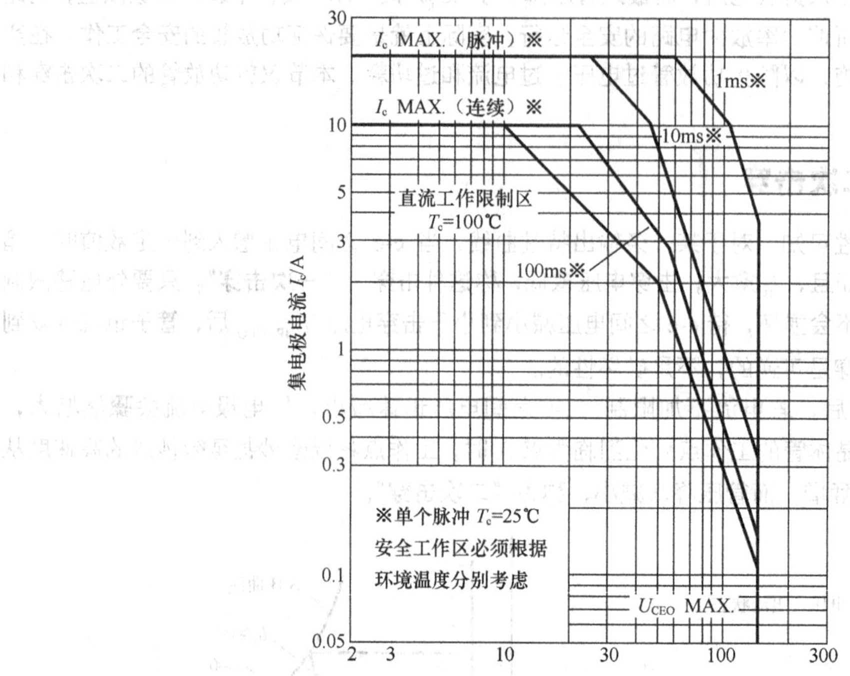

图 9-5　在晶体管中有安全工作区（本图是 2SA1943 的 ASO）

（不允许在这个范围之外使用晶体管——它被集电极电流 I_C、集电极—发射极间电压 U_{CE}，集电极损耗 P_C，2 次击穿 4 个项目所制约）

横轴的最大值由 U_{CEO} 所决定。在单个脉冲的情况下，比起连续工作区域来，通常 ASO 要宽广一些。这表明，如果时间极短，即使超过最大集电极损耗，也存在安全工作区。因集电极电流产生的热量到变为最大结温需要一定的时间，在到达 ASO 区域前，若能使过电流回到额定电流以下就没有问题。

9.2.3　功率管的散热问题

功放管损坏的重要原因是其实际耗散功率超过额定数值 P_{CM}。而晶体管的耗散功率取决于管子内部的 PN 结温度 T_j（结温，主要是集电结）。当 T_j 超过允许值后，集电极电流将急剧增大而烧坏管子。硅管的结温允许值为 120～180℃，锗管的结温允许值为 85℃左右。耗散功率等于结温在允许值时集电极电流与管压降之积（$P_C = I_C \times U_{CE}$）。管子的功耗愈大，结温愈高。因而改善功放管的散热条件，可以在同样的结温下提高集电极最大耗散功率 P_{CM}，也就可以提高输出功率。

1. 热阻的定义

热在物体中传导时所受到的阻力用“热阻”（Thermal resist）来表示，记为 R_T。当晶体管集电结消耗功率时，be 结产生温升，热量要从管芯向外传递。设结温为 T_j，环境温度为 T_a，则温差 ΔT（$=T_j - T_a$）与集电结耗散功率 P_C 成正比，比例系数称为热阻 R_T，即

$$\Delta T = T_j - T_a = P_C \times R_T \tag{9-6}$$

可见，热阻 R_T 是传递单位功率时所产生的温差，单位为℃/W。R_T 愈大，表明相同温差下能够散发的热量愈小。换言之，R_T 愈大，表明同样的功耗下结温升愈大。可见，热阻是衡量晶体管散热能力的一个重要参数。

当晶体管结温功耗达到最大允许值 T_{jM} 时，集电结功耗也达到 P_{CM}，若环境温度为 T_a，则

$$\Delta T = T_{jM} - T_a = P_{CM} \times R_T$$

$$P_{CM} = \frac{T_{jM} - T_a}{R_T} \tag{9-7}$$

式（9-7）中，若管子的型号确定，则 T_{jM} 也就确定，T_a 常以 25℃为基准，因而要想增大 P_{CM}，必须减小 R_T。

2. 热阻的估算

以功率管为例，管芯（J）向环境（A）散热的途径有两条：管芯（J）到外壳（C），再经外壳到环境（A）；或者管芯（J）到外壳（C），再经散热器（S）到环境（A）。即 J–C–A 或 J–C–S–A，如图 9-6（a）所示。设 J–C 间热阻为 R_{JC}，C-A 间热阻为 R_{CA}，C-S 间热阻为 R_{CS}，S-A 间热阻为 R_{SA}，则反映功率管散热情况的热阻模型如图 9-6（b）所示。

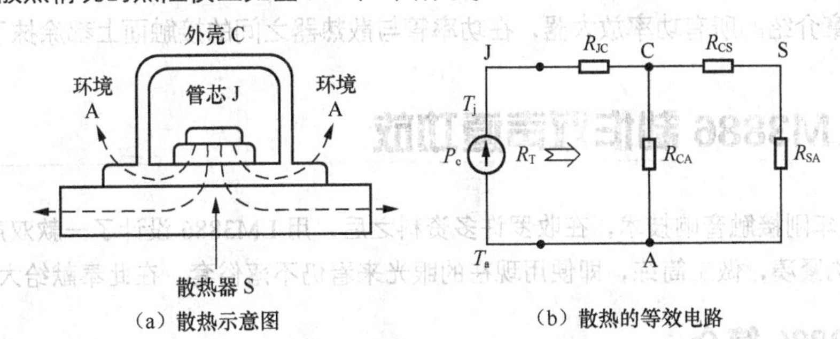

（a）散热示意图　　（b）散热的等效电路

图 9-6　功率管的散热路径

在小功率功放电路中，功率管可以不加散热器，故功率管的等效热阻为

$$R_T = R_{JC} + R_{CA} \tag{9-8}$$

在大功率功放电路中，功放管一般均要加散热器，且 $R_{CS} + R_{SA} << R_{CA}$，故

$$R_T \approx R_{JC} + R_{CS} + R_{SA} \tag{9-9}$$

决定散热器的大小需要用非常复杂的公式计算，有些麻烦。实际工作中，一般是靠工程师的经验来判断。从实践效果上看，散热器的放置方向与散热效果密切相关。散热器表面钝化涂黑有利于热辐射，从而可以减小热阻。在功率管产品手册中给出的最大集电极耗散功率是在指定散热器（材料、尺寸等）及一定环境温度下的允许值；若改善散热条件，如加大散热器、用电风扇强制风冷，则可获得更大一些的耗散功率。

3. 导热硅脂

为了减小功率管与散热器之间的热阻，可以考虑使用导热硅脂（俗称**散热膏**）。这是因为功率管以及散热器的表面从宏观看上去极为光滑的介质，但是实际上受到打磨工艺、运输环境、使用环境等的影响，它的表面并非如我们想象的那样接触良好，甚至可以说有存在很严重的问题。仔细地观察会发现，功率管与散热器的表面都会有大大小小的痕迹，所以用导热硅脂来填满这些缝隙是最合适不过的了。

导热硅脂俗称散热膏，如图 9-7 所示。它是以有机硅酮为主要原料，添加耐热、导热性能优异的材料制成的一种高导热绝缘有机硅材料；几乎永远不固化，可在–50℃～+230℃的温度下长期保持使用时

的脂膏状态；既具有优异的电绝缘性，又有优异的导热性，同时具有耐高低温、耐水、臭氧、耐气候老化的特性；广泛涂敷于各种电子产品、电器中的发热体（功率管、晶闸管、电热堆等）与散热设施（散热片、散热条、壳体等）之间的接触面，起传热媒介作用并具有防潮、防尘、防腐蚀、防震等性能。

（a）瓶装　　（b）软管装

图 9-7　导热硅脂

笔者前几章介绍的所有功率放大器，在功率管与散热器之间的接触面上都涂抹了白色散热膏。

9.3　用 LM3886 制作双声道功放

笔者 2009 年刚接触音响技术，在收罗许多资料之后，用 LM3886 设计了一款双声道音频功放，音质优良，结构紧凑，做工简练，即便用现在的眼光来看仍不落俗套。在此奉献给大家分享。

9.3.1　LM3886 简介

LM3886 是 NS（美国国家半导体）公司出品的一款高性能音频功率放大器。其特点有输出功率大（连续输出功率 68W）、失真度小（总失真加噪声小于 0.06%）、保护功能（包括过压保护、过热保护、电流限制、温度限制、开关电源时的扬声器冲击保护、静噪功能）齐全，外围元件少，制作调试容易，工作稳定可靠。由于用它制作功率放大电路具有简易、适用的特点，特别适合于发烧友以及电子爱好者动手制作。

集成功放 LM3886 电气参数见表 9-5。

表 9-5　集成功放 LM3886 电气参数

项目	最小值	典型值	最大值	单位
供电电压	±10	±28	±42	V
静态电流	30	50	85	mA
输出功率	60	68	135	W
开环增益	90	115	–	dB
信噪比	92.5	110	–	dB
输出电流	–	7	11.5	A
失真+噪声（*THD+N*）	0.03	0.05	0.06	%

LM3886 的引脚定义如图 9-8 所示。

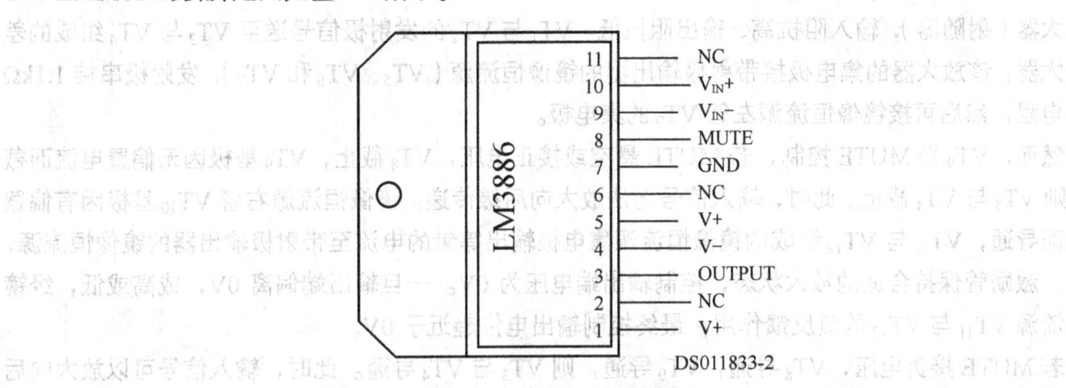

图 9-8　LM3886 的引脚定义

LM3886 的内部电路如图 9-9 所示。输出级上下臂用 2 只 NPN 组合而成，为了实现推挽输出，在下臂第 1 只管子之前插入 1 只 PNP 管（见图中方框中的管子）。这样一来，上臂输出为两级结构，下臂输出为三级结构。在上下臂输出级的第一级晶体管的基极之间插入 3 只串联二极管，用于消除交越失真。由于二极管靠着输出级的功率管，能时刻感测功率管的热量变化，所以同 U_{BE} 倍增管一样，作热补偿之用。

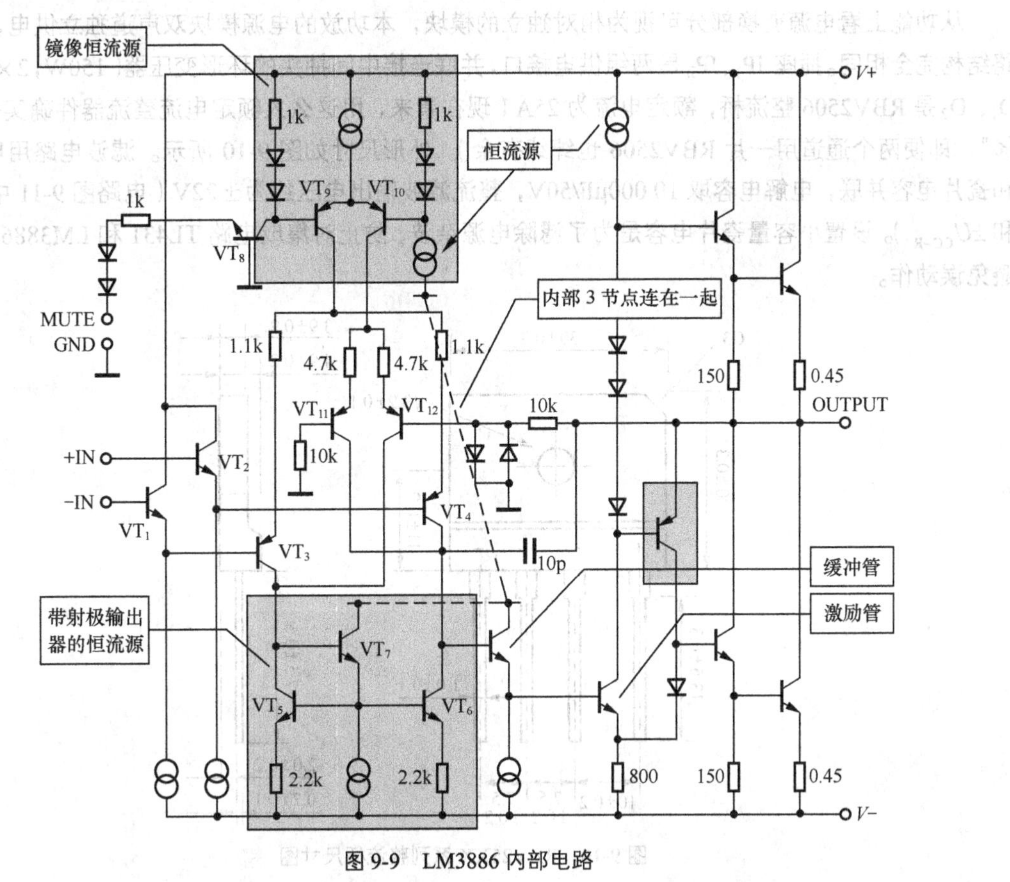

图 9-9　LM3886 内部电路

（图中晶体管元件序号是笔者为了描述电路工作原理而加的）

输入级电路（VT_1 和 VT_2 及发射极恒流源）不是采用常见的共发射极放大器，而是采用共集电极放大器（射随器），输入阻抗高、输出阻抗低。VT_1 与 VT_2 的发射极信号送至 VT_3 与 VT_4 组成的差动放大器，该放大器的集电极接带射极输出器的镜像恒流源（VT_5、VT_6 和 VT_7），发射极串接 1.1kΩ 衰减电阻，然后再接镜像恒流源左管 VT_9 的集电极。

然而，VT_9 受 MUTE 控制，若 MUTE 悬空或接正电压，VT_8 截止，VT_9 基极因无偏置电流而截止，则 VT_3 与 VT_4 截止。此时，输入信号无法放大向后级传递。镜像恒流源右管 VT_{10} 基极因有偏置电流而导通，VT_{11} 与 VT_{12} 组成的镜像恒流源集电极输出等量的电流至带射极输出器的镜像恒流源，缓冲、激励管保持合适的放大状态，控制输出端电压为 0V。一旦输出端偏离 0V，或高或低，经镜像恒流源 VT_{11} 与 VT_{12} 的负反馈作用，最终控制输出电位趋近于 0V。

若 MUTE 接负电压，VT_8 导通，VT_9 导通，则 VT_3 与 VT_4 导通。此时，输入信号可以放大向后级传递。

9.3.2 电路结构及工作原理

本电路由左、右两个声道组成，除扬声器保护电路外，其他部分各自独立。主要包括左、右声道电源、前置电压放大、功率放大和扬声器保护电路这几个模块。

1. 电源模块

从功能上看电源变换部分可视为相对独立的模块，本功放的电源模块双声道独立供电，两组电路结构完全相同。插座 JP_1、JP_2 是两组供电接口，并联连接中间抽头的环形变压器（150W，2×AC16）。D_1、D_2 是 RBV2506 整流桥，额定电流为 25A（现在看来，用这么大额定电流整流器件确实有点“奢侈”，即便两个通道用一片 RBV2506 也绰绰有余）。外形尺寸如图 9-10 所示。滤波电路用电解电容和瓷片电容并联，电解电容取 10 000μF/50V，整流滤波输出电压约为±22V（电路图 9-11 中 $\pm U_{CC-L}$ 和 $\pm U_{CC-R}$）。设置小容量瓷片电容是为了滤除电源杂波，防止对集成电路 TL431 和 LM3886 的干扰，避免误动作。

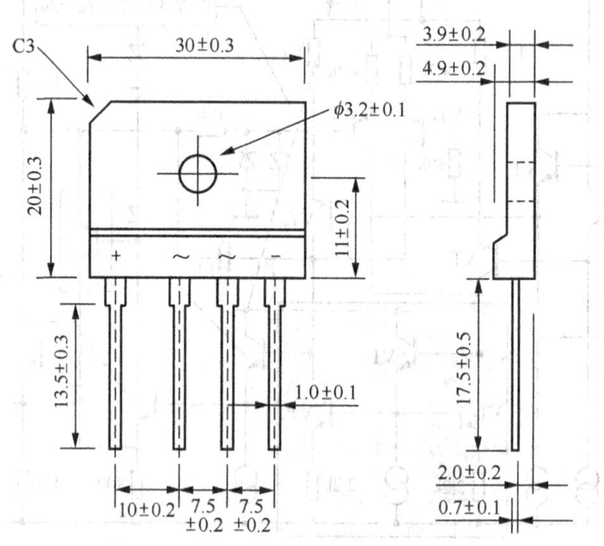

图 9-10 RBV25XX 系列整流桥尺寸图

LM3886 双声道功放电路原理图见图 9-11。

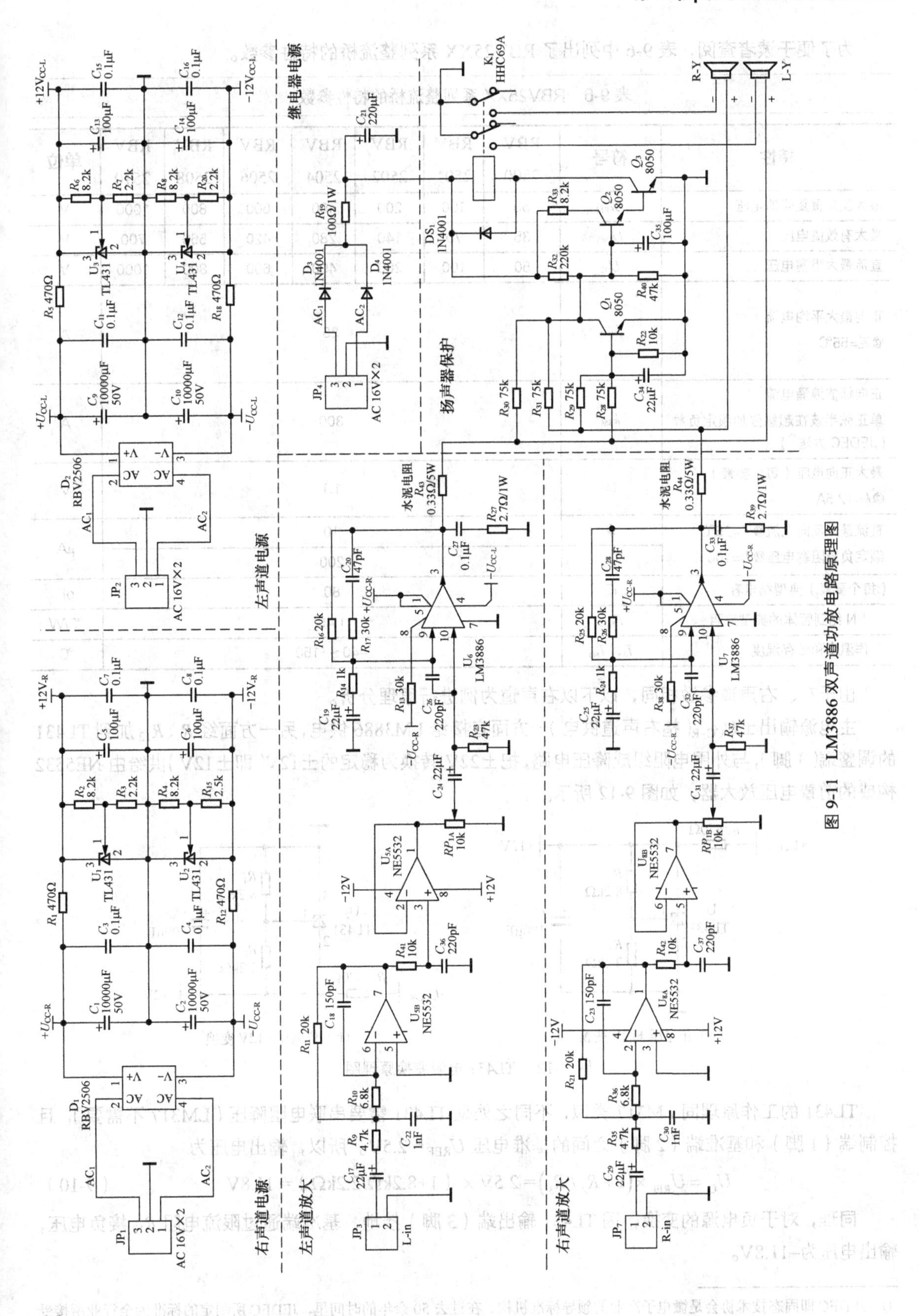

图 9-11 LM3886 双声道功放电路原理图

为了便于读者查阅，表 9-6 中列出了 RBV25XX 系列整流桥的特性参数。

表 9-6　RBV25XX 系列整流桥的特性参数

特性	符号	RBV 2500	RBV 2501	RBV 2502	RBV 2504	RBV 2506	RBV 2508	RBV 2510	单位
最大反向重复峰值电压	U_{RRM}	50	100	200	400	600	800	1000	V
最大有效值电压	U_{RMS}	35	70	140	280	420	560	700	V
直流最大阻塞电压	U_{DC}	50	100	200	400	600	800	1000	V
正向最大平均电流 @T_C=55℃	$I_{F(AV)}$	25							A
正向峰值浪涌电流 单正弦半波在超级强加额定负载（JEDEC 方法[①]）	I_{FSM}	300							A
最大正向电压（每个要素）@I_F=12.5A	U_F	1.1							V
直流最大反向电流@T_J=25℃	I_R	10							μA
额定负载阻塞电压@T_J=100℃	$I_{R(H)}$	200							μA
（每个要素）典型结电容	C_J	80							pF
从 PN 结到管体的典型热阻	$R_{θJC}$	1.45							℃/W
工作温度和贮存温度	T_J，T_{stg}	−40～+150							℃

由于左、右声道参数相同，以下以右声道为例进行原理分析。

主电源输出$\pm U_{CC-R}$(指右声道供电)一方面直接给 LM3886 供电，另一方面经 R_1、R_{12} 加到 TL431 的调整端(3 脚)，与外围电阻组成降压电路，把±22V 转换为稳定的±12V(即±12V)供给由 NE5532 构成的前置电压放大器，如图 9-12 所示。

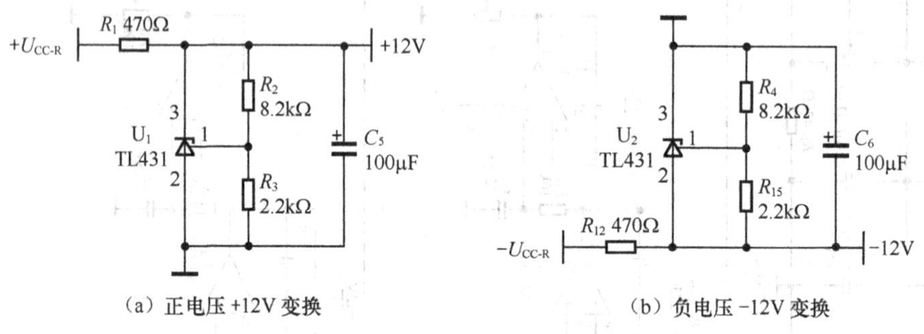

（a）正电压 +12V 变换　　（b）负电压 −12V 变换

图 9-12　TL431 电源变换原理图

TL431 的工作原理同 LM317 类似，不同之处是 TL431 需要串联电阻降压（LM317 不需要），且控制端（1 脚）和基准端（2 脚）之间的基准电压 U_{REF} = 2.5V。所以，输出电压为

$$U_O = U_{REF} \times (1 + R_2 / R_3) = 2.5V \times (1+8.2k\Omega/2.2k\Omega) = 11.8V \quad (9\text{-}10)$$

同理，对于负电源的变换，因 TL431 输出端（3 脚）接地、基准端通过限流电阻 R_{12} 接负电压，输出电压为−11.8V。

① JEDEC 即固态技术协会是微电子产业的领导标准机构。在过去 50 余年的时间里，JEDEC 所制定的标准为全行业所接受和采纳。作为一个全球性组织，JEDEC 的会员构成是跨国性的，不隶属于任何一个国家或政府实体。

由于限流电阻 R_1、R_{12} 两端电压之差约为 10V，故通过二者的电流为 21.3mA（=10V/470Ω），功耗为 212mW，可用功率 1/2W 的电阻。NE5532 在 ±15V 的典型工作电流为 8mA，多余的电流经 TL431 的内部到地。TL431 内部的动态电阻很小，典型值为 0.22Ω，最大也不过 0.5Ω。当它按图 9-12 所示电路给 NE5532 供电时，属并联稳压结构，因 TL431 内阻小，能对 NE5532 因电流变动产生的电压变化及时做出反应，故稳压效果相当理想。

2. 前置放大器

前置放大器分左右声道，电路结构对称。左右声道的前置放大器均分为两级。

第一级为反相输入方式。以右声道为例，U_{8A}、R_{21}、R_{35}、R_{36}、C_{23} 和 C_{30} 组成电压放大器，信号由反相端输入，同相端接地，该电路称为**无限增益多路反馈有源滤波器**。决定电压放大倍数的电阻 R_{21}、R_{35} 可任意选取，放大倍数可以设计得很大，所以称为无限增益。之所以称多路反馈是因为它有 2 个反馈通路 R_{21} 和 C_{23}，电容 C_{23} 的反馈作用随信号频率的升高愈发明显。该级电压放大倍数为

$$A_{u1} = R_{21}/R_{35} = 4.2\ (\text{倍})\ \text{或}\ 12.6\text{dB} \tag{9-11}$$

第二级为电压跟随器，由 U_{8B}、R_{42} 和 C_{37} 组成。输出电流能力较一般电压放大器强，便于减小音量电位器调节时对前级输出的电压造成的影响。第一级与第二级直接耦合，两级之间的阻容元件（R_{42}、C_{37}）组成低通滤波电路。第二级与第三级（LM3886）通过发烧电容 C_{31} 耦合。

图 9-13 所示为**无限增益多路反馈有源滤波器**的仿真电路，该电路与图 9-11 右声道（R_in）对应位置的元件参数相同，隔直电容对交流信号相当于短路，所以此电路省去了 C_{29}。

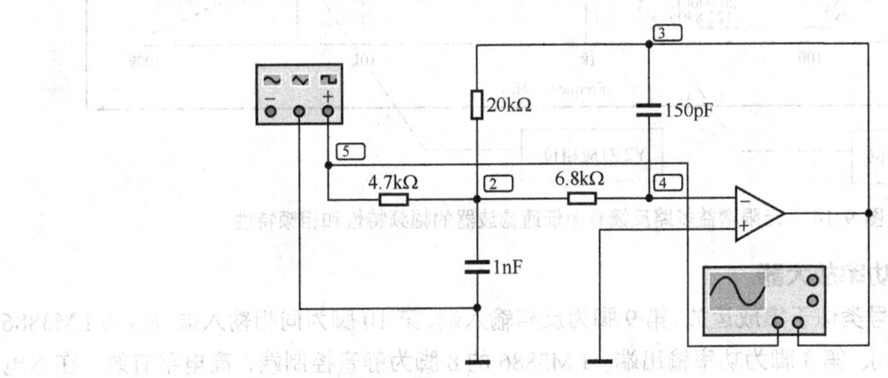

图 9-13　无限增益多路反馈有源低通滤波器的仿真电路

交流分析的幅频特性曲线和相频特性曲线如图 9-14 所示。移动游标 X1、X2 可以得到任意频点电平和相位，表 9-7 为 6 个整数频点的幅频特性和相频特性。

表 9-7　整数频点的幅频特性和相频特性

频率/Hz	电平/dB	相位（°）
20	12.6	−179.93
100	12.6	−179.70
1 000	12.6	−176.99
4 000	12.5	−167.63
10 000	12.1	−150.16
20 000	10.6	−122.83

由表 9-7 和图 9-14 可知，幅频特性在 4kHz 以下几乎是一条平直线，随着频率升高、电平逐渐

下降，不过10kHz以上电平下降很小，即使到达20kHz时，相对于1kHz也只下降约2.14dB，符合国家标准（≤±3dB）。

相频特性在1kHz以下时，输入与输出几乎反相，随着频率升高，相位差越来越小。20kHz时相位差–122.8º，100kHz时相位差为38.1º。也就是说，随着信号频率的升高，反相的信号有变成同相的信号的可能，此时负反馈变成正反馈——这就是多级放大器（NE5532内部电路）高频自激振荡产生的机理。

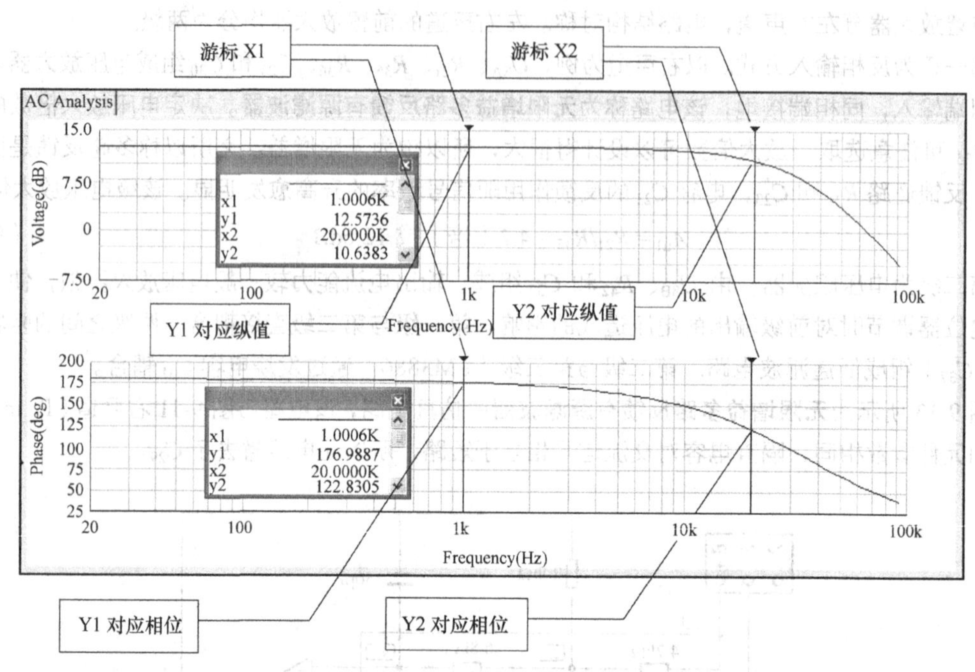

图 9-14 无限增益多路反馈有源低通滤波器的幅频特性和相频特性

3. LM3886 功率放大器

LM3886功能符号类似于集成运放，第9脚为反相输入端、第10脚为同相输入端（R_{37}为LM3886设置直流零偏置电压）、第3脚为功率输出端。LM3886的8脚为静音控制端，高电平有效，在本电路中，该脚接正电源执行静音控制。

从电压放大的角度看，图9-11所示功放电路相当于同相电压放大器。频率较低时，电容C_{28}相当于开路，R_{25}是反馈电阻，R_{24}是取样电阻，则功放级的电压放大倍数为

$$A_{u1}=1+R_{25}/R_{24}=21\text{（倍）或 }26.4\text{dB} \quad (9\text{-}12)$$

当频率升高转折点$f_0[=1/(2\pi R_{26}C_{28})\approx 112\text{kHz}]$，电容$C_{28}$的容抗与$R_{26}$相比不可忽略，这时$C_{28}$和$R_{26}$的串联阻抗就会引起本级电压放大倍数下降，频率越高影响越大，所以这两个元件的作用就是让功放电路在高频时放大倍数下降，防止高频自激振荡。综上所述，本功放的电压放大倍数为

$$A_u=A_{u1}\times A_{u2}=-4.2\times 21\approx -89\text{（倍）或 }39\text{dB} \quad (9\text{-}13)$$

显然，RC串联网络（R_{39}和C_{33}）位于功放的输出端，称为茹贝尔电路，根据5.2.7节可知，这里的R_{39}取值2.7Ω/1W，与典型值10Ω相比，稍显偏小。两通道输出端到扬声器与继电器之间串接的小阻值R_{43}、R_{44}是为了方便调试而设。音量调节RP_1安置在前置电压放大级与功率放大级之间。实际上RP_1位置并没有安装电位器，而是通过导线引至整机安装在前面板上的电位器，方便调节音量。

4. 扬声器保护电路

刚上电时，集成功放 LM3886 输出均为零电平，晶体管 Q_1 截止。此时，D3、D4 整流滤波的直流电压（约 19.5V）一方面加到继电器 K_1，另一方面经电阻 R_{32}（220kΩ）向电容 C_{35}（100μF）充电。当晶体管 Q_2 的基极电压上升到 1.2V 之前一直保持截止，Q_3 截止，K_1 因无电流通过而不能吸合，扬声器处于断开状态。约 2s，Q_2 的基极电压上升到 1.2V，Q_2、Q_3 均导通，K_1 吸合，扬声器接通（到地）。这样的延时导通方式就能防止刚上电时，LM3886 输出的瞬间杂波噪声对扬声器的冲击。

二极管 DS_1 反并联在继电器的绕组两端，防止 Q_3 关断瞬间，绕组反电动势与继电器电源电压叠加对其可能造成的损坏。

正常工作时 LM3886 输出纯交流电压，经 R_{28}、R_{29} 与 C_{34} 组成的滤波电路后，Q_1 的基极不能形成稳定的直流偏置，所以 Q_1 保持截止，Q_2、Q_3 导通，DS_1 正常吸合、扬声器接入。

若 LM3886 不慎被损坏，输出端将会出现或正或负的直流电压。当输出为正电压时，Q_1 导通，Q_2、Q_3 截止，继电器不能吸合；当输出为负电压时，虽然 Q_1 仍然截止，但负电压经 R_{30} 或 R_{31} 加到 Q_2 的基极，Q_2、Q_3 截止，继电器也不能吸合。故，这两种异常情况下扬声器都会被开路，从而起到保护扬声器的作用。

5. 集成运放 5532

5532 是高性能低噪声双运算放大器（双运放）集成电路。与很多标准运放相似，但它具有更好的噪声性能，优良的输出驱动能力及相当高的小信号带宽，电源电压范围大等特点。用作音频放大时音色温暖、保真度高，在 20 世纪 90 年代初的音响界被发烧友们誉为“运放之皇”，至今仍是很多音响发烧友手中必备的运放之一。

常说的“大 S5532”是由美国 Signetics（西格尼蒂克）公司生产的，最早与 LM833、LF353、CA3240 并称老牌四大名运放，不过现在只有 5532 应用得最多。Signetics 于 1966 年在韩国开始设立封装测试厂，之后于 1975 年被 Philips（飞利浦）半导体收购，此后再没有作为 Signetics 独立品牌出现。

在大 S5532 之前，还有另一个版本的 5532。如图 9-15 所示，芯片上只有两行字，第一行为芯片型号，第二行为商标+批号，而且批号很短。由于这种版本的芯片“S”商标比较小，所以音响发烧友将此版本的 5532 统称为“小 S5532”。

图 9-15　小 S5532

“小 S5532”在 1988 年彻底停产，之后生产的便是大 S 和飞利浦版本了。在 1994 年之前生产的 5532 大都还是 S 商标的，而在 1994 年之后就换成 Philips（飞利浦）商标。这两种品牌的 5532 大部分在外观上并没有太大的区别，如图 9-16 所示。

外观大致在 1、8 脚附近位置是商标，后面是三行字。第一行为芯片型号，另外两行字是批号代码。在商标前方有一条线，S 商标的大都是白色实线，而 Philips 商标的大多是“THAILAND”。这个版本也是市面上除德州仪器正在生产的 5532 之外最多的版本（国产的就不算了）。发烧友将这种大 S 商标的版本统称为“大 S5532”，将飞利浦商标的版本称为“飞利浦 5532”。

陶瓷封装的 NE5532AFE，是美国 NS 公司原装军品（后缀 AFE，比 FE 还要好，Philips 的后缀是 FE）是 NE5532 中最好的一种类型。

5532 的声音特点总体来说属于温暖细腻型，驱动力强，但高音略显毛糙，低音偏肥。以前不少人认为它有少许的“胆味”，不过现在比它更有胆味的已有不少，相对来说就显得不是那么突出了。虽然它是一个比较旧的运放型号，但现在仍被认为是性价比最高的音响用运放，属于平民化的一种运放，被许多中低档的功放采用。**不过现在有太多的假冒NE5532**，或非音频用的工业用品。由于5532的引脚功能和4558的相同，所以有些不良商家还把4558字母擦掉后印上NE5532字样冒充，一般外观粗糙，印字易擦掉，有少许经验的人就可以辨别真伪。

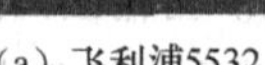
（a）飞利浦5532

（b）大S 5532

图9-16　Philips公司出品的5532

正宗的5532在电源电压±15V时，典型电流8mA，而4558只有4mA——这是一条重要辨别指标。

笔者花30元买了2只陶瓷封装的大S5532拆机品，外观看上去有点脏，花好一阵时间，用刀片把脚上的陈年污物刮掉，然后安装到PCB上DIP8的插座中。设计插座的目的，一是方便换装不同的集成运放，感受不同型号运放音色的差异，二是万一某个集成运放损坏，方便拆卸更换。

图9-17为NE5532内部电路原理图。

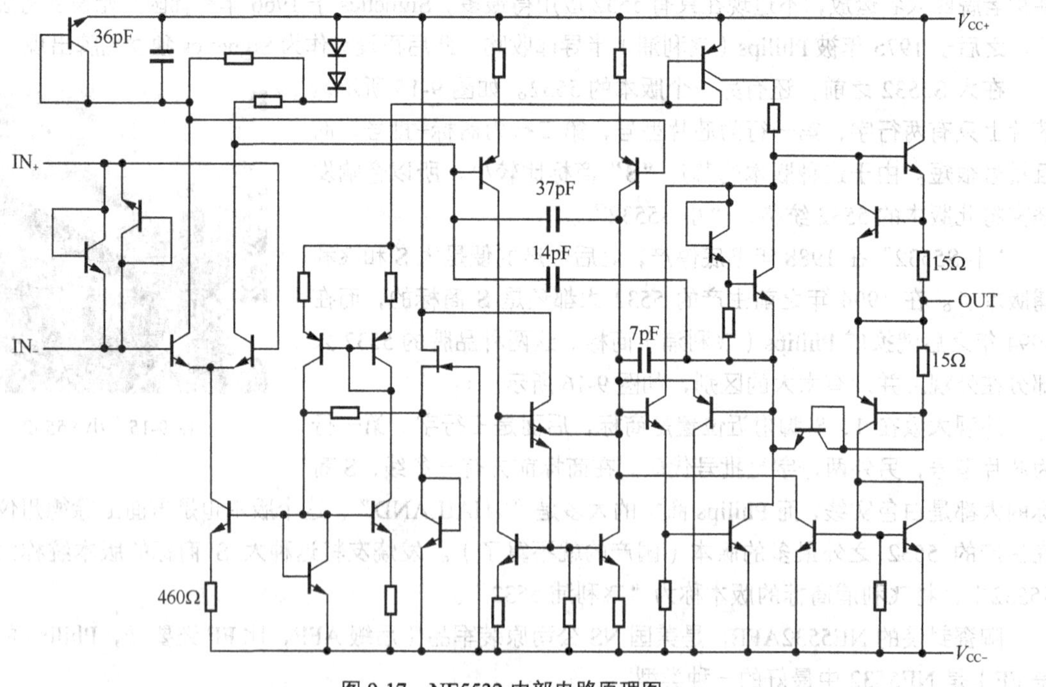

图9-17　NE5532内部电路原理图

为方便读者查阅，表9-8列出了NE5532的主要电气参数。

表 9-8　NE5532 的主要电气参数

（除非特别说明，测试条件指环境温度为 25℃，电源电压 ±15V）

名称	测试条件	最小值	典型值	最大值	单位
电源电压		0		±22V	V
输入电压		U_{CC-}		U_{CC+}	V
总电流			8	16	mA
小信号开环增益	f=10kHz		2.2		V/mV
最大摆幅带宽	R_L=600Ω，U_O=±10V		140		kHz
增益带宽	R_L=600Ω，C_L=100pF		10		MHz
转换速率			9		V/μs
输入阻抗		30	300		Ω
输出阻抗（闭环）	A_{VD}=30dB，R_L=600Ω，f=10kHz		0.3		Ω
输入失调电压			±0.5	±5	mV
共模抑制比	U_C=U_{ICR}min	70	100		dB
电源抑制比	U_S=±9～±15V U_O=0	80	100		dB
总电流	U_O=0，无负载		8	16	mA
工作温度				150	℃
贮存温度		-60		150	℃

图 9-18 所示是用有机玻璃板装配好的整机（笔者指导学生，在 2 周内共做了 10 台，9 台送给朋友和同事，只留 1 台作为纪念），外形尺寸为 23cm 长×21cm 宽×10.5cm 高。电路板上的节点 J1～J2 接 LM3886 的输出，节点 J3～J4 接继电器的 2 个动触点。这 4 个节点分别焊接导线从 PCB 下面穿过连至前面板接线端子，外接扬声器。一旦继电器吸合，扬声器即在 LM3886 的输出与地之间构成通路。

图 9-18　整机外观图

（外形尺寸 23cm 长×21cm 宽×10.5cm 高；散热器尺寸 22cm 长×9.5cm 宽×2.3cm 厚；PCB 尺寸 16.2cm 长×15.2cm 宽×0.8cm 厚；为了布局美观和方便调节音量，扬声器接线端子与 RP 1 安装于前面板，通过导线连至 PCB 板。制作成本大约 300 元）

图 9-19 所示为继电器 HHC69A（JQX-14FC）外形及技术参数，图 9-20 为 LM3886 固定在散热器上。

（a）外观图

产品型号：HHC69A（1Z，2Z）（JQX-14FC）

触点形式：1H、1D、1Z

触点负载：16A/240VAC　28VDC

10A/240VAC　28VDC

5A/240VAC　28VDC

线圈功率：DC：0.53W，AC：1.0VA

线圈规格：DC：5V-110V，AC：6V-220V

外形尺寸：30mm×13mm×25.5mm

（b）技术参数

图 9-19　继电器 HHC69A

图 9-20　LM3886 固定在散热器上

（LM3886 引脚通过导线连接到 PCB，引脚与导线焊接完成后用热收缩管包裹，这样既防止焊点松脱，又能避免 LM3886 引脚之间短路或被污物附着，可谓一举两得）

第 10 章

A 类功率放大器设计

A 类（甲类）功放的工作方式具有最佳的线性，输出级均放大信号全波，完全不存在交越失真，即使不施用负反馈，失真仍然很小，因此被称为是声音最理想的放大线路设计。但这种设计有利有弊，因为无信号时仍有满电流流入，电能全部转为热量。当有信号输入时，部分功率驱动负载，但更多功率却转变为热量，所以 A 类功放是所有功放电路中效率最低的。

10.1 准 A 类功率放大器

10.1.1 A 类功放输出级工作分析

理论上，A 类功放最高效率是 50%，但这只是在最大正弦波功率输出时得到。由于音乐信号的峰值-平均值的比率高，即使是在放大器削波前以最大的音量工作，放大器真正的平均效率可能不会超过 10%。

B 类放大器具有受限的电压输出能力，但对于负载阻抗的宽容度高，当有需要时可提供更多的电流。A 类放大器工作于 A 类时的输出电流有限，超过限定范围后将进入 AB 类方式，并会丧失其特色。静态电流大小的选定对散热设计和元器件成本带来很大影响，故 A 类放大器要求在设计前就需要知道以纯 A 类方式工作所驱动的负载阻抗大小。确认所需静态电流 I_q 大小的计算比较简单，但如果要考虑电源的脉动、三极管的饱和压降（即 $U_{CE(sat)}$）和发射极电阻 R_e 带来的损耗，则比较烦琐。所以，这里直接给出结果以供读者参考（假定使用非稳压电源，2 只储能电容均为 10 000μF），一台 20W/8Ω 的放大器要求电源电压近似为±24V，静态电流为 1.15 A。如果大致以同样的输出电压摆幅驱动负载，但驱动的负载由原来的 8Ω 变为 4Ω，那么输出功率将 20W 变为 37W，A 类的静态工作电流必须增加至 2.16A，耗散功率因此将增加 1 倍。

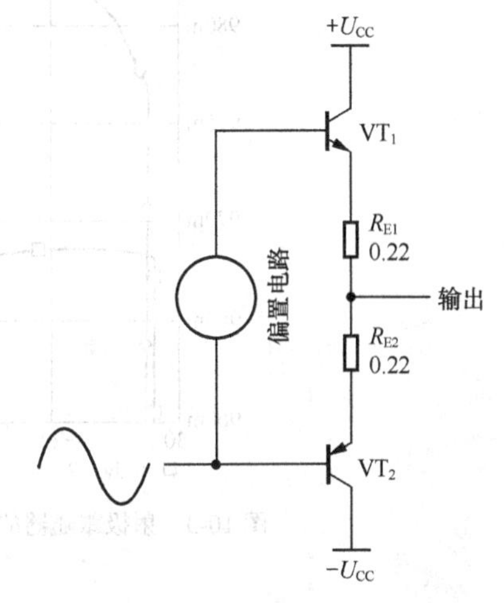

图 10-1　功率放大器的标准输出电路

图 10-1 是标准的功率输出电路，功率管的集电极电流与输出电压的 PSpice 仿真结果如图 10-2 所示。

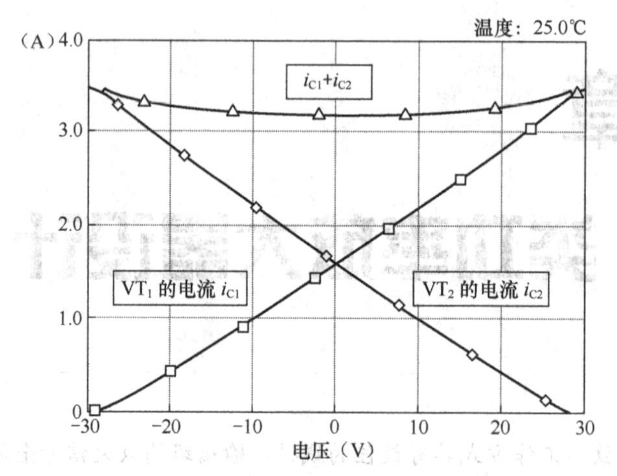

图 10-2 推挽 A 类电路功率管电流变化的仿真结果[①]

（1.负载 8Ω，静态电流为 1.6A；2.功率管电流的总和接近于固定不变，使用简单偏置即可实现）

按照 A 类工作的原理，输出管电流总和不变，尽管对于获得低失真来说并不需要这样做。输出信号是输出管电流之差，本质上与输出管电流总和没有关系。可是，如果输出信号严重偏离于输出管电流的总和，则表明放大器的效率很差，这时输出级流过的电流必定比实际所需更多。输出管电流总和的不变性很重要，因为只要放大器的工作状态仍处于 A 类，R_{E1} 和 R_{E2} 这 2 只电阻测得的总压降会有效地保持不变。同时，也意味着静态电流可以由固定偏压电路来设定，与 B 类放大器十分相近。

图 10-3 是 A 类输出级开环增益仿真结果。负载为 8Ω，静态电流为 1.6A。上方为以 A 类工作时的增益，下方为以优化偏置 B 类工作时的增益。通过仿真曲线可清楚地看到，射极跟随器的增益变化较大。

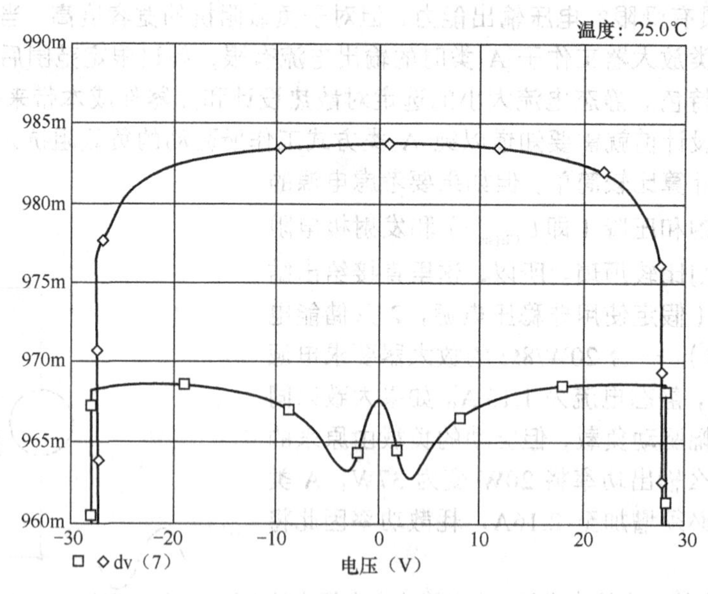

图 10-3 射极跟随器的增益线性度仿真结果（负载 8Ω，静态电流为 1.6A）

① 摘自《Audio Power Amplifier Design Handbook》（Fourth Edition）。

虽然 A 类功放的失真小、音质好听，但限于成本和体积的制约，许多标称的所谓 A 类功放并不是真正 A 类，而是采用折衷方案，让功放工作于准 A 类状态。所谓**准 A 类是指输出管上下臂在一个周期内不是完全导通，但导通时间大大超过半个周期。**

10.1.2 准 A 类功放输入级的工作状况

图 10-4 所示是准 A 类功放电路，图中标注了实测的电压数据和根据欧姆定律计算的电流数据。从结构上看，该电路仍然可分为三级，即差动输入级、激励级和输出级。为了增大输出电流驱动负载，功率管采用双臂并联。

在功放电路中，前置级与功放级通常使用同组电源，这样就会带来两个弊端：其一，大动态时，功放级的大电流使电源内阻的压降过大，电源电压降低，导致激励级的供电电压不足，动态范围明显变小，功放级获得的驱动电压不足，达不到应有的输出功率，因而大动态时推动大功率音箱就会显得力不从心；第二，大动态时，电源波动产生的干扰信号使激励级的输出信号幅度被调制，从而降低声音的清晰度。

为了克服大动态时工作的两个弊端，本电路在前置级与功放级的供电通路中串入二极管 VD_3、VD_4 进行隔离，这样处理就可以明显地改善大动态时的性能。**隔离式供电的工作原理**如下：当输出级的瞬间大动态信号电流使电源电压低落时，二极管 VD_3、VD_4 反向截止。由于滤波电容 C_4、C_6 容量较大（相对于前置级的工作电流来说），短时间内能保证差动放大级的电压不至于跌落，待电容上的电压即将跌落时，输出级的瞬间电流峰值已过，电源电压即可恢复原值，可以立即向 C_4、C_6 和差分放大级供电。这样，在大动态时差分放大级的电源电压基本不受影响。

图 10-4 与图 8-22 具有某种程度上的对偶性。电路的上方从左至右分别为差分对管管的镜像恒流源、激励级及输出级的上臂，下方从左至右分别为差分对管的恒流源、激励级的恒流源及输出级的下臂。在这个电路中，U_{BE} 倍增电路与图 8-22 也呈对偶性，倍增管选用 PNP 型。

采用场效应管作为差分对管，利用 2SK246 的 g-s 极间电压 U_{GS} 控制漏极电流 I_D，在漏-s 极电压 U_{DS} 一定时，电压负值的绝对值愈大 I_D 愈小。由于 2SK246 的 g 极不需要电流，故输入端对 GND 的偏置电阻 R_3 的压降几乎为 0。此时，偏置电阻与反馈电阻即便不相等也不会造成失调电压偏大，因为失调电压只与 2SK246 的门-s 极电压 U_{GS} 的差异有关。

初始设计时把漏极电流设置得较大（3mA），希望借助 s 极串联电阻的负反馈作用降低跨导，改善输入级的线性宽度，但是发现失调电压很不理想。由于 2SK246 的 g-s 极间电压 U_{GS} 差异太大，比如，图 10-4 中 $U_{GS1}=-182mV$，$U_{GS2}=-29mV$，s 极电阻 $R_{14}=R_{15}=68\Omega$，必须变更 R_{14} 的阻值为 47Ω、R_{15} 短路才能使得失调电压为理想的 7mV。

考虑到 SK246 的 g-s 极间电压 U_{GS} 差异性，最好把 R_{14} 与 R_{15} 合并，用一只精密微调电阻代替，电阻两个固定端分别接差分管的 s 极，动端接恒流源，这样就能很方便地调整失调电压了。当然，若在安装之前筛选管子，挑 U_{GS} 差异性小的就再好不过了。

2SK246 是东芝公司出品的 N 沟道结型（N Channel Junction Type）场效应管，特别适合于高阻抗输入的音频放大电路，能敏感地捕捉信号。激励级及恒流源均采用 2SC2240、2SA970，这两种型号的晶体管是低噪声小信号对管。

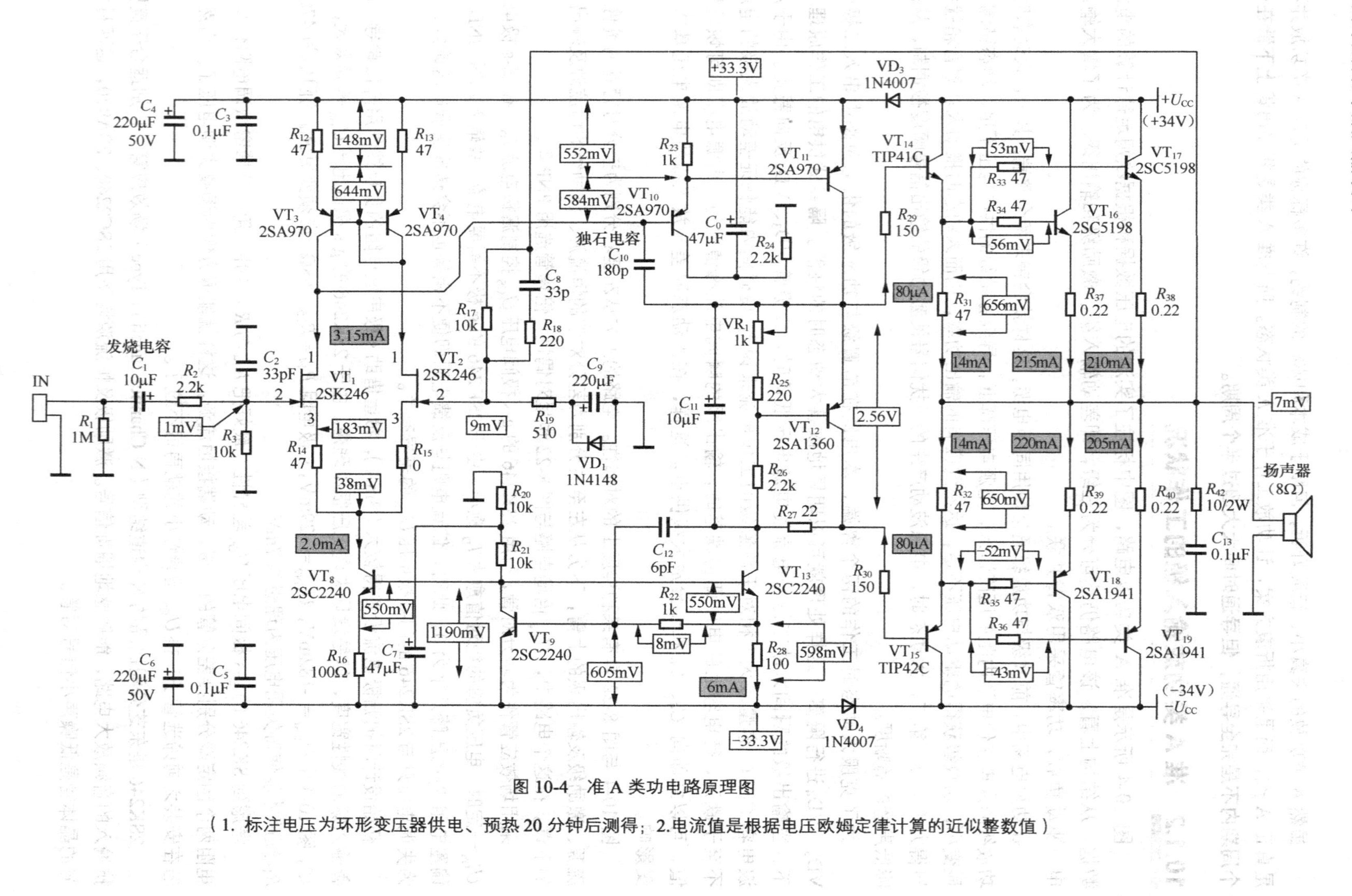

图 10-4 准 A 类功电路原理图

（1. 标注电压为环形变压器供电、预热 20 分钟后测得；2.电流值是根据电压欧姆定律计算的近似整数值）

10.1.3 准 A 类功放激励级的静态电流

电阻 R_{23} 与 VT_{11} 的 be 结并联，忽略 VT_{11} 的基极电流，VT_{10} 的集电极电流约等于 0.55mA，则 R_{24} 的压降约为 1.2V。

实际感测小功率管 VT_{11} 最烫，这是因为静态时 VT_{11} 的电流为 6mA，c-e 极间电压约为 33V，故 VT_{11} 的静态功耗大约 200mW（≈6mA×33V）。这对于 TO-92 封装、最大耗散功率为 300mW（见下文）的小功率晶体管来说，已经是比较大的功率额度设计了。

10.1.4 输出级的电流分配

输出级采用最常见的**类型一**。为了增大电流驱动能力，末级采用双管并联，并在功率管的基极串接 47Ω 电阻，防止晶体管因 be 结压降差异过大导致电流向某一臂过度集中。由图中标注数据可知，输出管上臂的基极电流基本相等（因基极电阻压降基本相等），下臂的基极电流比上臂的基极电流略小，并且下臂两管的基极电流也不相同。说明上臂管 2SC5198 的 β 值比下臂管 2SA1941 的 β 值小；即便下臂两只 2SA1941 管，集电极电流相差只有十几毫安，但 VT_{19} 的基极电流明显比 VT_{18} 的基极电流（见基极电阻 R_{35}、R_{36} 的压降）小，故 VT_{19} 的 β 值比 VT_{18} 的 β 值偏大。顺便说一下，一台高品质的音频功放，功率管的 β 值差异最好不要超过 5%。

实测 R_{31} 的压降为 656mV，故驱动管 VT_{14} 的发射极电流为 14mA。R_{32} 的压降为 650mV，考虑到元件参数误差，则 VT_{15} 的发射极电流也应该为 14mA。

因为功率管 VT_{17} 的基极电阻 R_{33} 的压降为 53mV，故流过它的电流为 1.12mA，该电流就是功率管的基极电流。又，VT_{17} 的发射极电阻 R_{38} 的压降为 46mV（=210mA×0.22Ω），所以 VT_{17} 的 be 结压降约为 557mV（=656mV−53mV−46mV）。显然，对于功率管来说，这个 be 压降并不算大，然而其发射极电流并不低，这是因为功放管的损耗大、温升大，晶体管 be 结压降随温度升高而减小，在大功率工作达到热平衡时（50℃左右），发射结压降降到五百多毫伏。

从图中可见，4 只功率管的静态电流并不完全相等，但差别并不大。为简便起见，按每只功率管 200mA 静态电流计算，在 c-e 极间电压为 34V 时的功耗为

$$P = U_{CE} \times I_C = 34V \times 0.2A = 6.8W \qquad (10\text{-}1)$$

那么，4 只功率管的总功耗为 27.2W。为了防止功率管热击穿，把 U_{BE} 倍增管 VT_{12} 与 VT_{18}、VT_{19} 安装在同一片散热器上（与 VT_{16}、VT_{17} 装在同一片散热器上亦可），感测两只功率管 2SA1941 的温升，实现温度补偿。功率管及散热器的温度愈高，VT_{12} 的 c-e 极间电压愈低，其变化量足以抵消上下臂功率管因温度升高而导致的 be 结压降减少量，最终在某个温度点附近达到平衡。**顺便提一下，以上数据是在热态（散热器大约 50℃）时测试完成的。**

10.1.5 功率输出级的电流波形

1. 静态波形为稳定的平直线

当输入端短路，以输出端为参考地测试 VT_{17}、VT_{19} 的发射极，电压波形如图 10-5 所示，是两条平直线，幅值约为 ±46mV。该值等于通过 R_{38}、R_{40} 的电流产生的电压降，只不过前者相对于输出端（参考地）为正值，后者相对于输出端为负值。因 R_{38}、R_{40} 的阻值均为 0.22Ω，故功率管 VT_{17}、VT_{19} 的发射极电流约为 200mA，另一臂也大约为 200mA，故总的静态电流约 400mA。考虑到输出级上下双臂并联，以输出端为**参考地**，定义流进**参考地**的电流为正值，流出**参考地**的电流为负值，则 R_{37}、R_{38} 与 R_{39}、R_{40} 电流的代数和为 0，负载上没有电流流过。

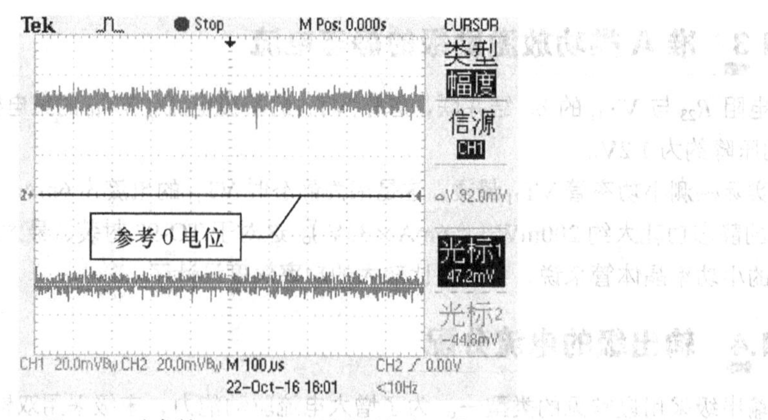

图 10-5 功率管 VT_{17}、VT_{19} 的发射极电压波形

2. 利用输入输出波形估算电压增益

输入 1kHz 1.22V_{p-p} 正弦波，经 R_2 与 R_3 分压得到 1.0V_{p-p} 信号注入 VT_1 的门极。此时，负载电阻为 6.22Ω（6Ω/50W+0.25Ω/5W 串联），则 VT_1 的门极与输出端波形如图 10-6 所示。图 10-6（a）显示 VT_1 的门极电压为 1.0V_{p-p}，图 10-6（b）显示的输出端电压为 20.4V_{p-p}，故电压增益为 20.4 倍。

若增大电阻 R_3 至几十千欧姆以上，R_2 与 R_3 分压衰减量可忽略不计，则功率放大器的电压增益（$=u_o/u_i$）近似等于 20.6 倍（$=1+R_{17}/R_{19}$）。

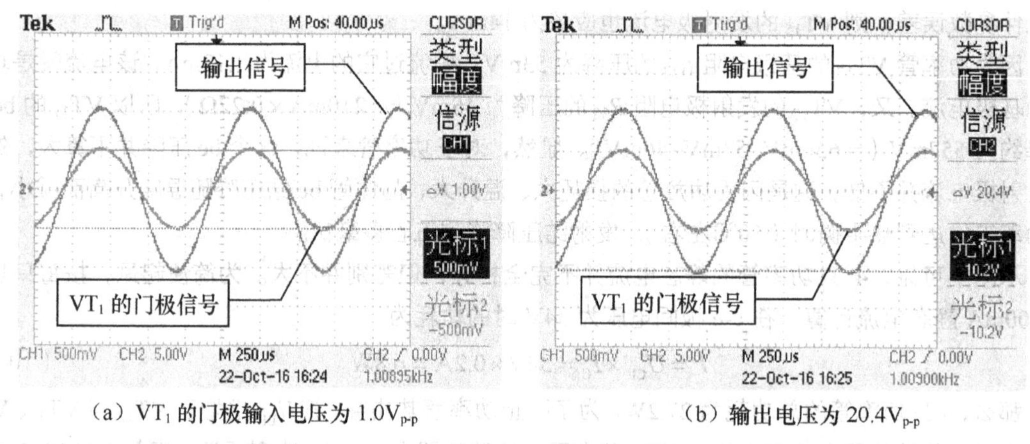

（a）VT_1 的门极输入电压为 1.0V_{p-p}　　（b）输出电压为 20.4V_{p-p}

图 10-6 输入 1kHz 1.22V_{p-p}，负载 6.22Ω 电阻时 VT_1 的门极与输出电压波形

（电压增益为 20.4 倍 =20.4V_{p-p}/1.0V_{p-p}，约等于理论值 20.6 倍）

3. AB 类工作模式的波形

若以输出端为参考地，用示波器**直流挡**测试 VT_{16} 与 VT_{18} 的发射极，如图 10-7（a）所示。这两条波形是功率管发射极电阻 R_{37}、R_{39} 上的总电流所产生的相对于输出端的压降。R_{37} 的波形在“参考 0 电位”上方，R_{39} 的波形“参考 0 电位”下方。这是很容易理解的，VT_{16} 在正半波导通输出电流，VT_{18} 在负半波导通吸入电流。

利用示波器的“反相”功能把 VT_{18} 的发射极波形沿“参考 0 电位”上下翻转，如图 10-7（b）所示。此时，VT_{16} 与 VT_{18} 的发射极波形相位差为 180°。可以想象，前者的峰值对应着输出电压的正峰值，后者的峰值对应着输出电压的负峰值。在图 10-7（b）的基础上，利用示波器 MATH 的“-”功能，则 CH_1–CH_2 的波形如图 10-7（b）所示（中间的正弦波）。这个说明，当功放工作于 AB 状态时，虽然功率管上下臂输出的电流并非是正弦波，但二者之差却真真切切为正弦波。

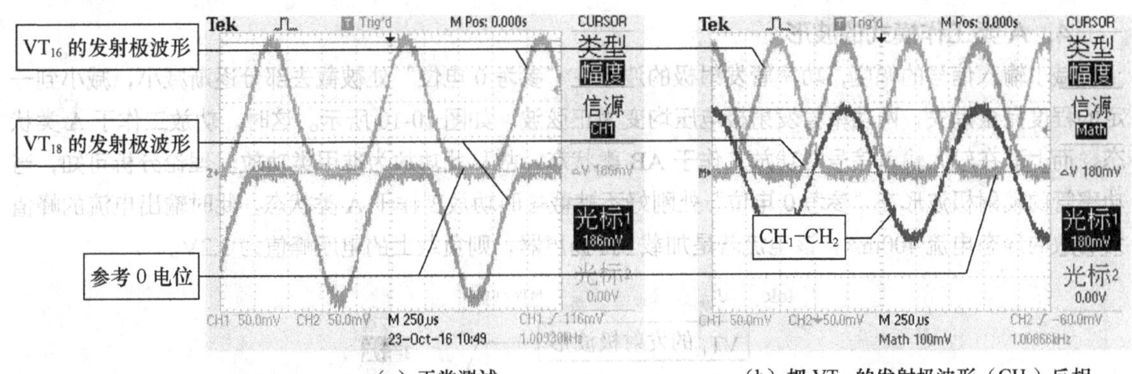

（a）正常测试　　（b）把 VT_{18} 的发射极波形（CH_2）反相

图 10-7　以输出端为参考地，测得 VT_{16}、VT_{18} 的发射极电压波形

由图 10-6 所示波形可知，负载的峰值电压为 10.2V，故峰值电流为 1.63A（= 10.2V/6.25Ω）。由图 10-7 所示波形可知，CH_1−CH_2 的峰值 180mV，这个电压是功率管发射极电阻 R_{37}、R_{39} 的压降之差，折算成电流为 0.82A（≈ 180mV/0.22Ω）。因 R_{38}、R_{40} 的压降之差与此值基本相同，则功放的输出电流约为 2 倍单臂的电流，即 2 × 0.82A = 1.64A。可见，通过负载上的电压峰值计算出的电流峰值与通过功率管发射极电阻的电压峰值之差，计算出的电流峰值相等——印证了前文中关于输出电流为功率管集电极电流之差的理论分析。

若以输出端为参考地，用示波器 CH_1、CH_2 和 CH_3 分别测试图 10-8 所示的 3 个节点，波形如图 10-9 所示。

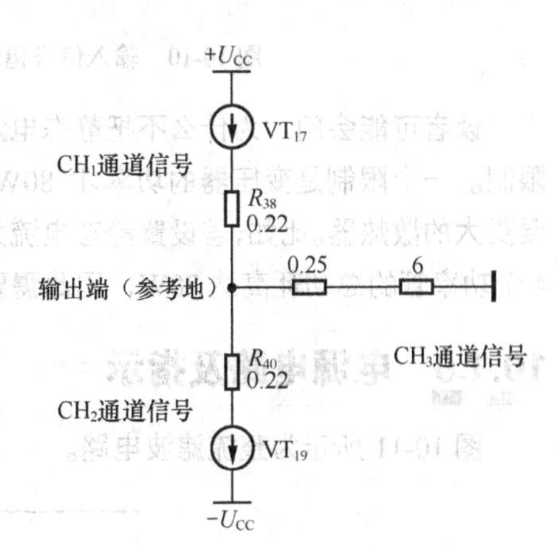

图 10-8　测试 3 只电阻的工作波形

因为**以输出端为参考地**，所示电阻 0.25Ω/5W 两端波形与 R_{38}、R_{39} 上下端的反相，峰值为 448mV，折算为 0.25Ω 的电流是 1.79A（≈448mV/0.25Ω），好像比前面计算的 1.64A 稍大一些。实际上，从输出端（示波器探头的参考地）到 0.25Ω 电阻之间还有一段引线电阻产生附加压降（笔者做实验证实过这一点），考虑到这个因素，折算的电流会小一些，应该接近于 1.64A。

由图 10-9 所示波形可见，VT_{17} 的发射极电流峰值附近，VT_{19} 的发射极电流为 0，互补对管不是全周期内都处于导通状态。同理，VT_{19} 的发射极电流峰值附近，VT_{17} 的发射极电流为 0，互补对管也不是全周期内都处于导通状态，故不属于纯 A 类。

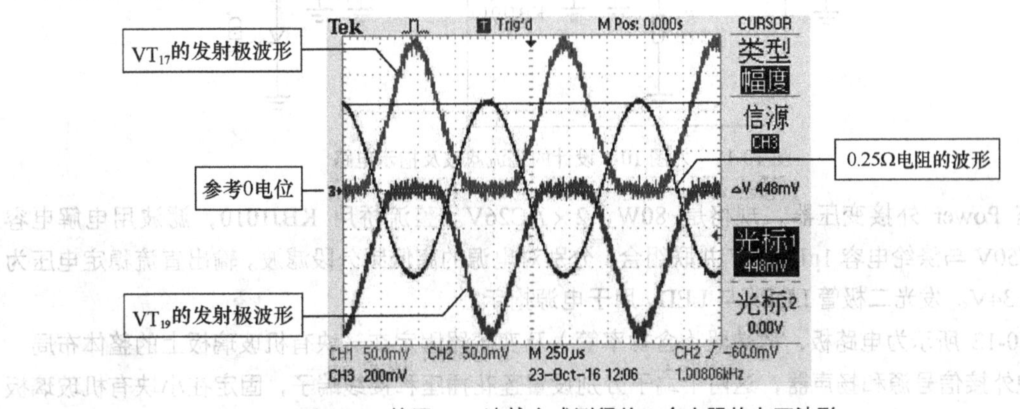

图 10-9　按图 10-8 连接方式测得的 3 个电阻的电压波形

4. A类工作模式的波形

减小输入信号的幅度，功率管发射极的波形在“参考0电位”处被截去部分逐渐减小，减小到一定的程度完全消失，两功率管发射极电压均变为正弦波，如图10-10所示。这时，功放工作于A类状态，而上面在较大输入信号时功放工作于AB类状态，故称此功放为**准甲类功放**。理论分析可知，当功率管的发射极波形在“参考0电位”处刚好不被截去时功放工作于A类状态，此时输出电流的峰值为功放的静态电流400mA，该电流若是加载8Ω扬声器，则负载上的电压峰值为3.2V。

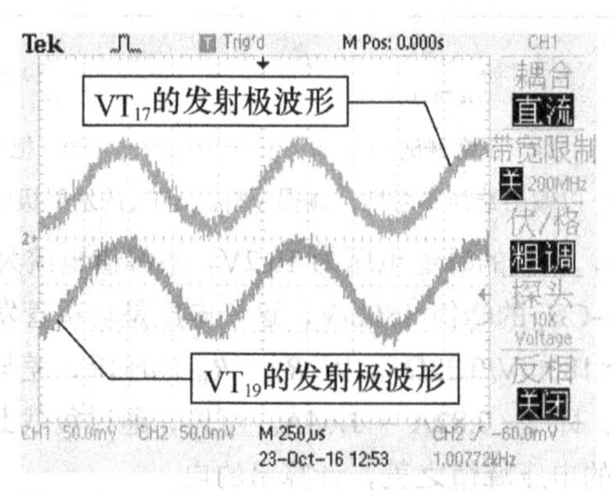

图10-10 输入信号幅度较小时，两功率管发射极电压均变为正弦波

读者可能会问：为什么不把静态电流设为更大的数值，比如1A呢？这是因为存在客观条件的限制。一个限制是变压器的功率才80W（见下文），不够大，第二个限制是功放的静态功耗大，需要更大的散热器。比如，若设置静态电流为1A，每臂的电流为0.5A，则每个功率管耗散功率为17.5W，4个功率管的总功耗高达70W，因此需要更大的散热器。

10.1.6 电源电路及指示

图10-11所示为整流滤波电路。

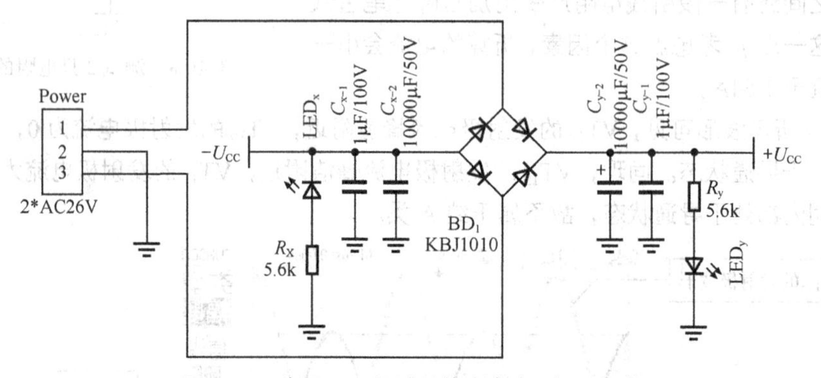

图10-11 为图10-4设计的整流滤波及指示电路

插座Power外接变压器，规格是80W，2×AC26V。整流桥用KBJ1010，滤波用电解电容10000μF/50V与涤纶电容1μF/100V并联组合，分别对电源的高低频分段滤波。输出直流稳定电压为$\pm U_{CC} = \pm 34V$。发光二极管LDEx与LEDy用于电源指示。

图10-12所示为电路板、散热器（含功率管）及变压器固定在一块有机玻璃板上的整体布局。为了方便外接信号源和扬声器，这两个端子分别设置莲花插座和接线端子，固定在小块有机玻璃板上，然后再黏合于底板。为了安全起见，功率管与散热器之间加装云母垫片。

顺便说一下，因为静态功耗大，为了防止热击穿，U_{BE} 倍增管 VT_{12} 安装在 VT_{18}、VT_{19} 所在的散热器上，通过 3 条导线引到 PCB 设计位置，VT_{12} 时刻感测下臂功率管的功率损耗，及时进行温度补偿。

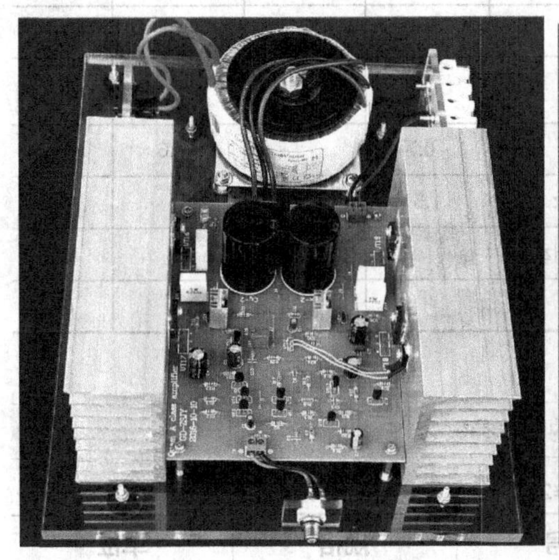

图 10-12　安装完成的 PCB、散热器及变压器

（有机玻璃尺寸 33cm 长×25cm 宽×1.0cm 厚，电路板尺寸 16.6cm×12.5cm；散热器尺寸 17cm 长×9cm 宽×4.6cm 厚脊棱；功率管与散热器之间加装云母垫片。质量 4.2kg。制作成本约 150 元）

10.1.7　场效应管 2SK246、晶体管 2SC2240 和 2SA970

2SK246 是 N 沟道结型场效应管（它的互补对管是 2SJ103），2SC2240 和 2SA970 是低噪声小信号对管，这 3 种管子均为 TO-92 封装。2SK246 耐压为 50V，2SC2240 与 2SA970 耐压为 120V。表 10-1～表 10-3 中列出了它们的特性参数。

表 10-1　2SK246 的特性参数

（a）最大额定值（T_a=25℃）

项目	符号	规格	单位
栅极-漏极间电压	U_{GDS}	–50V	V
栅极电流	I_G	10	mA
漏极损耗	P_D	300	mW
结温	T_j	125	℃
保存温度	T_{stg}	–55～125	℃

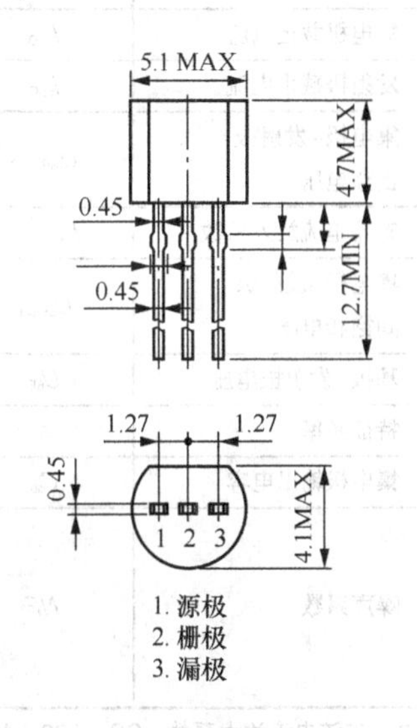

（b）电特性（T_a=25℃） 续表

项目	符号	测试条件	最小值	标准值	最大值	单位
栅极截止电流	I_{GSS}	U_{GS} = −30V，U_{DS} = 0			−0.1	nA
栅极–漏极击穿电压	$U_{(BR)GDS}$	U_{DS} = 0，I_G = −100μA	−50			V
漏极电流	I_{DSS}（注）	U_{DS} = 10V，U_{GS} = 0	1.2		14	mA
栅极–s 极关断电压	$U_{GS(OFF)}$	U_{DS} = 10V，I_D = 0.1μA	−0.7		−0.6	V
正向转移导纳	$\|Y_{fs}\|$	U_{DS} = 10V，U_{GS} = 0，f=1kHz	1.5			mS
输入电容	C_{iss}	U_{DS} = 10V，U_{GS} = 0，f=1MHz		9.0		pF
反向转移电容	C_{rss}	U_{DG}=10V，I_D = 0，f=1MHz		2.5		pF

注：I_{DSS} 等级：Y：1.2～3mA，GR：2.6～6.5mA，BL：6～14mA。

表 10-2　2SC2240 的特性参数

（a）最大额定值（T_a=25℃）

项目	符号	规格	单位
集电极–基极间电压	U_{CBO}	120	V
集电极–发射极间电压	U_{CEO}	120	V
发射极–基极间电压	U_{EBO}	5	V
集电极电流	I_C	100	mA
基极电流	I_B	20	mA
集电极损耗	P_C	300	mW
结温	T_j	125	℃
保存温度	T_{stg}	−55～125	℃

（b）电特性（T_a=25℃）

项目	符号	测试条件		最小值	标准值	最大值	单位
集电极截止电流	I_{CBO}	U_{CB} = 120V，I_E = 0				0.1	μA
发射极截止电流	I_{EBO}	U_{EB} = 5V，I_C = 0				0.1	μA
集电极–发射极击穿电压	$U_{(BR)CEO}$	I_C = 1mA，I_B = 0		120			V
直流电流放大系数	H_{FE}（注）	U_{CE} = 6V，I_C = 2mA		200		700	
集电极–发射极间饱和电压	$U_{CE(sat)}$	I_C = 10mA，I_B = 1mA				0.3	V
基极–发射极电压	U_{BE}	U_{CE} = 6V，I_C = 2mA			0.65		V
特征频率	f_T	U_{CE} = 6V，I_C = 1mA			100		MHz
集电极输出电容	C_{ob}	U_{CB} = 10V，I_E = 0，f = 1MHz			3.0		pF
噪声系数	NF	U_{CE} = 6V，I_C = 0.1mA	f=10Hz，R_g=10kΩ			6	dB
			f=1kHz，R_g=10kΩ			2	
			f=1kHz，R_g=100Ω		4		

注：直流电流放大系数：GR：200～400，BL：350～700。

表 10-3　2SA970 的特性参数

这个晶体管与 2SC2240 是互补对管。饱和压降只有−0.3V（最大值）。封装同 2SC2240

（a）最大额定值（T_a=25℃）

项目	符号	规格	单位
集电极−基极间电压	U_{CBO}	−120	V
集电极−发射极间电压	U_{CEO}	−120	V
发射极−基极间电压	U_{EBO}	−5	V
集电极电流	I_C	−100	mA
基极电流	I_B	−20	mA
集电极损耗	P_C	300	mW
结温	T_j	125	℃
保存温度	T_{stg}	−55～125	℃

（b）电特性（T_a=25℃）

项目	符号	测试条件	最小值	标准值	最大值	单位
集电极截止电流	I_{CBO}	U_{CB} = −120V，I_E = 0			−0.1	μA
发射极截止电流	I_{EBO}	U_{EB} = −5V，I_C = 0			−0.1	μA
集电极−发射极击穿电压	$U_{(BR)CEO}$	I_C = −1mA，I_B = 0	−120			V
直流电流放大系数	H_{FE}（注）	U_{CE} = −6V，I_C = −2mA	200		700	
集电极−发射极间饱和电压	$U_{CE(sat)}$	I_C = −10mA，I_B = −1mA			−0.3	V
基极−发射极电压	U_{BE}	U_{CE} = −6V，I_C = −2mA		0.65		V
特征频率	f_T	U_{CE} = −6V，I_C = −1mA		100		MHz
集电极输出电容	C_{ob}	U_{CB} = −10V，I_E = 0，f = 1MHz		3.0		pF
噪声系数	NF	U_{CE} = −6V，I_C = −0.1mA；f=10Hz，R_g=10kΩ			6	dB
		f=1kHz，R_g=10kΩ			2	
		f=1kHz，R_g=100Ω		3		

注：直流电流放大系数：GR：200～400，BL：350～700。

10.2 集成运放+分立元件甲类功放

10.2.1 概述

图 10-13 所示是集成运放 OPA2604+分立元件构成的甲类功放。本电路是参照 MONARCHY（美国帝皇之声）SM-70 的电路原理，稍作改动完成的一台线路简洁、易安装、易调试且工作稳定的甲类音频功率放大器。

由于左右声道电路完全相同，这里只给出右声道的电路。又因为这个电路不是用原理图生成网络表设计的 PCB，故电源部分对称位置的元件编号重号，好在这个问题并不会给我们进行原理描述带来什么麻烦，姑且忍受一下。

1. 主功率电源电路

电源电路采用一只 300W、2×AC24V 环形变压器供电，由 2 只整流桥 KPBC2502 独立对变压器双绕组进行整流，把交流电变换为脉动直流电。滤波电路采用电解电容（4 只 10 000μF/50V，正电压 2 只，负电压 2 只）与小高频电容（1μF/MKT 与 0.1μF/MKT[①]）并联，滤波后的直流电压±B（约 33V）直接供给功率放大级的场效应管。

另一方面，±B（约 33V）经穿芯磁阻 L_1（抑制高频干扰）及电解电容（2 只 220μF/35V，正电压 1 只，负电压 1 只）与小高频电容 0.1μF/MKT）并联再次滤波，送到三端可调稳压器 LM317/337（TO-220 封装）进行稳压。根据 VR_1 的连接方式和 LM317 的工作特性，则输出电压为

$$U_O = 1.25V \times \left(1 + \frac{R_9 + VR_1}{R_8}\right) \quad (10\text{-}2)$$

式中，1.25V 是 LM317/337 输出端（OUT）与调整端（ADJ）之间的参考电压，该电压恒定不变，VR_1 微调电阻调节后的值，小于 10kΩ。该电压为集成运放 OPA2604 供电，而 OPA2604 的最大供电电压为±25V。这里，为安全起见降低为±22V，故只需调节 VR_1，使式（10-2）中 VR_1 的值约等于 9.88kΩ 即可。此外，二极管 D_1（1N4001）用于断电时保护 LM317/337，LED 进行电源指示，电阻 R_{10} 为 LED 限流之用。

2. 前置电压放大器

前置电压放大器是同相比例放大器。输入信号用小容量电容（MKS[②]）与大容量电容（MKP[③]）并联，两种电容各司其职，能较好弥补彼此对高低频段信号耦合的不足。

输入电阻 R_1 与 C_1 组成 RC 滤波电路，滤出高频杂波，同时又改善 TIM 失真。R_3 为 OPA2604 设置直流偏置。反馈电阻 R_5 与 C_6 组成低通滤波电路，转折频率为 146kHz。R_4 是采样电阻，电容 C_4、C_5 为 R_4 提供高低频交流通路。因此，前置电压放大器的电压增益为

$$A_u = 1 + \frac{R_5}{R_4} 34(\text{倍})\text{或}30.6\text{dB} \quad (10\text{-}3)$$

---

① MKT：金属化聚酯电容，特点是机械性能好，介电常数大，耐温性好，产品体积小，击穿场强高，损耗较大，适用直流滤波和脉动电路中作旁路耦合。

② MKS：金属化聚苯乙烯电容（德国 WIMA 产也为聚酯介质）有良好的自愈能力，但用于高频电路时其损耗角正切值将会增大，绝缘电阻将大大下降，不宜用于高频和要求高绝缘电阻的场合。

③ MKP：金属化聚丙烯电容，引出损耗小，内部温升小，负电容量温度系数，优异的阻燃性能。广泛应用于高压高频脉冲电路中，电视机中 S 校正和行逆程波形和显示器中，照明电路中电子整流吸收和 SCR 整流电路。

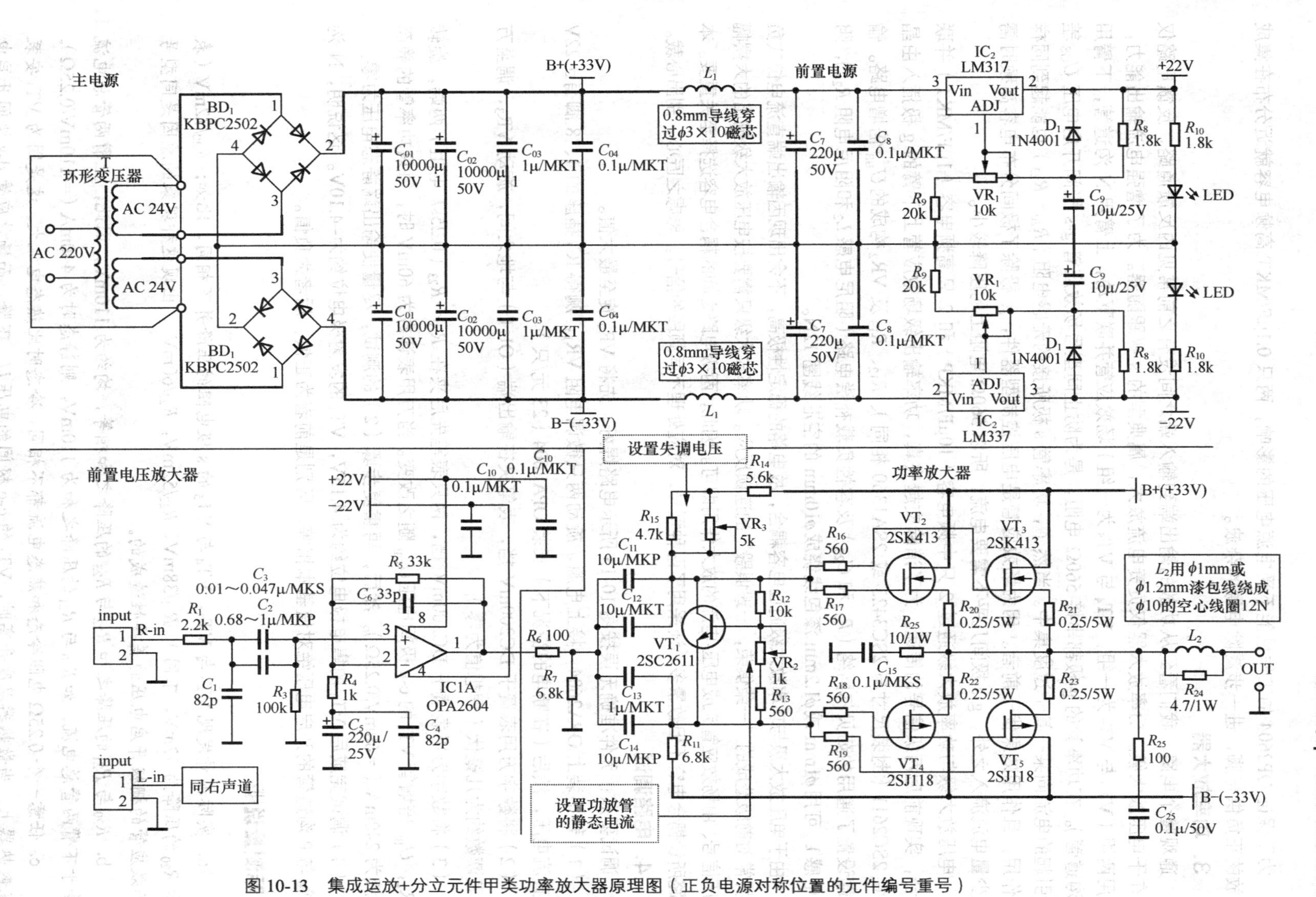

图 10-13 集成运放+分立元件甲类功率放大器原理图（正负电源对称位置的元件编号重号）

为了保证 OP2604 的工作性能不受电源电压的影响，两只 0.1μF/MKT 高频电容就近分布在集成运放的正负供电脚，进一步滤除电源的杂波。

3. 功率放大器

通观整个电路，我们看到从功放的输出端到输入端之间没有之前常见的反馈通路，反馈电路仅存在于电压放大级。功率放大器仅负责电流放大，属典型的 s 极跟随器。为了增强电流输出能力，采用两组（VT_2与 VT_3为一组，VT_4与 VT_5为一组）场效应管并联驱动，上臂用 N 沟道管，下臂用 P 沟道管）。在功率管的 g 极都串接 560Ω 电阻，是为防止同型号场效应管 g-s 极间开启电压 U_{GS} 差异引起的电流向某一管子过度集中。当然了，功率管 s 极所接的无感电阻（R_{20}～R_{23}）也能起到同样的作用，且作用效果优于前者。因为场效应管是电压控制型器件，g 极除了极间分布电容高频时需要少量电流流入之外，g-s 极间几乎不需要电流，所以 560Ω 电阻上的压降较小。

电压放大级与功率放大级通过 2 只中频电容（10μF/MKP）和 2 只高频电容（1μF/MKT）并联耦合，实现前后两级信号的传递。为了消除交越失真，功率输出级场效应管上下臂的 g 极插入由晶体管 2SC2611（封装尺寸与 2SC3423 或 2SA1360 相同）、R_{12}、R_{13}及 VR_2构成的U_{BE}倍增电路。输出端设置了通用的茹贝尔网络（R_{25}和 C_{25}）及容性负载补偿电路（阻尼电感 L_2和阻尼电阻 R_{24}），阻尼电感 L_2可用ϕ1mm 或ϕ1.2mm 漆包线绕成ϕ10mm 的空芯线圈 12N。

由于电压放大级与功率放大级通过电容耦合，故电路的稳定性极高，不会出现因输出端直流电位或负载异常对前级造成的“一荣俱荣，一毁俱毁”的连锁反应。功率放大级只需要按电压放大级输出的大摆幅电压信号、由场效应管完成电压-电流的放大作用即可。因此，两级电路之间的耦合电容选择至关重要。本电路所设耦合电容不但数量多，还采用了两种型号，对应处理不同频段的信号，思虑之匠心，别出心裁。

4. 电路调试

调试要点：元件准确无误按图 10-13 所示电路焊好，先将 VR_2旋至最大值。

（1）暂不装上 OPA2604；接上电源，旋动两只微调电阻 VR_1，测得 IC_1插座的 4、8 脚有±22V 的直流电压，然后（在断电的情况下）安装 OPA2604（23 元/只）；

（2）将数字万用表置于 DC200mV 挡，表笔夹在输出端（OUT）与地之间，旋动 VR_3，调至万用表读数约为几毫伏（理想值为零）；

（3）将数字万用表置于 DC200mV 挡，两只表笔先后夹在 R_{20}～R_{23}（0.25Ω 电阻）两端，旋转 VR_2，U_{BE} 倍增管 VT_1 的 c-e 极间电压 U_{CE} 随之改变。当万用表读数为 60mV 时，每只功率管的静态电流为 240mA（= 60mV/0.25Ω）。然后，再重复步骤（2）的测试，尽量使输出端静态电压为零。

（4）调试完成后 VT_1 的集电极电位约为 4.15V，VT_1 的发射极电位约为–4.10V。这说明，N 沟道管与 P 沟道管的开启电压绝对值基本相等，区别是前者为正值，后者为负值。

实际测量说明

a. 实际测量发现 VT_2与 VT_3，VT_4与 VT_5的 s 极电阻的压降并不相同，比如：R_{20}/72mV（表示 R_{20}的压降为 72mV，下同），R_{21}/38mV，R_{22}/52mV，R_{23}/60mV 。出现这种现象的原因是同型号场效应管的栅极开启电压的差异性造成的。

b. R_{20}与 R_{21}的压降之和 R_{22}与 R_{23}的压降之和相等，均约为 110mV，因此，上臂两管总电流等于下臂两管总电流。如 R_{20}与 R_{21}的压降之和为 110mV，则静态时为 440mA（= 110mV/0.25Ω）。

c. 任意一个 0.25Ω 电阻冷态和热态电流都不相同，冷态时比热态电流大。这是因为 VT_1安装在散热器上，当散热器温度升高时，VT_1的 c-e 极间的电压 U_{CE} 下降，而场效应管 d-s 极间开启电压随电压变化很小，所以场效应管输出电流稍有下降。

d. 冷态时，输出端的电位并不为 0V，约±20mV。等工作 5 分钟之后，当功率管发热与散热器散热趋于平衡后，输出端的电压逐渐降低接近 0V。因此这也间接向我们提醒，静态电流调试应该在热态下进行。否则，冷态时调试好的“理想数据”，一旦工作，热态时都会偏离。

5. 静态功耗

根据前文所述，当 R_{20} 与 R_{21}（或 R_{22} 与 R_{23}）的压降之和为 110mV 时，2 组输出管的静态电流之和为 440mA。则 2 只场效应管的静态功耗为

$$P = U_{\mathrm{DS}} \times I_{\mathrm{D}} = 33\mathrm{V} \times 440\mathrm{mA} = 14.5\mathrm{W} \tag{10-4}$$

式中，U_{DS} 是效应管 d-s 极间电压，因为输出端电位为 0V，所以 U_{DS} 等于电源电压。由于该功放总共有 8 只场效应管，故总的静态功耗为 58W，这个功率就直接转化为热量，经散热器消耗掉了。动态时，场效应管的功耗增大，真正输出的有用功率与损耗相比只有 1/4～1/5，因此甲类功放的效率很低。

10.2.2 元器件资料

本电路简洁，对元件的质量要求甚为敏感，选用质量较高的发烧级元件，易获得很好的音色。功率管安装孔位兼容两种引脚排序的场效应管，原理图按 2SJ118 /2SK413 给出，若采用低开启电压的 2SK1058/2SJ162 时，电阻 R_{12} 的阻值要更改为 2.2kΩ。

电路结构并不复杂，但元器件的、规格型号却是用心之选，体现了甲类功放造价昂贵的特点。例如：效应管采用 2SK413/2SJ118（若用 2SK1058/2SJ162 更好，但也更昂贵）；集成运放选用 BB（Burr-Brown）公司专为音频而设计的 OPA2604，它音色醇厚、圆润，中性偏暖、胆味甚浓，声底较醇厚且略具刚性，特别适合音乐的表现，被誉为最有电子管音色的运放。此外，信号耦合、滤波电容多采用 MKP、MKT 和 MKS 型号，算是音响用电容的中高档水平了。

1. 整流桥 KBPC2502

前面提到的 AC-DC 电源变换用整流桥 KBPC2502，额定电流 25A，反向耐压 200V。KBPC2502 有陶瓷和塑料两种封装，陶瓷封装的名称前缀为 KBPC，塑料封装的名称前缀为 BR。外观及尺寸如图 10-14 所示。

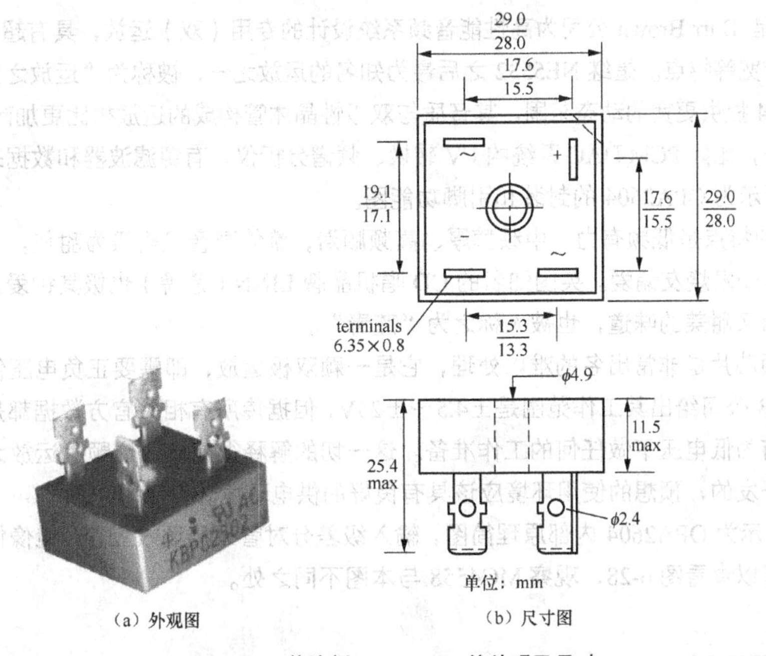

（a）外观图 （b）尺寸图

图 10-14 整流桥 KBPC2502 的外观及尺寸

为方便读者查阅，表 10-4 中列出了 KBPC25XX（金属封装）或 BR25XX（塑胶封装）系列整流桥的特性参数。

表 10-4　KBPC25XX 系列整流桥的特性参数

金属封装		KBPC25005	KBPC2501	KBPC2502	KBPC2504	KBPC2506	KBPC2508	KBPC2510	单位
塑胶封装		BR2505	BR251	BR252	BR254	BR256	BR258	BR2510	
最大重复峰值电压	V_{PRM}	50	100	200	400	600	800	1000	V
最大输入电压（PMS）	V_{RMS}	35	70	140	280	420	560	700	V
最大直流阻断电压	V_{DC}	50	100	200	400	600	800	1000	V
最大平均正向电流（T_c=55℃）	$I_{F(AV)}$	25.0							A
峰值正向浪涌电流，8.3ms 单半正弦波叠加在额定负载上	I_{FSM}	300							A
12.5A 时每个元件的最大正向压降	V_F	1.2							V
外壳至端子的隔离电压（RMS）	V_{ISO}	2500							V
工作温度范围	T_J	−55～+125							℃
储存温度范围	T_{STG}	−55～+150							℃

2. “运放之皇”OPA2604

OPA 2604 是 Burr Brown 公司为高性能音频系统设计的专用（双）运放，具有超低谐波失真、低噪声、高增益带宽等特点。是继 NE5532 之后最为知名的运放之一，被称为“运放之皇”。双路 FET 输入为 OPA2604 提供更宽的动态范围，其音质与双极性晶体管构成的运放相比更加耐听[①]。一般应用在专业音响设备，比如 PCM DAC 系统的 I/V 转换、频谱分析仪，有源滤波器和数据采集系统等。

图 10-15 所示为 OPA2604 的封装和引脚功能图。

OPA2604 的特点是低频有力、中频醇厚、高频顺滑，整体声音风格极为甜美，类似于电子管放大器的味道，极受发烧友偏爱。英国知名的 CD 唱机品牌 LINN（莲牌）也极其钟爱这颗运放，由它带来的高解析而又甜美的味道，也被人称之为“莲毒”。

然而，这颗芯片是非常出名的难以处理，它是一颗双极运放，即需要正负电压供电，而且电压要求很苛刻。BB 公司给出其工作范围是±4.5～±25V，但据传所有相关官方数据都是在±15V 下测出，根本就没有为低电压下做任何的工作准备。这一切的解释很简单，这颗“运放之皇”本身是为桌面播放设备开发的，预想的使用环境应该具有良好的供电环境。

图 10-16 所示为 OPA2604 内部原理简图，输入级差分对管采用场效应管，镜像恒流源也采用场效应管。读者可以查看图 6-28，观察 MC4558 与本图不同之处。

① 双极性晶体管构成的运放会产生更多的奇次谐波失真，而一般认为偶次谐波失真比较讨好耳朵，如电子管的音质。

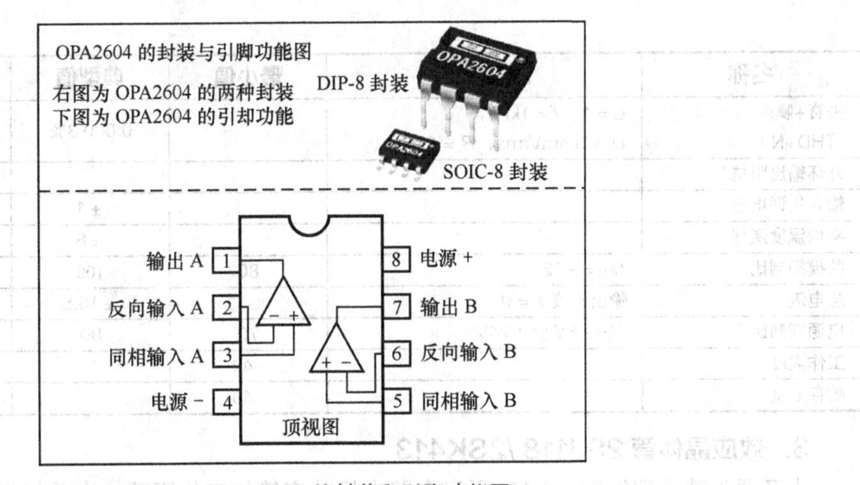

图 10-15　OPA2604 的封装和引脚功能图

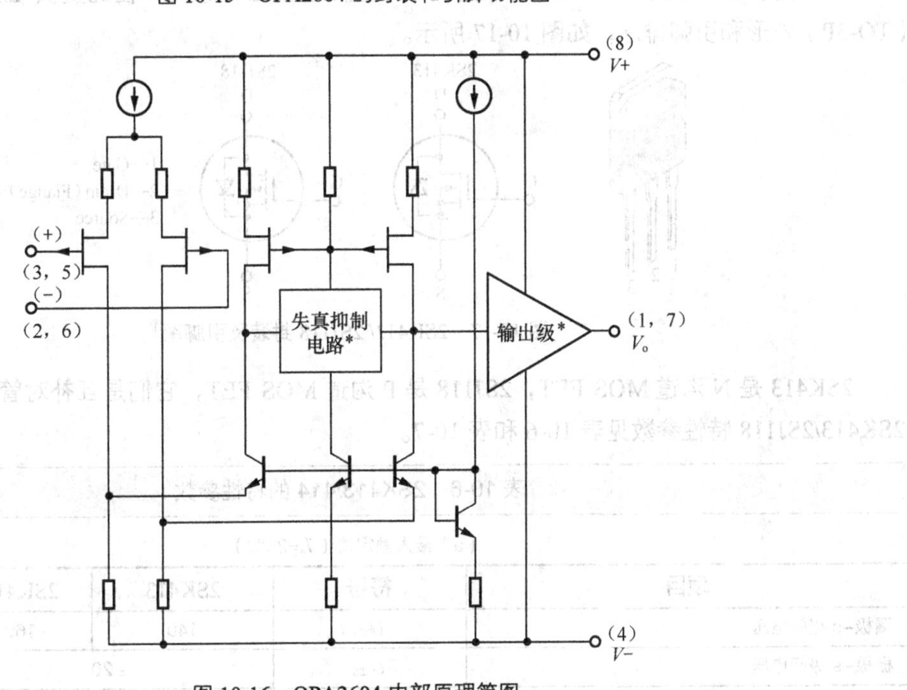

图 10-16　OPA2604 内部原理简图

（*为取得的专利号，#5053718，#5019789）

为方便读者查阅，表 10-5 列出了 OPA2606 的主要电气参数。

表 10-5　OPA2604 的主要电气参数

（除非特别说明，测试条件指环境温度为 25℃，电源电压 ±15V）

名称	测试条件	最小值	典型值	最大值	单位
电源电压		±4.5		±25	V
静态电流	2 通道，$I_o=0$		±10	±12	mA
开环增益	$U_o=\pm10V$，$R_L=1k\Omega$	80	100		dB
增益带宽	G =100		20		MHz
转换速率	$20V_{p-p}$，$R_L=1k\Omega$	15	25		V/μs

续表

名称	测试条件	最小值	典型值	最大值	单位
失真+噪声（THD+N）	$G=1$，$f=1$kHz，$U_o=3.5$mVrms，$R_L=1$kΩ		0.000 3%		
开环输出阻抗				25	Ω
输入失调电压			±1	±5	mV
平均温度漂移			±8		μV/℃
共模抑制比	$U_{CM}=\pm12$	80	100		dB
总电流	输出电流 $I_o=0$		±10.5	±12	mA
电源抑制比	$U_S=\pm5$V 到 ±24V	70	80		dB
工作温度		-40		100	℃
贮存温度		-40		125	℃

3. 效应晶体管 2SJ118 /2SK413

为了便于读者理解图 10-13 所示电路中场效应管的工作原理，在此提供 2SK413/2SJ118 封装（TO-3P）外形和引脚排序，如图 10-17 所示。

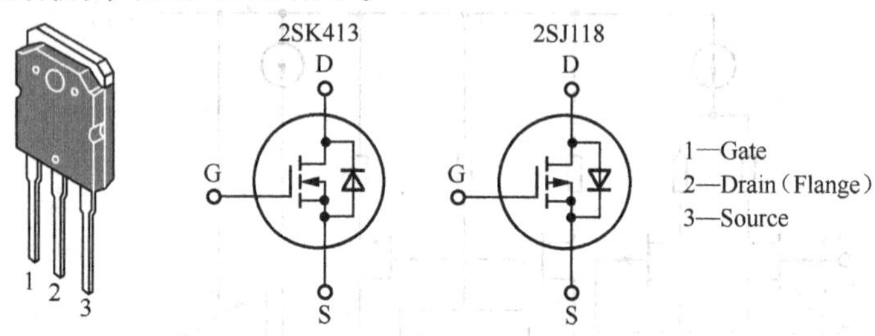

图 10-17 2SK413/ 2SJ118 封装及引脚图[①]

2SK413 是 N 沟道 MOS FET，2SJ118 是 P 沟道 MOS FET，它们是互补对管。东芝公司出品的 2SK413/2SJ118 特性参数见表 10-6 和表 10-7。

表 10-6 2SK413/414 的特性参数

（a）最大额定值（T_a=25℃）

项目	符号	2SK413	2SK414	单位
漏极-s 极间电压	U_{DSX}	140	160	V
栅极-s 极间电压	U_{GSS}	±20		V
漏极电流	I_D	8		A
漏极峰值电流	$I_{D(Peak)}$	12		A
Body -Drain Diode Reverse Drain Current	I_{DR}	8		A
沟道损耗	P_{ch}	100		W
沟道温度	T_{ch}	150		℃
保存温度	T_{stg}	-55～150		℃

（b）电特性（T_a=25℃）

项目		符号	测试条件	最小值	标准值	最大值	单位
漏-s 极击穿电压	2SK413	$U_{(BR)DSX}$	$I_D=10$mA，$U_{GS}=0$	140			V
	2SK414			160			

① Flange 翻译为凸缘，指管子后面的金属片（可以与散热器紧贴安装时散热）。

续表

项目		符号	测试条件	最小值	标准值	最大值	单位
零 g 极电压时的漏极电流	2SK413	I_{DSS}	U_{DS}=120V，U_{GS}=0			1	mA
	2SK414		U_{DS}=140V，U_{GS}=0				
栅–s 极关断电压		$U_{GS(off)}$	I_D=1mA，U_{DS}=10V	2		5	V
栅–s 极导通电阻		$R_{DS(on)}$	I_D= 4A，U_{DS}=15V		0.4	0.5	Ω
栅–s 极饱和电压		$R_{DS(sat)}$	I_D= 4A，U_{DS}=15V		1.6	2.0	V
正向转移导纳		$\|Y_{fs}\|$	I_D= 4A，U_{DS}=10V	1.0	1.8		S
输入电容		C_{in}	U_{DS}=10V，U_{GS}= 0，f=1MHz		1050		pF
输出电容		C_{out}			450		pF
反向转移电容		C_{rtc}			80		pF
导通延时时间		$t_{D(on)}$	I_D= 2A，U_{DS}=15V，R_L=15Ω		20		ns
上升时间		t_r			50		ns
导通延时时间		$t_{(on)}$			90		ns
下降时间		t_f			70		ns

表 10-7　2SJ118/119 的特性参数

（a）最大额定值（T_a=25℃）

项目	符号	2SJ118	2SJ119	单位
漏极–源极极间电压	U_{DSX}	–140	–160	V
栅极–源极极间电压	U_{GSS}	± 20		V
漏极电流	I_D	–8		A
漏极峰值电流	$I_{D(Peak)}$	–12		A
沟道损耗	P_{ch}	100		W
沟道温度	T_{ch}	150		℃
保存温度	T_{stg}	–55～150		℃

（b）电特性（T_a=25℃）

项目		符号	测试条件	最小值	标准值	最大值	单位
漏–s 极击穿电压	2SJ118	$U_{(BR)DSX}$	I_D=–10mA，U_{GS}=0	–140			V
	2SJ119			–160			
零 g 极电压时的漏极电流	2SJ118	I_{DSS}	U_{DS}=–120V，U_{GS}=0			–1	mA
	2SJ119		U_{DS}=–140V，U_{GS}=0				
栅–s 极关断电压		$U_{GS(off)}$	I_D=–1mA，U_{DS}=–10V	–2		–5	V
栅–s 极导通电阻		$R_{DS(on)}$	I_D=–4A，U_{DS}=15V		0.4	0.5	Ω
栅–s 极饱和电压		$R_{DS(sat)}$	I_D=4A，U_{DS}=–15V		–1.6	–2.0	V
正向转移导纳		$\|Y_{fs}\|$	I_D=–4A，U_{DS}=–10V	1.0	1.8		S
输入电容		C_{in}	U_{DS}=–10V，U_{GS}= 0，f=1MHz		1050		pF
输出电容		C_{out}			450		pF
反向转移电容		C_{rtc}			80		pF

续表

项目	符号	测试条件	最小值	标准值	最大值	单位
导通延时时间	$t_{D(on)}$	I_D=−2A，U_{DS}=−15V，R_L=15Ω		20		ns
上升时间	t_r			50		ns
导通延时时间	$t_{(on)}$			90		ns
下降时间	t_f			70		ns

4．功放照片

说明：

（1）本电路设计兼容 2SK1058/2SJ162 对管，但它们的脚位排序与 2SK413/2SJ118 对管的 2、3 脚名称正好相反，所以电路板设计了两种管脚安装孔位。

（2）由于本电路没有设计音量调节，为了听音的实际需要，笔者把外部信号源的信号引入到双联电位器，再由电位器引到电路板上，如图 10-18 所示。

图 10-18　固定在有机玻璃板上的集成运放+分立元件甲类功率放大器

（底部有机玻璃尺寸 37cm 长×28.5cm 宽×0.8cm 厚，散热器尺寸 25cm 长×8cm 高×5.5cm（脊宽）；重量 8.6 千克。为了防止灰尘进入，上面装一块有机玻璃板，散热器的四个钻孔就是固定盖板之用。成本大约 500 元，于 2010 年夏季制作完成）

图 10-19 所示为前置级与功率级之间的信号耦合电容，一大一小并联，大的电容是 10μF/MKP，小的电容是 1μF/MKT。

图 10-19　前置电压放大级与功率放大级之间的耦合电容

（C_{11}、C_{14} 用 10μF/MKP，粗而大，大小同 1 号电池接近，略短，专为 Hi-Fi 音频电路设计；C_{12}、C_{13} 用 1μF/MKT，细而长，大小同 7 号电池接近，稍短，专为 Hi-Fi 音频电路设计）

图 10-20 所示为集成运放 OPA2604、LM317/LM337 周边的元器件布局。

图 10-20　OPA2604、LM317/LM337 周围元器件布局

（许多器件在平时的电路制作很少见到，特别是电容器）

10.3　A 类功放

10.3.1　输入级的工作状况

图 10-21 所示是笔者设计的最后一款纯 A 类功放电路，这里只给出左声道电路图，右声道同此一样。图中标注了实测的电压数据和根据欧姆定律计算的电流（近似整数值）。

图 10-21 与图 8-22 有许多相似，区别之处有几个方面。

（1）差分对管采用 P 沟道结型场效应管 2SJ103，该管与图 10-4 的输入级 2SK246 是互补管。场效应管与双极型晶体管相比，前者的噪声系数较小，所以在低噪声放大器的前级通常选用场效应管，也可以选特制的低噪声晶体管。但总的来说，当信噪比是主要矛盾时最好选用场效应管。由于场效应管是电压控制型，R_3 只提供偏置电压，因此它与电压负反馈电阻 R_{12} 可取不同阻值。这里 R_3 取 100kΩ，R_{12} 取 15kΩ，从 IN-L 输入的信号几乎没有衰减就送到 VT_3 的 g 极。

（2）为了便于调节失调电压，差分对管 s 极连接精密可调电阻 VR_1 两头固定端，中间滑动端接尾巴恒流源。此时，若差分对管 g-s 极间电压 U_{GS} 差异较大，可通过旋转 VR_1 进行调节，使 VR_1 滑动端到差分对管 g 极的电压近似相等，失调电压接近于 0。

（3）为前置级和激励级的负电源增设了退耦电路（R_8 与 C_9、C_{10}），一方面能遏制微小电流级与大电流级的级间串扰，另一方面又能抑制负电源的纹波，可谓一举两得。因正电源有恒流源抑制纹波，故无需加退耦电路。

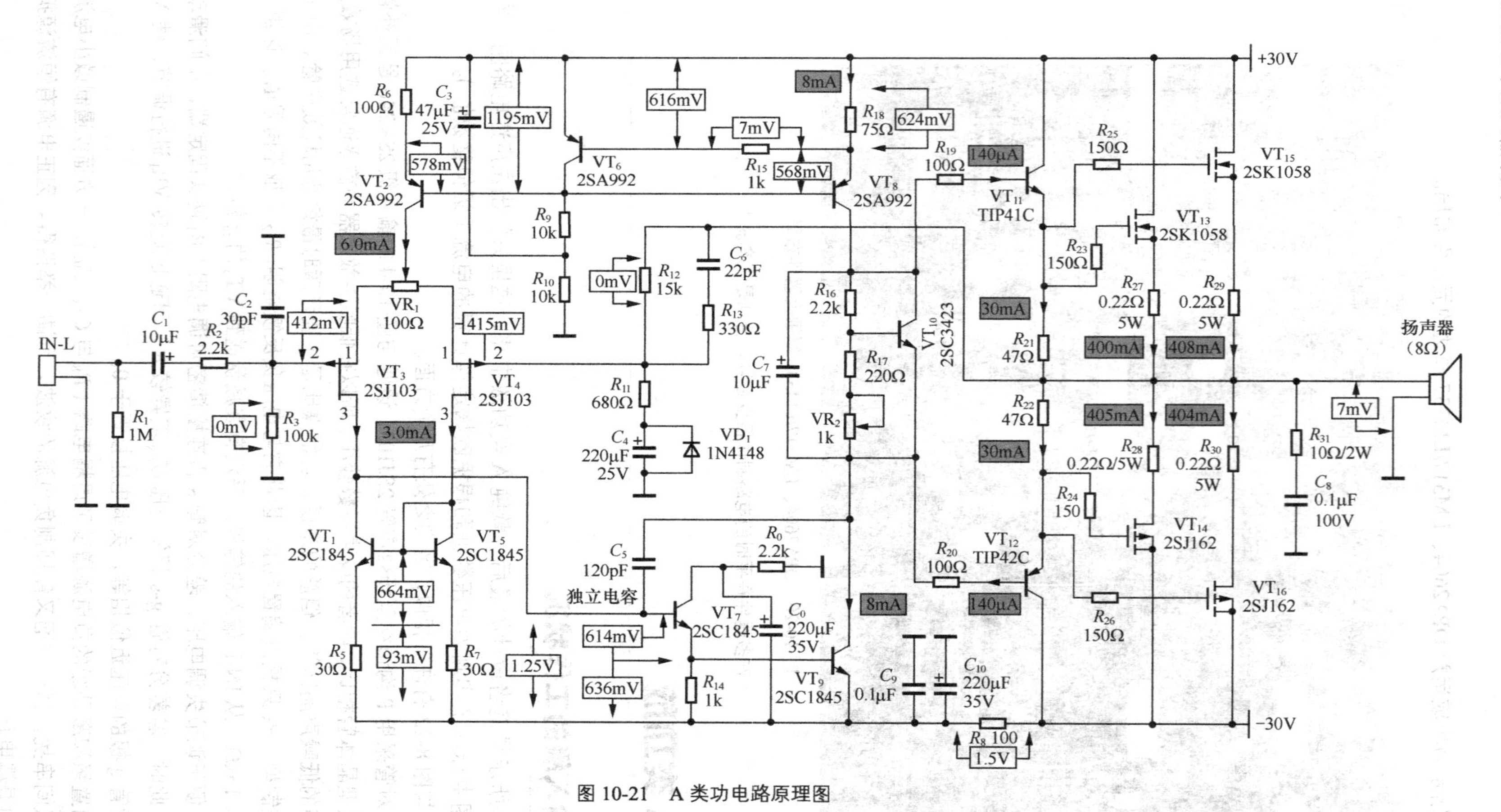

图 10-21 A 类功电路原理图

（1.供电变压器为两组独立的 2×23.5V，整流输出电压为±30V；2.标注电压为整机预热 15 分钟，散热器温度升高到 60℃，并达到热平衡后测得；3.电流值是根据电压欧姆定律计算的近似整数值；4.功率场效应管 g 极电阻压降为 0，表明场效应管 g 极没有静态电流；5.调节 VR_2，灵活设置输出级的静态电流）

（4）为增大电流驱动能力，输出级的大功率管采用双臂并联结构，并且采用高品质的场效应对管 2SK1058/2SJ162。

大功率场效应管是 20 世纪 80 年代后期出现的。与双极型晶体管相比，场效应管工作频率上限能达到 100MHz。但需要特别注意一点，虽然效应管是电压控制型器件，但大功率场效应管的 g-s 极之间存在较大的结电容，可达 800pF 左右，因此在工作频率较高的状况下，同样要提供 5～10mA 充放电驱动电流。串联于 g 极的电阻会影响对输入结电容的充放电，阻值尽量取小。由于 2SK1058/2SJ162 的 g-s 极内置了限压保护稳压管，故无需在电路中加入限压保护稳压管。采用大功率场效应管设计的功率放大器，调试方式与采用大功率三极管设计的功率放大器完全相同。

除了双极型晶体管工作频率上限不如场效应管理想之外，在大幅度输出，比如输出电流达到 1A 以上时，电流放大倍数只有 10～25，这使得驱动管必须提供超过 200mA 以上电流给输出管。驱动管本身的功耗经常超过 2W，发热严重，也需要另外装散热器。若输出级采用大功率场效应管，驱动管仅需提供足够大的电流在 R_{21}、R_{22} 产生驱动场效应管的偏压即可。此时，驱动管的静态电流可以设为较大数值，保证该较好的线性度。当然，为了驱动管的安全，最好也给驱动管加装散热器。但动态工作时，相对于静态功率并没有多大增加。

这台功放于 2017 年夏天制作完成，低音浑厚、高音通透、中音震撼有力，实际听音效果相当不错，至今仍完好如初。

10.3.2 电源电路

如图 10-22 所示为整流滤波电路。

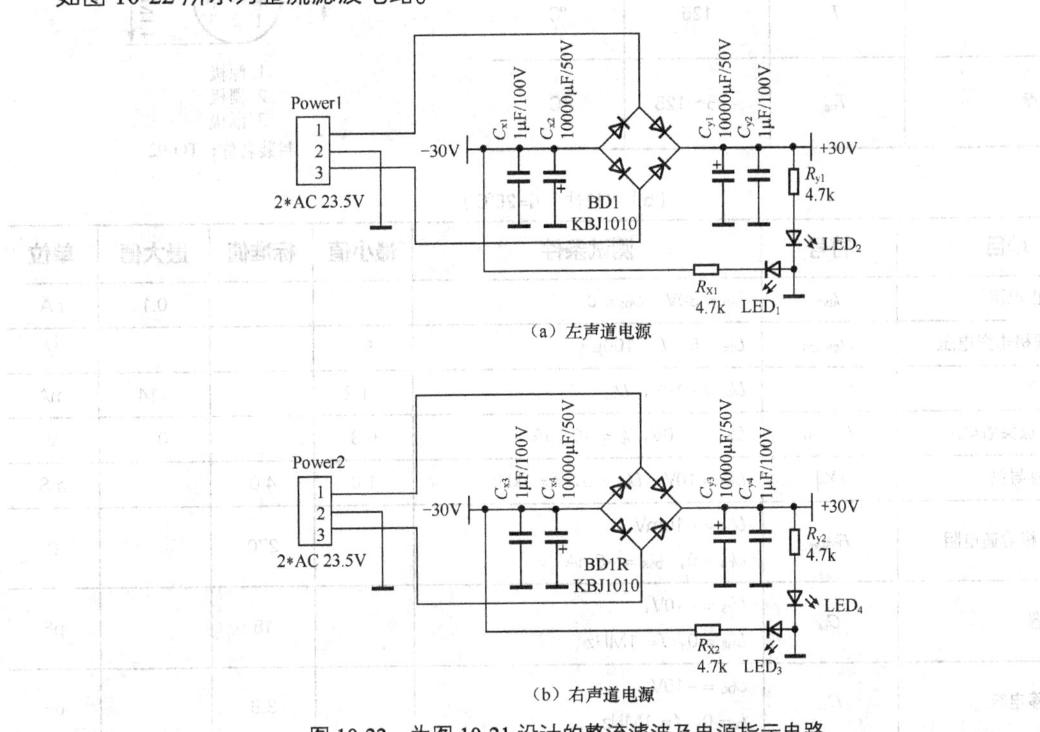

图 10-22　为图 10-21 设计的整流滤波及电源指示电路

插座 Power1 外接变压器，2 组 100W 2×AC23.5V。整流桥用 KBJ1010，滤波用电解电容 10 000μF/50V 与涤纶电容 1μF/100V 并联组合，分别对电源的高低频分段滤波。输出直流稳定电压

为 ±U_{CC} = ± 30V。发光二极管 LDE_1～LED_4 用于左右声道电源指示。R_{x1}、R_{y1}、R_{x2} 与 R_{y1} 用于发光二极管限流。

10.3.3 元器件资料

1. 晶体管资料

前置级选用东芝出品的 P 沟道结型（P Channel Junction Type）场效应管 2SJ103（它的互补对管是 2SK246），提高电路输入阻抗。激励级与恒流源选用东芝出品的 2SC1845 和 2SA992 低噪声小信号对管，这 3 种管子均为 TO-92 封装。2SC1845 耐压 120V，2SA992 耐压-120V。表 10-8、表 10-9 和表 10-10 列出了它们的特性参数。

表 10-8　2SJ103 的特性参数

（a）最大额定值（T_a=25℃）

项目	符号	规格	单位
栅极–漏极间电压	U_{GDS}	50V	V
栅极电流	I_G	–10	mA
漏极损耗	P_D	300	mW
结温	T_j	125	℃
保存温度	T_{stg}	–55～125	℃

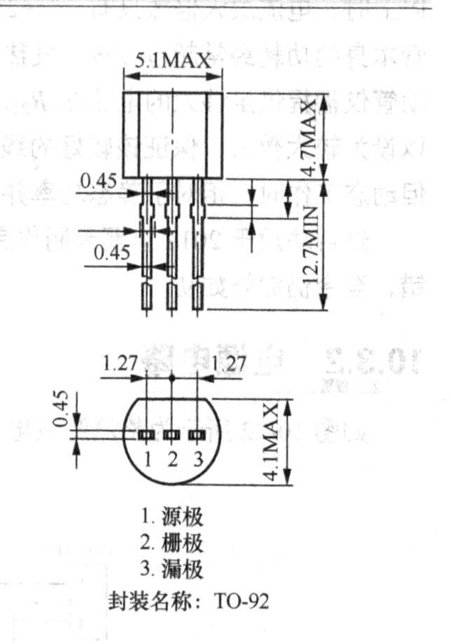

1. 源极
2. 栅极
3. 漏极
封装名称：TO-92

（b）电特性（T_a=25℃）

项目	符号	测试条件	最小值	标准值	最大值	单位
栅极截止电流	I_{GSS}	U_{GS} = 30V，U_{DS} = 0			0.1	nA
栅极–漏极击穿电压	$U_{(BR)GDS}$	U_{DS} = 0，I_G = 100μA	50			V
漏极电流	I_{DSS}（注）	U_{DS} = –10V，U_{GS} = 0	–1.2		–14	mA
栅极–s 极关断电压	$U_{GS(OFF)}$	U_{DS} = –10V，I_D = –0.1μA	0.3		0.6	V
正向转移导纳	$\|Y_{fs}\|$	U_{DS} = 10V，U_{GS} = 0，f = 1kHz	1.0	4.0		mS
漏极–s 极导通电阻	$R_{DS(on)}$	U_{DS} = –10mV， U_{GS} = 0，I_{DSS} = –5mA		270		Ω
输入电容	C_{iss}	U_{DS} = –10V， U_{GS} = 0，f = 1MHz		18		pF
反向转移电容	C_{rss}	U_{DG} = –10V， I_D = 0，f = 1MHz		3.6		pF

注：I_{DSS} 等级：Y：–1.2～–3mA，GR：–2.6～–6.5mA，BL：–6～–14mA。

表 10-9　2SC1845 的特性参数

（a）最大额定值（T_a=25℃）

项目	符号	规格	单位
集电极-基极间电压	U_{CBO}	120	V
集电极-发射极间电压	U_{CEO}	120	V
发射极-基极间电压	U_{EBO}	5	V
集电极电流	I_C	50	mA
基极电流	I_B	10	mA
总功率	P_C	500	mW
结温	T_j	125	℃
保存温度	T_{stg}	−55～125	℃

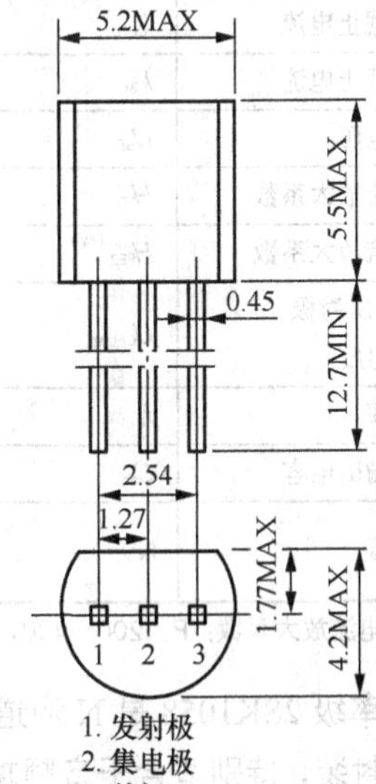

（b）电特性（T_a=25℃）

项目	符号	测试条件	最小值	标准值	最大值	单位
集电极截止电流	I_{CBO}	U_{CB} = 120V，I_E = 0			0.5	μA
发射极截止电流	I_{EBO}	U_{EB} = 5V，I_C = 0			0.5	μA
发射极电压	U_{BE}	U_{CE} = 6V，I_C = 1mA	0.55	0.59	0.65	V
直流电流放大系数	H_{FE1}	U_{CE} = 6V，I_C = 0.1mA	150	580		
直流电流放大系数	H_{FE2}（注）	U_{CE} = 6V，I_C = 1mA	200	600	1200	
集电极-发射极间饱和电压	$U_{CE(sat)}$	I_C = 10mA，I_B = 1mA		0.07	0.30	V
特征频率	f_T	U_{CE} = 6V，I_E = −1mA	50	110		MHz
集电极输出电容	C_{ob}	U_{CB} = 30V，I_E = 0，f = 1MHz		1.6	2.5	pF
噪声电压	NV	U_{CE} = 5V，I_C = 1mA，R_G = 100kΩ，G_V = 80dB，f = 10Hz～1.0kHz		25	50	mV

注：直流电流放大系数：P：200～400，F：300～600，E：400～800，U：600～1200。

表 10-10　2SA992 的特性参数

这个晶体管与 2SC1845 是互补对管。饱和压降只有-0.3V（最大值）。封装同 2SC1845

（a）最大额定值（T_a=25℃）

项目	符号	规格	单位
集电极-基极间电压	U_{CBO}	−120	V
集电极-发射极间电压	U_{CEO}	−120	V
发射极-基极间电压	U_{EBO}	−5	V
集电极电流	I_C	−50	mA
基极电流	I_B	−10	mA
总功率	P_C	500	mW
结温	T_j	125	℃
保存温度	T_{stg}	−55～125	℃

（b）电特性（T_a=25℃）　　续表

项目	符号	测试条件	最小值	标准值	最大值	单位
集电极截止电流	I_{CBO}	U_{CB} = −120V，I_E = 0			−0.5	μA
发射极截止电流	I_{EBO}	U_{EB} = −5V，I_C = 0			−0.5	μA
发射极电压	U_{BE}	U_{CE} = −6V，I_C = −1mA	−0.55	−0.61	−0.65	V
直流电流放大系数	H_{FE1}	U_{CE} = −6V，I_C = −0.1mA	150	500		
直流电流放大系数	H_{FE2}（注）	U_{CE} = −6V，I_C = −1mA	200	500	800	
集电极-发射极间饱和电压	$U_{CE(sat)}$	I_C = −10mA，I_B = −1mA		−0.09	−0.30	V
特征频率	f_T	U_{CE} = −6V，I_E = 1mA	50	100		MHz
集电极输出电容	C_{ob}	U_{CB} = −30V，I_E = 0，f = 1MHz		2.0	3.0	pF
噪声电压	NV	U_{CE} = −5V，I_C = −1mA，R_G = 100kΩ，G_V = 80dB，f = 10Hz～1.0kHz		25	40	mV

注：直流电流放大系数：P：200～400，F：300～600，E：400～800。

功率级2SK1058是N沟道MOS FET，2SJ162是P沟道MOS FET，这两种管子是互补对管，TO-3P封装，特别适合于音频功率放大。东芝公司出品的2SK1058系列家族有2SK1056～2SK1058，2SJ162系列家族有2SJ160～2SJ162它们的特性参数见表10-11、表10-12。

表10-11　2SK1056～2SK1058的特性参数

（a）最大额定值（T_a=25℃）

项目	符号	2SK1056	2SK1057	2SK1058	单位
漏极-源极间电压	U_{DSX}	120	140	160	V
栅极-源极间电压	U_{GSS}		±15		V
漏极电流	I_D		7		A
体漏二极管反向漏极电流	I_{DR}		7		A
沟道损耗	P_{ch1}		100（T_c = 25℃）		W
沟道温度	T_{ch}		150		℃
保存温度	T_{stg}		−55～150		℃

（b）电特性（T_a=25℃）

项目		符号	测试条件	最小值	标准值	最大值	单位
漏-源极击穿电压	2SK1056	$U_{(BR)DSX}$	I_D=10mA，U_{GS}=−10V	120			V
	2SK1057			140			
	2SK1058			160			
栅-源极击穿电压		$U_{(BR)GSS}$	I_G=±100μA，U_{DS}=0	±15			V
栅-源极关断电压		$U_{GS(off)}$	I_D=100mA，U_{DS}=10V	0.15		1.45	V
漏-源极饱和电压		$V_{DS(sat)}$	I_D=7A，U_{GS}=0（脉冲）			12	V
正向转移导纳		$\|Y_{fs}\|$	I_D=−3A，U_{DS}=−10V（脉冲）	0.7	1.0	1.4	S
输入电容		C_{iss}	U_{GS}=−5V，U_{DS}=10V，f=1MHz		600		pF
输出电容		C_{oss}			350		
反向转移电容		C_{rss}			10		

表 10-12　2SJ160～2SJ162 的特性参数

（a）最大额定值（T_a=25℃）

项目	符号	2SK160	2SK161	2SK162	单位
漏极–源极间电压	U_{DSX}	−120	−140	−160	V
栅极–源极间电压	U_{GSS}	±15			V
漏极电流	I_D	−7			A
沟道损耗	P_{ch1}	100（T_C = 25℃）			W
沟道温度	T_{ch}	150			℃
保存温度	T_{stg}	−55～150			℃

（b）电特性（T_a=25℃）

项目		符号	测试条件	最小值	标准值	最大值	单位
漏–源极击穿电压	2SK160	$U_{(BR)DSX}$	I_D=10mA，U_{GS}=−10V	−120			V
	2SK161			−140			
	2SK162			−160			
栅–源极击穿电压		$U_{(BR)GSS}$	I_G=±100μA，U_{DS}=0	±15			V
栅–源极关断电压		$U_{GS(off)}$	I_D=−100mA，U_{DS}=−10V	−0.15		−1.45	V
漏–源极饱和电压		$V_{DS(sat)}$	I_D=−7A，U_{GS}=0（脉冲）			−12	V
正向转移导纳		$\|Y_{fs}\|$	I_D=3A，U_{DS}=10V（脉冲）	0.7	1.0	1.4	S
输入电容		C_{iss}	U_{GS}=5V，U_{DS}=−10V，f=1MHz		900		pF
输出电容		C_{oss}			400		
反向转移电容		C_{rss}			40		

2. 效应晶体管 2SJ162 /2SK1058

为了便于读者理解图 10-21 所示电路中场效应管的工作原理，在此提供 2SK1058/2SJ162 封装与引脚排序，如图 10-23 所示。

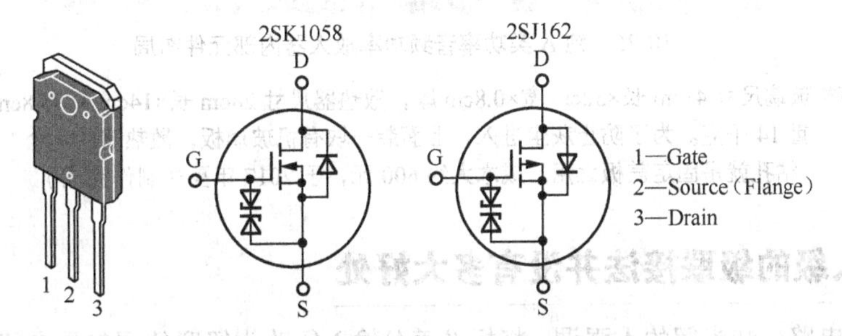

图 10-23　2SK1058/ 2SJ162 封装及引脚图

3. 功放照片

说明：

（1）本电路设计不兼容 2SK413/2SJ118 对管，只能用 2SK1058/2SJ162 对管；

（2）由于本电路没有设计音量调节，为了听音的实际需要，笔者把外部音频信号源通过莲花插座引入到双联电位器，再由电位器调节后引到电路板上，如图 10-24 所示。

内部元件布局如图 10-25 所示。

图 10-24　固定在有机玻璃板上的纯 A 类音频功率放大器

图 10-25　纯 A 类功率音频功率放大器内部元件布局

（底部有机玻璃尺寸 41cm 长×32cm 宽×0.8cm 厚，散热器尺寸 28cm 长×14cm 高×5.8cm 脊宽。重 14 千克。为了防止灰尘进入，上面装一块有机玻璃板，散热器的 4 个钻孔就是固定盖板之用。成本大约 600 元，于 2017 年夏季制作完成）

10.3.4　输入级的级联接法并没有多大好处

一些对功放电路一知半解的人强调，将标准差分输入级改为级联的渥尔曼电路，即共射-共基放大电路后会改善线性，如图 10-26 所示。所谓沃尔曼电路，就是将共基放大电路（$Q_{1\text{-}1}$ 与 $Q_{1\text{-}2}$、$Q_{1\text{-}7}$ 与 $Q_{1\text{-}8}$）作为共源（$Q_{1\text{-}3}$ 与 $Q_{1\text{-}4}$、$Q_{1\text{-}5}$ 与 $Q_{1\text{-}6}$）放大电路的漏极负载，工作中共源放大电路的漏极电位维持不变，消除了密勒效应的影响，与基本共射放大电路比较，这种电路能大幅改善电路的高频特性，同时也利用了基本共射放大电路电压放大倍数高的优势。

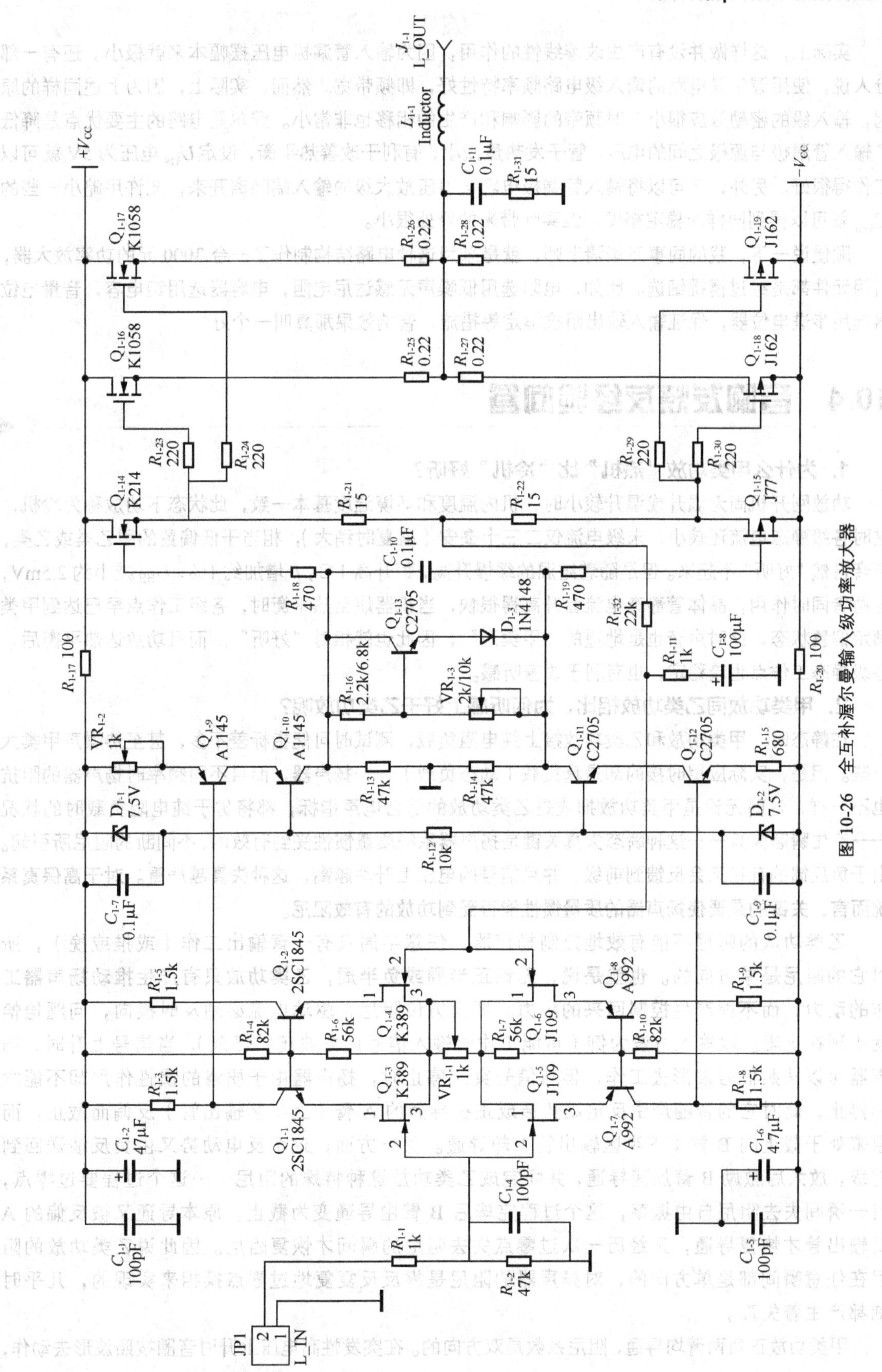

图 10-26 全互补渥尔曼输入级功率放大器

实际上，这样做并没有产生改善线性的作用，因为输入管漏极电压摆幅本来就极小。还有一部分人说，使用渥尔曼电路的输入级电路频率特性好，即频带宽。然而，实际上，因为上述同样的原因，输入级的密勒效应很小，对频带的影响和产生的相移也非常小。渥尔曼电路的主要优点是降低了输入管漏极与源极之间的电压，管子发热量减小，有利于改善热平衡，设定 U_{DS} 电压为 5V 就可以工作得很好。另外，还可以将输入管漏极电容与电压放大级的输入端隔离开来，允许用略小一些的 C_{dom} 就可以得到同样的稳定裕度，但实际带来的好处很小。

顺便说一下，我的同事万华清老师，就是采用这种电路结构制作了一台 3000 元的功率放大器，所用元件都是经过精挑细选。比如，电阻选用低噪声无感达尼电阻，电容器选用钽电容，音量电位器选用步进电位器，保证输入输出阻抗恒定等措施，音响效果那真叫一个好！

10.4 音响发烧友经验问答

1. 为什么甲类功放“热机”比“冷机”好听？

功放刚开机尚无温升或温升较小时，机内温度和环境温度基本一致，此状态下功放称为冷机，这时各级静态电流还较小，末级电流仅二三十毫安（盛夏时稍大），相当于低偏置的甲乙类或乙类，声音自然“好听”不起来。但是随着结温的缓慢升高，每升高 1℃，β 增加约 1%，U_{BE} 减小约 2.5mV，这两者同时作用，晶体管静态电流会升高得很快，当机器烘至热平衡时，各级工作点早已达到甲类额定偏置状态，此时声音也是地道的“甲类声”，因此也就相对“好听”。而且功放达热平衡后，各级静态工作点也趋稳定，也有利于改善听感。

2. 甲类功放同乙类功放相比，为何听感上好于乙类功放呢？

在静态时，甲类功放和乙类功放接上纯电阻负载，测试时可能指标差不多，甚至热噪声甲类大一些。但是，实际应用时接的却是真负载（动态负载）——扬声器，而且不同频率时扬声器的阻抗也不一样，这时无论是甲类功放抑或是乙类功放的综合电声指标，都将劣于纯电阻负载时的状况——产生瞬态失真——这种瞬态失真关键是扬声器系统质量惯性受到有效的、不间断的阻尼所引起。由于负反馈的存在又会反馈到前级，并且信号的电压上升率越高，这种失真越严重。**对于高保真系统而言，关键的是要使扬声器的质量惯性能否受到功放的有效阻尼。**

乙类功放的阻尼不能有效地控制扬声器，任意半周只有一臂输出工作（或推或挽），所以它的阻尼是单方向的。**也就是说，无论正半周或负半周，乙类功放只有产生推动扬声器工作的动力，而不能产生控制回来的拉力。**要全方位阻尼，驱动电流必须及时换向，问题恰恰就出现在这里。以输入方波为例（可能工作时输入信号比方波还要复杂），当信号上升时，扬声器可以按照信号波形去工作，但当信号突然停止时，扬声器由于质量的惯性作用却不能立刻停止，此时它的音圈产生反电动势造成正在导通的 A 臂（上半区输出管）反偏而截止，而原来处于截止的 B 臂（下半区输出管）却导通。另一方面，这个反电动势又由负反馈送回到前级，放大后激励 B 臂加速导通，共同完成乙类功放这种特殊的阻尼……这个过程要过零点，有一瞬间失去阻尼自由振荡，这个过程完毕后 B 臂由导通变为截止，原本导通又被反偏的 A 臂输出管才恢复导通，又经历一次过零点失去阻尼的瞬间才恢复阻尼。因此说乙类功放的阻尼在任意瞬间都是单方向的，对扬声器的阻尼是靠反反复复地过零点换相来实现的，几乎时刻都产生着失真。

甲类功放正负两臂均导通，阻尼系数是双方向的。在突发性高电压上升时音圈按照波形去动作，信号停止时反电势经导通的 B 臂完成通路，惯性被阻尼，无法产生自由振荡，反电动势也建立不了。甲类功放这种双向的阻尼，迫使扬声器的振动始终根据信号的波形去振动，就好比一辆正在“蓄势”的摩托车，可以说走就走，说停就停。

实际上，以甲乙类工作方式制作的互补对称式功率放大器存在一个缺陷，就是输出级功率管的静态处于接近截止区位置，无论使用大功率三极管，还是使用大功率场效应管，在截止区附近的动态电阻都明显比线性区的动态电阻要大得很多，实际可以相差数倍到 10 多倍。静态电流越小，动态电阻越大。当放大器输出电压归零时，扬声器振动盆还会继续作阻尼振动到停止。音圈在磁场中运动产生的电流将阻碍扬声器振动盆自由振动，如果与音圈串联的放大器内阻比较大，就会使音圈在磁场中运动产生的电流减少，降低电阻尼作用，振动盆的阻尼振动就不容易停止下来，发出的声音出现“拖泥带水”的发散至收不住的状况。与此同时，中低音单元扬声器的音圈在磁场中移动所产生的感应电流不能被功率放大器尽可能短路掉，会成为妨碍中高音单元扬声器工作的干扰驱动信号。甲类放大器之所以有较好的重放音质，奥妙就在于它具有很低的静态输出阻抗。但由于甲类放大器功耗大、发热严重，不宜在大工作电压下采用。

结束语

本书是专为有一定模拟电子技术基础的读者编写的，他们虽然对晶体管的工作有所了解，但多停留在简单的理论分析层面，想要进行电路设计却不知从何处下手。

许多电子爱好者对模拟音频放大器（简称功放）颇感兴趣，但无论从专业书刊上抑或是网络上获取的功放电路，虽然都能自成一体，自圆其说，但它们毕竟是一个个孤立的电路，这些电路是由何种电路演化变换而来，它们之间究竟有什么样的区别与联系……估计许多读者未必有一个清晰、完整的认识。

还有一部分读者说，从《模拟电子技术》教材中学了诸如“共发射极放大器”“共集电极放大器”和“共基极放大器”。但他们总是抱怨说“很少在功放电路中见到这 3 种电路”或“从未见到”！难道说，从教材上学习过的 3 种基本放大电路都是“纸上谈兵”、脱离实际的东西?

非也！这 3 种基本电路都隐藏在各式各样的功放电路中，只是它们增加或减少了元件、变换了结构，和其他电路有机结合，以读者不熟悉、不常见的结构存在。因此，大家都错误地认为这些电路是自己从未学过的新东西，造成读（电路）图困难。当看到别人就某一电路进行原理分析时，出现“公说公有理，婆说婆有理”，“他们总是能讲出道理”，而自己却无从反驳、没有异议的现象。更有甚者，若要自己设计一个音频功率放大器时（可能设计其他电路也会），往往是一筹莫展，无从下手，凡此种种也曾经是困扰笔者多年的“老大难”问题！

大概是 2008 年前后吧，笔者开始音响技术的教学工作，当时所用教材涉及的内容非常庞杂，但也大都是泛泛而谈，流于理论的分析与描述，既没有波形图，也没有实物图。整个书通览下来给人的感觉就是音响知识的大集合、大汇总。当你试图依照一张电路原理图，亲手制作一款功率放大器时，却突然发现是件比较困难的事情。

造成如此窘境的原因主要有 2 点：第一是因为原理图老旧，比如电路竟然还是已经消失多年的变压器推挽功放；第二是几乎所有原理图中都没有给出二极管和晶体管的具体型号，甚至于连电阻、电容的参数也没有完全标注。如此脱离现实，跟不上时代的脚步，要你何用？这是笔者对那本书的整体印象……但课程已开，书还得讲。于是乎，笔者一边教书一边查找资料，从《模拟电子技术基础》（童诗白 华成英主编）中“功率放大器”一节内容获得启示，参考网络文章“用分立元件设计制作功率放大器教程”制作第一个功放，如附图 1 所示。

却发现在小音量时听感尚可，一旦音量加大失真立刻表现出来，令人难以接受。之后，又依照那篇文章（改变部分元件的参数）制作第二个功放，如附图 2 所示。

虽然激励级采用的是自举电路，但听音效果明显比第一个功放好。令人汗颜的是，最初笔者对这个电路的认识还是比较模糊，特别是**自举电路的工作原理**，一直停留在“**自举电路的本质是引入**

局部正反馈”这种非常笼统的层面。此后几年，笔者继续制作一系列的功放电路（现在都保存着），孜孜以求，探寻真相，延伸教学，逐渐接近事实。

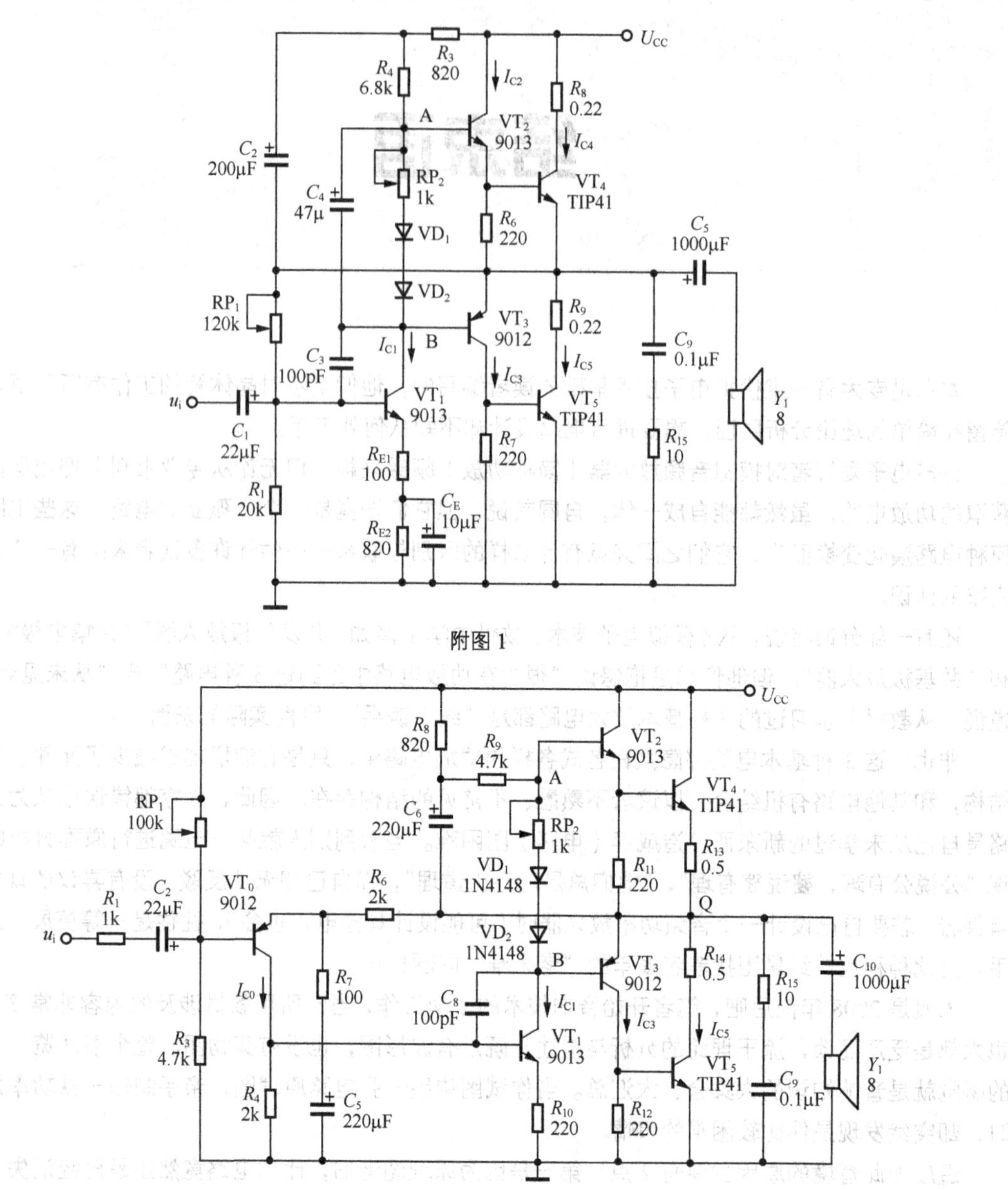

附图 1

附图 2

2014 年夏季，笔者通读了铃木雅臣编著的《晶体管电路设计》（上），并联系了该书的编辑，谈了自己对该书的看法，希望修改书中多达几百处的疏漏与错误。编辑同意了笔者的建议，并在该书第 18 次印刷时作了说明。

因为这次经历，笔者突然有了写作《音频功率放大器设计》的强烈意愿。于是，自该年秋季始，一边教书一边写作，历时近 2 年终成夙愿。在此过程，多次去中山市“昌源电器”商店购买电子元器件，也去过深圳赛格电子城购买一批 TOSHIBA（东芝）公司的小功率晶体管（2SC2458/2SA1048 等）和 RENESAS（瑞萨）公司的大功率场效应管（2SK1058/2SJ162 等），也多次给嘉立创（深圳）发资料、打样板（制作 PCB 板）。

回忆自己初学电子技术时的情景，当时的书大部分都是使用等效电路、交直流负载线以及对理论公式进行解释和说明。自己想设计时，苦于对电路原理似懂非懂而无法进行。加之当时动手机会少，资源有限（大学期间笔者只在一块现成的 PCB 上组装过一台收音机），只能随着数学式子，仅用头脑来学，不能真正地掌握。对别人设计的电路只能“望图兴叹”和由衷的惊讶，别的事儿还真的干不了。

为了弥补传统书籍的缺陷，本书以设计为轴线，以问题为导向，通过实验在头脑中留下印象，并获得实践的验证。为此，在本书中，尽可能地给出有关电路的工作波形和各种参数。为了给读者更多的感性体会，也尽可能地给出有关电路的万用电路板和样品机。

笔者庆幸身处经济发达的珠三角腹地，这里电子信息产业链长，相关资源配套齐全。（在中山）有许多电子器件商店。当需要某种电子元器件时，上街十几分钟就可以买回来（装机测试）。当需要做 PCB 时，在嘉立创（深圳）科技发展公司注册一个账户，把资料发给他们，5 天之后就能拿到 PCB。当需要大的器件时，比如变压器，可以在附近厂家（中山市小榄镇圣元变压器公司）订做。当需要制作机箱时，周围有许多五金店可以承接，简单一点，用有机玻璃组装，既透明、又美观，这里的许多小门店都有数控机床，现场给出尺寸，半个小时就能加工出来……所有这些为笔者进行功放研究、设计与制作提供了极大的便利。

最后，真诚感谢现已移居香港的张萍（原名简亚萍）同学，是她从那里给笔者下载了 *Audio Power Amplifier Design Handbook*（Fourth Edition）和 *Analysis and Design of Analog Integrated Circuits*（Fifth Edition）全套英文资料，对笔者写就本书帮助很大，特别是“差动放大器的输入输出特性是双正切函数”关系的论述，《模拟电子技术基础》（童诗白 华成英主编）和 *Audio Power Amplifier Design Handbook*（Fourth Edition）两本书中仅给出结论，让我困惑很久，无法释怀。而 *Analysis and Design of Analog Integrated Circuits*（Fifth Edition）这本书给出了差动放大器的传递函数及对应曲线，让笔者明白差动放大器在双管对称、输入信号过零附近的线性度，远比单管输入的指数函数特性好得多——而这个特性对减小放大器的非线性失真至关重要。

葛中海
2021-7-30